"十二五"普通高等教育本科国家级规划教材

/ 人工智能与智能系统人才培养系列 /

模式识别与智能计算——MATLAB技术实现（第5版）

◆ 杨淑莹　郑清春　著

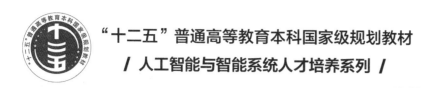

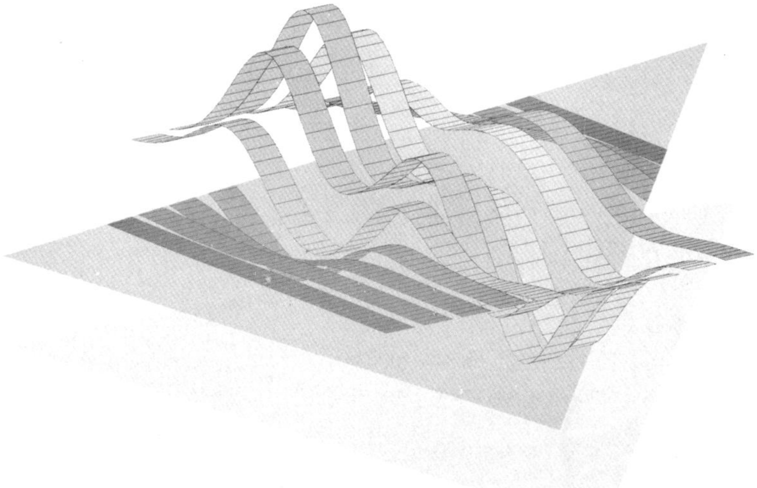

電子工業出版社
Publishing House of Electronics Industry
北京 · BEIJING

内 容 简 介

本书广泛吸取统计学、神经网络、数据挖掘、机器学习、人工智能、群体智能计算等学科的先进思想和理论，将其应用到模式识别领域中；以一种新的体系，系统、全面地介绍模式识别的理论、方法及应用。全书共分为10章，内容包括：模式识别概述，特征的选择与优化，模式相似性测度，基于概率统计的贝叶斯分类器设计，判别函数分类器设计，神经网络分类器设计，决策树分类器设计，聚类分析，进化计算算法聚类分析，群体智能算法聚类分析。书中所述理论知识均提供实现步骤、示范性代码及验证实例的效果图示，以达到理论与实践相结合的目的。

本书可作为高等院校计算机工程、信息工程、生物医学工程、智能机器人学、工业自动化、模式识别等学科研究生和本科生的教材或教学参考书，也可供有关工程技术人员参考。

图书在版编目（CIP）数据

模式识别与智能计算 : MATLAB技术实现 / 杨淑莹，郑清春著. -- 5版. -- 北京 : 电子工业出版社, 2025. 1. -- (人工智能与智能系统人才培养系列). -- ISBN 978-7-121-49021-7

Ⅰ. 0235-39；TP183

中国国家版本馆CIP数据核字第2024NE9699号

责任编辑：牛平月（niupy@ phei. com. cn）
印　　刷：三河市兴达印务有限公司
装　　订：三河市兴达印务有限公司
出版发行：电子工业出版社
　　　　　北京市海淀区万寿路173信箱　邮编：100036
开　　本：787×1092　1/16　印张：19.25　字数：502千字
版　　次：2008年1月第1版
　　　　　2025年1月第5版
印　　次：2025年1月第1次印刷
定　　价：68.00元

凡所购买电子工业出版社图书有缺损问题，请向购买书店调换。若书店售缺，请与本社发行部联系，联系及邮购电话：(010)88254888，88258888。

质量投诉请发邮件至 zlts@ phei. com. cn，盗版侵权举报请发邮件至 dbqq@ phei. com. cn。

本书咨询联系方式：(010)88254456。

前　言

中国共产党第二十次全国代表大会报告指出：“教育是国之大计、党之大计。”本书以“新工科”学生的能力培养为导向，密切结合应用型高等院校人才培养目标和最新规范，尽可能将理论与实践相结合，突出对学生能力的培养。模式识别已经成为当代高科技研究的重要领域之一，它已发展成一门独立的新学科。模式识别技术迅速发展，已经应用在人工智能、机器人、系统控制、遥感数据分析、生物医学工程、军事目标识别等领域，几乎遍及各个学科，在国民经济、国防建设、社会发展的各个方面都得到了广泛的应用，产生了深远的影响。

本教材是历经多年锤炼的精品教材，自从2014年被评为“十二五”普通高等教育本科国家级规划教材以来，深受广大读者的喜爱，已经再版了3次。本次再版，继续精简内容，同时将群体智能的先进思想扩充到模式识别体系中。全书以一种新的体系，系统、全面地介绍模式识别的理论、方法及应用。全书共分为3篇。第1篇为基础篇，介绍模式识别的基本概念、基本方法，内容包括：模式识别的基本概念，特征的选择与优化，模式相似性测度。第2篇为分类器设计篇，内容包括：基于概率统计的贝叶斯分类器设计，判别函数分类器设计，神经网络分类器设计，决策树分类器设计。这一部分将手写数字分类识别的具体实例与模式识别方法相结合，为广大研究工作者和工程技术人员提供理论指导。第3篇为聚类分析篇，内容包括聚类算法，进化计算算法聚类分析，群体智能算法聚类分析。这一部分采用含有需要聚类分析的图像，形象生动地说明各种聚类算法。

国内外论述模式识别技术的书籍不少，但由于这一领域涉及深奥的数学理论，往往使学习者和实际工作者感到学习困难，大部分书籍只是罗列模式识别的各种算法，见不到算法的实际效果以及各种算法对比的结果，而这正是学习者和实际工作者需要了解和掌握的内容。目前还确实需要这样一本介绍模式识别技术在实际中应用的、兼具系统性和实用性的参考书。

本书特点如下。

1. 选用新技术。除了介绍许多重要、经典的内容，书中还包含了最近十几年来刚刚发展起来的并经实践证明有用的新技术、新理论，比如支持向量机、BP神经网络、RBF神经网络、PNN（概率神经网络）、CPN（对向传播神经网络）、SORNN神经网络、决策树、模拟退火、遗传算法、进化计算算法、群体智能算法等，将这些新技术应用于模式识别中，并提供这些新技术的实现方法和源代码。

2. 实用性强。针对实例介绍理论和技术，将理论和实践相结合，避免了空洞的理论说教。书中实例取材于手写数字模式识别，数字识别属于多类问题，在实际应用中具有广泛的代表性，读者对程序稍加改进，就可以应用到不同的场合，如文字识别、字符识别、图形识别等。

结构新颖：精心设计软件结构，代码短小精悍、规范化和通用化。

技术前沿：广泛吸取人工智能、机器学习等前沿技术，提供多种算法代码。

多层实践：可单一算法学习、不同算法比较、多种算法综合，传授项目实战经验。

资源共享：可免费下载本书配套的教学软件。

3. 编排合理，符合认知规律。本教材从理论联系实际角度出发，遵循学生理论认知与能力培养规律，从以下五方面提高读者项目应用能力。

项目实践：提供手写数字识别和图片物体聚类两个应用性课题。

理论分析：精讲理论内容。

实现步骤：为编程打下基础。

编程代码：提供示范代码，缩短探索时间，提高实践能力。

理论验证：提供教学软件及其运行效果图，可见理论应用效果，避免空洞。

本教材内容基本涵盖了目前模式识别技术的重要理论和方法，但并没有简单地将各种理论和方法堆砌起来，而是将著者自身的研究成果和实践经验传授给读者。在介绍各种理论和方法时，将不同的算法应用于实际中，内容包括需要应用模式识别技术解决的问题、模式识别理论的讲解和推理、将理论转化为编程的步骤、计算机能够运行的源代码、计算机运行模式识别算法程序后的效果，以及不同算法应用于同一个问题的效果对比，使读者面对如此丰富的理论和方法不至于无所适从，而是有所学就会有所用。

由于至今还没有统一的、有效的可应用于所有模式识别问题的理论，当前的一种普遍看法是，不存在对所有模式识别问题都适用的单一模型和能够解决模式识别问题的单一技术，我们所要做的是把模式识别方法与具体问题结合起来，把模式识别与统计学、神经网络、数据挖掘、机器学习、人工智能、群体智能计算等学科的先进思想和理论结合起来，为读者提供一个多种理论的测试平台，并在此基础上，深入了解各种理论的效能和应用的可能性，互相取长补短，开创模式识别应用的新局面。

本书可作为高等院校计算机工程、信息工程、生物医学工程、智能机器人学、工业自动化、模式识别等学科研究生和本科生的教材或教学参考书，也可供有关工程技术人员参考。

特别感谢项目组成员代学欣、刘明言、王浩淳、马荣渼、王庚兰、蔡梦轩、马荣泽、邓飞、杨倩等，他们在著者指导下的研究工作中付出了辛苦的劳动，取得了有益的研究成果，正是在他们的努力下本书得以顺利完成，在此表示衷心的感谢。

本书的出版得到天津理工大学出版基金的资助。由于著者业务水平和实践经验有限，书中缺点与错误在所难免，欢迎读者予以指正！

著者将不辜负广大读者的期望，努力工作，不断充实新的内容。为方便广大读者学习，特提供技术支持电子邮箱：ysying1262@126.com。读者可通过该邮箱及时与著者取得联系，获得技术支持。

为了提升广大读者的实践能力，本教材提供配套的数字化学习资源，不断更新，持续建设国家级规划教材。

线下基本项目软件获取途径：华信资源网下载，地址：https://www.hxedu.com.cn。

读者在掌握了基本项目的基础上，利用天津理工大学提供的虚拟仿真实验平台，可以进一步学习汉字识别、手势识别、语音识别等扩展项目。

著　　者

目　　录

第1篇　基　础　篇

第 2 篇　分类器设计篇

第 3 篇 聚类分析篇

第1篇

基　础　篇

第 1 章　模式识别概述

本章要点：

☑ 模式识别的基本概念
☑ 统计模式识别
☑ 分类分析
☑ 聚类分析
☑ 模式识别的应用

1.1　模式识别的基本概念

模式识别（Pattern Recognition）就是机器识别或者说计算机识别，目的在于让机器自动识别事物。例如手写数字的识别，目的是将手写的数字分到具体的数字类别中；智能交通管理系统的识别，可以判断是否有汽车闯红灯，并识别闯红灯的汽车车牌号码；此外还有文字识别，语音识别，图像中物体识别等。该学科研究的内容是使机器能做以前只有人类才能做的事，具备人所具有的对各种事物与现象进行分析、描述与判断的部分能力。模式识别是直观的、无所不在的，实际上人类在日常生活中的每个环节，都进行着模式识别活动。人和动物较容易做到模式识别，但对于计算机来说做到模式识别却是非常困难的。让机器做到识别、分类，就需要研究识别的方法，这就是这门学科的任务。

模式识别是信号处理与人工智能的一个重要分支。人工智能是专门研究用机器人模拟人的动作、感觉和思维过程与规律的一门科学，而模式识别则专门利用计算机对物理量及其变化过程进行描述与分类，通常用来对图像、文字以及声音等信息进行处理、分类和识别。它所研究的理论和方法在很多科学和技术领域中得到了广泛应用，推动了人工智能系统的发展，扩大了计算机应用的可能性。模式识别诞生于 20 世纪 20 年代，随着 20 世纪 40 年代计算机的出现，以及 50 年代人工智能的兴起，模式识别在 60 年代初迅速发展为一门学科。其研究的目的是利用计算机对物理对象进行分类，在错误概率最小的条件下，使识别的结果尽量与客观物体相符合。

机器辨别事物的最基本方法是计算，原则上讲是对计算机要分析的事物与标准模板的相似程度进行计算。例如，要识别一个手写的数字，就要将它与从 0 到 9 的模板进行比较，看跟哪个模板最相似，或最接近。因此首先要能从度量中看出不同事物之间的差异，才能分辨当前要识别的事物。因此，最关键的是找到有效度量不同类别事物差异的方法。

在模式识别学科中，就“模式”与“模式类”而言，模式类是一类事物的代表，而“模式”则是某一事物的具体体现，如数字 0、1、2、3、4、5、6、7、8、9 是模式类，而用户任意手写的一个数字或任意一个印刷数字则是“模式”，是数字的具体化。广义上说，模式（Pattern）是供模仿用的完美无缺的标本，通常把通过对具体的个别事物进行观察所得到的具有时间和空间分布的信息称之为模式，而把模式所属的类别或同一类别中模式的总体称为模式类。模式识别是指对表征事物或现象的各种形式的（数值的、文字的和逻辑关系的）信息进行处理和分析，以对事物或现象进行描述、辨认、分类和解释的过程，是信息科学和人工智能的重要组成部分。

1. 模式的描述方法

在模式识别技术中，被观测的每个对象称为样本。例如，在手写数字识别中每个手写数字可以作为一个样本，如果共写了 N 个数字，我们就把这 N 个数字叫作 N 个样本($\boldsymbol{X}_1,\boldsymbol{X}_2,\cdots,\boldsymbol{X}_j,\cdots,\boldsymbol{X}_N$)，设这些样本有 $\omega_1,\omega_2,\cdots,\omega_M$ 共 $M(M=10)$个不同的类别。

对于一个样本来说，必须确定一些与识别有关的因素，作为研究的依据，每一个因素称为一个特征。模式就是对样本所具有的特征的描述。模式的特征集又可写成处于同一个特征空间的特征向量，特征向量的每个元素称为特征（该向量也因此称为特征向量）。一般我们用小写英文字母 x，y，z 来表示特征。如果一个样本 $\boldsymbol{X}$ 有 n 个特征，则可把 $\boldsymbol{X}$ 看作一个 n 维列向量，该向量 $\boldsymbol{X}$ 称为特征向量，记作

$$\boldsymbol{X}=\begin{pmatrix} x_1 \\ x_2 \\ \vdots \\ x_n \end{pmatrix}=(x_1,x_2,\cdots,x_n)^{\mathrm{T}}$$

若有一批样本共有 N 个，每个样本有 n 个特征，这些数值可以构成一个 n 行 N 列的矩阵，称为原始资料矩阵，见表 1-1。

表 1-1　原始资料矩阵

样　品		$\boldsymbol{X}_1$	$\boldsymbol{X}_2$	$\cdots$	$\boldsymbol{X}_j$	$\cdots$	$\boldsymbol{X}_N$
特征	x_1	x_{11}	x_{21}	$\cdots$	x_{j1}	$\cdots$	x_{N1}
	x_2	x_{12}	x_{22}	$\cdots$	x_{j2}	$\cdots$	x_{N2}
	$\vdots$	$\vdots$	$\vdots$	$\vdots$	$\vdots$	$\vdots$	$\vdots$
	x_i	x_{1i}	x_{2i}	$\cdots$	x_{ji}	$\cdots$	x_{Ni}
	$\vdots$	$\vdots$	$\vdots$	$\vdots$	$\vdots$	$\vdots$	$\vdots$
	x_n	x_{1n}	x_{2n}	$\cdots$	x_{jn}	$\cdots$	x_{Nn}

模式识别问题就是根据 $\boldsymbol{X}$ 的 n 个特征来判别模式 $\boldsymbol{X}$ 属于 $\omega_1,\omega_2,\cdots,\omega_M$ 类中的哪一类。待识别的不同模式都在同一特征空间中考察，不同模式由于性质上的不同，它们在各特征取值范围上有所不同，因而会在特征空间的不同区域中出现。要记住向量的运算是建立在各个分量基础之上的。因此，模式识别系统的目标是在特征空间和解释空间之间找到一种映射关系。特征空间是由从模式得到的对分类有用的度量、属性或基元构成的空间。解释空间由 M 个所属类别的集合构成。

如果一个对象的特征观察值为$\{x_1,x_2,\cdots,x_n\}$，它可构成一个 n 维的特征向量 $\boldsymbol{X}$，即 $\boldsymbol{X}=(x_1,x_2,\cdots,x_n)^{\mathrm{T}}$，式中，“$x_1,x_2,\cdots,x_n$” 为特征向量 $\boldsymbol{X}$ 的各个分量。一个模式可以看作 n 维空间中的向量或点，此空间称为模式的特征空间 $\boldsymbol{R}_n$。在模式识别过程中，要对许多具体对象进行测量，以获得更多观测值。其中有均值、方差、协方差与协方差矩阵等。

2. 模式识别系统

典型的模式识别系统如图 1-1 所示，由数据获取、预处理、特征提取、分类决策及分类器设计五部分组成。一般分为上下两部分，上部分完成未知类别模式的分类；下部分属于分类器设计，利用样本进行训练，确定分类器的具体参数，从而完成分类器的设计。而分类决策在识别过程中起的作用是对待识别的样本进行分类决策。

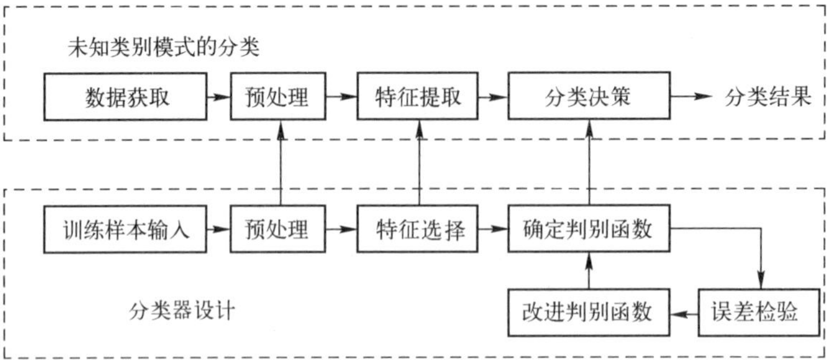

图 1-1　典型的模式识别系统

在设计模式识别系统时，需要注意模式类的定义、应用场合、模式表示、特征提取和选择、聚类分析、分类器的设计和学习、训练和测试样本的选取、性能评价等。针对不同的应用目的，模式识别系统各部分的内容可以有很大的差异，特别是在数据处理和模式分类这两部分，为了提高识别结果的可靠性往往需要加入知识库（规则）以对可能产生的错误进行修正，或通过引入限制条件大大缩小待识别模式在模型库中的搜索空间，以减少匹配计算量。在某些具体应用中，如机器视觉，除了要给出被识别对象是什么物体，还要求出该物体所处的位置和姿态以引导机器人的工作。下面分别简单介绍模式识别系统的工作原理。

模式识别系统组成单元的功能如下。

（1）数据获取：是指利用传感器把被研究对象的各种信息转换为计算机可以接受的数值或符号（串）集合。习惯上，将这种数值或符号（串）所组成的空间称为模式空间。这一步的关键是传感器的选取。为了从这些数字或符号（串）中抽取出对识别有效的信息，必须进行数据处理，包括数字滤波和特征提取。要用计算机可以运算的符号来表示所研究的对象，一般获取的数据类型如下。

① 二维图像：文字、指纹、地图、照片等；

② 一维波形：脑电图、心电图、季节震动波形等；

③ 物理参量和逻辑值：体温、化验数据、参量正常与否的描述。

（2）预处理：目的是消除输入数据或信息中的噪声，排除不相干的信号，只留下与被研究对象的性质和采用的识别方法密切相关的特征（如表征物体的形状、周长、面积等）。举例来说，在进行指纹识别时，指纹扫描设备每次输出的指纹图像会随着图像的对比度、亮度或背景等的不同而不同，有时可能还会变形，而人们感兴趣的仅仅是图像中的指纹线、指纹分叉点、端点等，而不需要指纹的其他部分或背景。因此，需要采用合适的滤波算法，如基于直方图的方向滤波、二值滤波等，过滤掉指纹图像中这些不必要的部分。需要对输入测量仪器或其他因素所造成的退化现象进行复原、去噪声，最终提取有用信息。

(3) 特征提取：是指从滤波数据中衍生出有用的信息。从许多特征中寻找出最有效的特征，将维数较高的测量空间（原始数据组成的空间）转变为维数较低的特征空间，以降低后续处理过程的难度。通常，人类很容易获取的某些特征，对于机器来说很难获取，所以特征提取是模式识别的一个关键问题。一般情况下，候选特征种类越多，得到的结果越好。但是，由此可能会引发维数灾害，即特征维数过高，计算机难以求解。因此，数据处理阶段的关键是滤波算法和特征提取方法的选取。不同的应用场合，采用的滤波算法和特征提取方法不同，提取出来的特征也不同。

(4) 分类决策：在特征空间中用模式识别方法把被识别对象归为某一类别。该阶段最后输出的可能是对象所属的类型，也可能是模型数据库中与对象最相似的模式编号。

(5) 分类器设计：模式分类通常是基于已经得到分类或描述的模式集合而进行的。人们称这样的模式集合为训练集，由此产生的学习策略称为监督学习。学习也可以是非监督性学习，在此情况下产生的系统不需要提供模式类的先验知识，而是基于模式的统计规律或模式的相似性学习判断模式的类别。基本做法是在样本训练集的基础上确定判别函数，改进判别函数和误差检验。

执行模式识别的计算机系统称为模式识别系统。研究模式识别系统的主要目的是利用计算机进行模式识别，并对样本进行分类。设计人员按实际需要设计模式识别系统，而该系统被用来执行模式分类的具体任务。

1.2　统计模式识别

1.2.1　统计模式识别研究的主要问题

统计模式识别研究的主要问题有：特征的选择与优化、分类判别及聚类判别。

(1) 特征的选择与优化

如何确定合适的特征空间是设计模式识别系统的一个十分重要的问题，对特征空间进行优化有两种基本方法，一种是特征的选择，如果所选用的特征空间能使同类物体分布具有紧致性，则可为分类器设计的成功提供良好的基础；反之，如果不同类别的样本在该特征空间中混杂在一起，那么再好的设计方法也无法提高分类器的准确性。另一种是特征的优化，是指通过一种映射变换改造原特征空间，构造一个新的、精简的特征空间。

(2) 分类判别

已知若干个样本的类别及特征，例如，手写阿拉伯数字的判别是具有 10 类的分类问题，机器首先要知道每个手写数字的形状特征，对同一个数字，不同的人有不同的写法，甚至同一个人对同一个数字也有多种写法，必须让机器知道该手写数字属于哪一类。因此对分类问题需要建立样本库。根据这些样本库建立判别分类函数，这一过程是由机器来实现的，称为学习过程。然后针对一个未知的新对象分析它的特征，决定它属于哪一类。这是一种监督分类的方法。

(3) 聚类判别

已知若干对象和它们的特征，但不知道每个对象属于哪一个类，而且事先并不知道究竟要分成多少类，则采用某种相似性度量的方法，即“物以类聚，人以群分”，把特征相同的归为一类。例如，手写了若干个阿拉伯数字，把相同的数字归为一类。这是一种非监督学习的方法。

机器识别也往往借鉴人类的思维活动，像人类一样找出待识别物的外形或颜色等特征，进行分析、判断，然后加以分门别类，即识别它们。模式识别的方法有很多，很难将其全部概括，也很难说哪种方法最佳，常常需要根据实际情况运用多种方法进行试验，然后选择最佳的分类方法。

1.2.2 统计模式识别方法简介

基于统计模式识别方法有多种，例如模板匹配法、判别函数法、神经网络分类法、基于规则推理法等。这些方法各有特点及应用范围，它们不能相互取代，只能共存，相互促进、借鉴、渗透。一个较完善的识别系统很可能是综合利用上述各类识别方法的观点、概念和技术而形成的。

1. 模板匹配法

模板匹配法的原理是选择已知的对象作为模板，与待测物体进行比较，从而识别目标。将待分类样本与标准模板进行比较，看跟哪个模板匹配程度更好些，从而确定待测试样本的分类。如近邻法则在原理上属于模板匹配。它将训练样本集中的每个样本都作为模板，用测试样本与每个模板进行比较，看与哪个模板最相似（即为近邻），就将最相似的模板的类别作为自己的类别。譬如 A 类有 10 个训练样本，因此有 10 个模板，B 类有 8 个训练样本，就有 8 个模板。任何一个待测试样本在分类时与这 18 个模板都算一算相似度，如最相似的那个近邻是 B 类中的一个，就确定待测试样本为 B 类，否则为 A 类。因此从原理上来说近邻法是最简单的方法。但是近邻法有一个明显的缺点就是计算量大，存储量大，要存储的模板很多，每个测试样本要对每个模板计算一次相似度，因此在模板数量很大时，计算量也是很大的。模板匹配的另一个缺点是由于匹配的点很多，理论上最终可以达到最优解，但在实际中却很难做到。模板匹配主要应用于对图像中对象物体位置的检测，运动物体的跟踪，以及不同光谱或者不同摄影时间所得的图像之间位置的配准等。模板匹配的计算量很大，相应数据的存储量也很大，而且随着图像模板的增大，计算量和存储量以几何级数增长。如果图像和模板大到一定程度，就会导致计算机无法处理，随之也就失去了图像识别的意义。

2. 判别函数法

设计判别函数的形式有两种方法：基于概率统计的分类法和几何分类法。

（1）基于概率统计的分类法

基于概率统计的分类法主要有基于最小错误率的贝叶斯决策、基于最小风险的贝叶斯决策。

直接使用贝叶斯决策需要首先得到有关样本总体分布的知识，包括各类先验概率 $P(\omega_1)$ 及类条件概率密度函数，计算出样本的后验概率 $P(\omega_1 \mid \boldsymbol{X})$，并以此作为产生判别函数的必要数据，设计出相应的判别函数与决策面。当各类样本近似于正态分布时，可以算出使错误率最小或风险最小的分界面，以及相应的分界面方程。因此如果能从训练样本估计出各类样本服从的近似的正态分布，则可以按贝叶斯决策方法对分类器进行设计。

这种利用训练样本进行模式识别的方法是通过它的概率分布进行估计，然后用它进行分类器设计，这种方法则称为参数判别方法。它的前提是对特征空间中的各类样本的分布已经很清楚，一旦待测试分类样本的特征向量值 $\boldsymbol{X}$ 已知，就可以确定 $\boldsymbol{X}$ 对各类样本的后验概率，也就可按相应的准则计算与分类。所以判别函数等的确定取决于样本统计分布的有关知识。因此参数判别方法一般只能用在有统计知识的场合，或能利用训练样本估计出参数的场合。

贝叶斯分类器可以用一般的形式给出数学上严格的分析证明：在给出某些变量的条件下，能使分类所造成的平均损失最小，或者分类决策的风险最小。因此能计算出分类器的极限性能。贝叶斯决策采用分类器中最重要的指标——错误率作为产生判别函数和决策面的依据，因此它给出了一般情况下适用的"最优"分类器设计方法，对各种不同的分类器设计技术都有理论指导意义。

(2) 判别函数分类法

由于一个模式通过某种变换映射为一个特征向量后，该特征向量可以理解为特征空间的一个点，在特征空间中，属于一个类的点集，这个类的点集总是在某种程度上与属于另一个类的点集相分离，各个类之间确定可分。因此如果能够找到一个判别函数（线性或非线性函数），把不同类的点集分开，则分类任务就解决了。判别分类器不依赖于条件概率密度的知识，可以理解为通过几何的方法，把特征空间分解为对应于不同类别的子空间。而且呈线性的分离函数，将使计算简化。分离函数又分为线性判别函数和非线性判别函数。

3. 神经网络分类法

人工神经网络的研究起源于对生物神经系统的研究。它将若干处理单元（即神经元）通过一定的互连模型连成一个网络，这个网络通过一定的机制可以模仿人的神经系统的动作过程，以达到识别分类的目的。人工神经网络区别于其他识别方法的最大特点是它对待识别的对象不要求有太多的分析与了解，具有一定的智能化处理的特点。神经网络侧重于模拟和实现人认知过程中的感知觉过程、形象思维、分布式记忆、自学习和自组织过程，与符号处理是一种互补的关系。但神经网络具有大规模并行、分布式存储和处理、自组织、自适应和自学习的能力，特别适用于处理需要同时考虑许多因素和条件的、不精确的和模糊的信息处理问题。

神经网络可以看成从输入空间到输出空间的一个非线性映射，它通过调整权重和阈值来"学习"或发现变量间的关系，实现对事物的分类。由于神经网络是一种对数据分布无任何要求的非线性技术，它能有效解决非正态分布、非线性的评价问题，因而得到广泛应用。由于神经网络具有信息的分布存储、并行处理及自学习等能力，它在泛化处理能力上显示出较高的优势，可处理一些环境信息十分复杂，背景知识不清楚，推理规则不明确的问题。允许样本有较大的缺损、畸变。缺点是目前能识别的模式类还不够多，模型还在不断丰富与完善中。

4. 基于规则推理法

基于规则推理法是对待识别客体运用统计（或结构、模糊）识别技术（人工智能技术），获得客体的符号性表达即知识性事实后，再运用人工智能技术针对知识的获取、表达、组织、推理方法，确定该客体所归属的模式类（进而使用）的方法。它是一种与统计模式识别、句法模式识别相并列（又相结合）的基于逻辑推理的智能模式识别方法。它主要包括知识表示、知识推理和知识获取三个环节。

通过样本训练集构建推理规则进行模式分类的方法主要有：决策树和粗糙集理论。决策树学习是以实例为基础的归纳学习算法。它着眼于从一组无次序、无规则的实例中推理出决策树表示形式的分类规则。决策树整体类似一棵倒长的树，分类时，采用自顶向下的递归方式，在决策树的内部节点进行属性值的比较并根据不同属性判断从该节点向下的分支，在决策树的叶节点得到结论。粗糙集理论反映了认知过程在非确定、非模型信息处理方面的机制和特点，是一种有效的非单调推理工具。粗糙集以等价关系为基础，用上、下近似两个集合来逼近任意一个集合，该集合的边界区域被定义为上近似集和下近似集之差集，边界区域就是那些无法归属的个体。上、下近似两个集合可以通过等价关系给出确定的描述，边界域的元素数目可以被计算出来。这两个理论在数据的决策和分析、模式识别、机器学习与知识发展等方面有着成功的应用，已成为信息科学最活跃的研究领域之一。

基于规则推理法适用于已建立了关于知识表示与组织、目标搜索及匹配的完整体系。对需通过众多规则的推理达到识别确认的问题，有很好的效果。但是当样本有缺损，背景不清晰，规则不明确甚至有歧义时，效果并不好。

5. 模糊模式识别法

模糊模式识别的理论基础是模糊数学。它模仿人辨识事物的思维逻辑，吸取人脑的识别特点，将计算机中常用的二值逻辑转向连续逻辑。模糊识别的结果是用被识别对象隶属于某一类别的程度即隶属度来表示的，一个对象可以在某种程度上属于某一类别，而在另一种程度上属于另一类别。一般常规识别方法则要求一个对象只能属于某一类别。基于模糊集理论的识别方法有最大隶属原则识别法、择近原则识别法和模糊聚类法。由于用隶属度函数作为样本与模块间相似程度的度量，所以往往能反映它们整体的和主要的特性，从而允许样本有相当程度的干扰与畸变。但准确合理的隶属度函数往往难以建立，故限制了它的应用。伴随着各门学科，尤其是人文、社会学科及其他“软科学”的不断发展，数字化、定量化的趋势也开始在这些领域中显现。模糊模式识别的应用不再简单局限于自然科学，同时也被应用到社会科学，特别是经济管理学科领域。

6. 支持向量机的模式识别

支持向量机（Support Vector Machine，SVM）方法是求解模式识别和函数估计问题的有效工具，是由 Vapnik 领导的 AT&T Bell 实验室研究小组在 1963 年提出的一种新的非常有潜力的分类技术，其基本思想是：先在样本空间或特征空间，构造出最优超平面，使得最优超平面与不同类样本集之间的距离最大，从而达到最大的泛化能力。支持向量机结构简单，并且具有全局最优性和较好的泛化能力，自提出以来得到了广泛的应用。

支持向量机在数字图像处理方面的应用是寻找图像像素之间特征的差别，即从像素点本身的特征和周围的环境（临近的像素点）出发，寻找差异，然后将各类像素点区分出来。

上述方法各有特点及应用范围，它们不能相互取代，但可以取长补短，互相补充、促进、借鉴、渗透。一个较完善的模式识别系统很可能是综合利用上述各类识别方法的观点、概念和技术而形成的。

1.3　分类分析

模式识别分类问题是指根据待识别对象所呈现的观察值，将其分到某个类别中去。具体步骤首先是建立特征空间中的训练集，已知训练集里每个点的所属类别，从这些条件出发，寻求某种判别函数或判别准则，设计判别函数模型，然后根据训练集中的样本确定模型中的参数，便可将模型用于判别，利用判别函数或判别准则去判别每个未知类别的点应该属于哪一类。

1.3.1　分类器设计

如何做出合理的判决就是模式识别分类器要讨论的问题。在统计模式识别中，感兴趣的主要问题并不在于决策的正误，而在于如何使由于决策错误造成的分类误差在整个识别过程中的风险代价降到最小。模式识别算法的设计都是强调“最佳”与“最优”，即希望所设计的系统在性能上达到最优。这种最优是针对某一种设计原则来讲的，这种原则称为准则，常用的准则有最小错误率准则、最小风险准则、近邻准则、Fisher 准则、均方误差最小准则、感知准则等。设计一个准则，并使该准则达到最优的条件是设计模式识别系统最基本的方法。模式识别中以确定准则函数来实现优化的计算框架设计。分类器设计中使用什么准则是关键，会影响到分类器的效果。不同的决策规则反映了分类器设计者的不同考虑，对决策结果有不同的影响。

一般说来，M 类不同的物体应该具有各不相同的属性值，在 n 维特征空间中，各自有不同的分布。当某一特征向量值 $\boldsymbol{X}$ 只为某一类物体所特有时，对其做出决策是容易的，也不会出什么差错。问题在于当出现模棱两可的情况时，由于属于不同类的待识别对象存在着呈现相同特征值的可能，即所观察到的某一样本的特征向量为 $\boldsymbol{X}$，而在 M 类中又有不止一类样本可能呈现这一 $\boldsymbol{X}$ 值。例如癌症病人初期症状与正常人的症状相同，其两类样本分别用“-”与“+”表示。如图 1-2 所示，A、B 直线之间的样本属于不同类别，但是它们具有相同的特征值。从图 1-2 中可见这两类样本在二维特征空间中相互穿插，很难用简单的分界线将它们完全分开。如果用一直线作为分界线，称为线性分类器，针对图 1-2 中所示的样本分布情况，无论直线参数如何设计，总会有错分类现象的发生。此时，任何决策都存在判错的可能性。

模式识别的基本计算框架——制订准则函数，实现准则函数极值化，常用的准则有以下 6 种。

(1) 最小错分率准则

完全以减少分类错误为原则，这是一个通用原则，见图 1-2，如果以错分类最小为原则分类，则图中 A 直线可能是最佳的分界线，它使错分类的样本数量最小。

(2) 最小风险准则

当接触到实际问题时，可以发现使错误率最小并不一

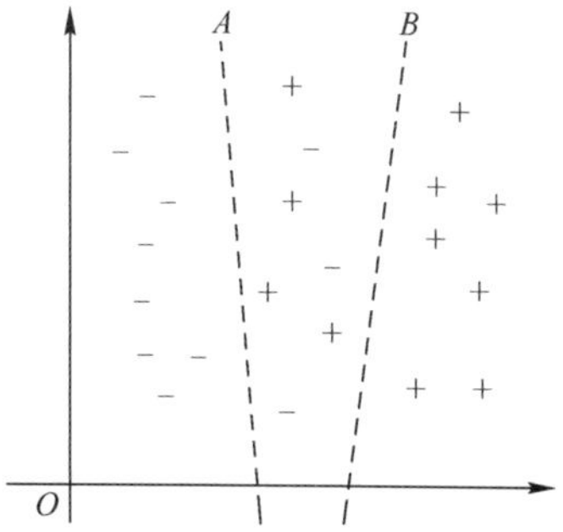

图 1-2　分界线示意图（改后）

定是一个普遍适用的最佳选择。有的分类系统将错分率多少看成最重要的指标（如对语音识别、文字识别来说这是最重要的指标），而有的分类系统对于错分率多少并不看重，而是要考虑错分类的不同后果（如对医疗诊断、地震、天气预报等）。例如可能多次将没有发生地震预报成有地震，也有可能已经发生地震但预报为没有地震，这类系统并不看重错分率，而是要考虑错分类引起的严重后果。例如上面讨论过的细胞分类中，如果把正常细胞错分为癌细胞，或发生相反方向的错误，其严重性可想而知。以 B 直线划分，有可能把正常细胞误判为异常细胞，“+”类样本错分成“-”类，给人带来不必要的痛苦，这种方法错分率多；但以 A 直线划分，有可能把癌细胞误判为正常细胞，“-”类样本错分成“+”类，会使病人因失去及早治疗的机会而遭受极大的损失，但这种方法错分率少。为使总的损失为最小，那么 B 直线就可能比 A 直线更适合作为分界线。这是基于最小风险的原理。

由此可见，根据不同性质的错误会引起不同程度的损失这一考虑出发，我们宁可扩大一些总的错误率，也要使总的损失减少。因此引入风险、损失这些概念，以便在决策时兼顾不同后果的影响。在实际问题中计算损失与风险是复杂的，在使用数学式子计算时，往往采用为变量赋予不同权值的方法来表示。在做出决策时，要考虑所承担的风险。基于最小风险的贝叶斯决策规则正是为了体现这一点而产生的。

（3）近邻准则

近邻准则是分段线性判别函数的一种典型方法。这种方法主要依据同类物体在特征空间具有聚类特性的原理。同类物体由于其性质相近，它们在特征空间中应具有聚类的现象，因此可以利用这种性质制订分类决策的规则。例如有两类样本，可以求出每一类的平均值，对于任何一个未知样本，先求出它到各个类的平均值距离，判断距离谁近就属于谁。

（4）Fisher 准则

Fisher 线性判别原理示意图如图 1-3 所示。根据两类样本一般类内密集、类间分离的特点，寻找线性分类器最佳的法线向量方向，使两类样本在该方向上的投影满足类内尽可能密集、类间尽可能分开的条件。把样本投影到任意一根直线上，有可能不同类别的样本就混在一起了，无法区分。由图 1-3（a）可知，样本投影到 x_1 轴或 x_2 轴无法区分；若把直线绕原点转动一下，就有可能找到一个方向，使得样本投影到这个方向的直线上，各类样本能很好地分开，见图 1-3（b）。因此直线方向的选择是很重要的。一般来说，总能够找到一个最好的方向，使样本投影到这个方向的直线上很容易分开。如何找到这个最好的直线方向，以及如何实现向最好方向投影的变换，正是 Fisher 算法要解决的基本问题。

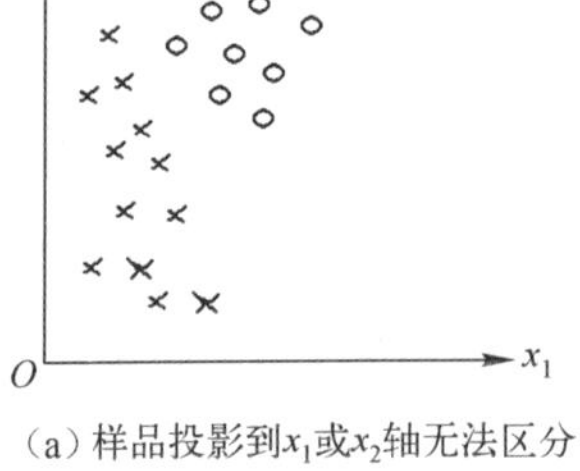

（a）样品投影到 x_1 或 x_2 轴无法区分

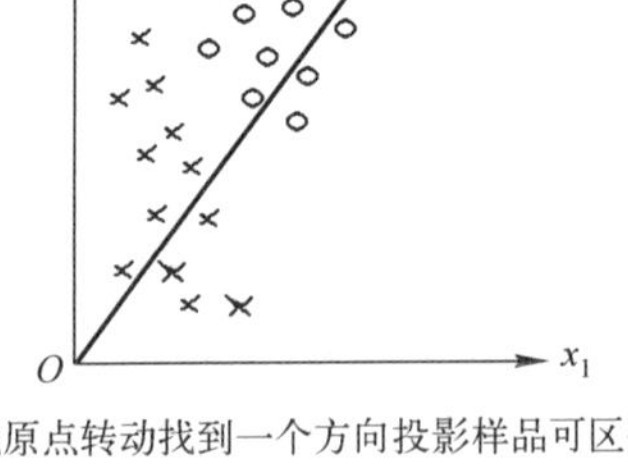

（b）绕原点转动找到一个方向投影样品可区分

图 1-3　Fisher 线性判别原理示意图

这说明如果两类分布围绕各自均值的确相近，Fisher 准则可使错误率较小，Fisher 方法实际上涉及维数压缩的问题。

（5）感知准则

感知准则函数以使错分类样本到分界面距离之和最小为原则。提出利用错误信息实现迭代修正的学习原理，即利用错分类提供的信息修正错误。这种思想对机器学习的发展以及人工神经元网络的发展产生深远影响。其优点是通过错分类样本提供的信息对分类器函数进行修正，这种准则是人工神经元网络多层感知器的基础。

（6）最小均方误差准则

LMSE 算法以最小均方误差作为准则。

1.3.2　分类器的选择

在讨论了判别函数等概念后，设计分类器的任务就清楚了。根据样本分布情况来确定分类器的类型。在设计分类器时，要有一个样本集，样本集中的样本用一个各分量含义已经确定的向量来描述，也就是说对要分类的样本怎样描述这个问题是已经确定的。在这种条件下研究用贝叶斯分类器、线性分类器与非线性分类器等，以及这些分类器的其他设计问题。

按照基于统计参数的决策分类方法，判别函数及决策面方程的类别确定是由样本分布规律决定的，贝叶斯决策是基于统计分布确定的情况下计算的，如果要按贝叶斯决策方法设计分类器，就必须设法获得必需的统计参数。当有条件得到准确的统计分布知识（这些统计分布知识具体说来包括各类先验概率 $P(\omega_1)$ 及类条件概率密度函数，从而可以计算出样本的后验概率 $P(\omega_1 | \boldsymbol{X})$），并以此作为产生判别函数的必要依据时，可利用贝叶斯决策来实现对样本的分类。但是，在这些参数未知的情况下使用贝叶斯决策方法，就得有一个学习阶段。在这个阶段，应设法获得一定数量的样本，然后从这些样本数据获得对样本概率分布的估计。有了概率分布的估计后，才能对未知的新样本按贝叶斯决策方法进行分类。

在一般情况下要得到准确的统计分布知识是极其困难的事。当实际问题中并不具备获取准确统计分布的条件时，可使用几何分类器。几何分类器的设计过程主要是判别函数、决策面方程的确定过程。设计几何分类器首先要确定准则函数，然后再利用训练样本集确定该分类器的参数，以使所确定的准则达到最佳。在使用分类器时，样本的分类由其判别函数值决定。判别函数可以是线性函数也可以设计成非线性函数。设特征向量的特征分量数目为 n，可分类数目为 M，符合某种条件就可使用线性分类器，正态分布条件下一般适合用二次函数决策面。

① 若可分类数目 $M=2(n+1)\approx 2n$，则几乎无法用一个线性函数分类器将它们分成两类。

② 在模式识别中，理论上，$M>n+1$ 的线性分类器不能使用，但是如果一个类别的特征向量在空间中密集地聚集在一起，几乎不和其他类别的特征向量混合在一起，则无论 M 多大，线性分类器的效果总是良好的。在字符识别机中，线性函数分类器已经证明能够提供良好的识别效果，它能完成数量很大的字符识别任务。

因此，在手写数字识别中，只要读者规范书写数字，不同数字类别的特征空间就可以看成彼此分离的，而同一类别的数字在特征空间中集群性质较好，应用线性分类器是可行的。

相反，如果特征向量的类集群性质不好，则线性分类器的效果总是不理想，此时，必须求助于非线性分类器。

1.3.3 训练与学习

所谓模式识别中的学习与训练是从训练样本提供的数据中找出某种数学式子的最优解，这个最优解使分类器得到一组参数，按这种参数设计的分类器使人们设计的某种准则达到极值。分类决策的具体数学公式是通过分类器设计这个过程确定的。在模式识别学科中一般把这个过程称为训练与学习的过程。

分类的规则是依据训练样本提供的信息确定的。分类器设计在训练过程中完成，利用一批训练样本（包括各种类别的样本），大致勾画出各类样本在特征空间分布的规律性，为确定使用什么样的数学公式及这些公式中的参数提供信息。一般来说，使用什么类型的分类函数是人为决定的。分类器参数的选择以及在学习过程得到的结果取决于设计者选择什么样的准则函数。不同准则函数的最优解对应不同的学习结果，进而得到性能不同的分类器。数学式子中的参数则往往通过学习来确定，分类器有一个学习过程，如果发现当前采用的分类函数会造成分类错误，那么利用错误分类获取纠正信息，就可以使分类函数朝正确的方向前进，这就形成了一个迭代的过程，如果分类函数及其参数使分类出错的情况越来越少，就可以看成逐渐收敛，学习过程就获得了效果，设计也就可以结束了。

训练与学习的过程常常用到以下三个概念。

（1）训练集，是一个已知样本集，在监督学习方法中，用它来开发模式分类器。

在分类实例中，样本库训练集是程序开发人员按照自己的手写数字习惯来书写的数字，因此，会造成对读者手写的数字分类有误的情况，为了尽量避免此类情况的发生，我们把每次添加的手写数字放在样本训练集的首位，读者可以尽量多写一些数字以使程序适应其书写式样。

（2）测试集，在设计识别和分类系统时没有使用过的独立样本集。

在分类实例中，以读者自己手写的数字作为样本进行测试检验，每写一个数字就可以用各种模式识别算法进行检验。这样的好处是在相同的样本特征值下，可以对不同的模式识别算法进行比较，找出最佳适应算法。

（3）系统评价原则，就是判断该模式识别系统能否正确分类。为了更好地对模式识别系统性能进行评价，必须使用一组独立于训练集的测试集对系统进行测试。

1.4 聚类分析

前面介绍的分类问题是利用已知类别的样本（训练集）来构造分类器的。其训练集样本是已知类别的，所以又称为有监督学习（或有教师分类）。在已知类别样本的“指导”（监督）下对单个待测样本进行分类。聚类问题则不同，它是指利用样本的特性来构造分类器。这种分类为无监督分类，通常称为聚类或集群。

聚类分析是指事先不了解一批样本中的每一个样本的类别或其他的先验知识，而唯一的分类依据是样本的特征，利用某种相似性度量的方法，把特征相同或相近的样本归为一类，实现聚类划分。

聚类分析是对探测数据进行分类分析的一个工具，许多学科要根据所测得的或感知到的相似性对数据进行分类，把探测数据归到各个聚合类中，且在同一个聚合类中的模式比在不同聚合类中的模式更相似，从而对模式间的相互关系做出估计。聚类分析的结果可以被用来对数据提出初始假设、分类新数据、测试数据的同类型及压缩数据。

聚类算法的重点是寻找特征相似的聚合类。人类是二维的最佳分类器，然而大多数实际问题涉及高维的聚类。对高维空间内的数据的直观解释，其困难是明显的，另外，数据也不会服从规则的理想分布，这就是大量聚类算法出现的原因。在图像中进行聚类分析，当一幅图像中含有多个物体时，需要对不同的物体进行分割标识。

1.4.1　聚类的设计

1. 聚类的定义

Everttt 提出一个聚合类是一些相似的实体的集合，而且不同聚合类的实体是不相似的。在一个聚合类内两个点间的距离小于在这个类内的任一点和不在这个类内的任一点间的距离。聚合类可以被描述成在 n 维空间内存在较高密度点的连续区域和较低密度点的区域，而较低密度点的区域把其他较高密度点的区域分开。

在模式空间 S 若给定 N 个样本 $\boldsymbol{X}_1,\boldsymbol{X}_2,\cdots,\boldsymbol{X}_N$，聚类的定义则是：按照相互类似的程度找到相应的区域 $R_1,R_2,\cdots,R_M$，将任意 $\boldsymbol{X}_i(i=1,2,\cdots,N)$ 归入其中一类，而且 $\boldsymbol{X}_i$ 不会同时属于两类，即

$$R_1 \cup R_2 \cup \cdots \cup R_M = R$$

$$R_i \cap R_j = \varnothing \quad (i \neq j)$$

这里 $\cup$ 、$\cap$ 分别为并集、交集。

选择聚类的方法应以一个理想的聚类概念为基础。然而，如果数据不满足聚类技术所做的假设，则算法不是去发现真实的数据结构而是在数据上强加上某一种结构。

2. 聚类准则

设有未知类别的 N 个样本，要把它们划分到 M 类中去，可以有多种优劣不同的聚类方法，怎样评价聚类的优劣，这就需要确定一种聚类准则。但客观来说，聚类的优劣是就某一种评价准则而言的，很难有对各种准则均呈优良表现的聚类方法。

聚类准则的确定，基本上有两种方法。一种是试探法，根据所分类的问题，试探性地进行样本的划分，确定一种准则，并用它来判断样本分类是否合理。例如，以距离函数作为相似性的度量，用不断修改的阈值，来探究聚类对此种准则的满足程度，当取得极小值时，就认为得到了最佳划分。另一种是群体智能方法，随着对生物学的深入研究，人们逐渐发现自然界中的某些个体虽然行为简单且能力非常有限，但当它们一起协同工作时，表现出来的并不是简单的个体能力的叠加，而是非常复杂的行为特征，群体智能优化算法在没有集中控制并且不提供全局模型的前提下，利用群体的优势，分布搜索，这种方法一般能够比传统的优化方法更快地发现复杂优化问题的最优解，为寻找复杂问题的最佳方案提供了新的思路和新的方法。

下面给出一种简单而又广泛应用的准则，即误差平方和准则：

设有 N 个样本，分属于 $\omega_1,\omega_2,\cdots,\omega_M$ 类，设有 N_i 个样本的 ω_i 类，其均值为

$$\boldsymbol{m}_i = \frac{1}{N_i}\sum_{\boldsymbol{X}\in\omega_i}\boldsymbol{X} \quad \rightarrow \quad \overline{\boldsymbol{X}^{(\omega_i)}} = \frac{1}{N_i}\sum_{\boldsymbol{X}\in\omega_i}\boldsymbol{X} \tag{1-1}$$

因为有若干种方法可将 N 个样本划分到 M 类中去，因此对应一种划分，可求得一个误差平方和 J，要找到使 J 值最小的那种划分。定义误差平方和为

$$J = \sum_{i=1}^{M}\sum_{\boldsymbol{X}\in\omega_i}|\boldsymbol{X} - \boldsymbol{m}_i|^2 \quad \rightarrow \quad J = \sum_{i=1}^{M}\sum_{\boldsymbol{X}\in\omega_i}|\boldsymbol{X} - \overline{\boldsymbol{X}^{(\omega_i)}}|^2 \tag{1-2}$$

样本分布与误差平方和准则的关系如图 1-4 所示。经验表明，当各类样本均很密集，各类样本个数相差不大，而类间距离较大时，适合采用误差平方和准则，见图 1-4（a）。若各类样本数相差很大，类间距离较小时，就有可能将样本数多的类一分为二，而得到的 J 值却比大类保持完整时得到的小，误以为得到了最优划分，实际上得到了错误的划分，见图 1-4（b）。

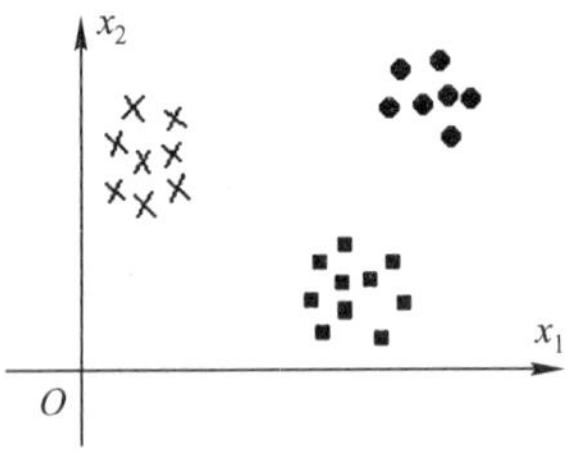

（a）适合采用误差平方和准则

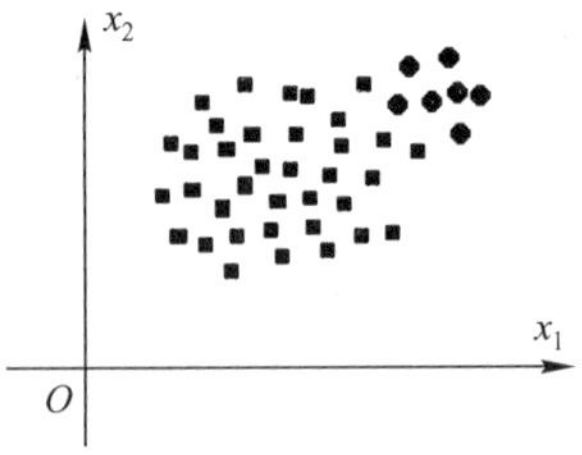

（b）不适合采用误差平方和准则

图 1-4　样本分布与误差平方和准则的关系

1.4.2　基于试探法的聚类设计

基于试探法的聚类设计首先假设某种分类方案，确定一种聚类准则，然后计算 J 值，找到 J 值最小的那一种分类方案，则认为该种方法为最优分类。基于试探法的未知类别聚类算法，包括最临近规则的试探法、最大最小距离试探法和层次聚类试探法。

1. 最临近规则的试探法

假设前 i 个样本已经被分到 k 个类中。则第 $i+1$ 个样本应该归入哪一个类中呢？假设归入 ω_a 类，要使 J 最小，则应满足第 $i+1$ 个样本到 ω_a 类的距离小于给定的阈值 T，若大于给定的阈值 T，则应为其建立一个新的类 ω_{k+1}。在未将所有的样本分类前，类数是不能确定的。

这种算法与第一个中心的选取、阈值 T 的大小、样本排列次序及样本分布的几何特性有关。这种方法运算简单，当有关于模式几何分布的先验知识作为指导给出阈值 T 及初始点时，则能较快地获得合理的聚类结果。

2. 最大最小距离试探法

最临近规则的试探法受阈值 T 的影响很大，阈值的选取是聚类设计成败的关键之一。最大最小距离试探法充分利用样本内部特性，计算出所有样本间的最大距离作为归类阈值的参考，改善了分类的准确性。例如，当某样本到某一个聚类中心的距离小于最大距离的一半

时，则归入该类，否则建立新的聚类中心。

3. 层次聚类试探法

层次聚类试探法对给定的数据集进行层次上的分解，直到满足某种条件为止。具体又可分为合并、分裂两种方案。

合并的层次聚类是一种自底向上的策略，首先将每个对象作为一个类，然后根据类间距离的不同，合并距离小于阈值的类，合并一些相似的样本，直到终结条件被满足，合并算法会在每一步均减小聚类中心数量，每一步聚类产生的结果都来自于前一步的两个聚类的合并。绝大多数层次聚类方法属于这一类，它们只是在相似度的定义上有所不同。

分裂的层次聚类与合并的层次聚类相反，采用自顶向下的策略，它首先将所有对象置于同一个簇中，然后逐渐细分为越来越小的样本簇，直到满足某种终止条件。分裂算法与合并算法的原理相反，会在每一步均增加聚类中心数量，每一步聚类产生的结果，都是由前一步的一个聚类中心分裂成两个得到的。

1.4.3 基于群体智能优化算法的聚类设计

群体智能优化算法的仿生计算一般由初始化种群、个体更新和群体更新三个过程组成。下面分别介绍这三个过程的仿生计算机制。

1. 初始化种群

在任何一种群体智能优化算法中，都包含种群的初始化。种群的初始化是指假设群体中的每个样本已经被随机分到某个类中，产生若干个个体，并人为地认为这些群体中的每一个个体为所求问题的解。因此，一般需要对所求问题的解空间进行编码操作，将具体的实际问题以某种解的形式给出，便于对问题进行描述和求解。初始化种群的产生一般有两种方式：一种是完全随机产生的方式，另一种是结合先验知识产生的方式。在没有任何先验知识的情况下往往采用第一种方式，而第二种方式可以使得算法较快收敛到最优解。种群的初始化主要包括问题解形式的确定、算法参数的选取、评估函数的确定等。

2. 个体更新

个体的更新是群体智能优化算法中的关键一步，是群体质量提高的驱动力。在自然界中，个体的能力非常有限，行为也比较简单，但是，有时当多个简单的个体组合成一个群体之后，将会有非常强大的功能，能够完成许多复杂的工作。如蚁群能够完成筑巢、觅食，蜂群能够高效完成采蜜、喂养和保卫工作，鱼群能够快速完成寻找食物、躲避攻击等工作。

群体智能优化算法中，采用简单的编码技术来表示一个个体所具有的复杂结构，在寻优搜索过程中，对一群用编码表示的个体进行简单操作，本书将这些操作称作“算子”。个体的更新依靠这些算子实现，不同的群体智能优化算法仿生构造了不同的算子。如进化算法中的交叉算子、重组算子，或者变异算子、选择算子；蚁群算法中的蚂蚁移动算子、信息素更新算子。

个体更新的方式主要分为两种：一种是依靠自身的能力在解空间中寻找新的解；另一种是受到其他解（如当前群体中的最优解或邻域最优解）的影响而更新自身。

3. 群体更新

在基于群体概念的仿生智能算法中，群体更新是种群中个体更新的宏观表现，它对于算法的搜索和收敛性能具有重要作用。在不同的仿生群体智能优化算法中，存在着不同的群体更新方式。主要有三种方式：个体更新实现群体更新，子群更新实现群体更新，选择机制实现群体更新。

1.5 模式识别的应用

我们在生活中时时刻刻都在进行着模式识别，如识物、辨声、辨味等行为均属于模式识别的范畴。计算机出现后，人们企图用计算机来实现人或动物所具备的模式识别能力。当前的研究主要是模拟人的视觉能力、听觉能力和嗅觉能力，如现在研究比较热门的图像识别技术和语音识别技术。这些技术已被广泛应用于军事与民用工业中。模式识别已经广泛应用于文字识别、语音识别、指纹识别、遥感、医学诊断、工业产品检测、天气预报、卫星航空图片解释等领域，近年来，用模式识别方法发展起来的“模式识别优化技术”在化工、冶金、石化、轻工等领域用于配方、工艺过程的优化设计和优化控制，产生了巨大的经济效益。在节约原料、提高产品质量和产量、降低单位能耗等方面充分显示了这一高新技术的巨大潜力。模式识别技术除了可以对配方、工艺进行优化设计外，还可以用于工业过程控制，这就是模式识别智能控制优化专家系统。它的特别之处在于针对目标（例如降低能耗、提高产量等）的具体情况，优化影响目标的参量（如原料的组成、工艺参数等），在众多影响参量中筛选出对目标具有较重要影响的参量。经过模式分类、网络训练，确定优化区域，找出优化方向，动态建立模型，定量预报结果，使生产操作条件始终保持在优化状态，尽可能地挖掘生产潜力，在过程工业领域（包括化工、冶金、轻工、建材等）有广阔的应用前景。

所有这些应用都是和实际模式识别问题的性质密不可分的，至今还没有发展出统一的、有效的可应用于所有的模式识别问题的理论。当前的一种普遍看法是不存在对所有的模式识别问题都适用的单一模型和解决识别问题的单一技术，我们现在拥有的是一个工具袋，我们所要做的是结合具体问题把模式识别方法结合起来，把模式识别与人工智能中的启发式搜索结合起来，把人工神经元网络、不确定方法、智能计算结合起来，深入掌握各种工具的效能和应用的可能性，互相取长补短，开创模式识别应用的新局面。

模式识别技术是人工智能的基础技术，21 世纪是智能化、信息化、计算化、网络化的时代，在这个以数字计算为特征的世纪里，作为人工智能技术基础学科的模式识别技术，必将获得巨大的发展空间。

本章小结

假定有一批待识别的事物，事先也没有相关的先验知识，即不知道它们属于何种类别，满足何种分布，在这种情况下我们对这批事物分类的方法就是按照它们特征之间的相似性，将有相同或相似特征的事物聚集在一起，也就是说最后的分类结果中每一类聚集的事物都有共同的特征，这种根据事物相似性程度分类的方法称为聚类。例如手写了 15 个数字(0,2,3,0,0,2,3,2,2,0,3,3,3,2,0)，通过模式识别会把它们归成(0,2,3)3 个类，这种方法叫非监督学习方法。如果给定了一批待识别的事物，而且还知道了某些事物的类别，根据已知事物特征及其类别判断未知事物的类别，这种问题称为分类问题，分类与聚类的不同点是分类的类数是确定的，并且已经知道了一批已分类的事物。例如数字有固定的类数（0~9），能够识别出手写数字为哪一类，这种方法叫监督学习方法。

监督学习方法用来对数据进行分类，分类规则通过训练获得。该训练集由带分类号的数据集组成，因此监督学习方法的训练过程是离线的。非监督学习方法不需要单独的离线训练过程，也没有带分类号的训练数据集，一般用来对数据集进行聚类分析，确定其分布。

总之，分类与聚类的效果好坏，一般说来最基本的性能评估依据是其错误率，如果能有反映错误率大小的准则，在理论上是最合适的。但是正如在前面讨论中提到的，错误率的计算是极其复杂的，以至于很难构建直接基于错误率的判据。而且分类与聚类效果还受所使用的训练集以及所用算法的影响，故分类与聚类效果的好坏通常需要靠实践来检验。

本章介绍了设计分类器需要考虑的基本问题，包括特征空间优化设计问题、分类器设计准则、分类器设计基本方法、判别函数、分类器的选择和训练与学习，还介绍了聚类判别所涉及的基本问题。这些都是模式识别需要考虑的重要内容，掌握这些内容可为理解及实践后续各章所介绍的理论打下基础。

习题 1

1. 简述特征空间优化的方法。
2. 简述几种常用的分类器设计准则。
3. 简述分类器设计的基本方法。
4. 试写出基于二维特征两类分类问题的线性判别函数形式。
5. 试写出基于 n 维特征两类分类问题的线性判别函数形式。
6. 试写出基于 n 维特征多类分类问题的线性判别函数形式。
7. 试写出基于 n 维特征多类分类问题的非线性判别函数形式。
8. 简述设计判别函数需要确定的基本要素。
9. 简述在什么情况下分类器不可分。
10. 简述设计一个分类器的基本方法。

第 2 章　特征的选择与优化

本章要点：

☑ 特征空间优化设计问题
☑ 样本特征库初步分析
☑ 样本筛选处理
☑ 特征筛选处理
☑ 特征评估
☑ 基于主成分分析的特征提取
☑ 特征空间描述与分布分析
☑ 手写数字特征提取与空间分布分析

在实际应用中，信息采集的对象多数是多特征、高噪声、非线性的数据集。人们只能尽量多列一些可能有影响的因素，在样本数不是很多的情况下，用很多特征进行分类器设计，无论从计算的复杂程度还是分类器的性能来看都是不适宜的。因此，研究如何把高维特征空间压缩到低维特征空间就成为一个重要的课题。不论用计算机还是由人去识别，任何识别过程的第一步，都是要分析各种特征的有效性并选出最具有代表性的特征。

特征选择与优化是非常重要的，它强烈地影响到分类器的设计及其性能。若不同类别样本的特征差别很大，那就比较容易设计出具有较高性能的分类器。因此，特征的选择是模式识别中的一个关键问题。由于在很多实际问题中常常不容易找到那些最重要的特征，或受条件限制不能对它们进行测量，这就使特征选择和优化的任务复杂化而成为构造模式识别系统最困难的任务之一。这个问题已经越来越受到人们的重视。

2.1　特征空间优化设计问题

特征选择和优化的基本任务是从许多特征中找出那些最有效的特征。解决特征选择和优化问题，最核心的内容就是对现有特征进行评估，并通过现有特征产生更好的特征。在实际应用中，特征选择与优化过程如图 2-1 所示。

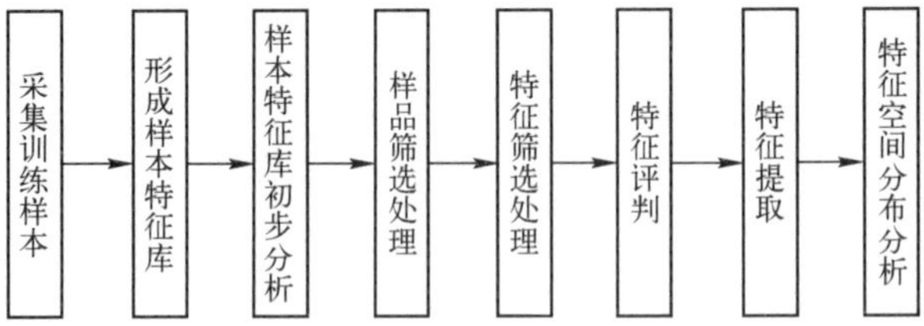

图 2-1　特征选择与优化过程

特征选择与优化过程如下。

① 首先采集训练样本并形成样本特征库。

② 样本特征库初步分析是指从原始数据中抽取那些对区别不同类别最为重要的特征，而舍去那些对分类并无多大贡献的特征，从而得到能反映分类本质的特征，并考查所选特征是否合理，能否实现分类。如果把区别不同类别的特征都从输入数据中找到，这时自动模式识别问题就简化为匹配和查表，模式识别就不困难了。

③ 样本筛选处理的目的是去掉“离群点”，减少这些“离群点”对分类器的干扰。当受条件所限无法采集大量的训练样本时，应慎重对待离群点。样本在特征空间中的理想分布是同类相聚、异类远离，但是在现实中很难达到理想的分布状态，这就要求分类器具有泛化能力。

④ 特征筛选处理的目的是分析特征之间的相关性，考查每个特征因子与目标有无关系，以及特征因子之间是否存在相关关系。删去那些相关的因子，在样本不多的条件下可以改善分类器的总体性能，降低模式识别系统的代价。特征的选择常常面临着保留哪些描述量、删除哪些描述量的问题，所选特征通常要经过从多到少的过程。因此在设计识别方案的初期阶段，应该尽量多地列举出各种可能与分类有关的特征，这样可以充分利用各种有用的信息，改善分类效果。但大量的特征中肯定会包含许多彼此相关的因素，造成特征的重复和浪费，给计算带来困难。Kanal L. 曾经总结：样本数 N 与特征数 n 之比应足够大，通常样本数 N 是特征数 n 的 5~10 倍。

⑤ 特征评判的目的是分析经过筛选之后的特征，能否提高分类效果，能否拉大不同类别之间的距离。一个模式类特征选择的好与坏，很难在事先完全预测，只能通过从整个分类识别系统中获得的分类结果给予评价。

⑥ 特征提取目的是用较少的特征对样本进行描述，以达到降低特征空间维数的目的。接着需要进一步掌握样本库的总体分布情况，若发现效果不理想，应再一次考察样本库，或重新提取特征，或增加特征，或进一步删除“离群点”等。

⑦ 进行特征空间分布分析即确定合适的特征空间是设计模式识别系统十分重要的问题。如果所选用的特征空间能使同类物体分布具有紧致性，即各类样本能分布在该特征空间中彼此分割开的区域内，这就为分类器设计成功提供了良好的基础。反之，如果不同类别的样本在该特征空间中混杂在一起，那么再好的设计方法也无法提高分类器的准确性。

2.2　样本特征库初步分析

在进行模式识别处理之前，需要先评估一下特征库是否包含足够的信息，用它进行模式识别是否可行或值得。

1. 对样本数量与特征数目的要求

通常要求样本数量 N 要足够大，并符合下列关系。

① 对两类分类问题：$\frac{N}{n} \geqslant 3$，此处 n 为特征数目，N 为样本的数量。

② 对线性或非线性回归问题：$N \gg n$。

若实际课题中，由于不能确定哪些因素有影响，只能选择过多的特征，以致样本数量 N 不合乎上述要求。在无法获得足够多的样本的情况下，应考虑下列两项措施。

① 通过特征筛选去除一批对目标影响小的特征，使 n 减小。

② 通过原理方面的论证或试探性地将若干特征组合成数目较少的特征。

2. 对样本特征库做初步分析

对样本特征库做初步分析的主要工作是衡量各类别之间的可分性，最常用的方法是应用“KNN 留一法”判据做近邻分析。KNN 留一法是以每个样本点与其多数最近邻属于同类与否作为判据的。

根据样本在多维空间中的位置，计算各样本之间的距离，找出样本的三个、五个或多个最近邻，列表显示该样本的类别及近邻的类别，判断样本与最近邻是否属于同类，将多个同类样本所属的类别作为预报该样本的类别，并与实际类别比较，仔细考查近邻分析结果，可对数据结构有一个大致的了解。如果样本在特征空间中分散，则需要选择泛化能力强的分类器，如神经网络分类器、支持向量机分类器等。

2.3 样本筛选处理

通常将“离群点”称为噪声，噪声干扰可能带来严重的后果。例如，使拟合度最佳的标准产生失误，或使真正有效的数学模型比“假”模型拟合度还差些。采用预报结果检验的方法可能会甄别此事。统计数学上，样本筛选处理的目的主要是删去这些离群的样本点，从而改善分类效果。定义和判断“离群点”的方法有以下几种。

① 若样本特征呈近线性关系，可用稳健回归方法确定“离群点”。

② 若样本特征不呈近线性关系，通常将近邻多半为异类的样本删除，或将目标值与各近邻平均值相差特别大的样本删除，也可以将特征压缩后做回归分析。

上述方法由于认定和删除离群点基于若干假设，事先无法确定这些假设是否合乎实际，因此对删除后的数据必须谨慎对待。在实践中若能对离群点是否为“真”离群点进行反复验证，才能增加结果的可靠性。经过初步评估，对“可分性”不满意时，可试行“样本筛选”操作，改善可分性。

2.4 特征筛选处理

在实际应用中，人们只能尽量多列一些可能有影响的因素，然后通过数据处理，考查和筛选出作用较大的特征，删去影响不大的特征，从而建立数学模型。特征筛选的第一步是对每个特征做分析，考查特征与目标之间的相关性，以及特征与特征之间的相关性。

用原始变量为坐标作投影图，考查单特征、双特征、多特征对目标值的影响，计算相关系数。

1. 单特征相关分析

将所有特征逐个对目标值作二维图，计算目标值 t 与特征 x_j 之间的相关系数，见式（2-1）。

$$r(t,x_j)=\frac{\sum_{i=1}^{N}(t_i-\bar{t})(x_{ij}-\bar{x}_j)}{\left[\sum_{i=1}^{N}(t_i-\bar{t})^2\sum_{i=1}^{N}(x_{ij}-\bar{x}_j)^2\right]^{\frac{1}{2}}} \tag{2-1}$$

式中，i 为样本号数；t_i 和 x_{ij} 分别为第 i 个样本的目标值和第 j 个特征值；$\bar{t}$ 和 $\bar{x}_j$ 分别为所有样本的目标值的平均值和第 j 个特征的平均值；相关系数 $r(t,x_j)$ 介于−1 与 1 之间，作为最简单的近似方法，各特征的重要性可用相关系数的绝对值大小来评估。

根据特征对目标值或分类的影响大小，删去作用小、噪声大的变量。为了不漏掉重要因子，一开始我们宁愿多选一些特征，然后比较各个特征在描述研究对象时作用的大小，删去那些带来信息少、噪声多的特征；并将保留的特征按其与描述对象关系的大小做一个大致的排序，突出主要因素，这对建立模式识别系统是十分必要的。特征筛选的原理是：一个原有 $n+1$ 个特征的特征库，删去其中一个特征，得到一个特征数为 n 的新数据库；若删去的变量贡献的信息小于它带来的噪声量，删去后信息量未显著减少或反而增加，则该特征为可删变量。

2. 双特征相关分析

在所有特征中每次取出两个特征作为横、纵坐标作图，同时将样本分为两类或多类，以不同符号显示于图中，据此考查两类或多类样本在图中的分布规律；同时还显示两个特征间的相关系数。

3. 三特征相关分析

在所有特征中每次选用三个，作为 x，y，z 坐标作三维图，同时将样本分为两类或多类，以不同符号显示于图中，据此考查各类样本在三维空间的分布规律；也可选两个特征分别为 x 和 y 坐标，目标值为 z 坐标，考查其关系。三维结构可通过图形旋转考察其分布规律，同时显示旋转后的二维坐标与原始变量的关系。

4. 子空间局部考查

将原始多维空间“切割”为几个子空间，然后再做相关分析，往往能揭示重要的规律。

因复杂系统往往存在多特征问题，目标值或目标类别往往受三个以上因子（特征）的共同影响，单考查一个、两个或三个因子的影响往往不够，因为由于其他因子（特征）变化的干扰，往往不能有效地全面显示特征空间的规律性，只有运用多种模式识别方法建模才能全面解决问题。但是作为初步考查手段，相关分析方法（特别是与子空间局部考查结合后）很有用，因为相关分析及其作图方法显示的是原始特征，若能找到规律，对其物理（或化学）意义的诠释就比较简单明了了。多种模式识别方法虽能提供更完整可靠的数学模型，但因其坐标表达式多为多个原始变量的线性或非线性组合，诠释起来比较复杂。

根据前述单特征相关分析方法，删去相关系数小的特征。这种方法对于样本分布不均匀的特征库是不可靠的做法。如果目标与特征之间呈线性关系，对于样本分布不均匀的数据文件，单比较相关系数也不是绝对可靠的做法，因为它没有考虑其他特征的影响。总而言之，可以肯定的是，若 x_i 与 t（或 x_j）的相关系数很大（如 0.5 以上或−0.5 以下），x_i 肯定对 t（或 x_j）有较大影响；若相关系数较小，则要参照其他信息才能决定该特征是否可删。

5. 特征选择及搜索算法

特征选择的任务是从一组数量为 D 的特征中选择出数量为 $n(D>n)$ 的一组最优特征来，

一方面需要确定可分离性判据 $J(x)$，对特征选择效果做评估，选出可使某一可分性达到最大的特征组（详见 2.4 节）。另一方面是要找到一个较好的算法，以便在允许的时间内找出最优的那一组特征。

如果采用穷举法，分别把 D 个特征单独使用时的可分离性判据都算出来，按判据大小排列，例如

$$J(x_1)>J(x_2)>\cdots>J(x_n)>\cdots>J(x_D)$$

单独使用时使 J 较大的前 n 个特征作为特征组并不具有最优的效果，甚至有可能是最不好的特征组。

从 D 个特征中挑选 n 个，所有可能的组合数为

$$q=C_D^n=\frac{D!}{(D-n)!n!} \tag{2-2}$$

如果把各种可能的特征组合的 J 都算出来再加以比较，以选择最优特征组，则计算量太大而无法实现。这就使得寻找一种可行的算法变得非常必要。

应当说明的是，任何非穷举的算法都不能保证所得结果是最优的。因此，除非只要求次优解，否则所选算法原则上仍是穷举算法，只不过采取某些搜索技术可能使计算量有所降低。在所有算法中，最优特征组的构成都是用每次从现存特征中增加或去掉某些特征的方法直至特征数等于 n 为止，若特征数从零逐步增加则称为“自下而上”法；反之，若特征数从 D 开始逐步减少，则称为“自上而下”法。

令 Φ_k 表示特征数目为 k 的所有可能的特征组合，$\overline{\Phi}_k$ 表示从 x_1，x_2，…，x_D 中去掉 k 个特征后所剩特征的所有可能的特征组合。

在“自下而上”算法中第 k 步的最优特征组应当使

$$J(\Phi_k')=\max_{\{\Phi_k\}} J(\Phi_k)$$

从 $\Phi_0=\varnothing$ 开始，$k=1,2,\cdots$，直到 $k=n$，结果得

$$\Phi=\Phi_n$$

在“自上而下”算法中第 k 步的最优特征组应当使

$$J(\overline{\Phi}_k')=\max_{\{\overline{\Phi}_k\}} J(\overline{\Phi}_k)$$

从 $\overline{\Phi}=\Phi_D$ 开始，$k=1,2,\cdots$，直到 $k=D-n$，结果所得特征组为 $\Phi=\overline{\Phi}_{D-n}$。

2.5　特征评估

对原特征空间进行优化之后，就要对优化的结果进行评价。反复选择不同的特征组合，采用定量分析比较的方法，判断所得到的特征维数及所使用特征是否对分类最有利，这种可定量检验分类性能的准则称为类别可分离性判据，用来检验不同的特征组合对分类性能好坏的影响。对特征空间进行优化是一种计算过程，它的基本方法仍然是典型的模式识别方法，即找到一种准则（或称判据），通常用式子表示，通过计算使该准则达到一个极值。特征评估方法大体可分为两类：一类是以样本在特征空间的离散程度为基础的准则，称为基于距离的可分离性判据；另一类则是基于概率密度分布的判据。

下面介绍基于距离的可分离性判据。

给定一组表示联合分布的训练集，假定每一类的模式向量在观察空间中占据不同的区域

是合理的，类别模式间的距离或平均距离则是模式空间中类别可分离性的度量。

在一个特征候选集 $\boldsymbol{X}=[x_1,x_2,\cdots,x_n]$ 所定义的 n 维特征空间中，用 $d(\boldsymbol{X}_{ik},\boldsymbol{X}_{jl})$ 表示第 i 类中第 k 个样本和第 j 类中第 l 个样本间距离的度量值，距离度量 d 可采用式（2-3）定义的欧几里德距离计算。

$$d(\boldsymbol{X}_{ik},\boldsymbol{X}_{jl})=\left[\sum_{m=1}^{D}(x_{ik,m}-x_{jl,m})^2\right]^{1/2}\quad(i,j=1,2,\cdots,M;k=1,2,\cdots,N_i;l=1,2,\cdots,N_j)\tag{2-3}$$

类间的平均距离可采用式（2-4）计算。

$$J=\frac{1}{2}\sum_{i=1}^{M}\sum_{j=1}^{M}P(\omega_i)P(\omega_j)\cdot\frac{1}{N_iN_j}\sum_{k=1}^{N_i}\sum_{l=1}^{N_j}d(\boldsymbol{X}_{ik},\boldsymbol{X}_{jl})\tag{2-4}$$

考虑到式（2-4）的计算比较复杂，可将其转化为相应的矩阵来度量和处理。

（1）总体散布矩阵

① 第 i 类均值向量

$$\overline{\boldsymbol{X}^{(\omega_i)}}=\frac{1}{N_i}\sum_{\boldsymbol{X}\in\omega_i}\boldsymbol{X}\tag{2-5}$$

② 样本集总体均值向量

$$\overline{\boldsymbol{X}}=\frac{1}{N}\sum_{i=1}^{N}\boldsymbol{X}_i=\frac{1}{N}\sum_{i=1}^{M}P(\omega_i)\overline{\boldsymbol{X}^{(\omega_i)}}\tag{2-6}$$

③ 第 i 类协方差

$$s_i=\frac{1}{N_i-1}\sum_{\boldsymbol{X}\in\omega_i}(\boldsymbol{X}-\overline{\boldsymbol{X}^{(\omega_i)}})(\boldsymbol{X}-\overline{\boldsymbol{X}^{(\omega_i)}})^{\mathrm{T}}\tag{2-7}$$

④ 样本总体协方差

$$s=\frac{1}{N-1}\sum(\boldsymbol{X}-\overline{\boldsymbol{X}})(\boldsymbol{X}-\overline{\boldsymbol{X}})^{\mathrm{T}}\tag{2-8}$$

⑤ 第 i 类类内散布矩阵

$$\boldsymbol{S}_i=E\left\{(\boldsymbol{X}-\overline{\boldsymbol{X}^{(\omega_i)}})(\boldsymbol{X}-\overline{\boldsymbol{X}^{(\omega_i)}})^{\mathrm{T}}\right\}=s_i\tag{2-9}$$

⑥ 总体类内散布矩阵

$$\begin{aligned}\boldsymbol{S}_{\mathrm{W}}&=\sum_{i=1}^{M}P(\omega_i)\boldsymbol{S}_i=\sum_{i=1}^{M}P(\omega_i)E\left\{(\boldsymbol{X}-\overline{\boldsymbol{X}^{(\omega_i)}})(\boldsymbol{X}-\overline{\boldsymbol{X}^{(\omega_i)}})^{\mathrm{T}}\right\}\\&=\sum_{i=1}^{M}P(\omega_i)s_i\end{aligned}\tag{2-10}$$

⑦ 总体类间散布矩阵

$$\boldsymbol{S}_{\mathrm{B}}=\sum_{i=1}^{M}P(\omega_i)(\overline{\boldsymbol{X}^{(\omega_i)}}-\overline{\boldsymbol{X}})(\overline{\boldsymbol{X}^{(\omega_i)}}-\overline{\boldsymbol{X}})^{\mathrm{T}}\tag{2-11}$$

特别对于两类问题

$$\boldsymbol{S}_{\mathrm{B2}}=(\overline{\boldsymbol{X}^{(\omega_1)}}-\overline{\boldsymbol{X}^{(\omega_2)}})(\overline{\boldsymbol{X}^{(\omega_1)}}-\overline{\boldsymbol{X}^{(\omega_2)}})^{\mathrm{T}}\tag{2-12}$$

⑧ 总体散布矩阵

$$\boldsymbol{S}_{\mathrm{T}}=E\{(\boldsymbol{X}-\overline{\boldsymbol{X}})(\boldsymbol{X}-\overline{\boldsymbol{X}})^{\mathrm{T}}\}=s\tag{2-13}$$

存在关系

$$S_T = S_W + S_B \tag{2-14}$$

类内散布矩阵表征各样本点围绕它的均值的散布情况，类间散布均值表征各类间的距离分布情况，它们依赖于样本类别属性和划分；而总体散布矩阵与样本划分及类别属性无关。

（2）构造准则

以类内散布矩阵 S_W、类间散布矩阵 S_B 和总体散布矩阵 S_T 为基础的准则如下。

① 均方误差最小准则，即迹准则

$$J = \mathrm{tr}S_W = \sum_{i=1}^{M} P(\omega_i)\,\mathrm{tr}S_i \tag{2-15}$$

或

$$J = \det(S_W) \tag{2-16}$$

② 类间距离最大准则

$$J = \mathrm{tr}(S_B) \text{或} J = \det(S_B) \tag{2-17}$$

③ 行列式准则

$$J = |S_W| = \sum_{i=1}^{M} P(\omega_i)\,|S_i| \tag{2-18}$$

基于距离的可分离性判据的出发点为：各类样本之间的距离越大、类内散度越小，则类别的可分性越好。基于距离的可分离性判据直接依靠样本计算，直观简洁，物理概念清晰，因此目前应用较为广泛。

2.6 基于主成分分析的特征提取

在模式识别问题中，对于初始特征的选择，绝大多数都是在考虑样本的可分性意义上进行的。所以很多时候选择的初始特征集合都会包含大量互相关联的特征，它们对于样本分类的贡献也是很不相同的。大的特征向量集合会带来很多的不便，最明显的就是计算方面会带来很大负担。所以，在模式识别问题中，通常的任务就是进行特征的选择。在最初的模式识别工程中，这种选择有两个目标：丢弃一些对分类贡献不大的特征；或者达到一定程度降维的目的，降维的方法通常采用的是一个从初始特征衍生得到的、更小的、与原特征集相当的特征集合。

主成分分析是把多个特征映射为少数几个综合特征的一种统计分析方法。在多特征的研究中，往往由于特征个数太多，且彼此之间存在着一定的相关性，因而使得所观测的数据在一定程度上有信息的重叠。当特征较多时，在高维空间中研究样本的分布规律就更麻烦。主成分分析采取一种降维的方法，找出几个综合因子来代表原来众多的特征，使这些综合因子尽可能地反映原来变量的信息，而且彼此之间互不相关，从而达到简化的目的。

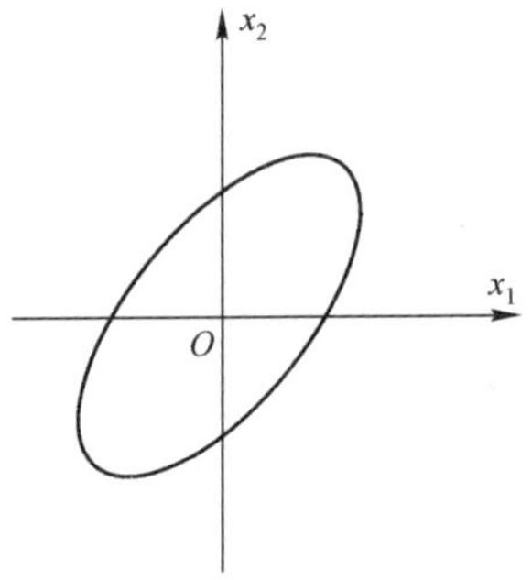

图 2-2 二维空间主成分示意图

1. 主分量的几何解释

如果从研究总体中抽取 N 个样本，每个样本有 2 个指标，设 N 个样本在二维空间中的分布大致为一个椭圆，二维空间主成分示意图如图 2-2 所示。将坐标系正交旋转一个角度 θ，在椭圆长轴方向取坐标 y_1，在短轴方向取坐标 y_2，则旋转公式为

$$y_{1j} = x_{1j}\cos\theta + x_{2j}\sin\theta \tag{2-19}$$

$$y_{2j} = x_{1j}(-\sin\theta) + x_{2j}\cos\theta \tag{2-20}$$

式中，$j=1,2,\cdots,N$。写成矩阵形式为

$$\boldsymbol{Y}=\begin{bmatrix} y_{11} & y_{12} & \cdots & y_{1N} \\ y_{21} & y_{22} & \cdots & y_{2N} \end{bmatrix}=\begin{bmatrix} \cos\theta & \sin\theta \\ -\sin\theta & \cos\theta \end{bmatrix}\cdot\begin{bmatrix} x_{11} & x_{12} & \cdots & x_{1N} \\ x_{21} & x_{22} & \cdots & x_{2N} \end{bmatrix}=\boldsymbol{UX}$$

其中，$\boldsymbol{U}$ 为坐标旋转变换矩阵，它是正交变换矩阵，即有 $\boldsymbol{U}^{\mathrm{T}}=\boldsymbol{U}^{-1}$，$\boldsymbol{UU}^{\mathrm{T}}=\boldsymbol{I}$。经过旋转变换后得到如图 2-3 所示的二维空间主成分正交示意图。从图 2-3 可以看出

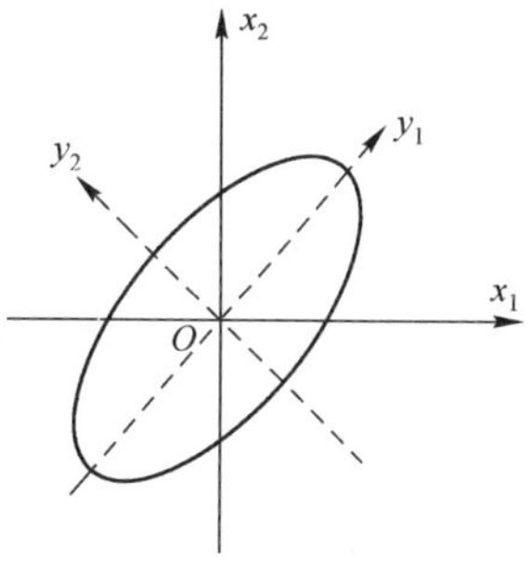

图 2-3　二维空间主成分正交示意图

① N 个点的坐标 y_1 和 y_2 的相关性几乎为零。

② 二维平面上 N 个点的方差大部分都归结在 y_1 轴上，而 y_2 轴上的方差较小。

③ y_1 和 y_2 是原始变量 x_1 和 x_2 的综合变量。

由于 N 个点在 y_1 轴上的方差最大，因而用在 y_1 轴上的一维综合变量来代替二维空间的点所损失的信息量最小，因此称 y_1 轴为第一主分量，y_2 轴与 y_1 轴正交且有较小的方差，称它为第二主分量。

一般说来，如果 N 个样本中的每个样本有 n 个特征 $x_1,x_2,\cdots,x_n$，经过主成分分析，将它们变成 n 个综合变量，即

$$\begin{cases} y_1 = c_{11}x_1 + c_{12}x_2 + \cdots + c_{1n}x_n \\ y_2 = c_{21}x_1 + c_{22}x_2 + \cdots + c_{2n}x_n \\ \qquad\vdots \\ y_n = c_{n1}x_1 + c_{n2}x_2 + \cdots + c_{nn}x_n \end{cases} \tag{2-21}$$

并且满足 $c_{k1}^2+c_{k2}^2+\cdots+c_{kn}^2=1(k=1,2,\cdots,n)$，其中 c_{ij} 由下列原则决定。

① y_i 与 $y_j(i\neq j;i,j=1,2,\cdots,n)$ 相互独立。

② y_1 是 $x_1,x_2,\cdots,x_n$ 满足式（2-21）的一切线性组合中方差最大者，y_2 是与 y_1 不相关的 $x_1,x_2,\cdots,x_n$ 的所有线性组合中方差次大者，以此类推，y_n 是与 $y_1,y_2,\cdots,y_{n-1}$ 都不相关的 $x_1,x_2,\cdots,x_n$ 的所有线性组合中方差最小者。

这样的综合变量 $y_1,y_2,\cdots,y_n$ 分别被称为原变量的第 1、第 2、…、第 n 个主分量，它们的方差依次递减。

2. 主分量的导出

设 $\boldsymbol{X}=\begin{bmatrix} x_1 \\ x_2 \\ \vdots \\ x_n \end{bmatrix}$ 是一个 n 维随机向量，$\boldsymbol{Y}=\begin{bmatrix} y_1 \\ y_2 \\ \vdots \\ y_n \end{bmatrix}$ 是由满足式（2-21）的综合变量所构成的向量。于是式（2-21）的矩阵形式为 $\boldsymbol{Y}=\boldsymbol{CX}$，$\boldsymbol{C}$ 为正交矩阵，并满足 $\boldsymbol{CC}^{\mathrm{T}}=\boldsymbol{I}$，$\boldsymbol{I}$ 为单位矩阵。

坐标旋转是指新坐标轴相互正交，仍构成一个直角坐标系。变换后的 N 个点在 y_1 轴上有最大方差，在 y_2 轴上有次大方差，以此类推，在 y_n 轴上有最小的方差。同时，N 个点对

不同的 y_i 轴和 y_j 轴的协方差（$j\neq i$）为零，即要求 $\boldsymbol{Y}$ 的协方差

$$\boldsymbol{YY}^{\mathrm{T}}=(\boldsymbol{CX})(\boldsymbol{CX})^{\mathrm{T}}=\boldsymbol{CXX}^{\mathrm{T}}\boldsymbol{C}^{\mathrm{T}}=\boldsymbol{\Lambda} \tag{2-22}$$

其中

$$\boldsymbol{\Lambda}=\begin{bmatrix}\lambda_1 & & & \\ & \lambda_2 & & \\ & & \ddots & \\ & & & \lambda_n\end{bmatrix}$$

假定 $\boldsymbol{X}$ 为已标准化处理的数据矩阵，则 $\boldsymbol{XX}^{\mathrm{T}}$ 为原始数据的相关矩阵。令 $\boldsymbol{R}=\boldsymbol{XX}^{\mathrm{T}}$，则将式（2-22）表示为 $\boldsymbol{CRC}^{\mathrm{T}}=\boldsymbol{\Lambda}$。由 $\boldsymbol{C}^{\mathrm{T}}$ 左乘该式，有

$$\boldsymbol{RC}^{\mathrm{T}}=\boldsymbol{C}^{\mathrm{T}}\boldsymbol{\Lambda} \tag{2-23}$$

写成代数式为

$$\begin{bmatrix}r_{11} & r_{12} & \cdots & r_{1n}\\ r_{21} & r_{22} & \cdots & r_{2n}\\ \vdots & \vdots & & \vdots\\ r_{n1} & r_{n2} & \cdots & r_{nn}\end{bmatrix}\times\begin{bmatrix}c_{11} & c_{21} & \cdots & c_{n1}\\ c_{12} & c_{22} & \cdots & c_{n2}\\ \vdots & \vdots & & \vdots\\ c_{1n} & c_{2n} & \cdots & c_{nn}\end{bmatrix}=\begin{bmatrix}c_{11} & c_{21} & \cdots & c_{n1}\\ c_{12} & c_{22} & \cdots & c_{n2}\\ \vdots & \vdots & & \vdots\\ c_{1n} & c_{2n} & \cdots & c_{nn}\end{bmatrix}\times\begin{bmatrix}\lambda_1 & 0 & \cdots & 0\\ 0 & \lambda_2 & \cdots & 0\\ \vdots & \vdots & & \vdots\\ 0 & 0 & \cdots & \lambda_n\end{bmatrix}$$

将上式全部展开得到 n^2 个方程，这里考虑在矩阵乘积中由第 1 列得出的 n 个方程为

$$\begin{gathered}(r_{11}-\lambda_1)c_{11}+r_{12}c_{12}+\cdots+r_{1n}c_{1n}=0\\ r_{21}c_{11}+(r_{22}-\lambda_2)c_{12}+\cdots+r_{2n}c_{1n}=0\\ \vdots\\ r_{n1}c_{11}+r_{n2}c_{12}+\cdots+(r_{nn}-\lambda_n)c_{1n}=0\end{gathered}$$

为得到齐次方程组的非零解，要求关于 c_{ij} 的系数行列式为 0，即

$$\begin{vmatrix}r_{11}-\lambda_1 & r_{12} & \cdots & r_{1n}\\ r_{21} & r_{22}-\lambda_2 & \cdots & r_{2n}\\ \vdots & \vdots & & \vdots\\ r_{n1} & r_{n2} & \cdots & r_{nn}-\lambda_n\end{vmatrix}=0$$

写成矩阵形式为 $|\boldsymbol{R}-\lambda\boldsymbol{I}|=0$。对于 $\lambda_1,\lambda_2,\cdots,\lambda_n$，可以得到完全类似的方程，故 $\lambda_j(j=1,2,\cdots,n)$ 是 $|\boldsymbol{R}-\lambda\boldsymbol{I}|=0$ 的 n 个根，λ 为特征方程的特征根，相应的各个 c_{ij} 为其特征向量的分量。

设 $\boldsymbol{R}$ 的 n 个特征值 $\lambda_1>\lambda_2>\cdots>\lambda_n\geqslant 0$，相应于 λ_i 的特征向量为 $\boldsymbol{C}_i$，令

$$\boldsymbol{C}=\begin{bmatrix}c_{11} & c_{21} & \cdots & c_{n1}\\ c_{12} & c_{22} & \cdots & c_{n2}\\ \vdots & \vdots & & \vdots\\ c_{1n} & c_{2n} & \cdots & c_{nn}\end{bmatrix}=[\boldsymbol{C}_1,\boldsymbol{C}_2,\cdots,\boldsymbol{C}_n]$$

相对于 y_1 的方差为

$$\mathrm{Var}(\boldsymbol{C}_1\boldsymbol{X})=\boldsymbol{C}_1\boldsymbol{XX}^{\mathrm{T}}\boldsymbol{C}_1^{\mathrm{T}}=\boldsymbol{C}_1\boldsymbol{RC}_1^{\mathrm{T}}=\lambda_1$$

同样有

$$\mathrm{Var}(\boldsymbol{C}_i\boldsymbol{X})=\lambda_i$$

即 y_1 有最大的方差，y_2 有次大的方差等，并且有协方差

$$\mathrm{Cov}(\boldsymbol{C}_i^{\mathrm{T}}\boldsymbol{X}^{\mathrm{T}},\boldsymbol{C}_j\boldsymbol{X})=\boldsymbol{C}_i^{\mathrm{T}}\boldsymbol{R}\boldsymbol{C}_j \tag{2-24}$$

由式（2-23）得 $\boldsymbol{R}=\sum_{\alpha=1}^{n}\lambda_{a}\boldsymbol{C}_{a}\boldsymbol{C}_{a}^{\mathrm{T}}$，所以式（2-24）变为

$$\mathrm{Cov}(\boldsymbol{C}_i^{\mathrm{T}}\boldsymbol{X}^{\mathrm{T}},\boldsymbol{C}_j\boldsymbol{X})=\boldsymbol{C}_i^{\mathrm{T}}\boldsymbol{R}\boldsymbol{C}_j=\boldsymbol{C}_i^{\mathrm{T}}\left(\sum_{a=1}^{n}\lambda_{a}\boldsymbol{C}_{a}\boldsymbol{C}_{a}^{\mathrm{T}}\right)\boldsymbol{C}_j=\sum_{a=1}^{n}\lambda_{a}(\boldsymbol{C}_i^{\mathrm{T}}\boldsymbol{C}_a)(\boldsymbol{C}_a^{\mathrm{T}}\boldsymbol{C}_j)=0(i\neq j)$$

变量 $x_1,x_2,\cdots,x_n$ 经过正交变换后得到新的随机向量

$$y_1=\boldsymbol{C}_1^{\mathrm{T}}\boldsymbol{X}$$
$$y_2=\boldsymbol{C}_2^{\mathrm{T}}\boldsymbol{X}$$
$$\vdots$$
$$y_n=\boldsymbol{C}_n^{\mathrm{T}}\boldsymbol{X}$$

$y_1,y_2,\cdots,y_n$ 彼此不相关，并且 y_i 的方差为 λ_i，故称 $y_1,y_2,\cdots,y_n$ 分别为第 1、第 2、…、第 n 个主分量。

第 i 个主分量的贡献率定义为 $\lambda_i/\sum_{k=1}^{n}\lambda_k(i=1,2,\cdots,n)$，前 m 个主分量的累积贡献率定义为 $\sum_{i=1}^{m}\lambda_i/\sum_{k=1}^{n}\lambda_k$，选取前 $m(m<n)$ 个主分量，使其累积贡献率达到一定的要求（如 80%～90%），用前 m 个主分量代替原始数据做分析，这样便可达到降低原始数据维数的目的。

2.7　特征空间描述与分布分析

2.7.1　特征空间描述

对于样本的特征空间描述，主要分析特征的集中位置、分散程度以及数据的分布为正态还是偏态等。对于多维数据，还要分析多维数据的各个分量之间的相关性等。

1. 一维特征

一维样本的特征空间描述主要有下列几种。设 N 个观测值为 $x_1,x_2,\cdots,x_N$，其中 N 称为样本容量。

① 均值，即 $x_1,x_2,\cdots,x_N$ 的平均数

$$\bar{x}=\frac{1}{N}\sum_{i=1}^{N}x_i \tag{2-25}$$

② 方差，描述数据取值分散性的一个度量，它是数据相对于均值的偏差平方的平均值

$$s^2=\frac{1}{N-1}\sum_{i=1}^{N}(x_i-\bar{x})^2 \tag{2-26}$$

③ 标准差，方差的开方称为标准差

$$s=\sqrt{s^2}=\sqrt{\frac{1}{N-1}\sum_{i=1}^{N}(x_i-\bar{x})^2} \tag{2-27}$$

偏度与峰度是刻画数据的偏态、重尾程度的度量，它们与数据的矩有关。数据的矩分为

原点矩与中心矩。

④ k 阶原点矩为

$$v_k = \frac{1}{N}\sum_{i=1}^{N} x_i^k \tag{2-28}$$

⑤ k 阶中心矩为

$$u_k = \frac{1}{N}\sum_{i=1}^{N} (x_i - \bar{x})^k \tag{2-29}$$

⑥ 偏度的计算公式为

$$g_1 = \frac{N}{(N-1)(N-2)s^3}\sum_{i=1}^{N} (x_i - \bar{x})^3 = \frac{N^2 u_3}{(N-1)(N-2)s^3} \tag{2-30}$$

其中，s 是标准差。偏度是刻画数据对称性的指标。关于均值对称的数据其偏度为 0，右侧更分散的数据偏度为正，左侧更分散的数据偏度为负，偏度示意图如图 2-4 所示。

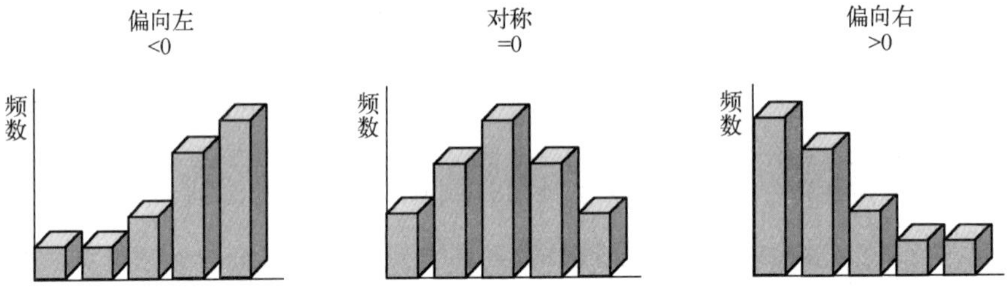

图 2-4　偏度示意图

⑦ 峰度的计算公式为

$$\begin{aligned} g_2 &= \frac{N(N+1)}{(N-1)(N-2)(N-3)s^4}\sum_{i=1}^{N} (x_i - \bar{x})^4 - 3\frac{(N-1)^2}{(N-2)(N-3)} \\ &= \frac{N^2(N+1)u_4}{(N-1)(N-2)(N-3)s^4} - 3\frac{(N-1)^2}{(N-2)(N-3)} \end{aligned} \tag{2-31}$$

当数据的总体分布为正态分布时，峰度近似为 0；当分布与正态分布相较尾部更分散时，峰度为正，否则峰度为负。当峰度为正时，两侧极端数据较多；当峰度为负时，两侧极端数据较少。

2. 二维特征

设$(\boldsymbol{X},\boldsymbol{Y})^{\mathrm{T}}$是二维总体，从中取得观测数据$(x_1,y_1)^{\mathrm{T}},(x_2,y_2)^{\mathrm{T}},\cdots,(x_N,y_N)^{\mathrm{T}}$。引进数据观测矩阵

$$\boldsymbol{X} = \begin{bmatrix} x_1 & x_2 & \cdots & x_N \\ y_1 & y_2 & \cdots & y_N \end{bmatrix} \tag{2-32}$$

① 二维观测数据的均值向量$(\bar{x},\bar{y})^{\mathrm{T}} = \begin{bmatrix} \bar{x} \\ \bar{y} \end{bmatrix}$

$$\bar{x} = \frac{1}{N}\sum_{i=1}^{N} x_i, \bar{y} = \frac{1}{N}\sum_{i=1}^{N} y_i \tag{2-33}$$

② 变量 X 的观测数据的方差 s_{xx}，变量 Y 的观测数据的方差 s_{yy} 及变量 (X,Y) 的观测数据的协方差 s_{xy}

$$s_{xx}=\frac{1}{N-1}\sum_{i=1}^{N}(x_i-\bar{x})^2,s_{yy}=\frac{1}{N-1}\sum_{i=1}^{N}(y_i-\bar{y})^2$$

$$s_{xy}=\frac{1}{N-1}\sum_{i=1}^{N}(x_i-\bar{x})(y_i-\bar{y}) \tag{2-34}$$

③ 观测数据的协方差矩阵

$$\boldsymbol{S}=\begin{bmatrix} s_{xx} & s_{xy} \\ s_{yx} & s_{yy} \end{bmatrix} \tag{2-35}$$

注意：总有 $s_{xy}=s_{yx}$，即协方差矩阵为对称矩阵。

由 Schwarz 不等式

$$s_{xy}^2 \leqslant s_{xx}s_{yy}$$

所以 $\boldsymbol{S}$ 总是非负定的，一般是正定的。

④ 观测数据的相关系数

$$r_{xy}=\frac{s_{xy}}{\sqrt{s_{xx}}\sqrt{s_{yy}}} \tag{2-36}$$

由 Schwarz 不等式，有 $|r_{xy}| \leqslant 1$，即总有 $-1 \leqslant r_{xy} \leqslant 1$。

例如，有 10 名学生，其中 5 名男生，5 名女生。对每名学生取身高、体重两项指标作为特征，测得的学生数据见表 2-1。

表 2-1　学生数据

样本（学生）	男　生					女　生				
特征（指标）	X_1	X_2	X_3	X_4	X_5	X_6	X_7	X_8	X_9	X_{10}
x_1（身高/m）	1.70	1.75	1.65	1.80	1.78	1.60	1.55	1.60	1.65	1.70
x_2（体重/kg）	65	70	60	65	70	60	45	45	50	55

10 个样本的均值为

$$\overline{\boldsymbol{X}}=\frac{1}{10}\sum_{i=1}^{10}\boldsymbol{X}_i=(1.678,58.5)^{\mathrm{T}}$$

男生和女生样本点的均值为

$$\overline{\boldsymbol{X}^{(1)}}=\frac{1}{5}\sum_{i=1}^{5}\boldsymbol{X}_i=(1.736,66.0)^{\mathrm{T}}$$

$$\overline{\boldsymbol{X}^{(2)}}=\frac{1}{5}\sum_{i=6}^{10}\boldsymbol{X}_i=(1.62,51.0)^{\mathrm{T}}$$

特征 x_1 对于全体样本的方差为

$$s_1^2=\frac{1}{10-1}[(1.70-1.678)^2+(1.75-1.678)^2+\cdots+(1.70-1.678)^2]=0.0068$$

特征 x_2 对于全体样本的方差为

$$s_2^2=\frac{1}{10-1}[(65-58.5)^2+(70-58.5)^2+\cdots+(55-58.5)^2]=89.1667$$

特征 x_1 对于男生和女生样本的方差为

$$s_1^2(1)=\frac{1}{5-1}[(1.70-1.736)^2+(1.75-1.736)^2+\cdots+(1.78-1.736)^2]=0.0037$$

$$s_1^2(2)=\frac{1}{5-1}[(1.60-1.62)^2+(1.55-1.62)^2+\cdots+(1.70-1.62)^2]=0.0032$$

特征 x_2 对于男生和女生样本的方差为

$$s_2^2(1)=\frac{1}{5-1}[(65-66)^2+(70-66)^2+\cdots+(70-66)^2]=17.5$$

$$s_2^2(2)=\frac{1}{5-1}[(60-51)^2+(45-51)^2+\cdots+(55-51)^2]=42.5$$

全体样本点中特征 x_1 与 x_1 的协方差为 s_{11}（即 s_1^2）；则 x_1 与 x_2 的协方差为

$$s_{12}=\frac{1}{10-1}[(1.70-1.678)(65-58.5)+(1.75-1.678)(70-58.5)+\cdots+(1.70-1.678)(55-58.5)]=0.6356$$

全体样本点中特征 x_2 与 x_2 的协方差为 s_{22}（即 s_2^2）；则在男生和女生样本点中分别有

$$s_{12}(1)=\frac{1}{5-1}[(1.70-1.736)(65-66)+(1.75-1.736)(70-66)+\cdots+(1.78-1.736)(70-66)]=0.18$$

$$s_{12}(2)=\frac{1}{5-1}[(1.60-1.62)(60-51.0)+(1.55-1.62)(45-51.0)+\cdots+(1.70-1.62)(55-51.0)]=0.163$$

则全体样本点 x_1 和 x_2 的相关系数为

$$r_{12}=\frac{0.6356}{\sqrt{0.0068}\sqrt{89.1667}}=0.8163$$

特征 x_1 和 x_2 对于男生和女生的相关系数为

$$r_{12}(1)=\frac{0.18}{\sqrt{0.0037}\sqrt{17.5}}=0.7074$$

$$r_{12}(2)=\frac{0.1625}{\sqrt{0.0032}\sqrt{42.5}}=0.4406$$

3. 多维特征

设$(\boldsymbol{X}_{(1)},\boldsymbol{X}_{(2)},\cdots,\boldsymbol{X}_{(n)})$是 n 维总体，从中取得样本数据

$$\begin{array}{c}(x_{11},x_{12},\cdots,x_{1n})^{\mathrm{T}}\\(x_{21},x_{22},\cdots,x_{2n})^{\mathrm{T}}\\\vdots\\(x_{N1},x_{N2},\cdots,x_{Nn})^{\mathrm{T}}\end{array}$$

第 i 个观测数据记为

$$\boldsymbol{X}_i=(x_{i1},x_{i2},\cdots,x_{in})^{\mathrm{T}}\qquad i=1,2,\cdots,N$$

称为样本。引进样本数据观测矩阵

$$\widetilde{\boldsymbol{X}}=\begin{bmatrix} x_{11} & x_{12} & \cdots & x_{1n} \\ x_{21} & x_{22} & \cdots & x_{2n} \\ \vdots & \vdots & \cdots & \vdots \\ x_{N1} & x_{N2} & \cdots & x_{Nn} \end{bmatrix}=[\boldsymbol{X}_{(1)},\boldsymbol{X}_{(2)},\cdots,\boldsymbol{X}_{(n)}]$$

它是 $N\times n$ 矩阵，它的 N 行即 N 个样本 $\boldsymbol{X}_1,\boldsymbol{X}_2,\cdots,\boldsymbol{X}_N$，它们组成来自 n 维总体($\boldsymbol{X}_{(1)}$，$\boldsymbol{X}_{(2)},\cdots,\boldsymbol{X}_{(n)}$)的样本。观测矩阵 $\widetilde{\boldsymbol{X}}$ 的 n 列分别是 n 个变量 $\boldsymbol{X}_{(1)},\boldsymbol{X}_{(2)},\cdots,\boldsymbol{X}_{(n)}$ 在 N 次试验中所取的值。记为

$$\boldsymbol{X}_{(j)}=(x_{1j},x_{2j},\cdots,x_{Nj})^{\mathrm{T}} \qquad j=1,2,\cdots,n \tag{2-37}$$

(1) 样本统计参数

定义 $\overline{\boldsymbol{X}}=(\bar{x}_1,\bar{x}_2,\cdots,\bar{x}_n)^{\mathrm{T}}$ 是 n 维样本数据的均值向量。

① 第 j 行 $\boldsymbol{X}_{(j)}$ 的均值为

$$\bar{x}_j=\frac{1}{N}\sum_{i=1}^{N}x_{ij} \qquad j=1,2,\cdots,n \tag{2-38}$$

② 第 j 行 $\boldsymbol{X}_{(j)}$ 的方差为

$$s_j^2=\frac{1}{N-1}\sum_{i=1}^{N}(x_{ij}-\bar{x}_j)^2 \qquad j=1,2,\cdots,n \tag{2-39}$$

③ $\boldsymbol{X}_{(j)}$、$\boldsymbol{X}_{(k)}$ 的协方差为

$$s_{jk}=\frac{1}{N-1}\sum_{i=1}^{N}(x_{ij}-\bar{x}_j)(x_{ik}-\bar{x}_k) \qquad j,k=1,2,\cdots,n \tag{2-40}$$

$\boldsymbol{X}_{(j)}$ 与自身的协方差的方差

$$s_j^2=s_{jj} \qquad j=1,2,\cdots,n$$

称

$$\boldsymbol{S}=\begin{bmatrix} s_{11} & s_{12} & \cdots & s_{1n} \\ s_{21} & s_{22} & \cdots & s_{2n} \\ \vdots & \vdots & & \vdots \\ s_{n1} & s_{n2} & \cdots & s_{nn} \end{bmatrix} \tag{2-41}$$

是样本观测数据的协方差矩阵。有

$$\boldsymbol{S}=\frac{1}{N-1}\sum_{i=1}^{N}(\boldsymbol{X}_i-\overline{\boldsymbol{X}})(\boldsymbol{X}_i-\overline{\boldsymbol{X}})^{\mathrm{T}} \tag{2-42}$$

均值向量 $\overline{\boldsymbol{X}}$ 与协方差矩阵 $\boldsymbol{S}$ 是 n 维观测数据的重要数字特征。$\overline{\boldsymbol{X}}$ 表示 n 维观测数据的集中位置，而协方差矩阵 $\boldsymbol{S}$ 的对角线元素分别是各个变量观测值的方差而非协方差。

④ $\boldsymbol{X}_{(j)}$、$\boldsymbol{X}_{(k)}$ 的相关系数

$$r_{jk}=\frac{s_{jk}}{\sqrt{s_{jj}}\sqrt{s_{kk}}}=\frac{s_{jk}}{s_j s_k} \qquad j,k=1,2,\cdots,n \tag{2-43}$$

r_{jk} 是无量纲的量，总有 $r_{jj}=1$，$|r_{jk}|\leqslant 1$。

称

$$\boldsymbol{R}=\begin{bmatrix} 1 & r_{12} & \cdots & r_{1n} \\ r_{21} & 1 & \cdots & r_{2n} \\ \vdots & \vdots & & \vdots \\ r_{n1} & r_{n2} & \cdots & 1 \end{bmatrix} \tag{2-44}$$

是观测数据的相关矩阵。相关矩阵 $\boldsymbol{R}$ 是 n 维观测数据的最重要的数字特征，它刻画了变量之间线性联系的密切程度。

（2）总体参数

设$(\boldsymbol{X}_{(1)},\boldsymbol{X}_{(2)},\cdots,\boldsymbol{X}_{(n)})$是 n 维总体，其总体分布函数是 $F(x_1,x_2,\cdots,x_n)=F(\boldsymbol{X})$，其中 $\boldsymbol{X}=(x_1,x_2,\cdots,x_n)^{\mathrm{T}}$。当总体为连续型总体时，存在概率密度$f(x_1,x_2,\cdots,x_n)=f(\boldsymbol{X})$。

① 总体均值向量：令$\boldsymbol{\mu}_i=E(\boldsymbol{X}_{(i)}),i=1,2,\cdots,n$，则

$$\boldsymbol{\mu}=(\mu_1,\mu_2,\cdots,\mu_n)^{\mathrm{T}} \tag{2-45}$$

② 总体协方差矩阵

$$\mathrm{Cov}(\boldsymbol{X})=E[(\boldsymbol{X}-\boldsymbol{\mu})(\boldsymbol{X}-\boldsymbol{\mu})^{\mathrm{T}}]=\begin{bmatrix} \sigma_{11} & \sigma_{12} & \cdots & \sigma_{1n} \\ \sigma_{21} & \sigma_{22} & \cdots & \sigma_{2n} \\ \cdots & \cdots & & \cdots \\ \sigma_{n1} & \sigma_{n2} & \cdots & \sigma_{nn} \end{bmatrix}=(\sigma_{jk})_{n\times n} \tag{2-46}$$

其中，$\sigma_{jk}=\mathrm{Cov}(\boldsymbol{X}_{(j)},\ \boldsymbol{X}_{(k)})=E[(\boldsymbol{X}_{(j)}-\boldsymbol{\mu}_j)(\boldsymbol{X}_{(k)}-\boldsymbol{\mu}_k)^{\mathrm{T}}]$。特别地，当 $j=k$ 时，$\sigma_{jj}=\sigma_j^2=\mathrm{Var}(\boldsymbol{X}_{(j)})$。

③ 总体的分量 $\boldsymbol{X}_{(j)}$，$\boldsymbol{X}_{(k)}$的相关系数

$$\rho_{jk}=\frac{\sigma_{jk}}{\sqrt{\sigma_{jj}}\sqrt{\sigma_{kk}}}=\frac{\sigma_{jk}}{\sigma_j\sigma_k} \tag{2-47}$$

④ 总体的相关矩阵

$$\boldsymbol{\rho}=\begin{bmatrix} 1 & \rho_{12} & \cdots & \rho_{1n} \\ \rho_{21} & 1 & \cdots & \rho_{2n} \\ \cdots & \cdots & & \cdots \\ \rho_{n1} & \rho_{n2} & \cdots & 1 \end{bmatrix}=(\rho_{jk})_{n\times n} \tag{2-48}$$

总有 $\rho_{jj}=1$，$|\rho_{jk}|\leqslant 1$。

2.7.2 特征空间分布分析

1. 分布密度函数

设观测数据是从总体 $\boldsymbol{X}$ 中取出的样本，总体的分布函数是 $F(\boldsymbol{X})$。当 $\boldsymbol{X}$ 为离散分布时，总体的分布可由概率分布刻画

$$p_i=P\{\boldsymbol{X}=X_i\} \qquad i=1,2,\cdots$$

总体为连续分布时，总体的分布可由概率密度 $f(\boldsymbol{X})$ 刻画。几种常用的一维连续总体分布的概率密度如下。

正态分布

$$P(x)=\frac{1}{\sqrt{2\pi}\sigma}\exp\left(-\frac{(x-\mu)^2}{2\sigma^2}\right) \tag{2-49}$$

对数正态分布

$$P(x)=\begin{cases}\dfrac{1}{\sqrt{2\pi}\sigma(x-\theta)}\exp\left[-\dfrac{(\log(x-\theta)-\zeta)^2}{2\sigma^2}\right], & x>\theta \\ 0, & 其他\end{cases} \tag{2-50}$$

指数分布

$$P(x)=\begin{cases}\dfrac{1}{\sigma}\exp\left(-\dfrac{x-\theta}{\sigma}\right), & x>\theta \\ 0, & 其他\end{cases} \tag{2-51}$$

Γ 分布（Gamma 分布）

$$P(x)=\begin{cases}\dfrac{1}{\Gamma(\alpha)}\sigma\left(\dfrac{x-\theta}{\sigma}\right)^{\alpha-1}\exp\left(-\dfrac{x-\theta}{\sigma}\right), & x>\theta \\ 0, & 其他\end{cases} \tag{2-52}$$

2. 多维正态分布的性质

在进行模式识别方法的研究时，常用正态分布概率模型来抽取所需要的训练样本集和测试样本集，在数学上实现起来比较方便。

若 n 维总体 $\boldsymbol{X}=(\boldsymbol{X}_{(1)},\boldsymbol{X}_{(2)},\cdots,\boldsymbol{X}_{(n)})^{\mathrm{T}}$ 具有概率密度

$$\begin{aligned}P(\boldsymbol{X})&=P(x_1,x_2,\cdots,x_n)\\&=\frac{1}{(2\pi)^{\frac{n}{2}}|\boldsymbol{\Sigma}|^{\frac{1}{2}}}\exp\left\{-\frac{1}{2}(\boldsymbol{X}-\boldsymbol{\mu})^{\mathrm{T}}\boldsymbol{\Sigma}^{-1}(\boldsymbol{X}-\boldsymbol{\mu})\right\}\end{aligned} \tag{2-53}$$

则称 n 维总体服从 n 维正态分布。记为 $N_n(\boldsymbol{\mu},\boldsymbol{\Sigma})$。记 $\boldsymbol{X}=(\boldsymbol{X}_{(1)},\boldsymbol{X}_{(2)},\cdots,\boldsymbol{X}_{(n)})$，则可证，$n$ 维随机向量 $\boldsymbol{X}$ 的总体均值向量为 $\boldsymbol{\mu}$，总体协方差矩阵为 $\boldsymbol{\Sigma}$。多维正态分布的性质有以下几点。

（1）参数 $\boldsymbol{\mu}$ 和 $\boldsymbol{\Sigma}$ 对分布的决定性

多元正态分布由总体均值向量 $\boldsymbol{\mu}$ 和总体协方差矩阵 $\boldsymbol{\Sigma}$ 所完全决定。由 $\boldsymbol{\mu}=E(\boldsymbol{X})$ 和 $\boldsymbol{\Sigma}=E[(\boldsymbol{X}-\boldsymbol{\mu})(\boldsymbol{X}-\boldsymbol{\mu})^{\mathrm{T}}]$ 可见，总体均值向量 $\boldsymbol{\mu}$ 由 n 个分量组成，总体协方差矩阵 $\boldsymbol{\Sigma}$ 由于其对称性故其独立元素只有 $n(n+1)/2$ 个，所以，多元正态分布由 $n+n(n+1)/2$ 个参数所完全决定。

（2）不相关性等价于独立性

在数理统计中，一般来说，若两个随机变量 x_i 和 x_j 之间不相关，并不意味着它们之间一定独立。下面给出不相关与独立的定义。

若 $E\{x_ix_j\}=E\{x_i\}E\{x_j\}$，则定义随机变量 x_i 和 x_j 是不相关的。

若 $p(x_ix_j)=p(x_i)p(x_j)$，则定义随机变量 x_i 和 x_j 是独立的。

从它们的定义中可以看出，独立性是比不相关性更强的条件，独立性要求 $p(x_ix_j)=p(x_i)p(x_j)$ 对于 x_i 和 x_j 都成立，而不相关性说的是两个随机变量的积的期望等于两个随机变量的期望的积，它反映了 x_i 和 x_j 总体的性质。若 x_i 和 x_j 相互独立，则它们之间一定不相关；反之则不一定成立。

对多维正态分布的任意两个分量 x_i 和 x_j 而言，若 x_i 和 x_j 互不相关，则它们之间一定独立。这就是说，在正态分布中不相关性等价于独立性。

(3) 边缘分布和条件分布的正态性

多维正态分布的边缘分布和条件分布仍然是正态分布。

(4) 线性变换的正态性

设 $\boldsymbol{X} \sim N_n(\boldsymbol{\mu},\boldsymbol{\Sigma})$，又 $\boldsymbol{Y}=\boldsymbol{AX}+\boldsymbol{b}$，其中 $\boldsymbol{b}$ 是 n 维常向量，$\boldsymbol{A}$ 是 $l \times n$ 矩阵，$\mathrm{rank}(\boldsymbol{A})=l$，则

$$\boldsymbol{Y} \sim N_l(\boldsymbol{A\mu}+\boldsymbol{b},\boldsymbol{A\Sigma A}^{\mathrm{T}})$$

即 $\boldsymbol{Y}$ 服从以 $\boldsymbol{A\mu}+\boldsymbol{b}$ 为均值，以 $\boldsymbol{A\Sigma A}^{\mathrm{T}}$ 为协方差矩阵的 l 维正态分布。

3. 多维正态分布总体参数的估计

在实际中，多维正态分布 $N(\boldsymbol{\mu},\boldsymbol{\Sigma})$ 的参数 $\boldsymbol{\mu}$ 和 $\boldsymbol{\Sigma}$ 常常是未知的，需要通过样本来估计。

记 $\boldsymbol{X}_N$ 是从总体 $\boldsymbol{X}$ 中取出的一个样本，设总体的分布是连续型的，分布密度函数为 $p(\boldsymbol{X},\theta_1,\theta_2,\cdots,\theta_k)$，其中 $\theta_1,\theta_2,\cdots,\theta_k$ 是待估计的未知参数，对于给定的 $\boldsymbol{X}_1,\boldsymbol{X}_2,\cdots,\boldsymbol{X}_N$，使函数 $\prod_{i=1}^{N} p(\boldsymbol{X}_i,\theta_1,\theta_2,\cdots,\theta_k)$ 达到最大值的 $\theta_1,\theta_2,\cdots,\theta_k$，应用它们分别作为 $\theta_1,\theta_2,\cdots,\theta_k$ 的估值。由于 $\ln\prod_{i=1}^{N} p(\boldsymbol{X}_i,\theta_1,\theta_2,\cdots,\theta_k)$ 与 $\prod_{i=1}^{N} p(\boldsymbol{X}_i,\theta_1,\theta_2,\cdots,\theta_k)$ 在同一点 $\theta_1,\theta_2,\cdots,\theta_k$ 上达到最大值，因此，引入函数

$$L(\theta_1,\theta_2,\cdots,\theta_k) = \ln\prod_{i=1}^{N} p(\boldsymbol{X}_i,\theta_1,\theta_2,\cdots,\theta_k) = \sum_{i=1}^{N} \ln p(\boldsymbol{X}_i,\theta_1,\theta_2,\cdots,\theta_k)$$

它称为似然函数，只要解方程组

$$\frac{\partial L}{\partial \theta_i}=0,(i=1,2,\cdots,k) \tag{2-54}$$

就可以从中确定所要求的 $\theta_1,\theta_2,\cdots,\theta_k$，它们分别称为参数 $\theta_1,\theta_2,\cdots,\theta_k$ 的最大似然估值。如果总体的分布是离散型的，只要把上述似然函数中的 $p(\boldsymbol{X}_i,\theta_1,\theta_2,\cdots,\theta_k)$ 取为 $P(\boldsymbol{X}=\boldsymbol{X}_i)$ 就可以了。具体实现步骤如下。

① 设 $\boldsymbol{X}_1,\boldsymbol{X}_2,\cdots,\boldsymbol{X}_N$ 是来自总体 $N_n(\boldsymbol{\mu},\boldsymbol{\Sigma})$ 的简单随机样本，则 $\boldsymbol{X}_1,\boldsymbol{X}_2,\cdots,\boldsymbol{X}_N$ 的联合概率密度是 $\boldsymbol{\mu}$、$\boldsymbol{\Sigma}$ 的函数。

② 构造似然函数

$$L(\boldsymbol{\mu},\boldsymbol{\Sigma}) = \prod_{i=1}^{N} \frac{1}{(2\pi)^{\frac{1}{2}}|\boldsymbol{\Sigma}|^{\frac{1}{2}}}\exp\left\{-\frac{1}{2}(\boldsymbol{X}_i-\boldsymbol{\mu})^{\mathrm{T}}\boldsymbol{\Sigma}^{-1}(\boldsymbol{X}_i-\boldsymbol{\mu})\right\} \tag{2-55}$$

注意：当得到样本观测值 $\boldsymbol{X}_1,\boldsymbol{X}_2,\cdots,\boldsymbol{X}_N$ 后，$L(\boldsymbol{\mu},\boldsymbol{\Sigma})$ 是 $\boldsymbol{X}_1,\boldsymbol{X}_2,\cdots,\boldsymbol{X}_N$ 的函数。

③ 对总体 $\boldsymbol{\mu}$ 和 $\boldsymbol{\Sigma}$ 的最大似然估计。在统计学中，$\boldsymbol{\mu}$、$\boldsymbol{\Sigma}$ 是未知的，需要由样本观测值 $\boldsymbol{X}_1,\boldsymbol{X}_2,\cdots,\boldsymbol{X}_N$ 估计。若 $\boldsymbol{\mu}$、$\boldsymbol{\Sigma}$ 作为 $\boldsymbol{X}_{(1)},\boldsymbol{X}_{(2)},\cdots,\boldsymbol{X}_{(n)}$ 的函数

$$\boldsymbol{\mu}=\hat{\boldsymbol{\mu}}(\boldsymbol{X}_{(1)},\boldsymbol{X}_{(2)},\cdots,\boldsymbol{X}_{(n)})$$

$$\boldsymbol{\Sigma}=\boldsymbol{\Sigma}(\boldsymbol{X}_{(1)},\boldsymbol{X}_{(2)},\cdots,\boldsymbol{X}_{(n)})$$

满足 $L(\hat{\boldsymbol{\mu}},\hat{\boldsymbol{\Sigma}})=\max\limits_{\boldsymbol{\mu},\boldsymbol{\Sigma}} L(\boldsymbol{\mu},\boldsymbol{\Sigma})$，则 $\hat{\boldsymbol{\mu}}$、$\hat{\boldsymbol{\Sigma}}$ 称为 $\boldsymbol{\mu}$、$\boldsymbol{\Sigma}$ 的最大似然估计。

对任意 N 维总体，均值向量 $\overline{\boldsymbol{X}}$、协方差矩阵 $\boldsymbol{S}$ 是总体均值向量 $\boldsymbol{\mu}$、总体协方差矩阵 $\boldsymbol{\Sigma}$ 的估计。而对 N 维正态总体，$\boldsymbol{\Sigma}$ 的最大似然估计为

$$\hat{\boldsymbol{\Sigma}}=\frac{N-1}{N}\boldsymbol{S} \tag{2-56}$$

当 N 较大时，$\hat{\boldsymbol{\Sigma}}\approx\boldsymbol{S}$。因 $\boldsymbol{S}$ 是 $\boldsymbol{\Sigma}$ 的无偏估计，通常仍以 $\boldsymbol{S}$ 作为 $\boldsymbol{\Sigma}$ 的估计。

2.8　手写数字特征提取与空间分布分析

2.8.1　手写数字特征提取

本书以手写数字作为模式分类的实例，重点介绍模式识别理论与实现方法，说明各种算法是否有效。

对数字识别特征提取可以有多种方法，有的分析从框架的左边框到数字之间的距离变化，反映了不同数字的不同形状，这可以用来作为数字分类的依据，距离变化提取特征法示意图如图 2-5 所示；另外一种方法则是在每个数字图形上定义一个 $N\times N$ 模板，将每个样本的长度和宽度 N 等分，平均有 $N\times N$ 个等份，对每一份内的像素个数进行统计，除以每一份的面积总数，即得特征初值。

5×5 模板提取特征法如图 2-6（b）所示。首先找到每个手写样本的起始位置，在此附近搜索该样本的宽度和高度，将每个样本的长度和宽度 5 等分，构成一个 5×5 的均匀小区域，见图 2-6（a）；对于每一小区域内的黑像素个数进行统计，除以该小区域的面积总数，即得特征值，见图 2-6（b）。当然读者可以根据需要进行修改，N 值越大，模板也越大，特征越多，区分不同的物体能力越强。但同时计算量增加，运行等候的时间增长，所需要的样本库也成倍增加，一般样本库的个数为特征数的 5～10 倍，这里特征总数为 5×5＝25，每一种数字就需要至少 125 个标准样本，10 个数字需要 1250 个标准样本，可想而知数目已经不少了。如果 N 值过小，则不利于不同物体间的区分。

图 2-5　距离变化提取特征法示意图

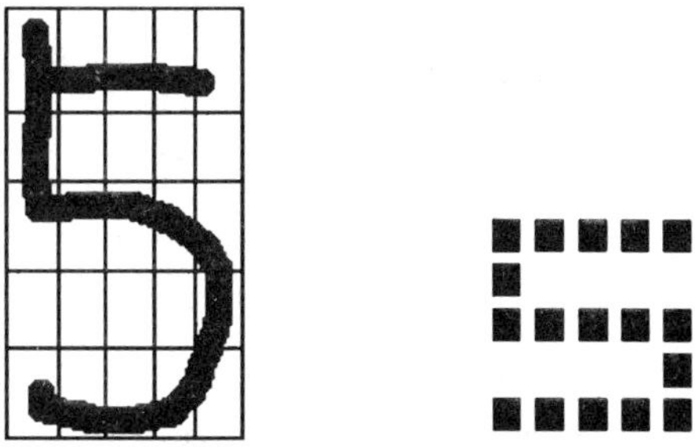

（a）将样品分成5×5的区域　（b）5×5模板特征值示意图

图 2-6　5×5 模板提取特征法

对于手写数字提取模板特征的好处是，针对同一形状、不同大小的样本得到的特征值相差不大。有能力将同一形状、不同大小的样本视为同类，因此这里要求物体至少在宽度和长度上大于 5 个像素，太小则无法正确分类。当然读者可以根据需要进行修改，像素值越大，模板也越大，特征越多，区分不同物体的能力越强，但同时计算量增加，运行等候的时间增

长，所需样本库也成倍增加。

在本书配套程序中，读者可以手写一个数字，然后应用不同的模式识别算法实现对数字的识别。识别过程如下。

（1）手写数字

在界面上手写一个数字，按“清除”键后可重新书写。

（2）手写数字的特征提取

① 搜索数据区，找出手写数字的上、下、左、右边界。

② 将数字区域平均分为 5×5 的小区域。

③ 计算 5×5 的每一个小区域中黑像素所占比例，第一行的 5 个比例值保存到特征的前 5 个，第二行对应着特征的第 6~10 个，以此类推。

（3）建立训练集特征库

分类器的设计方法属于监督学习法。在监督学习的过程中，为了能够对未知事物进行分类，必须输入一定数量的样本（这些样本的类别已知），构建训练集，提取这些样本的特征，构造分类器，然后对任何未知类别的事物进行模式识别。读者可以直接书写数字，单击“请选择类别”下拉列表框，为手写的数字选择其对应的类别。单击“保存样本”按钮，根据提示，将样本保存到样本库的首位，保存样本示意图如图 2-7 所示。

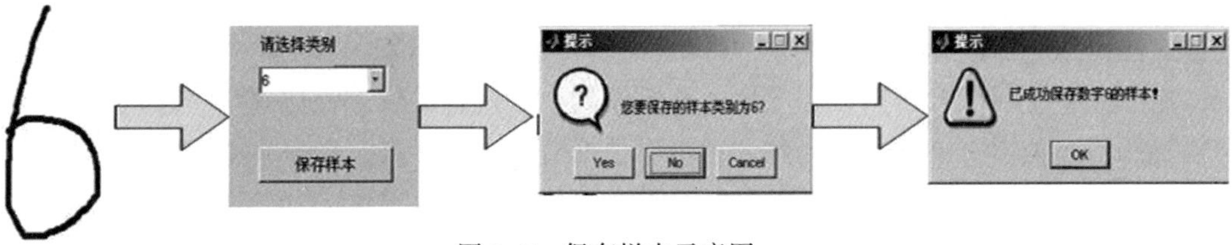

图 2-7　保存样本示意图

（4）通过对话框查看样本库样本个数

单击“请选择类别”下拉列表框，选择一个类别。然后单击“查看样本特征”按钮，可以在 MATLAB 命令窗口查看每个类别的样本特征值。

（5）分类识别

用分类器判别样本类型。

在分类程序中，样本库训练集的特征值是程序开发人员按照自己手写数字习惯来建立的，因此，可能会发生对读者的手写数字分类有误的情况。为了尽量避免此类情况发生，我们把每次添加的手写数字放在样本训练集的首位，读者可以尽量多写一些数字以使程序适应您的书写样式。

2.8.2　手写数字特征空间分布分析

在工程上的许多问题中，统计数据往往满足正态分布规律。正态分布简单，参量少，分析方便，是一种适宜的数学模型。

尽管不同人的手写数字形状有所差别，但当在特征空间中对某一类的特征进行观察时，会发现这些手写的数字较多地分布在这一类的均值附近，远离均值的较少，因此用正态分布作为这一类的概率模型是合理的。

要想了解手写数字特征空间分布情况，需要根据现有的训练样本集，对总体参数做点估计和区间估计，然后假设样本的总体分布函数，对总体分布函数进行统计假设检验。由于对手写数字提取了 25 维特征，为了简化分布分析过程，对手写数字特征空间水平投影降维为 5 维。在此基础上进行主成分分析，提取第一主成分分量作为有效特征，进行一维正态分布分析。

1. 手写数字总体参数的估计

（1）总体参数的点估计

采用最大似然法对手写数字总体参数进行点估计。

由于假设手写数字特征分布遵从正态分布 $N(\mu,\sigma^2)$，但总体参数 $\theta(\mu,\sigma^2)$ 未知，用总体的 N 次观测值 $x_1,x_2,\cdots,x_N$ 进行正态总体的参数估计，求 μ、σ^2 的最大似然估值。

一元总体的分布密度函数为

$$p(x,\mu,\sigma)=\frac{1}{\sqrt{2\pi}\,\sigma}e^{\frac{(x-\mu)^2}{2\sigma^2}} \tag{2-57}$$

似然函数为

$$L(\mu,\sigma)=-\frac{1}{2\pi\sigma^2}\sum_{i=1}^{N}(x_i-\mu)^2-N\ln\sigma-\frac{N}{2}\ln 2\pi \tag{2-58}$$

解方程组

$$\begin{cases}\dfrac{\partial L}{\partial u}=0\\[2ex]\dfrac{\partial L}{\partial \sigma}=0\end{cases}$$

得

$$\mu=\bar{x}=\frac{1}{N}\sum_{i=1}^{N}x_i$$

$$\sigma^2=\frac{1}{N}\sum_{i=1}^{N}(x_i-\bar{x})^2$$

容易检验 μ、σ^2 确实使 $L(\mu,\sigma)$ 取到最大值，因此它们分别是 μ、σ^2 的最大似然估值。

（2）估值好坏的判别标准

① 无偏性。如果参数 θ 的估值 $\hat{\theta}_N(x_1,x_2,\cdots,x_N)$ 满足关系式

$$E\hat{\theta}_N=\theta$$

则称 $\hat{\theta}_N$ 是 θ 的无偏估值。

② 有效性。如果 $\hat{\theta}$ 和 $\hat{\theta}'$ 都是参数 θ 的无偏估值

$$D\hat{\theta}\leqslant D\hat{\theta}'$$

则称 $\hat{\theta}$ 比 $\hat{\theta}'$ 有效。进一步，如果固定样本的容量为 N，使 $D\,\hat{\theta}'$ = 极小值的无偏估值，$\hat{\theta}$ 就成为 θ 的有效估值。

③ 一致性。如果对任意给定的正数 ε，总有

$$\lim_{N\to\infty} P(|\hat{\theta}_N-\theta|>\varepsilon)=0$$

则称 θ 的估值 $\hat{\theta}_N$ 是一致的。当

$$\lim_{N\to\infty} E|\hat{\theta}_N-\theta|^r=0$$

对某 $r\geqslant 0$ 成立时，$\hat{\theta}_N$ 是 θ 的一致估值。

(3) 总体参数的区间估计

在一次试验中，概率很小（接近于零）的事件被认为是实际上不可能发生的事件；而概率接近于1的事件被认为是实际上必然发生的事件。

对总体参数 $\theta(\mu,\sigma^2)$ 进行区间估计（即估计区间参数的取值范围）时，如果对于预先给定的很小的概率 α，能找到一个区间 (θ_1,θ_2)，使得

$$P(\theta_1<\theta<\theta_2)=1-\alpha$$

那么称区间 (θ_1,θ_2) 为参数 θ 的置信区间，θ_1 和 θ_2 称为置信限（或临界值）；$\theta\leqslant\theta_1$ 和 $\theta\geqslant\theta_2$ 称为否定域；概率 α 称为显著性水平，$1-\alpha$ 称为置信水平（或置信概率）。

假设总体遵从正态分布 $N(\mu,\sigma^2)$。对于预先给定的显著性水平 α，可用一个小样本 $\{x_1,x_2,\cdots,x_N\}$ 的均值 $\bar{x}$ 和标准差 s 来估计总体的均值 μ 和方差 σ^2 的置信区间。（小样本）置信区间的估计方法见表2-2。

表2-2　（小样本）置信区间的估计方法

样本情况	总体参数 μ 或 σ^2 的置信区间	与置信区间有关的 K_α、t_α、χ^2_α 与 F_α 的确定
小样本已知总体方差	$\mu\in\left(\bar{x}-\dfrac{K_{\frac{\alpha}{2}}\sigma}{\sqrt{N}},\bar{x}+\dfrac{K_{\frac{\alpha}{2}}\sigma}{\sqrt{N}}\right)$	$\int_{-K_{\frac{\alpha}{2}}}^{K_{\frac{\alpha}{2}}}\dfrac{1}{\sqrt{2\pi}}e^{-\frac{v^2}{2}}dv=1-\alpha$ 查正态分布表
小样本总体方差未知	$\mu\in\left(\bar{x}-\dfrac{t_\alpha s}{\sqrt{N}},\bar{x}+\dfrac{t_\alpha s}{\sqrt{N}}\right)$	$\int_{-t_\alpha}^{t_\alpha}t(n-1)dv=1-\alpha$ 查 t 分布表（自由度为 $n-1$）
小样本已知总体均值	$\sigma^2\in\left(\dfrac{1}{\chi_2^2}\sum_{i=1}^{N}(x_i-\mu)^2,\dfrac{1}{\chi_1^2}\sum_{i=1}^{N}(x_i-\mu)^2\right)$	$\int_{\chi_1^2}^{\chi_2^2}\chi^2(n)dv=1-\alpha$ 查 χ^2 分布表（自由度为 n）
小样本总体均值未知	$\sigma^2\in\left(\dfrac{N-1}{\chi_2^2}s^2,\dfrac{N-1}{\chi_1^2}s^2\right)$	$\int_{\chi_1^2}^{\chi_2^2}\chi^2(n-1)dv=1-\alpha$ 查 χ^2 分布表（自由度为 $n-1$）

2. 总体分布函数的 χ^2 检验法

(1) χ^2 检验法

χ^2 检验法是指在将数据按其取值范围进行分组后计算频数的基础上，考虑每个区间的实际频数 $\{v_i\}$ 与理论频数 $\{p_i\}$ 的差异，从而做出判断。它使用的统计量为

$$\chi^2=\sum_{i=1}^{l}\frac{(v_i-Np_i)^2}{Np_i}\tag{2-59}$$

其中，N 为样本数据的容量，l 是分组数，p_i 的值根据原假设指定的分布求得。

(2) 检验步骤

假设 x 的分布函数为 $F(x)$，这时，相应的假设检验问题为

$$H_0:F(x)\equiv F_0(x)\leftrightarrow H_1:F(x)\text{不是 }F_0(x)$$

分两种情况进行统计假设检验。

① 设 $F_0(x)=F_0(x,\theta_1,\theta_2,\cdots,\theta_k)$为已知类型的分布函数，$\theta_1,\theta_2,\cdots,\theta_k$ 为参数（已知或部分已知），$x_1,x_2,\cdots,x_N$ 为总体 $\boldsymbol{X}$ 的样本，把实轴$(-\infty,\infty)$分成 l 个不相交的区间：$(c_i,c_{i+1}](i=1,2,\cdots,l)$，$c_1=-\infty,c_{l+1}=\infty$，其中$(c_l,c_{l+1}]$理解成$(c_l,\infty)$。

理论频数记为

$$p_i=F_0(c_{i+1})-F_0(c_i)=P(c_i\leqslant \boldsymbol{x}\leqslant c_{i+1})$$

$\boldsymbol{X}$ 的样本$\{x_1,x_2,\cdots,x_N\}$落在区间$(c_i,c_{i+1}]$的个数为 v_i（经验频数），根据式（2-59）计算统计量χ^2。设 k 是原假设指定的分布类中的待估参数的个数，遵从自由度为 $l-k-1$ 的χ^2分布，应用χ^2检验法便可检验假设 $H_0:F(x)=F_0(x)$是否可信。

若原假设成立，χ^2的值应比较小，所以当χ^2取大的值时是极端情形。

例如，原假设是正态分布，$F_0(x)=\int_{-\infty}^{x}p(t,\mu,\sigma)\,\mathrm{d}t=\int_{-\infty}^{x}\frac{1}{\sqrt{2\pi}\sigma}\mathrm{e}^{\frac{(t-\mu)^2}{2\sigma^2}}\mathrm{d}t$，此时 $k=2$。统计学研究表明：当样本容量 N 充分大且原假设 H_0 为真时，χ^2统计量近似服从自由度为 $l-k-1$ 的χ^2分布，即

$$\chi^2:\chi^2\ (l-k-1)$$

给定显著水平 α，设由样本观测值算得的χ^2值是χ_0^2。则当$\chi_0^2>\chi_\alpha^2(l-k-1)$时，拒绝 H_0；否则，接受 H_0。

② $F_0(x)$的参数全部或一部分未知。设 $F_0(x)$有 l 个参数 $\theta_{j1},\theta_{j2},\cdots,\theta_{jl}(j\leqslant k)$未知，可先用最大似然估计法定出这 l 个参数的估值，把这些估值当作 $F_0(x)$的相应参数，于是类似①的情形可计算理论概率，再计算经验频数，那么按式（2-59）计算统计量。当 N 很大时遵从自由度为 $l-k-1$ 的χ^2分布。

应用χ^2检验法便可检验假设 $H_0:F(x)=F_0(x)$是否可信。

3. 手写数字特征空间分布分析

由于对手写数字用模板法提取了 25 个特征，每种数字样本库总数约为 130 个，造成特征维数多，样本总数少的情况。为了分析样本的空间分布情况，采用行投影法将 25 个特征压缩为 5 个，进一步采用主成分分析法，取特征值最大的主分量作为每个样本的特征，进行正态分布检验，实现步骤如下。

① 选取样本库中的某一类全体样本 $\boldsymbol{X}_{n\times N}$。

② 对 25 个特征做行投影变换，压缩为 5 个特征。

③ 用主成分分析法选取特征第一主成分。

- 计算 $\boldsymbol{X}$ 的协方差矩阵 $\boldsymbol{S}_{n\times n}$。
- 计算 $\boldsymbol{S}$ 的特征值 $\lambda_1>\lambda_2>\cdots>\lambda_n$ 和相应特征向量 $\boldsymbol{C}_{n\times n}$。

➢ 计算样本库样本的第一个主分量 $C_{n\times1}^{T}X_{n\times N}$。

④ 输出特征分布直方图。

⑤ 正态分析检验。

4. 编程代码

```
function h=zhengtai(x)
%%%%%%%%%%%%%%%%%%%%%%%%%%%%%%%%%%%%%%%%%%%%%%%%
%函数名称:zhengtai
%参数:x,要验证的类别的样本特征
%返回值:h,正态分布检验结果;0,满足正态分布;1,不满足正态分布
%函数作用:验证样本特征是否满足正态分布
%%%%%%%%%%%%%%%%%%%%%%%%%%%%%%%%%%%%%%%%%%%%%%%%
    clc;
    for i=1:5
        m(i,:)=sum(x((i-1)*5+1:(i-1)*5+5,:));%特征压缩从 25 维到 5 维
    end
    dsig_cov=cov(m');%求 dsig 的协方差矩阵
    [pc,latent,tspuare]=pcacov(dsig_cov);%主成分分析
    pc(:,2:5)=[];%保留第一个特征
    y=m'*pc;%求第一个主分量
    figure(2);
    hist(y,40);%画直方图
    h=jbtest(y,0.05);%正态分布检验
```

5. 效果图

数字 0 特征空间分布检验效果如图 2-8 所示。

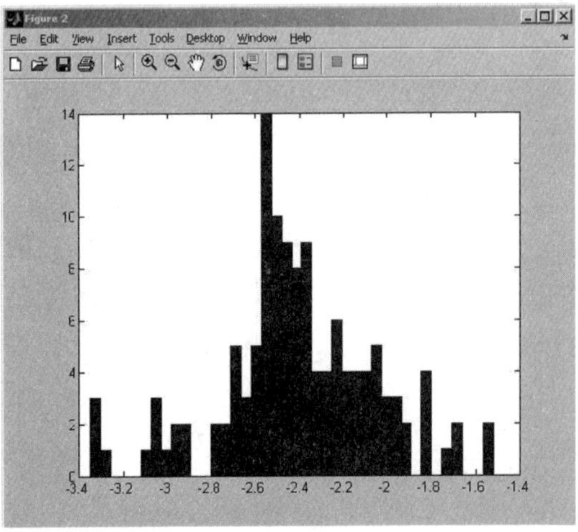

(a) 直方图

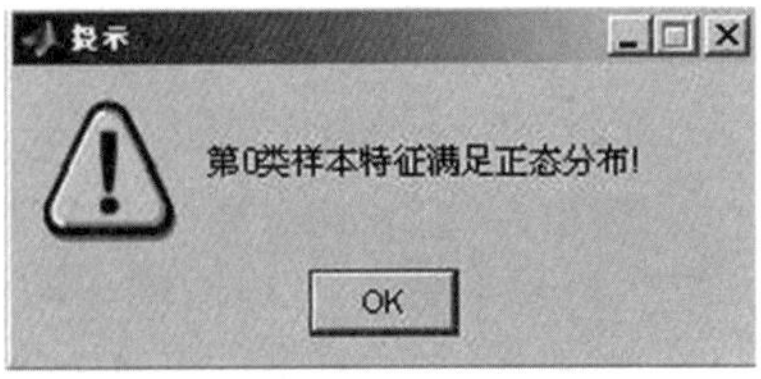

(b) 正态分布检验结果

图 2-8　数字 0 特征空间分布检验效果

本章小结

在实际应用中，信息采集对象多数是多特征、高噪声、非线性的数据集。人们只能尽量多列一些可能有影响的因素，在样本数不是很多的情况下，用很多特征进行分类器设计，无论从计算的复杂程度还是就分类器性能来看都是不适宜的。因此研究如何把高维特征空间压缩到低维特征空间就成了一个重要的课题。特征选择与提取是模式识别的基础环节，从样本采集到建立满意的特征和特征库，需要经过多次反复试验。本章将多元统计分析与模式识别特征处理理论相结合，主要介绍了样本特征库初步分析方法，特征筛选处理方法，特征选择及搜索算法，特征评估方法，基于主成分分析的特征提取方法；并介绍了特征空间统计量的描述及特征空间分布分析方法，以及手写数字的特征提取与分析。

习题 2

1. 简述样本数量与特征数目的关系，若采集的手写数字各个类别的样本数目少于特征数目，能否对手写数字进行分类？
2. 某一个特征与目标的相关系数为 0，该特征是否应被删除？
3. 简述特征选择搜索算法。
4. 简述几种常用的特征评估方法。
5. 简述主成分分析的实现方法。
6. 简述总体参数的点估计方法。
7. 简述总体分布函数的统计假设检验方法。

第 3 章　模式相似性测度

本章要点：

☑ 模式相似性测度的基本概念

☑ 距离测度分类法

3.1　模式相似性测度的基本概念

模式识别最基本的研究问题是样本与样本之间或类与类之间的相似性测度问题。判断样本之间的相似性常采用近邻准则，即将待分类样本与标准模板进行比较，看跟哪个模板匹配程度更高些，从而确定待测试样本的分类。近邻准则在原理上属于模板匹配。它将训练样本集中的每个样本都作为模板，用测试样本与每个模板做比较，看与哪个模板最相似（即为近邻），就将最近似的模板的类别作为自己的类别。计算模式相似性测度有欧氏距离、马氏距离、夹角余弦距离、Tanimoto 测度等多种距离算法。依照近邻准则进行分类通常有两种计算方法，一种方法是通过与样本库所有样本特征分别做相似性测度，找出最接近的样本，取该样本所属类别作为待测样本的类别；另一种方法是与样本库中不同类别的中心或重心做相似性测度，找出最接近类的中心，以该类作为待测样本的类别。例如，A 类有 10 个训练样本，因此有 10 个模板；B 类有 8 个训练样本，就有 8 个模板。一种方法是：任何一个待测试样本在分类时都与这 18 个模板算一算相似性测度，如果最相似的那个近邻是 B 类中的一个，就确定待测试样本为 B 类；否则为 A 类。另一种方法是：分别求出 A 类和 B 类的中心，待测试样本分别与这两个中心做相似性测度，与哪个类的中心最接近，就将待测样本归为该类。

从原理上说，近邻法是最简单的。但是近邻法有一个明显的缺点就是计算量大，储存量大，要储存的模板很多；当每个测试样本要对每个模板计算一次相似性测度时，所需的计算时间相对于其他方法多一些。

1. 样本与样本之间的距离

设有两个样本的特征向量 $\boldsymbol{X}_i$、$\boldsymbol{X}_j$分别为

$$\boldsymbol{X}_i=\begin{pmatrix}x_{i1}\\x_{i2}\\\vdots\\x_{in}\end{pmatrix}=(x_{i1},x_{i2},\cdots,x_{in})^{\mathrm{T}},\quad \boldsymbol{X}_j=\begin{pmatrix}x_{j1}\\x_{j2}\\\vdots\\x_{jn}\end{pmatrix}=(x_{j1},x_{j2},\cdots,x_{jn})^{\mathrm{T}}$$

样本间的距离示意图如图 3-1 所示。这两个样本可能在同一个类中，见图 3-1（a）；也可能在不同的类中，见图 3-1（b）。因此，可以计算同一个类内样本与样本之间的距离，也可以计算不同类样本与样本之间的距离。

样本与样本间的距离计算有五种方法，分别是欧氏距离法、马氏距离法、夹角余弦距离法、二值夹角余弦法和具有二值特征的 Tanimoto 测度法，样本间的距离计算公式见表 3-1。

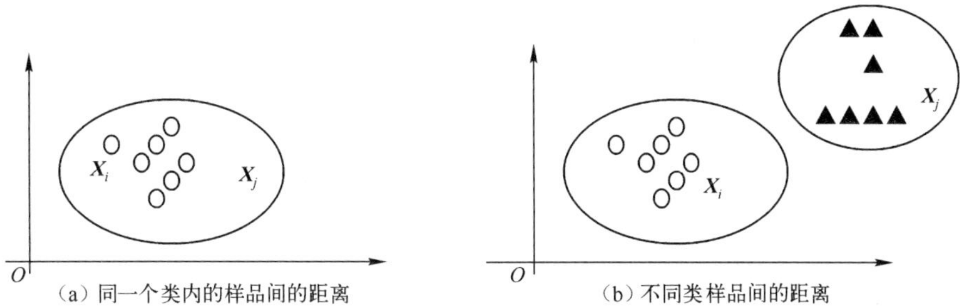

(a) 同一个类内的样品间的距离　(b) 不同类样品间的距离

图 3-1　样本间的距离示意图

表 3-1　样本间的距离计算公式

计算距离方法	样本间距离计算公式	说　明
欧氏距离法	$D_{ij}^2=(\boldsymbol{X}_i-\boldsymbol{X}_j)^{\mathrm{T}}(\boldsymbol{X}_i-\boldsymbol{X}_j)=\\|\boldsymbol{X}_i-\boldsymbol{X}_j\\|^2=\sum_{k=1}^{n}(x_{ik}-x_{jk})^2$	D_{ij}越小，则两个样本距离越近，就越相似
马氏距离法	$D_{ij}^2=(\boldsymbol{X}_i-\boldsymbol{X}_j)^{\mathrm{T}}\boldsymbol{S}^{-1}(\boldsymbol{X}_i-\boldsymbol{X}_j)$ $\boldsymbol{S}=\frac{1}{N-1}\sum_{i=1}^{N}(\boldsymbol{X}_i-\overline{\boldsymbol{X}})(\boldsymbol{X}_i-\overline{\boldsymbol{X}})^{\mathrm{T}}$ $\overline{\boldsymbol{X}}=\frac{1}{N}\sum_{i=1}^{N}\boldsymbol{X}_i$	D_{ij}越小，则两个样本距离越近，就越相似
夹角余弦距离法	$S(\boldsymbol{X}_i,\boldsymbol{X}_j)=\cos\theta=\frac{\boldsymbol{X}_i^{\mathrm{T}}\boldsymbol{X}_j}{\\|\boldsymbol{X}_i\\|\cdot\\|\boldsymbol{X}_j\\|}$	S 值越大，则相似度越大
二值夹角余弦法	$S(\boldsymbol{X}_i,\boldsymbol{X}_j)=\cos\theta=\frac{\boldsymbol{X}_i^{\mathrm{T}}\boldsymbol{X}_j}{\sqrt{(\boldsymbol{X}_i^{\mathrm{T}}\boldsymbol{X}_i)(\boldsymbol{X}_j^{\mathrm{T}}\boldsymbol{X}_j)}}$	要求 $\boldsymbol{X}_i$、$\boldsymbol{X}_j$ 向量的各个特征都以二值（0 或 1）表示，S 越大越相似
具有二值特征的 Tanimoto 测度法	$S(\boldsymbol{X}_i,\boldsymbol{X}_j)=\frac{\boldsymbol{X}_i^{\mathrm{T}}\boldsymbol{X}_j}{\boldsymbol{X}_i^{\mathrm{T}}\boldsymbol{X}_i+\boldsymbol{X}_j^{\mathrm{T}}\boldsymbol{X}_j-\boldsymbol{X}_i^{\mathrm{T}}\boldsymbol{X}_j}$	要求 $\boldsymbol{X}_i$、$\boldsymbol{X}_j$ 向量的各个特征都以二值（0 或 1）表示，S 越大越相似

2. 样本与类之间的距离

样本与类之间的距离如图 3-2 所示。ω 代表某类样本的集合，ω 中有 N 个样本，$\boldsymbol{X}$ 是某一个待测样本。

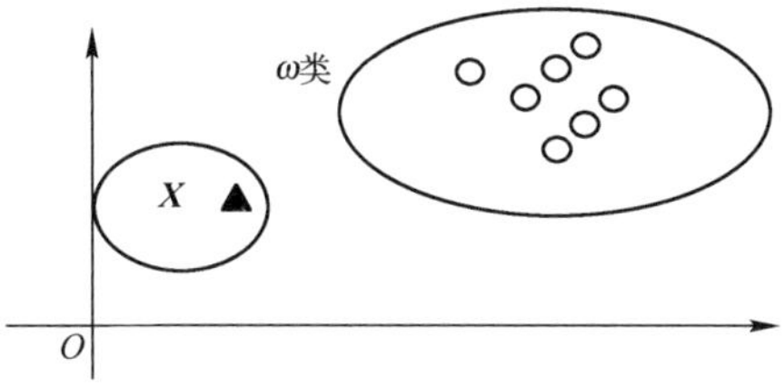

图 3-2　样本与类之间的距离

样本与类之间距离的计算方法有两种。

① 计算该样本到 ω 类内各个样本之间的距离，将这些距离求和，取平均值作为样本与类之间的距离。样本与类之间的距离可描述为

$$\overline{D^2(\boldsymbol{X},\omega)}=\frac{1}{N}\sum_{i=1}^{N}D^2(\boldsymbol{X},\boldsymbol{X}_i^{(\omega)})=\frac{1}{N}\sum_{i=1}^{N}\sum_{k=1}^{n}|x_k-x_{ik}^{(\omega)}|^2 \tag{3-1}$$

② 计算 ω 类的中心点 $\boldsymbol{M}^{(\omega)}$，以 ω 中的所有样本特征的平均值作为类中心，然后计算待

测样本 $\boldsymbol{X}$ 到 ω 的中心点 $\boldsymbol{M}^{(\omega)}$ 的距离。

$$D^2(\boldsymbol{X},\omega)=D^2(\boldsymbol{X},\boldsymbol{M}^{(\omega)})=\sum_{k=1}^{n}|x_k-m_k^{(\omega)}|^2 \tag{3-2}$$

本书实例均采用式（3-2）作为样本与类之间的距离计算公式。

3. 类内距离

类内距离是指同一个类内任意样本之间距离之和的平均值。ω 类内的距离如图 3-3 所示，类内点集 $\{\boldsymbol{X}_i, i=1,2,\cdots,N\}$，各点之间的内部距离平方为 $\overline{D^2(\{\boldsymbol{X}_i\},\{\boldsymbol{X}_j\})}$，$(i,j=1,2,\cdots,N,i\neq j)$，从集内一固定点 $\boldsymbol{X}_i$ 到所有其他的 $N-1$ 个点 $\boldsymbol{X}_j$ 之间的距离平方为 $\overline{D^2(\boldsymbol{X}_i,\{\boldsymbol{X}_j\})}=\dfrac{1}{N-1}\sum\limits_{\substack{j=1\\j\neq i}}^{N}\sum\limits_{k=1}^{n}(x_{ik}-x_{jk})^2$。同样的道理，取 ω 内所有点的平均距离表示其类内距离：

$$\overline{D^2(\{\boldsymbol{X}_i\},\{\boldsymbol{X}_j\})}=\frac{1}{N}\sum_{i=1}^{N}\left[\frac{1}{N-1}\sum_{j=1}^{N}\sum_{k=1}^{n}(x_{ik}-x_{jk})^2\right]=\frac{1}{N(N-1)}\sum_{i=1}^{N}\sum_{\substack{j=1\\j\neq i}}^{N}\sum_{k=1}^{n}(x_{ik}-x_{jk})^2 \tag{3-3}$$

4. 类与类之间的距离

设有两个类 ω_i、ω_j，类间距离如图 3-4 所示，计算类与类之间的距离有多种方法，例如最短距离法、最长距离法、重心法和平均距离法等，类间的距离计算见表 3-2。

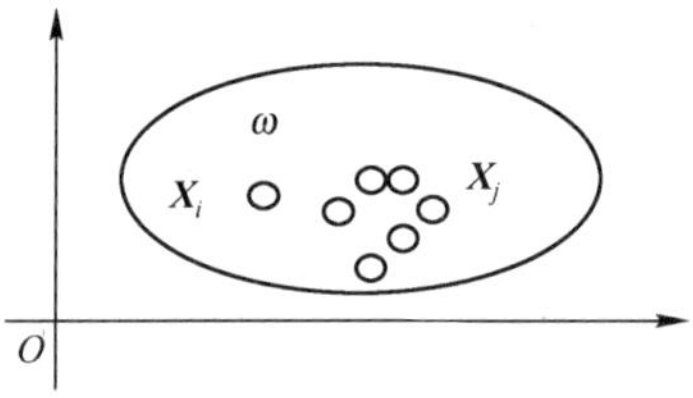

图 3-3　ω 类内的距离

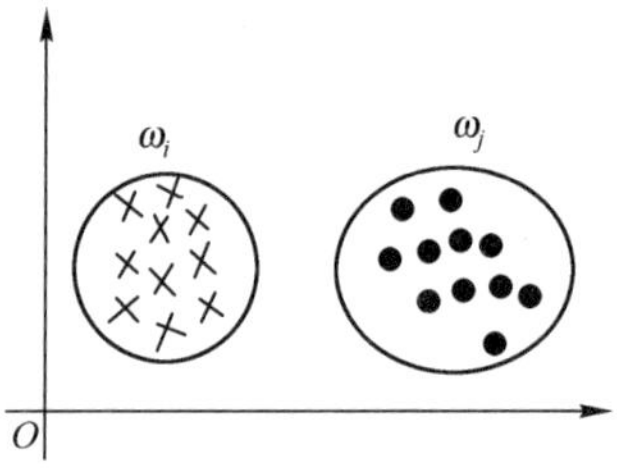

图 3-4　类间距离

表 3-2　类间的距离计算

距离方法	距离定义	说　明
最短距离法	规定两个类间相距最近的两个点之间的距离，为两类的距离	$D_{i,j}=\min(d_{ij})$ $d_{ij}=\Vert\boldsymbol{X}_i-\boldsymbol{X}_j\Vert, \boldsymbol{X}_i\in\omega_i, \boldsymbol{X}_j\in\omega_j$
最长距离法	规定两个类间相距最远的两个点之间的距离，为两类的距离	$D_{i,j}=\max(d_{ij})$ $d_{ij}=\Vert\boldsymbol{X}_i-\boldsymbol{X}_j\Vert, \boldsymbol{X}_i\in\omega_i, \boldsymbol{X}_j\in\omega_j$
重心法	将各类中所有样本的平均值作为类的重心，将两类的重心间的距离作为两类的距离	$D_{i,j}=\Vert\overline{\boldsymbol{X}^{(\omega_i)}}-\overline{\boldsymbol{X}^{(\omega_j)}}\Vert$ $\overline{\boldsymbol{X}^{(\omega_i)}}=\frac{1}{N_i}\sum_{\boldsymbol{X}\in\omega_i}\boldsymbol{X}$，$\overline{\boldsymbol{X}^{(\omega_j)}}=\frac{1}{N_j}\sum_{\boldsymbol{X}\in\omega_j}\boldsymbol{X}$ N_i、N_j 分别是 ω_i、ω_j 类中样本的个数
平均距离法	计算两类之间所有样本的距离，求和，取距离的平均值作为两类间的距离	$D_{i,j}=\frac{1}{N_iN_j}\sum_{\substack{\boldsymbol{X}_i\in\omega_i\\\boldsymbol{X}_j\in\omega_j}}\Vert\boldsymbol{X}_i-\boldsymbol{X}_j\Vert$

3.2 距离测度分类法

3.2.1 模板匹配法

1. 理论基础

最简单的识别方法就是模板匹配法，即把未知样本和一个标准样本模板相比，看它们是否相同或相似。下面讨论两类别和多类别的情况。

(1) 两类别

设有两个标准样本模板为 A 和 B，其特征向量为 n 维特征：$\boldsymbol{X}_{\mathrm{A}}=(x_{\mathrm{A}1},x_{\mathrm{A}2},\cdots,x_{\mathrm{A}n})^{\mathrm{T}}$ 和 $\boldsymbol{X}_{\mathrm{B}}=(x_{\mathrm{B}1},x_{\mathrm{B}2},\cdots,x_{\mathrm{B}n})^{\mathrm{T}}$。任何一个待识别的样本 $\boldsymbol{X}$，其特征向量为 $\boldsymbol{X}=(x_1,x_2,\cdots,x_n)^{\mathrm{T}}$，那么，它是 A 还是 B 呢？

用模板匹配法来识别，若 $\boldsymbol{X}=\boldsymbol{X}_{\mathrm{A}}$，则该样本为 A；若 $\boldsymbol{X}=\boldsymbol{X}_{\mathrm{B}}$，则该样本为 B。怎样知道 $\boldsymbol{X}=\boldsymbol{X}_{\mathrm{A}}$ 还是 $\boldsymbol{X}=\boldsymbol{X}_{\mathrm{B}}$ 呢？最简单的识别方法就是利用距离来判别。如果 $\boldsymbol{X}$ 距离 $\boldsymbol{X}_{\mathrm{A}}$ 比距离 $\boldsymbol{X}_{\mathrm{B}}$ 近，则 $\boldsymbol{X}$ 属于 $\boldsymbol{X}_{\mathrm{A}}$，否则属于 $\boldsymbol{X}_{\mathrm{B}}$。这就是最小距离判别法。

任意两点 $\boldsymbol{X}$、$\boldsymbol{Y}$ 之间的距离：

$$d(\boldsymbol{X},\boldsymbol{Y})=\left[\sum_{i=1}^{n}(x_i-y_i)^2\right]^{\frac{1}{2}} \tag{3-4}$$

距离远近可作为判据，构成距离分类器，其判别法则为

$$\begin{cases} d(\boldsymbol{X},\boldsymbol{X}_{\mathrm{A}})<d(\boldsymbol{X},\boldsymbol{X}_{\mathrm{B}})\Rightarrow \boldsymbol{X}\in A \\ d(\boldsymbol{X},\boldsymbol{X}_{\mathrm{A}})>d(\boldsymbol{X},\boldsymbol{X}_{\mathrm{B}})\Rightarrow \boldsymbol{X}\in B \end{cases}$$

(2) 多类别

设有 M 个类别：$\omega_1,\omega_2,\cdots,\omega_M$。每类由若干向量表示，如 ω_i 类，有

$$\boldsymbol{X}_i=\begin{pmatrix} x_{i1} \\ x_{i2} \\ x_{i3} \\ \vdots \\ x_{in} \end{pmatrix}$$

对于任意被识别的样本 $\boldsymbol{X}$，有

$$\boldsymbol{X}=\begin{pmatrix} x_1 \\ x_2 \\ x_3 \\ \vdots \\ x_n \end{pmatrix}$$

计算距离 $d(\boldsymbol{X}_i,\boldsymbol{X})$，若存在某一个 i，使

$$d(\boldsymbol{X}_i,\boldsymbol{X})<d(\boldsymbol{X}_j,\boldsymbol{X}),j=1,2,\cdots,M,i\neq j$$

即到某一个样本最近，则 $\boldsymbol{X}\in\omega_i$。

具体判别时，$\boldsymbol{X}$、$\boldsymbol{Y}$ 两点距离可以用 $|\boldsymbol{X}-\boldsymbol{Y}|^2$ 表示，即

$$\begin{aligned}d(\boldsymbol{X},\boldsymbol{X}_i)=|\boldsymbol{X}-\boldsymbol{X}_i|^2&=(\boldsymbol{X}-\boldsymbol{X}_i)^{\mathrm{T}}(\boldsymbol{X}-\boldsymbol{X}_i)\\&=\boldsymbol{X}^{\mathrm{T}}\boldsymbol{X}-\boldsymbol{X}^{\mathrm{T}}\boldsymbol{X}_i-\boldsymbol{X}_i^{\mathrm{T}}\boldsymbol{X}+\boldsymbol{X}_i^{\mathrm{T}}\boldsymbol{X}_i\\&=\boldsymbol{X}^{\mathrm{T}}\boldsymbol{X}-(\boldsymbol{X}^{\mathrm{T}}\boldsymbol{X}_i+\boldsymbol{X}_i^{\mathrm{T}}\boldsymbol{X}-\boldsymbol{X}_i^{\mathrm{T}}\boldsymbol{X}_i)\end{aligned} \tag{3-5}$$

式中的 $\boldsymbol{X}^{\mathrm{T}}\boldsymbol{X}_i+\boldsymbol{X}_i^{\mathrm{T}}\boldsymbol{X}-\boldsymbol{X}_i^{\mathrm{T}}\boldsymbol{X}_i$ 为特征的线性函数，可作为判别函数

$$d_i(\boldsymbol{X})=\boldsymbol{X}^{\mathrm{T}}\boldsymbol{X}_i+\boldsymbol{X}_i^{\mathrm{T}}\boldsymbol{X}-\boldsymbol{X}_i^{\mathrm{T}}\boldsymbol{X}_i \tag{3-6}$$

若 $d(\boldsymbol{X},\boldsymbol{X}_i)=\min d_i(\boldsymbol{X})$，则 $\boldsymbol{X}\in\omega_i$。这就是多类问题的最小距离分类法。

2. 实现步骤

① 待测样本 $\boldsymbol{X}$ 与训练集里每个样本 $\boldsymbol{X}_i$ 的距离为 $d(\boldsymbol{X},\boldsymbol{X}_i)=|\boldsymbol{X}-\boldsymbol{X}_i|^2$。

② 循环计算待测样本和训练集中各已知样本之间的距离，找出距离待测样本最近的已知样本，该已知样本的类别就是待测样本的类别。

3. 编程代码

```
%%%%%%%%%%%%%%%%%%%%%%%%%%%%%%%%%%%%%%%%%%%%%%%%%%%%
%函数名称:neartemplet()
%参数:sample,待识别样本特征
%返回值: y,待识别样本所属类别
%函数功能:按照模板匹配法计算待测样本与样本库中的样本相似度
%%%%%%%%%%%%%%%%%%%%%%%%%%%%%%%%%%%%%%%%%%%%%%%%%%%%
function y=neartemplet(sample);
    clc;
    load templet pattern;%加载样本库
    d=0;%距离
    min=[inf,0];
    for i=1:10
        for j=1:pattern(i).num
            %计算待测样本与样本库样本间的最小距离
            d=sqrt(sum((pattern(i).feature(:,j)-sample').^2));
            %求最小距离及其类号
            if min(1)>d
                min(1)=d;
                min(2)=i-1;
            end
        end
    end
    %输出类别
    y=min(2);
```

4. 效果图

模板匹配法运行效果如图 3-5 所示。

（a）待测样品　　（b）分类结果

图 3-5　模板匹配法运行效果

3.2.2　基于 PCA 的模板匹配法

在使用基于 PCA 的模板匹配法之前，先对特征进行主成分分析。按照一定的贡献值，提取前 m 个主分量，用较低维数的特征进行分类。

1. 实现步骤

① 选取各类全体样本组成矩阵 $\boldsymbol{X}_{n\times N}$，待测样本为 $\boldsymbol{X}_{n\times 1}$。
② 计算 $\boldsymbol{X}_{n\times N}$的协方差矩阵 $\boldsymbol{S}_{n\times n}$。
③ 计算 $\boldsymbol{S}_{n\times n}$的特征值 $\lambda_1\geqslant\lambda_2\geqslant\cdots\geqslant\lambda_n$ 和特征向量 $\boldsymbol{C}_{n\times n}$。
④ 根据一定的贡献率，选取 $\boldsymbol{C}_{n\times n}$的前 m 列，构成 $\boldsymbol{C}_{n\times m}$。
⑤ 计算样本库样本主成分 $\boldsymbol{X}_{m\times N}=\boldsymbol{C}_{n\times m}^{\mathrm{T}}\boldsymbol{X}_{n\times N}$和样本主成分 $\boldsymbol{X}_{m\times 1}=\boldsymbol{C}_{n\times m}^{\mathrm{T}}\boldsymbol{X}_{n\times 1}$。
⑥ 采用模板匹配法进行多类别分类。

2. 编程代码

```
%%%%%%%%%%%%%%%%%%%%%%%%%%%%%%%%%%%%%%%%%%%%%%%%
%函数名称:pcaneartemplet( )
%参数:sample,待识别样本特征
%返回值: y,待识别样本所属类别
%函数功能:按照基于 PCA 的模板匹配法计算待测样本与样本库中的样本相似度
%%%%%%%%%%%%%%%%%%%%%%%%%%%%%%%%%%%%%%%%%%%%%%%%
function y=pcaneartemplet(sample);
    clc;
    load templet pattern;
    %对样本和样本库进行主成分分析
    [pcapat,pcasamp]=pcapro(sample);
    temp=0;
```

```
    for i=1:10
      pattern(i).feature=pcapat(:,temp+1:temp+pattern(i).num);
      temp=temp+pattern(i).num;
    end
    d=0;%距离
    min=[inf,0];
    for i=1:10
        for j=1:pattern(i).num
            %计算待测样本与样本库样本间的最小距离
            d=sqrt(sum((pattern(i).feature(:,j)-pcasamp).^2));
            %求最小距离及其类号
            if min(1)>d
                min(1)=d;
                min(2)=i-1;
            end
        end
    end
    %输出类别
    y=min(2);
%%%%%%%%%%%%%%%%%%%%%%%%%%%%%%%%%%%%%%%%%%%%%%%%%%%%
%函数名称:pcapro()
%参数:sample,待识别样本特征
%返回值: y1,样本库样本经主成分分析后的主分量矩阵;y2,待识别样本经主成分分析后的
% 主分量向量
%函数功能:对样本库和待测样本用主成分分析法进行降维
%%%%%%%%%%%%%%%%%%%%%%%%%%%%%%%%%%%%%%%%%%%%%%%%%%%%
function  [y1,y2]=pcapro(sample)
    load templet pattern;%加载样本库
    mixedsig=[];
    sum1=0;
    %将所有类别的所有样本合并到 mixedsig
    for i=1:10
        sum1=sum1+pattern(i).num;
        mixedsig=[mixedsig pattern(i).feature];
    end
    [Dim,NumofSampl] = size(mixedsig);%Dim 为特征数,NumofSampl 为样本总个数
    dsig_cov=cov(mixedsig');%求 mixedsig 的协方差矩阵
    %利用 pcacov()函数求得从大到小排好序的协方差矩阵的特征值 latent 和相应的特征向量 pc
    [pc,latent,tspuare]=pcacov(dsig_cov);
    temp=0;con=0;m=0;
    %根据贡献率取舍特征向量
    sum2=sum(latent);
    for i=1:25
```

```
        if(con<0.9)
            temp=temp+latent(i);
            con=temp/sum2;
            m=m+1;
        else
            break;
        end
    end
    pc(:,m+1:25)=[ ];
    %求待测样本主成分
    x=sample * pc;
    %求样本库主成分
    y=mixedsig' * pc;
    y1=y';
    y2=x';
```

3. 效果图

基于 PCA 的模板匹配法运行效果如图 3-6 所示。

(a) 待测样品　　(b) 分类结果

图 3-6　基于 PCA 的模板匹配法运行效果

3.2.3　马氏距离分类

1. 理论基础

设有 M 个类别：$\omega_1,\omega_2,\cdots,\omega_M$。如 ω_i 类，每类有 N_i 个样本，可表示为 $\boldsymbol{X}^{(\omega_i)}=(\boldsymbol{X}_1^{(\omega_i)},\boldsymbol{X}_2^{(\omega_i)},\boldsymbol{X}_3^{(\omega_i)},\cdots,\boldsymbol{X}_{N_i}^{(\omega_i)})^{\mathrm{T}}$。对于任意待识别的样本 $\boldsymbol{X}=(x_1,x_2,x_3,\cdots,x_n)$，计算该样本到各类中心的马氏距离 $d^2(\boldsymbol{X},\omega_i)=(\boldsymbol{X}-\overline{\boldsymbol{X}^{(\omega_i)}})^{\mathrm{T}}\boldsymbol{S}^{-1}(\boldsymbol{X}-\overline{\boldsymbol{X}^{(\omega_i)}})$，其中 $\overline{\boldsymbol{X}^{(\omega_i)}}$ 为第 i 类的类中心，$\boldsymbol{S}$ 为全体样本的协方差矩阵。比较 $\boldsymbol{X}$ 到各类的距离，若满足

$$d(\boldsymbol{X},\omega_i)<d(\boldsymbol{X},\omega_j)\qquad j=1,2,\cdots,M,i\neq j$$

则 $\boldsymbol{X}$ 到 ω_i 类最近，则 $\boldsymbol{X}\in\omega_i$。

2. 实现步骤

① 待测样本 $\boldsymbol{X}$ 与训练集里每个类中心的距离采用马氏距离算法计算，计算公式为

$$d^2(\boldsymbol{X},\omega_i)=(\boldsymbol{X}-\overline{\boldsymbol{X}^{(\omega_i)}})^{\mathrm{T}}\boldsymbol{S}^{-1}(\boldsymbol{X}-\overline{\boldsymbol{X}^{(\omega_i)}})$$

② 循环计算待测样本到各类中心的马氏距离，找出距离最小的类别作为该待测样本的类别。

3. 编程代码

```
%%%%%%%%%%%%%%%%%%%%%%%%%%%%%%%%%%%%%%%%%%%%
%函数名称:mahalanobis()
%参数:sample,待识别样本特征
%返回值: y,待识别样本所属类别
%函数功能:按照马氏距离算法计算待测样本与样本库中的样本相似度
%%%%%%%%%%%%%%%%%%%%%%%%%%%%%%%%%%%%%%%%%%%%
function y=mahalanobis(sample);
    clc;
    load templet pattern;%加载样本库
    pdata=[];
    c=0;
    %求协方差矩阵
    for i=1:10
        for j=1:pattern(i).num
            c=c+1;
            pdata(:,c)=pattern(i).feature(:,j);
        end
    end
    %求特征间的协方差矩阵及其逆矩阵
    s_cov=cov(pdata');
    s_inv=inv(s_cov);
    d=0;%距离
    p=[];%各类别的代表点
    dmin=[inf,0];
    %求各类别中值点
    for i=1:10
        temp=mean(pattern(i).feature');
        p(:,i)=temp';
    end
    for i=1:10
        %计算待测样本与样本库样本间的马氏距离
        d=(sample'-p(:,i))'*s_inv*(sample'-p(:,i));
        %求最小距离及其类号
        if dmin(1)>d
```

```
        dmin(1)= d;
        dmin(2)= i-1;
    end
end
%输出类别
y=dmin(2);
```

4. 效果图

使用马氏距离算法识别效果如图 3-7 所示。

（a）待测样品　　（b）分类结果

图 3-7　使用马氏距离算法识别效果

本章小结

本章着重介绍了样本与样本、样本与类、类与类之间的相似性测度计算方法，介绍了模板匹配法、基于 PCA 的模板匹配法、马氏距离分类法等各种距离法的原理与实现步骤。采用距离法分类是本书所介绍的各种分类方法中最简单的一种，分类效果也非常理想。

习题 3

1. 简述模板匹配法的基本原理。
2. 用模板匹配法编程实现英文字符的识别。

第 2 篇

分类器设计篇

第 4 章　基于概率统计的贝叶斯分类器设计

本章要点：

☑ 贝叶斯决策的基本概念
☑ 基于最小错误率的贝叶斯决策
☑ 基于最小风险的贝叶斯决策
☑ 贝叶斯决策比较
☑ 基于最小错误率的贝叶斯分类实现
☑ 基于最小风险的贝叶斯分类实现

4.1　贝叶斯决策的基本概念

4.1.1　贝叶斯决策所讨论的问题

当分类器的设计完成后，一定能对待测样本进行正确分类吗？如果有错分类情况发生，那么是在哪种情况下发生的呢？错分类的可能性有多大呢？这些是模式识别中所涉及的重要问题，本节用概率论的方法分析造成错分类的原因，并说明错分类与哪些因素有关。

这里以某制药厂生产的药品检验识别为例，说明贝叶斯决策所要解决的问题。识别的目的是要依据 $\boldsymbol{X}$ 向量将药品划分为两类。正常药品表示为“+”，异常药品表示为“-”。可以用一直线作为分界线，这条直线是关于 $\boldsymbol{X}$ 的线性方程，称为线性分类器。线性可分示意图如图 4-1 所示。如果 $\boldsymbol{X}$ 向量被划分到直线 A 右侧，则其为正常药品；若被划分到直线 A 左侧，则其为异常药品。可见，对其做出决策是很容易的，也不会出现什么差错。

问题在于可能会出现模棱两可的情况。此时，任何决策都存在判错的可能性。线性不可分示意图如图 4-2 所示，在直线 A、B 之间，属于不同类的样本在特征空间中相互穿插，很难用简单的分界线将它们完全分开，即所观察到的某一样本的特征向量为 $\boldsymbol{X}$，在 M 类中又有不止一类可能呈现这一 $\boldsymbol{X}$ 值，无论直线参数如何设计，总会有错分类发生。如果以错分类最小为原则进行分类，则图中 A 直线可能是最佳的分界线，它使错分类的样本数量为最小。但是如果将一个“-”样本错分成“+”类，所造成的损失要比将“+”样本分成“-”类严重，这是因为：将异常药品误判为正常药品，会使病人因失去正确治疗的机会而遭受极大的损失；而把正常药品误判为异常药品则只会给企业带来一些损失。因此，偏向使对“-”类样本的错分类进一步减少，可以使总的损失最小，那么 B 直线就可能比 A 直线更适合作为分界线。可见，分类器参数的选择或者在学习过程中得到的结果取决于设计者选择什么样的准则函数。不同准则函数的最优解对应不同的学习结果，得到性能不同的分类器。

错分类往往难以避免，这种可能性可用 $P(\omega_i \mid \boldsymbol{X})$ 表示。如何做出合理的判决就是贝叶斯决策所要讨论的问题。其中最有代表性的是基于最小错误率的贝叶斯决策与基于最小风险的贝叶斯决策。

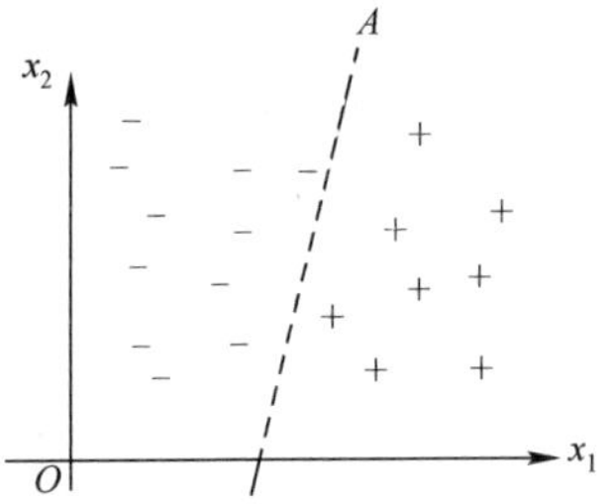

图 4-1　线性可分示意图

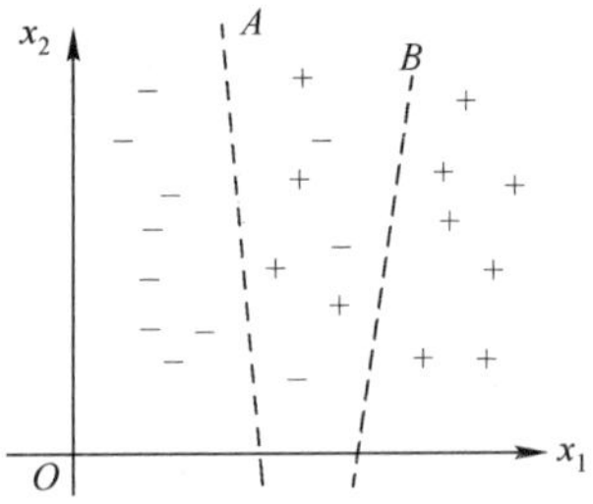

图 4-2　线性不可分示意图

（1）基于最小错误率的贝叶斯决策

它指出机器自动识别出现错分类的条件，错分类的可能性如何计算，如何使错分类出现的可能性最小。

（2）基于最小风险的贝叶斯决策

错分类有不同的情况，从图 4-2 可知，两种错误造成的损失不一样，不同的错分类造成的损失会不相同，因此就要考虑减小因错分类造成的危害损失。为此，引入一种“风险”与“损失”的概念，希望做到使风险最小，故应减少危害大的错分类的发生。

4.1.2　贝叶斯公式

若样本总体共有 M 类，已知各类样本在 n 维特征空间的统计分布，具体来说是已知各类别 $\omega_i(i=1,2,\cdots,M)$ 的先验概率 $P(\omega_i)$ 及类条件概率密度函数 $P(\boldsymbol{X}|\omega_i)$。对于待测样本，贝叶斯公式可以计算出该样本分属各类别的概率，叫作后验概率；看 $\boldsymbol{X}$ 属于哪一类的可能性最大，就把 $\boldsymbol{X}$ 归于哪一类。后验概率可作为识别对象归属的依据。贝叶斯公式为

$$P(\omega_i|\boldsymbol{X})=\frac{P(\boldsymbol{X}|\omega_i)P(\omega_i)}{\sum_{j=1}^{M}P(\boldsymbol{X}|\omega_j)P(\omega_j)} \tag{4-1}$$

类别的状态是一个随机变量，而某种状态出现的概率是可以估计的。贝叶斯公式体现了先验概率、类条件概率密度函数、后验概率三者的关系。

1. 先验概率 $P(\omega_i)$

先验概率 $P(\omega_i)$ 是针对 M 个事件出现的可能性而言的，不考虑其他任何条件。例如，由统计资料表明总药品数为 N，其中正常药品数为 N_1，异常药品数为 N_2，则

$$P(\omega_1)=\frac{N_1}{N} \tag{4-2}$$

$$P(\omega_2)=\frac{N_2}{N} \tag{4-3}$$

我们称 $P(\omega_1)$ 及 $P(\omega_2)$ 为先验概率。显然，在一般情况下正常药品所占比例较大，即

$P(\omega_1)>P(\omega_2)$。仅按先验概率来决策，就会把所有药品都划归为正常药品，并没有达到将正常药品与异常药品区分开的目的。这表明先验概率所提供的信息太少。

2. 类条件概率密度函数 $P(\boldsymbol{X}\mid\omega_i)$

类条件概率密度函数 $P(\boldsymbol{X}\mid\omega_i)$ 是指在已知某类别的特征空间中，出现特征值 $\boldsymbol{X}$ 的概率密度，即第 ω_i 类样本的属性 $\boldsymbol{X}$ 是如何分布的。假定只用其中的一个特征进行分类，以前文中的药品为例，将药品划分为两类并已知这两类的类条件概率密度函数分布，如图 4-3 所示。图 4-3 中，概率密度函数 $P(\boldsymbol{X}\mid\omega_1)$ 是正常药品的属性分布，概率密度函数 $P(\boldsymbol{X}\mid\omega_2)$ 是异常药品的属性分布。

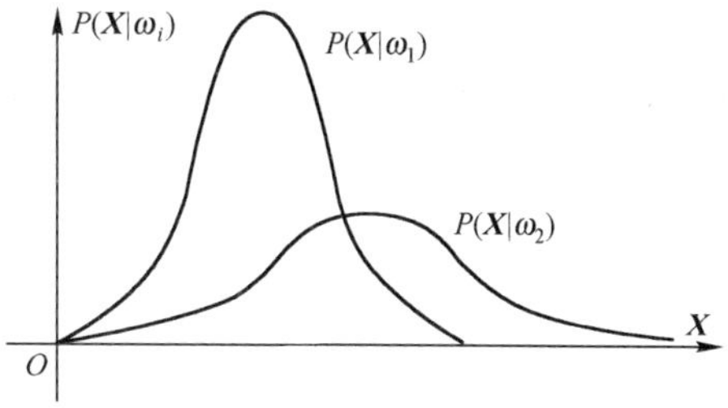

图 4-3　类条件概率密度函数分析

在工程上的许多问题中，统计数据往往满足正态分布规律。正态分布简单、分析方便、参量少，是一种适宜的数学模型。如果采用正态密度函数作为类条件概率密度的函数形式，则函数内的参数（如期望和方差）是未知的。那么，问题就变成了如何利用大量样本对这些参数进行估计，只要估计出这些参数，类条件概率密度函数 $P(\boldsymbol{X}\mid\omega_i)$ 也就确定了。

单变量正态密度函数为

$$P(x)=\frac{1}{\sqrt{2\pi\sigma}}\exp\left[-\frac{1}{2}\left(\frac{x-\mu}{\sigma}\right)^2\right] \tag{4-4}$$

μ 为数学期望（均值）

$$\mu=E(x)=\int_{-\infty}^{+\infty}xP(x)\mathrm{d}x \tag{4-5}$$

σ^2 为方差

$$\sigma^2=E[(x-\mu)^2]=\int_{-\infty}^{+\infty}(x-\mu)^2P(x)\mathrm{d}x \tag{4-6}$$

多维正态密度函数为

$$P(\boldsymbol{X})=\frac{1}{(2\pi)^{n/2}\mid\boldsymbol{S}\mid^{1/2}}\exp\left[-\frac{1}{2}(\boldsymbol{X}-\bar{\boldsymbol{\mu}})^{\mathrm{T}}\boldsymbol{S}^{-1}(\boldsymbol{X}-\bar{\boldsymbol{\mu}})\right] \tag{4-7}$$

式中，$\boldsymbol{X}=(x_1,x_2,\cdots,x_n)$ 为 n 维特征向量；$\bar{\boldsymbol{\mu}}=(\mu_1,\mu_2,\cdots,\mu_n)$ 为 n 维均值向量；$\boldsymbol{S}=E[(\boldsymbol{X}-\bar{\boldsymbol{\mu}})(\boldsymbol{X}-\bar{\boldsymbol{\mu}})^{\mathrm{T}}]$ 为 n 维协方差矩阵；$\boldsymbol{S}^{-1}$ 是 $\boldsymbol{S}$ 的逆矩阵；$\mid\boldsymbol{S}\mid$ 是 $\boldsymbol{S}$ 的行列式。

在大多数情况下，类条件密度可以采用多维变量的正态密度函数来模拟：

$$\begin{aligned}P(\boldsymbol{X}\mid\omega_i)&=\ln\left\{\frac{1}{(2\pi)^{n/2}\mid\boldsymbol{S}_i\mid^{1/2}}\exp\left[-\frac{1}{2}(\boldsymbol{X}-\overline{\boldsymbol{X}^{(\omega_i)}})^{\mathrm{T}}\boldsymbol{S}_i^{-1}(x-\overline{\boldsymbol{X}^{(\omega_i)}})\right]\right\}\\&=-\frac{1}{2}(\boldsymbol{X}-\overline{\boldsymbol{X}^{(\omega_i)}})^{\mathrm{T}}\boldsymbol{S}_i^{-1}(\boldsymbol{X}-\overline{\boldsymbol{X}^{(\omega_i)}})-\frac{n}{2}\ln(2\pi)-\frac{1}{2}\ln\mid\boldsymbol{S}_i\mid\end{aligned} \tag{4-8}$$

式中，$\overline{\boldsymbol{X}^{(\omega_i)}}$ 为 ω_i 类的均值向量。

3. 后验概率

后验概率是指呈现特征值 $\boldsymbol{X}$ 时，该样本分属各类别的概率，这个概率值可以作为待识别对象归类的依据。由于属于不同类的待识别对象存在着呈现相同观测值的可能，即所观测到的某一样本的特征向量为 $\boldsymbol{X}$，而又有不止一类可能出现这一 $\boldsymbol{X}$ 值，那么它属于各类的概率又是多少呢？这种可能性可用 $P(\omega_i \mid \boldsymbol{X})$ 表示。可以利用贝叶斯公式来计算这种条件概率，称为状态的后验概率 $P(\omega_i \mid \boldsymbol{X})$。

$$P(\omega_i \mid \boldsymbol{X}) = \frac{P(\boldsymbol{X} \mid \omega_i)P(\omega_i)}{\sum_{j=1}^{M} P(\boldsymbol{X} \mid \omega_j)P(\omega_j)} \tag{4-9}$$

$P(\omega_i \mid \boldsymbol{X})$ 表示在 $\boldsymbol{X}$ 出现的条件下，样本为 ω_i 类的概率。在这里要弄清楚条件概率这个概念。$P(A \mid B)$ 是条件概率的通用符号，在“|”右边的 B 为条件，左边的 A 为某个事件，即在某条件 B 下出现某个事件 A 的概率。

4. $P(\omega_1 \mid \boldsymbol{X})$、$P(\omega_2 \mid \boldsymbol{X})$ 与 $P(\boldsymbol{X} \mid \omega_1)$、$P(\boldsymbol{X} \mid \omega_2)$ 的区别

（1）$P(\omega_1 \mid \boldsymbol{X})$、$P(\omega_2 \mid \boldsymbol{X})$ 是在同一条件 $\boldsymbol{X}$ 下，ω_1 与 ω_2 出现的概率，若 $P(\omega_1 \mid \boldsymbol{X}) > P(\omega_2 \mid \boldsymbol{X})$，则可以得出结论：在 $\boldsymbol{X}$ 条件下，事件 ω_1 出现的可能性大。后验概率比较图如图 4-4 所示。这种情况下，有 $P(\omega_1 \mid \boldsymbol{X}) + P(\omega_2 \mid \boldsymbol{X}) = 1$。

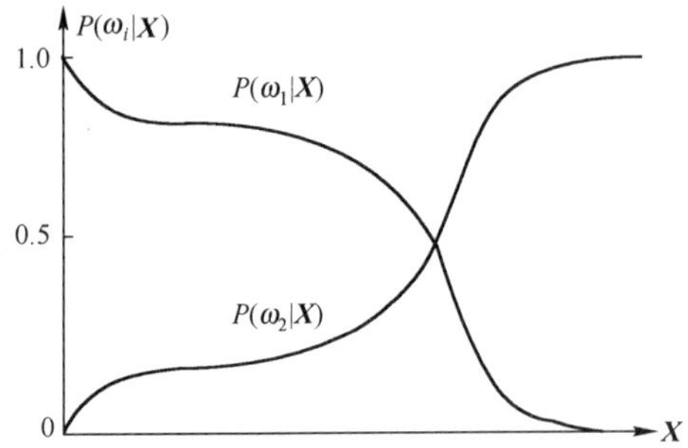

图 4-4　后验概率比较图

（2）$P(\boldsymbol{X} \mid \omega_1)$、$P(\boldsymbol{X} \mid \omega_2)$ 都是指各自条件下出现 $\boldsymbol{X}$ 的可能性，二者之间没有联系，比较二者没有意义。$P(\boldsymbol{X} \mid \omega_1)$ 和 $P(\boldsymbol{X} \mid \omega_2)$ 是在不同条件下讨论的问题，即使只有 ω_1 与 ω_2 两类，也有 $P(\boldsymbol{X} \mid \omega_1) + P(\boldsymbol{X} \mid \omega_2) \neq 1$。不能仅因为 $P(\boldsymbol{X} \mid \omega_1) > P(\boldsymbol{X} \mid \omega_2)$，就认为 $\boldsymbol{X}$ 是第一类事物的可能性较大。只有考虑先验概率这一因素，才能决定 $\boldsymbol{X}$ 条件下，判为哪一类的可能性比较大。

4.2　基于最小错误率的贝叶斯决策

假定得到一个待识别量的特征 $\boldsymbol{X}$，每个样本有 n 个特征，即 $\boldsymbol{X} = (x_1, x_2, \cdots, x_n)^{\mathrm{T}}$，通过样本库，计算先验概率 $P(\omega_i)$ 及类条件概率密度函数 $P(\boldsymbol{X} \mid \omega_i)$，得到呈现状态 $\boldsymbol{X}$ 时，该样本分属各类别的概率。显然，这个概率值可以作为待识别对象归类的依据。由图 4-4 可知，在 $\boldsymbol{X}$ 值较小时，药品被判为正常是比较合理的，判断错误的可能性较小。基于最小错误概率的贝叶斯决策就是按后验概率的大小判决的。这个规则又可以根据类别数，写成不同的几种等价形式。

1. 两类问题

若每个样本都属于 ω_1、ω_2 类中的一类，已知两类的先验概率分别为 $P(\omega_1)$、$P(\omega_2)$，两类的类条件概率密度分别为 $P(\boldsymbol{X} \mid \omega_1)$、$P(\boldsymbol{X} \mid \omega_2)$。任给一 $\boldsymbol{X}$，判断 $\boldsymbol{X}$ 的类别。由贝叶斯公式可知

$$P(\omega_j \mid \boldsymbol{X})=P(\boldsymbol{X} \mid \omega_j)P(\omega_j)/P(\boldsymbol{X}) \tag{4-10}$$

由全概率公式可知

$$P(\boldsymbol{X}) = \sum_{j=1}^{M} P(\boldsymbol{X} \mid \omega_j)P(\omega_j) \tag{4-11}$$

式中，M 为类别数。

对于两类问题，

$$P(\boldsymbol{X})=P(\boldsymbol{X} \mid \omega_1)P(\omega_1)+P(\boldsymbol{X} \mid \omega_2)P(\omega_2) \tag{4-12}$$

用后验概率来判别为

$$P(\omega_1 \mid \boldsymbol{X})\begin{cases} > \\ < \end{cases}P(\omega_2 \mid \boldsymbol{X}) \Rightarrow \boldsymbol{X} \in \begin{cases} \omega_1 \\ \omega_2 \end{cases} \tag{4-13}$$

判别函数还有另外两种形式：

① 似然比形式。

$$l(\boldsymbol{X})=\frac{P(\boldsymbol{X} \mid \omega_1)}{P(\boldsymbol{X} \mid \omega_2)}\begin{cases} > \\ < \end{cases}\frac{P(\omega_2)}{P(\omega_1)} \Rightarrow \boldsymbol{X} \in \begin{cases} \omega_1 \\ \omega_2 \end{cases} \tag{4-14}$$

式中，$l(\boldsymbol{X})$在统计学中称为似然比，而$\dfrac{P(\omega_2)}{P(\omega_1)}$称为似然比阈值。

② 对数形式。

$$\ln P(\boldsymbol{X} \mid \omega_1)-\ln P(\boldsymbol{X} \mid \omega_2)\begin{cases} > \\ < \end{cases}\ln P(\omega_2)-\ln P(\omega_1) \Rightarrow \boldsymbol{X} \in \begin{cases} \omega_1 \\ \omega_2 \end{cases} \tag{4-15}$$

式（4-13）、式（4-14）、式（4-15）三种判别函数是一致的，也可以用后验概率来表示判别函数。

2. 多类问题

现在讨论多类问题的情况。在第 1 章中已经介绍了判别函数的一般形式，多类问题的判别如图 4-5 所示。

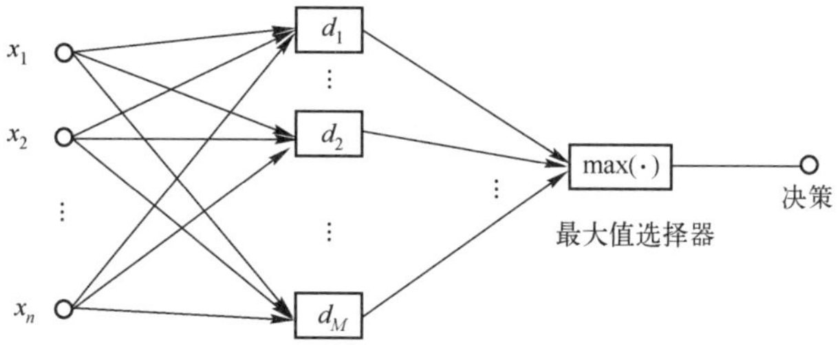

图 4-5　多类问题的判别

若样本分为 M 类 $\omega_1,\omega_2,\cdots,\omega_M$，各类的先验概率分别为 $P(\omega_1),P(\omega_2),\cdots,P(\omega_M)$，各类的类条件概率密度分别为 $P(\boldsymbol{X} \mid \omega_1),P(\boldsymbol{X} \mid \omega_2),\cdots,P(\boldsymbol{X} \mid \omega_M)$，就有 M 个判别函数。因此对于任一特征 $\boldsymbol{X}$，可以通过比较各个判别函数来确定 $\boldsymbol{X}$ 的类别：

$$P(\omega_i)P(\boldsymbol{X} \mid \omega_i)=\max_{1 \leqslant j \leqslant M}\{P(\omega_j)P(\boldsymbol{X} \mid \omega_j)\} \Rightarrow \boldsymbol{X} \in \omega_i \qquad i=1,2,\cdots,M \tag{4-16}$$

就是把 $\boldsymbol{X}$ 代入 M 个判别函数中，看哪个判别函数最大，就把 $\boldsymbol{X}$ 归于哪一类。

判别函数的对数形式为

$$\ln P(\omega_i)+\ln P(\boldsymbol{X}\mid\omega_i)=\max_{1\leqslant j\leqslant M}\{\ln P(\omega_j)+\ln P(\boldsymbol{X}\mid\omega_j)\}\Rightarrow\boldsymbol{X}\in\omega_i\qquad i=1,2,\cdots,M \tag{4-17}$$

由于先验概率通常是很容易求出的，贝叶斯分类器的核心问题就是求出类条件概率密度 $P(\boldsymbol{X}\mid\omega_i)$；如果求出了条件概率，则后验概率就可以求出了，判别问题也就解决了。在大多数情况下，类条件概率密度可以采用多维变量的正态分布密度函数来模拟。所以此时正态分布的贝叶斯分类器判别函数为

$$\begin{aligned}h_i(\boldsymbol{X})&=P(\boldsymbol{X}\mid\omega_i)P(\omega_i)=\frac{1}{(2\pi)^{n/2}\mid\boldsymbol{S}_i\mid^{1/2}}\exp\left[-\frac{1}{2}(\boldsymbol{X}-\overline{\boldsymbol{X}^{(\omega_i)}})\boldsymbol{S}_i^{-1}(\boldsymbol{X}-\overline{\boldsymbol{X}^{(\omega_i)}})\right]P(\omega_i)\\&=\exp\left[-\frac{1}{2}(\boldsymbol{X}-\overline{\boldsymbol{X}^{(\omega_i)}})^{\mathrm{T}}\boldsymbol{S}_i^{-1}(\boldsymbol{X}-\overline{\boldsymbol{X}^{(\omega_i)}})-\frac{n}{2}\ln(2\pi)-\frac{1}{2}\ln\mid\boldsymbol{S}_i\mid+\ln P(\omega_i)\right]\end{aligned} \tag{4-18}$$

总之，使用什么样的决策原则可以做到错误率最小呢？前提是要知道特征 $\boldsymbol{X}$ 分属不同类别的可能性，表示成 $P(\omega_i\mid\boldsymbol{X})$，然后根据后验概率最大值来分类。

3. 最小错误率证明

基于最小错误率的贝叶斯决策式：如果

$$P(\omega_i\mid\boldsymbol{X})=\max_{j=1,2}P(\omega_j\mid\boldsymbol{X}),\text{则 }\boldsymbol{X}\in\omega_i \tag{4-19}$$

由于统计判别方法是基于统计参数做出决策的，因此错误率也只能从平均意义上讲，表示为在观测值可能取值的整个范围内错误率的均值。

为了直观说明，假设 $\boldsymbol{X}$ 只有一个特征，即 $n=1$，于是 $P(\boldsymbol{X}\mid\omega_1)$、$P(\boldsymbol{X}\mid\omega_2)$ 都是一元函数，则可将整个特征空间分为不相交的两个部分 R_1 和 R_2。如果模式落在 R_1 内则判定它属于 ω_1 类；否则，判定它属于 ω_2 类。此时，求分类器相当于求 R_1 和 R_2 的分界线。

（1）第一类判错

如果 $\boldsymbol{X}$ 原属于 ω_1 类，却落在 R_2 内，称为第一类判错，错误率为

$$P_1(e)=P(\boldsymbol{X}\in R_2\mid\omega_1)=\int_{R_2}P(\boldsymbol{X}\mid\omega_1)\mathrm{d}x$$

（2）第二类判错

如果 $\boldsymbol{X}$ 原属于 ω_2 类，却落在 R_1 内，称为第二类判错，错误率为

$$P_2(e)=P(\boldsymbol{X}\in R_1\mid\omega_2)=\int_{R_1}P(\boldsymbol{X}\mid\omega_2)\mathrm{d}x$$

因此，平均错误率 $P(e)$ 可表示成

$$P(e)=\int_{R_2}P(\boldsymbol{X}\mid\omega_1)P(\omega_1)\mathrm{d}x+\int_{R_1}P(\boldsymbol{X}\mid\omega_2)P(\omega_2)\mathrm{d}x \tag{4-20}$$

贝叶斯平均错误率最小示意图如图 4-6 所示，因此，错误率为图中两个画线部分之和。

贝叶斯决策式（4-19）表明每个样本所属类别都使 $P(\omega_i\mid\boldsymbol{X})$ 为最大，实际上使 $\boldsymbol{X}$ 判错的可能性达到最小时，总的错误率为最小。按贝叶斯决策分类时，$\int_{R_2}P(\boldsymbol{X}\mid\omega_1)P(\omega_1)\mathrm{d}\boldsymbol{x}=\int_{R_1}P(\boldsymbol{X}\mid\omega_2)P(\omega_2)\mathrm{d}\boldsymbol{x}$。

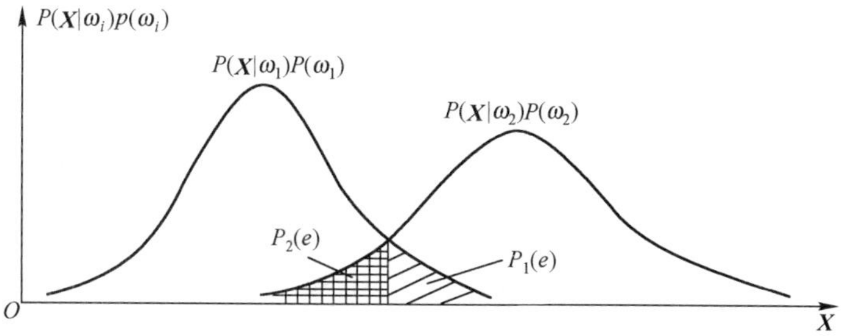

图 4-6　基于最小错误率的贝叶斯函数

4.3　基于最小风险的贝叶斯决策

上面讨论了使错误率最小的贝叶斯决策规则。然而，当接触到实际问题时，可以发现使错误率最小并不一定是一个普遍适用的最佳选择。基于最小错误率分类和基于最小风险分类的比较如图 4-7 所示。

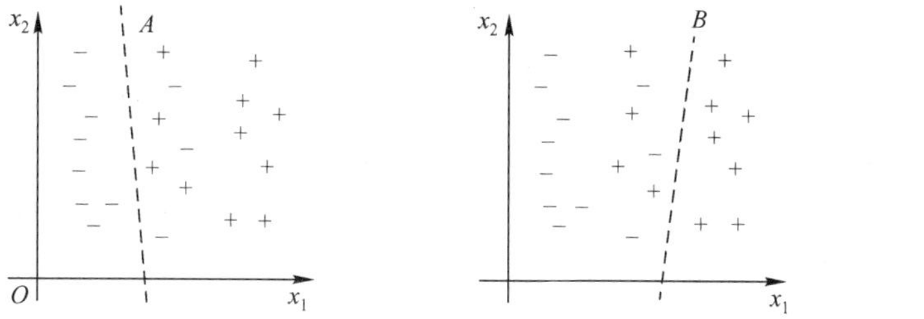

（a）基于最小错误率分类　（b）基于最小风险（扩大错误率减少损失）分类

图 4-7　基于最小错误率分类和基于最小风险分类的比较

直线 B 的划分把正常药品误判为异常药品，这样会扩大总错误率，给企业带来一些损失；直线 A 的划分将异常药品误判为正常药品，虽然使错误率最小，但会使患者因失去正确治疗的机会而遭受极大的损失。可见，使错误率最小并不一定是最佳选择。

实际应用时，从不同性质的错误会引起不同程度的损失考虑，宁肯扩大一些总的错误率，也要使总的损失减少。这时直线 B 的划分最实用。这会引进一个与损失有关联的概念——风险。在做出决策时，要考虑所承担的风险。基于最小风险的贝叶斯决策规则正是为了体现这一点而产生的。

基于最小错误概率，在分类时取决于观测值 $\boldsymbol{X}$ 对各类的后验概率中的最大值，因而也就无法估计做出错误决策所带来的损失。为此，不妨将做出判决的依据，从单纯考虑后验概率最大值，改为对该观测值 $\boldsymbol{X}$ 条件下各状态后验概率求加权和的方式，表示成

$$R_i(\boldsymbol{X}) = \sum_{j=1}^{M} \lambda(\alpha_i, j) P(\omega_j \mid \boldsymbol{X}) \tag{4-21}$$

式中，α_i表示将 $\boldsymbol{X}$ 判为 ω_i类的决策；$\lambda(\alpha_i, j)$表示观测值 $\boldsymbol{X}$ 实属于 ω_j，但由于采用 α_i决策而被判为 ω_i类时所造成的损失；R_i 则表示观测值 $\boldsymbol{X}$ 被判为 ω_i 类时所造成的损失的均值；$\lambda(\alpha_1, 2)$表示 $\boldsymbol{X}$ 其实是 ω_2类（异常药品），但采取决策 α_1 被判定为 ω_1类（正常药品）所造成的损失；$\lambda(\alpha_2, 1)$表示 $\boldsymbol{X}$ 其实是 ω_1类（正常药品），却采取决策 α_2 被判定为 ω_2类（异常

药品）所造成的损失。

实际应用时，$\lambda(\alpha_1,2)$ 比 $\lambda(\alpha_2,1)$ 大。另外，为了方便，也可以定义 $\lambda(\alpha_1,1)$ 与 $\lambda(\alpha_2,2)$，是指正确判断也有损失。那么把 $\boldsymbol{X}$ 判为 ω_1 类造成的损失应该与 $\lambda(\alpha_1,2)$ 和 $\lambda(\alpha_2,1)$ 都有关，哪一个占主要成分，则取决于 $P(\omega_1|\boldsymbol{X})$ 与 $P(\omega_2|\boldsymbol{X})$ 的大小。风险分析表见表 4-1。

表 4-1　风险分析表

$\boldsymbol{X}$	采取 α_1 决策，将 $\boldsymbol{X}$ 判为正常（ω_1）的风险 $R_1(\boldsymbol{X})$	采取 α_2 决策，将 $\boldsymbol{X}$ 判为异常（ω_2）的风险 $R_2(\boldsymbol{X})$
$\boldsymbol{X}$ 为正常	损失：$\lambda(\alpha_1,1)$ 风险：$\lambda(\alpha_1,1)P(\omega_1|\boldsymbol{X})$	损失：$\lambda(\alpha_2,1)$ 正常(ω_1)被判定为异常(ω_2) 风险：$\lambda(\alpha_2,1)P(\omega_1|\boldsymbol{X})$
$\boldsymbol{X}$ 为异常	损失：$\lambda(\alpha_1,2)$ 异常(ω_2)被判定为正常(ω_1) 风险：$\lambda(\alpha_1,2)P(\omega_2|\boldsymbol{X})$	损失：$\lambda(\alpha_2,2)$ 风险：$\lambda(\alpha_2,2)P(\omega_2|\boldsymbol{X})$
总风险	$R_1(\boldsymbol{X})=\lambda(\alpha_1,1)P(\omega_1|\boldsymbol{X})+\lambda(\alpha_1,2)P(\omega_2|\boldsymbol{X})$	$R_2(\boldsymbol{X})=\lambda(\alpha_2,1)P(\omega_1|\boldsymbol{X})+\lambda(\alpha_2,2)P(\omega_2|\boldsymbol{X})$

此时做出哪一种决策就要看 $R_1(\boldsymbol{X})$ 和 $R_2(\boldsymbol{X})$ 哪个更小了，这就是基于最小风险的贝叶斯决策的基本出发点。如果希望尽可能避免将某类 ω_j 错判为 ω_i，则可将相应的 $\lambda(\alpha_i,j)$ 值选择得大些，以表明损失的严重性。加权和 R_i 用来衡量观测值 $\boldsymbol{X}$ 被判为 ω_i 类所需承担的风险。而究竟将 $\boldsymbol{X}$ 判为哪类则应依据所有 $R_i(i=1,\cdots,M)$ 中的最小值，即最小风险来确定。一般 $\lambda(\alpha_1,1)=\lambda(\alpha_2,2)=0$，为了避免将异常药品判为正常药品的严重损失，取 $\lambda(\alpha_1,2)>\lambda(\alpha_2,1)$ 则会使 $R_2(\boldsymbol{X})<R_1(\boldsymbol{X})$ 的机会更多。贝叶斯最小风险分类法表明，当将正常药品错判为异常药品的可能性大于将异常药品错判为正常药品的可能性时，可使损失减小。

(1) 贝叶斯决策的相关定义

① 自然状态与状态空间。

自然状态是指待识别对象的类别，而状态空间 Ω 则是指由所有自然状态组成的空间，$\Omega=\{\omega_1,\omega_2,\cdots,\omega_M\}$。

② 决策与决策空间。

在决策论中，对分类问题所做的判决称为决策，由所有决策组成的空间称为决策空间。决策不仅包括根据观测值将样本归到哪一类别，还包括其他决策，如“拒绝”等。在不考虑“拒绝”的情况下，决策空间内决策总数等于类别数 M，表示成

$$A=\{\alpha_1,\alpha_2,\cdots,\alpha_M\}$$

③ 损失函数 $\lambda(\alpha_i,j)$。

它明确表示本身属于 ω_j 类，做出决策 α_i，使其归属于 ω_i 类所造成的损失。

④ 观测值 $\boldsymbol{X}$ 条件下的期望损失 $R(\alpha_i|\boldsymbol{X})$，也称为条件风险。

$$R(\alpha_i|\boldsymbol{X})=\sum_{j=1}^{M}\lambda(\alpha_i,j)P(\omega_j|\boldsymbol{X})\qquad i=1,2,\cdots,M \tag{4-22}$$

⑤ 基于最小风险的贝叶斯决策规则可写成

$$R(\alpha_k|\boldsymbol{X})=\min_{i=1,\cdots,M}R(\alpha_i|\boldsymbol{X}) \tag{4-23}$$

这里计算的是最小值。

(2) 最小风险贝叶斯决策的操作步骤

① 在已知 $P(\omega_i)$ 和 $P(\boldsymbol{X} \mid \omega_i), i=1,\cdots,M$ 并给出观测值 $\boldsymbol{X}$ 的情况下，根据贝叶斯公式计算后验概率

$$P(\omega_i \mid \boldsymbol{X}) = \frac{P(\boldsymbol{X} \mid \omega_i)P(\omega_i)}{\sum_{j=1}^{M} P(\boldsymbol{X} \mid \omega_j)P(\omega_j)} \qquad j = 1,\cdots,M$$

② 利用计算出的后验概率及表 4-1，按式（4-22）计算采取决策 $\alpha_i, i=1,\cdots,M$ 的条件风险

$$R(\alpha_i \mid \boldsymbol{X}) = \sum_{j=1}^{M} \lambda(\alpha_i, j)P(\omega_j \mid \boldsymbol{X}) \qquad i = 1,2,\cdots,M$$

③ 对②中得到的 M 个条件风险值 $R(\alpha_i \mid \boldsymbol{X}), i=1,\cdots,M$ 进行比较，找出使条件风险最小的决策 α_k，则 α_k 就是最小风险贝叶斯决策，ω_k 就是观测值 $\boldsymbol{X}$ 的归类。

4.4　贝叶斯决策比较

1. 最小错误率与最小风险的贝叶斯决策比较

讨论一下最小错误率与最小风险的贝叶斯决策之间的关系，设损失函数为

$$\lambda(\alpha_i, \omega_j) = \begin{cases} 0, & i=j \\ 1, & i \neq j \end{cases} \qquad i,j=1,2,\cdots,M \tag{4-24}$$

式中，假定对 M 类只有 M 个决策，即不考虑“拒绝”等其他情况。式（4-24）表明，当做出正确决策（即 $i=j$）时没有损失，而对于任何错误决策，其损失均为 1。这样定义的损失函数称为 0-1 损失函数，最小错误率与最小风险的贝叶斯决策之间的关系见表 4-2。

表 4-2　最小错误率与最小风险的贝叶斯决策之间的关系

$\boldsymbol{X}$	采取 α_1 决策将 $\boldsymbol{X}$ 判为正常 (ω_1) 的风险 $R_1(\boldsymbol{X})$	采取 α_2 决策将 $\boldsymbol{X}$ 判为异常 (ω_2) 的风险 $R_2(\boldsymbol{X})$
$\boldsymbol{X}$ 为正常	损失：$\lambda(\alpha_1,1)=0$ 风险：$\lambda(\alpha_1,1)P(\omega_1 \mid \boldsymbol{X})=0$	损失：$\lambda(\alpha_2,1)=1$ 正常 (ω_1) 被判定为异常 (ω_2) 风险：$\lambda(\alpha_2,1)P(\omega_1 \mid \boldsymbol{X})=P(\omega_1 \mid \boldsymbol{X})$
$\boldsymbol{X}$ 为异常	损失：$\lambda(\alpha_1,2)=1$ 异常 (ω_2) 被判为正常 (ω_1) 风险：$\lambda(\alpha_1,2)P(\omega_2 \mid \boldsymbol{X})=P(\omega_2 \mid \boldsymbol{X})$	损失：$\lambda(\alpha_2,2)=0$ 风险：$\lambda(\alpha_2,2)P(\omega_2 \mid \boldsymbol{X})=0$
总风险	$R_1(\boldsymbol{X})=\lambda(\alpha_1,1)P(\omega_1 \mid \boldsymbol{X})+$ $\lambda(\alpha_1,2)P(\omega_2 \mid \boldsymbol{X})=P(\omega_2 \mid \boldsymbol{X})$ $P(\omega_2 \mid \boldsymbol{X})$ 是将 $\boldsymbol{X}$ 判为异常 (ω_2) 时的错误概率	$R_2(\boldsymbol{X})=\lambda(\alpha_2,1)P(\omega_1 \mid \boldsymbol{X})+\lambda(\alpha_2,2)\cdot$ $P(\omega_2 \mid \boldsymbol{X})=P(\omega_1 \mid \boldsymbol{X})$ $P(\omega_1 \mid \boldsymbol{X})$ 是将 $\boldsymbol{X}$ 判为正常 (ω_1) 时的错误概率

由表 4-2 可知，当 $P(\omega_2 \mid \boldsymbol{X})>P(\omega_1 \mid \boldsymbol{X})$ 时，基于最小错误率的贝叶斯决策结果是 ω_2 类；而此时 $R_2(\boldsymbol{X})=P(\omega_1 \mid \boldsymbol{X})$，$R_1(\boldsymbol{X})=P(\omega_2 \mid \boldsymbol{X})$，$R_2(\boldsymbol{X})<R_1(\boldsymbol{X})$，基于最小风险的贝叶斯决策结果同样也是 ω_2 类。因此，在 0-1 损失函数情况下，基于最小风险的贝叶斯决策结果，也就是基于最小错误率的贝叶斯决策结果。

实际上，$\sum_{j=1,j\neq i}^{M} P(\omega_j \mid \boldsymbol{X})$ 也是将 $\boldsymbol{X}$ 判为 ω_i 类时的错误概率，$\sum_{j=1,j\neq i}^{M} P(\omega_j \mid \boldsymbol{X}) = 1 - P(\omega_i \mid \boldsymbol{X})$。因此，当 $P(\omega_i \mid \boldsymbol{X})$ 最大时，基于最小错误率的贝叶斯决策结果，将该样本判归为 ω_i 类，而此时 $R_i(\boldsymbol{X})$ 最小，风险也是最小的，即两类判据的结果是一样的。

2. 实例比较

某制药厂生产产品检测分两种情况（两类）——正常(ω_1)和异常(ω_2)，两类的先验概率分别为 $P(\omega_1)=0.95$，$P(\omega_2)=0.05$。现有一待测产品呈现出特征 $\boldsymbol{X}$，由类条件概率密度分布曲线查得 $P(\boldsymbol{X} \mid \omega_1)=0.3$，$P(\boldsymbol{X} \mid \omega_2)=0.5$，试对该产品 $\boldsymbol{X}$ 按基于最小错误率的贝叶斯决策进行分类。若在上述条件基础之上，已知 $\lambda_{11}=0$，$\lambda_{12}=15$，$\lambda_{21}=1$，$\lambda_{22}=0$［λ_{11} 表示 $\lambda(\alpha_1,\omega_1)$ 的简写，其余类推］，按基于最小风险的贝叶斯决策进行分类。对这两种贝叶斯决策分类结果进行比较，见表 4-3。

表 4-3　两种贝叶斯决策分类结果比较

基于最小错误率分类	基于最小风险分类
解：利用贝叶斯公式，分别计算出特征为 $\boldsymbol{X}$ 时 ω_1 与 ω_2 的后验概率 $P(\omega_1 \mid \boldsymbol{X}) = \dfrac{P(\boldsymbol{X} \mid \omega_1)P(\omega_1)}{\sum_{j=1}^{2} P(\boldsymbol{X} \mid \omega_j)P(\omega_j)}$ $= \dfrac{0.3 \times 0.95}{0.3 \times 0.95 + 0.5 \times 0.05} = 0.919$ 而 $P(\omega_2 \mid \boldsymbol{X}) = 1-P(\omega_1 \mid \boldsymbol{X}) = 0.081$ 根据贝叶斯决策则有 $P(\omega_1 \mid \boldsymbol{X}) = 0.919 > P(\omega_2 \mid \boldsymbol{X}) = 0.081$ 特征 $\boldsymbol{X}$ 属于类别 ω_1 的可能性远比属于类别 ω_2 的可能性大，将该产品判为正常产品比较合理	解：已知条件为 $P(\omega_1)=0.95, P(\omega_2)=0.05$ $P(\boldsymbol{X} \mid \omega_1)=0.3, P(\boldsymbol{X} \mid \omega_2)=0.5$ $\lambda_{11}=0, \lambda_{12}=15, \lambda_{21}=1, \lambda_{22}=0$ 可知后验概率为 $P(\omega_1 \mid \boldsymbol{X})=0.919$，$P(\omega_2 \mid \boldsymbol{X})=0.081$，再按式（4-22）计算出条件风险 $R(\alpha_1 \mid \boldsymbol{X}) = \sum_{j=1}^{2} \lambda_{1j} P(\omega_j \mid \boldsymbol{X}) = \lambda_{12} P(\omega_2 \mid \boldsymbol{X})$ $= 1.215$ $R(\alpha_2 \mid \boldsymbol{X}) = \sum_{j=1}^{2} \lambda_{2j} P(\omega_j \mid \boldsymbol{X}) = \lambda_{21} P(\omega_1 \mid \boldsymbol{X}) = 0.919$ 由于 $R(\alpha_1 \mid \boldsymbol{X}) > R(\alpha_2 \mid \boldsymbol{X})$，即决策为 ω_2 的条件风险小于决策为 ω_1 的条件风险，因此应采取决策行动 α_2，即判待识别产品为 ω_2 类——异常产品

通过比较，两种分类结果正好相反，这是因为影响决策结果的因素又多了一个"损失"。由于两类错误决策所造成的损失相差很悬殊，因此"损失"在这里起了主导作用。

从上述讨论可以看出，正确设定损失函数值，是基于最小风险的贝叶斯决策方法在实际应用中的一个关键问题。在实际中列出合适的决策表并不是一件容易的事，需根据所研究的具体问题，分析错误决策所造成损失的严重程度。

4.5　基于最小错误率的贝叶斯分类实现

1. 理论总结

错误率最小的贝叶斯分类器设计思想是寻找一种划分方式，使"错判"率最小。

（1）两类问题

若两类样本都满足正态分布，基于最小错误率的贝叶斯分类器可化为

$$h(\boldsymbol{X})=\frac{1}{2}(\boldsymbol{X}-\overline{\boldsymbol{X}^{(\omega_1)}})^{\mathrm{T}}\boldsymbol{S}_1^{-1}(\boldsymbol{X}-\overline{\boldsymbol{X}^{(\omega_1)}})-\frac{1}{2}(\boldsymbol{X}-\overline{\boldsymbol{X}^{(\omega_2)}})^{\mathrm{T}}\boldsymbol{S}_2^{-1}(\boldsymbol{X}-\overline{\boldsymbol{X}^{(\omega_2)}})+\frac{1}{2}\ln\frac{|\boldsymbol{S}_1|}{|\boldsymbol{S}_2|}-\ln\frac{P(\omega_1)}{P(\omega_2)}\begin{cases}<\\>\end{cases}0\Rightarrow\boldsymbol{X}\in\begin{cases}\omega_1\\\omega_2\end{cases}$$

若两类样本不仅满足正态分布，而且协方差矩阵相等，即 $\boldsymbol{S}_1=\boldsymbol{S}_2=\boldsymbol{S}$，则贝叶斯分类器可进一步简化为

$$h(\boldsymbol{X})=(\overline{\boldsymbol{X}^{(\omega_2)}}-\overline{\boldsymbol{X}^{(\omega_1)}})^{\mathrm{T}}\boldsymbol{S}^{-1}\boldsymbol{X}+\frac{1}{2}(\overline{\boldsymbol{X}^{(\omega_1)}}^{\mathrm{T}}\boldsymbol{S}^{-1}\overline{\boldsymbol{X}^{(\omega_1)}}-\overline{\boldsymbol{X}^{(\omega_2)}}^{\mathrm{T}}\boldsymbol{S}^{-1}\overline{\boldsymbol{X}^{(\omega_2)}})-\ln\frac{P(\omega_1)}{P(\omega_2)}\begin{cases}<\\>\end{cases}0\Rightarrow\boldsymbol{X}\in\begin{cases}\omega_1\\\omega_2\end{cases}$$

（2）多类问题

当分类数 $M>2$ 时，比较 $P(\omega_1)P(\boldsymbol{X}|\omega_1),P(\omega_2)P(\boldsymbol{X}|\omega_2),\cdots,P(\omega_M)P(\boldsymbol{X}|\omega_M)$ 的大小，并且有

$$P(\omega_i)P(\boldsymbol{X}|\omega_i)=\max_{1\leqslant l\leqslant M}\{P(\omega_l)P(\boldsymbol{X}|\omega_l)\}\Rightarrow\boldsymbol{X}\in\omega_i$$

即将 $\boldsymbol{X}$ 划为 M 个函数中最大的那一类。

若 $\omega_1,\omega_2,\cdots,\omega_M$ 均服从正态分布，则判别函数可以写为

$$\begin{aligned}h_i(\boldsymbol{X})&=-\frac{1}{2}(\boldsymbol{X}-\overline{\boldsymbol{X}^{(\omega_i)}})^{\mathrm{T}}\boldsymbol{S}_i^{-1}(\boldsymbol{X}-\overline{\boldsymbol{X}^{(\omega_i)}})+\ln P(\omega_i)-\frac{1}{2}\ln|\boldsymbol{S}_i|\\&=\max_{1\leqslant l\leqslant M}\left\{-\frac{1}{2}(\boldsymbol{X}-\overline{\boldsymbol{X}^{(\omega_l)}})^{\mathrm{T}}\boldsymbol{S}_l^{-1}(\boldsymbol{X}-\overline{\boldsymbol{X}^{(\omega_l)}})+\ln P(\omega_l)-\frac{1}{2}\ln|\boldsymbol{S}_l|\right\}\Rightarrow\boldsymbol{X}\in\omega_i\end{aligned}$$

若 $\omega_1,\omega_2,\cdots,\omega_M$ 不仅服从正态分布，而且协方差矩阵相等，即 $\boldsymbol{S}_1=\boldsymbol{S}_2=\cdots=\boldsymbol{S}_N=\boldsymbol{S}$，则判别函数可变为

$$h_i(\boldsymbol{X})=-\frac{1}{2}(\boldsymbol{X}-\overline{\boldsymbol{X}^{(\omega_i)}})^{\mathrm{T}}\boldsymbol{S}^{-1}(\boldsymbol{X}-\overline{\boldsymbol{X}^{(\omega_i)}})+\ln P(\omega_i)-\frac{1}{2}\ln|\boldsymbol{S}|$$

对于每一个 $h_i(\boldsymbol{X})$，最后一项 $-\frac{1}{2}\ln|\boldsymbol{S}|$ 都相等，可以不计，则 $h_i(\boldsymbol{X})$ 可以变为

$$h_i(\boldsymbol{X})=-\frac{1}{2}(\boldsymbol{X}^{\mathrm{T}}\boldsymbol{S}^{-1}\boldsymbol{X}-\boldsymbol{X}^{\mathrm{T}}\boldsymbol{S}^{-1}\overline{\boldsymbol{X}^{(\omega_i)}}-\overline{\boldsymbol{X}^{(\omega_i)}}^{\mathrm{T}}\boldsymbol{S}^{-1}\boldsymbol{X}+\overline{\boldsymbol{X}^{(\omega_i)}}^{\mathrm{T}}\boldsymbol{S}^{-1}\overline{\boldsymbol{X}^{(\omega_i)}})+\ln P(\omega_i)$$

括号内的第一项对每一个 $h_i(\boldsymbol{X})$ 都相同，与分类无关，可以省略。又因为

$$\overline{\boldsymbol{X}^{(\omega_i)}}^{\mathrm{T}}\boldsymbol{S}^{-1}\boldsymbol{X}=(\boldsymbol{X}^{\mathrm{T}}\boldsymbol{S}^{-1}\overline{\boldsymbol{X}^{(\omega_i)}})^{\mathrm{T}}$$

是一个数值，所以括号内的第 2、3 项相等，可以合并。因此 $h_i(\boldsymbol{X})$ 可以简化为

$$h_i(\boldsymbol{X})=\boldsymbol{X}^{\mathrm{T}}\boldsymbol{S}^{-1}\overline{\boldsymbol{X}^{(\omega_i)}}-\frac{1}{2}\overline{\boldsymbol{X}^{(\omega_i)}}^{\mathrm{T}}\boldsymbol{S}^{-1}\overline{\boldsymbol{X}^{(\omega_i)}}+\ln P(\omega_i)$$

或

$$\boldsymbol{X}^{\mathrm{T}}\boldsymbol{S}^{-1}\overline{\boldsymbol{X}^{(\omega_i)}}-\frac{1}{2}\overline{\boldsymbol{X}^{(\omega_i)}}^{\mathrm{T}}\boldsymbol{S}^{-1}\overline{\boldsymbol{X}^{(\omega_i)}}+\ln P(\omega_i)=\max_{1\leqslant l\leqslant M}\left[\boldsymbol{X}^{\mathrm{T}}\boldsymbol{S}^{-1}\overline{\boldsymbol{X}^{(\omega_l)}}^{\mathrm{T}}-\frac{1}{2}\overline{\boldsymbol{X}^{(\omega_l)}}\boldsymbol{S}^{-1}\overline{\boldsymbol{X}^{(\omega_l)}}+\ln P(\omega_l)\right]$$
$$\Rightarrow \boldsymbol{X}\in\omega_i$$

2. 实现步骤

手写数字的识别属于多类的情况，每类样本都服从正态分布。为使样本协方差矩阵为正定矩阵，事先将样本库和待测样本进行主成分分析。

① 求出每一类手写数字样本的均值。

$$\overline{\boldsymbol{X}^{(\omega_i)}}=\frac{1}{N_i}\sum_{\boldsymbol{X}\in\omega_i}\boldsymbol{X}=(\overline{x_1^{(\omega_i)}},\overline{x_2^{(\omega_i)}},\cdots,\overline{x_n^{(\omega_i)}})^{\mathrm{T}}\qquad i=0,1,2,\cdots,9$$

式中，N_i表示ω_i类的样本个数；n 表示特征数目。

② 求每一类的协方差矩阵。

$$s_{jk}^{i}=\frac{1}{N_i-1}\sum_{l=1}^{N_i}(x_{lj}-\overline{x_j^{(\omega_i)}})(x_{lk}-\overline{x_k^{(\omega_i)}})\qquad j,k=1,2,\cdots,n$$

式中，l 表示样本在ω_i类中的序号，$l=0,1,2,\cdots,N_i$；x_{lj}表示ω_i类的第 l 个样本第 j 个特征值；$\overline{x_j^{(\omega_i)}}$表示$\omega_i$类的$N_i$个样本第$j$ 个特征的平均值；x_{lk}表示ω_i类的第 l 个样本第 k 个特征值；$\overline{x_k^{(\omega_i)}}$代表$\omega_i$类的 N_i个样本第 k 个特征的平均值。

ω_i类的协方差矩阵为

$$\boldsymbol{S}_i=\begin{pmatrix} s_{11}^i & s_{12}^i & \cdots & s_{1n}^i \\ s_{21}^i & s_{22}^i & \cdots & s_{2n}^i \\ \vdots & \vdots & & \vdots \\ s_{n1}^i & s_{n2}^i & \cdots & s_{nn}^i \end{pmatrix}$$

③ 计算出每一类的协方差矩阵的逆矩阵 $\boldsymbol{S}_i^{-1}$以及协方差矩阵的行列式$|\boldsymbol{S}_i|$。

④ 求出每一类的先验概率。

$$P(\omega_i)\approx N_i/N\qquad i=0,1,2,\cdots,9$$

式中，$P(\omega_i)$为类别为ω_i的先验概率；N_i为ω_i类的样本数；N 为样本总数。

⑤ 将各个数值代入判别函数。

$$h_i(\boldsymbol{X})=-\frac{1}{2}(\boldsymbol{X}-\overline{\boldsymbol{X}^{(\omega_i)}})^{\mathrm{T}}\boldsymbol{S}_i^{-1}(\boldsymbol{X}-\overline{\boldsymbol{X}^{(\omega_i)}})+\ln P(\omega_i)-\frac{1}{2}\ln|\boldsymbol{S}_i|$$

⑥ 判别函数最大值所对应的类别就是手写数字的类别。

3. 编程代码

```
%%%%%%%%%%%%%%%%%%%%%%%%%%%%%%%%%%%%%%%%%%%%%%%%%%%%%
%函数名称:bayesleasterror()
%参数:sample,待识别样本特征
%返回值: y,待识别样本所属类别
%函数功能:基于最小错误率的贝叶斯分类器
%%%%%%%%%%%%%%%%%%%%%%%%%%%%%%%%%%%%%%%%%%%%%%%%%%%%%
```

```
function y=bayesleasterror(sample)
clc;
load templet pattern;
%对样本库和待测样本进行主成分分析
[pcapat,pcasamp]=pcapro(sample);
temp=0;
for i=1:10
  pattern(i).feature=pcapat(:,temp+1:temp+pattern(i).num);
  temp=temp+pattern(i).num;
end
s_cov=[];
s_inv=[];
s_det=[];
for i=1:10
   s_cov(i).dat=cov(pattern(i).feature');%求各类别的协方差矩阵
   s_inv(i).dat=inv(s_cov(i).dat);%求协方差矩阵的逆矩阵
   s_det(i)=det(s_cov(i).dat);%求协方差矩阵的行列式
end
sum1=0;
p=[];
for i=1:10
   sum1=sum1+pattern(i).num;%求样本库样本总数
end
for i=1:10
   p(i)=pattern(i).num/sum1;%求各类别的先验概率
end
h=[];
mean_sap=[];
for i=1:10
   mean_sap(i).dat=mean(pattern(i).feature')';%求每一类样本的特征均值
end
%计算最大的判别函数
for i=1:10
   h(i)=(pcasamp-mean_sap(i).dat)'*s_inv(i).dat*(pcasamp-mean_sap(i).dat)...
        *(-0.5)+log(p(i))+log(abs(s_det(i)))*(-0.5);
end
[maxval maxpos]=max(h);
y=maxpos-1;
```

4. 效果图

采用基于最小错误率的贝叶斯分类实现效果如图 4-8 所示。

（a）待测样品　　（b）分类结果

图 4-8　采用基于最小错误率的贝叶斯分类实现效果

4.6　基于最小风险的贝叶斯分类实现

1. 实现步骤

图 4-9 所示的是待测样本，基于最小风险的贝叶斯分类步骤如下。

① 求出每一类手写数字样本的均值。

$$\overline{\boldsymbol{X}^{(\omega_i)}}=\frac{1}{N_i}\sum_{\boldsymbol{X}\in\omega_i}\boldsymbol{X}=(\overline{x_1^{(\omega_i)}},\overline{x_2^{(\omega_i)}},\cdots,\overline{x_n^{(\omega_i)}})^{\mathrm{T}}\qquad i=0,1,2,\cdots,9$$

图 4-9　待测样本

式中，N_i代表 ω_i类的样本个数；n 代表特征数目。

② 求每一类的协方差矩阵。

$$s_{jk}^{i}=\frac{1}{N_i-1}\sum_{l=1}^{N_i}(x_{lj}-\overline{x_j^{(\omega_i)}})(x_{lk}-\overline{x_k^{(\omega_i)}})\qquad j,k=1,2,\cdots,n$$

式中，l 表示样本在 ω_i类中的序号，$l=0,1,2,\cdots,N_i$；x_{lj}表示 ω_i类的第 l 个样本第 j 个特征值；$\overline{x_j^{(\omega_i)}}$代表 ω_i类的 N_i个样本第 j 个特征的平均值；x_{lk}代表 ω_i类的第 l 个样本第 k 个特征值；$\overline{x_k^{(\omega_i)}}$代表 ω_i类的 N_i个样本第 k 个特征的平均值。

ω_i类的协方差矩阵为

$$\boldsymbol{S}_i=\begin{pmatrix} s_{11}^{i} & s_{12}^{i} & \cdots & s_{1n}^{i}\\ s_{21}^{i} & s_{22}^{i} & \cdots & s_{2n}^{i}\\ \vdots & \vdots & & \vdots\\ s_{n1}^{i} & s_{n2}^{i} & \cdots & s_{nn}^{i}\end{pmatrix}$$

③ 计算出每一类的协方差矩阵的逆矩阵 $\boldsymbol{S}_i^{-1}$，以及协方差矩阵的行列式 $|\boldsymbol{S}_i|$。

④ 求出每一类的先验概率。

$$P(\omega_i)\approx N_i/N\qquad i=0,1,2,\cdots,9$$

式中，$P(\omega_i)$为类别为 ω_i的先验概率；N_i为 ω_i类的样本数；N 为样本总数。

⑤ 计算后验概率 $P[\omega_i|\boldsymbol{X}],i=0,1,\cdots,9$。

$$P[\omega_i|\boldsymbol{X}]=-\frac{1}{2}(\boldsymbol{X}-\overline{\boldsymbol{X}^{(\omega_i)}})^{\mathrm{T}}\boldsymbol{S}_i^{-1}(\boldsymbol{X}-\overline{\boldsymbol{X}^{(\omega_i)}})+\ln P(\omega_i)-\frac{1}{2}\ln|\boldsymbol{S}_i|$$

⑥ 定义损失数组为 loss[10][10]，设初值为

$$\text{loss}[\omega_i][\omega_j]=\begin{cases}0, & i=j\\1, & i\neq j\end{cases}$$

⑦ 计算每一类的损失。

$$\text{risk}[\omega_i]=\sum_{j=0}^{9}\text{loss}[\omega_i][\omega_j]P[\omega_j]$$

⑧ 找出最小损失所对应的类，该类即待测样本所属的类别。

2. 编程代码

```
%%%%%%%%%%%%%%%%%%%%%%%%%%%%%%%%%%%%%%%%%%%%%%%%%
%函数名称:bayesleastrisk()
%参数:sample,待识别样本特征
%返回值: y,待识别样本所属类别
%函数功能:基于最小风险的贝叶斯分类器
%%%%%%%%%%%%%%%%%%%%%%%%%%%%%%%%%%%%%%%%%%%%%%%%%
function y=bayesleastrisk(sample)
clc;
load templet pattern;
%对样本库和待测样本进行主成分分析
[pcapat,pcasamp]=pcapro(sample);
temp=0;
for i=1:10
  pattern(i).feature=pcapat(:,temp+1:temp+pattern(i).num);
  temp=temp+pattern(i).num;
end
s_cov=[];
s_inv=[];
s_det=[];
for i=1:10
   s_cov(i).dat=cov(pattern(i).feature');%求各类别的协方差矩阵
   s_inv(i).dat=inv(s_cov(i).dat);%求协方差矩阵的逆矩阵
   s_det(i)=det(s_cov(i).dat);%求协方差矩阵的行列式
end
sum1=0;
p=[];
for i=1:10
   sum1=sum1+pattern(i).num;%求样本库样本总数
end
for i=1:10
   p(i)=pattern(i).num/sum1;%求各类别的先验概率
end
h=[];
```

```
mean_sap=[ ];
for i=1:10
    mean_sap(i).dat=mean(pattern(i).feature')';%求每一类样本的特征均值
end
%计算各类别的后验概率
for i=1:10
    h(i)=(pcasamp-mean_sap(i).dat)'*s_inv(i).dat*(pcasamp-mean_sap(i).dat)...
        *(-0.5)+log(p(i))+log(abs(s_det(i)))*(-0.5);
end
loss=ones(10)-diag(diag(ones(10)));
risk=0;
m=[ ];
%计算最小风险
for i=1:10
    m=loss(i,:);
    risk(i)=m*h';
end
[minval minpos]=min(risk);
y=minpos-1;
```

3. 效果图

应用基于最小风险的贝叶斯分类器对某次手写数字“6”进行分类，结果显示如图 4-10 所示。找出最小损失所对应的类，该类即是待测样本所属的类别。基于最小风险的贝叶斯分类实现效果如图 4-11 所示。

```
risk =

  1.0e+003 *

   -3.5175   -3.5371   -3.4734   -3.3968   -3.3172   -3.4478   -3.5626   -0.9495   -3.5039   -3.2165
```

图 4-10　基于最小风险的贝叶斯分类结果显示

（a）待测样品　　（b）分类结果

图 4-11　基于最小风险的贝叶斯分类实现效果

本章小结

使用贝叶斯决策需要首先将特征空间中的各类样本的分布了解清楚，得到训练集样本总体的分布知识。若能从训练样本中估计出近似的正态分布，可以按贝叶斯决策方法对分类器进行设计，包括各类先验概率 $P(\omega)$ 及类条件概率密度函数，计算出样本的后验概率 $P(\omega \mid \boldsymbol{X})$，并以此作为产生判别函数的必要数据，设计出相应的判别函数与决策面。一旦待测样本的特征向量值 $\boldsymbol{X}$ 已知，就可以确定 $\boldsymbol{X}$ 对各类的后验概率，也就可按相应的准则分类。这种方法称为参数判别方法。

如果这种分布可以用正态分布等描述，那么决策域的判别函数与决策面方程就可用函数的形式确定下来。所以判别函数等的确定取决于样本统计分布的有关知识。参数分类判别方法一般只能用在有统计知识的场合，或能利用训练样本估计出参数的场合。

贝叶斯分类器可以用一般的形式给出数学上严格的分析以证明：在给出某些变量的条件下，能使分类所造成的平均损失最小，或使分类决策的风险最小。因此，能计算出分类器的极限性能。贝叶斯决策采用分类器中最重要的指标——错误率作为产生判别函数和决策面的依据，给出了一般情况下适用的“最优”分类器设计方法，对各种不同的分类器设计技术在理论上都有指导意义。分类识别中常常会出现错分类的情况，本章讨论了模式识别中经常涉及的一些问题（例如，在何种情况下会出现错分类，错分类的可能性会有多大等），用概率论的方法分析了造成错分类的原因和错分类的根源，并说明与哪些因素有关；介绍了贝叶斯决策的基本概念、贝叶斯公式、基于最小错误率的贝叶斯决策、基于最小风险的贝叶斯决策，并介绍了基于最小错误率的贝叶斯分类和基于最小风险的贝叶斯分类实现方法。

习题 4

1. 分类识别中为什么会有错分类？在何种情况下会出现错分类？
2. 简述贝叶斯决策所讨论的问题。
3. 简述先验概率、类概率密度函数、后验概率三者的关系。
4. 简述 $P(\omega_1 \mid \boldsymbol{X})$、$P(\omega_2 \mid \boldsymbol{X})$ 与 $P(\boldsymbol{X} \mid \omega_1)$、$P(\boldsymbol{X} \mid \omega_2)$ 的区别。
5. 简述基于最小错误率的贝叶斯分类原则。
6. 写出基于两类问题最小错误率的贝叶斯判别函数形式。
7. 写出基于多类问题最小错误率的贝叶斯判别函数形式。
8. 写出基于多类问题最小风险的贝叶斯决策规则判别函数形式。
9. 简述最小风险贝叶斯决策与最小错误率贝叶斯决策之间的关系。
10. 说明基于二值数据的贝叶斯实现方法。
11. 试说明基于最小错误率的贝叶斯实现方法。

第 5 章　判别函数分类器设计

本章要点：

☑ 判别函数的基本概念
☑ 线性判别函数的概念
☑ 线性判别函数的实现
☑ 感知器算法
☑ 增量校正法
☑ LMSE 分类算法
☑ Fisher 分类
☑ 基于核的 Fisher 分类
☑ 势函数法
☑ 支持向量机

5.1　判别函数的基本概念

直接使用贝叶斯决策需要首先得到有关样本总体分布的知识，包括各类先验概率$P(\omega_1)$及类条件概率密度函数，计算出样本的后验概率 $P(\omega_1 \mid \boldsymbol{X})$，并以此作为产生判别函数的必要数据，设计出相应的判别函数与决策面，这种方法称为判别函数法。它的前提是对特征空间中的各类样本的分布已经很清楚，一旦待测样本的特征向量值 $\boldsymbol{X}$ 已知，就可以确定 $\boldsymbol{X}$ 对各类的后验概率，也就可按相应的准则计算与分类。判别函数等的确定依据样本统计分布的相关知识进行。因此，参数分类判别方法一般只能用在有统计知识或能利用训练样本估计出参数的场合。

由于一个模式通过某种变换映射为一个特征向量后，该特征向量可以理解为特征空间的一个点，在特征空间中，属于一个类的点集，它总是在某种程度上与属于另一个类的点集相分离，各个类之间是确定可分离的。因此，如果能够找到一个分离函数（线性或非线性函数），把不同类的点集分开，则分类任务就完成了。判别函数法不依赖类条件概率密度的知识，可以理解为通过几何的方法，把特征空间分解为对应于不同类别的子空间。而且，呈线性的分离函数将使计算简化。

假定样本有两个特征，即特征向量 $\boldsymbol{X}=(x_1,x_2)^{\mathrm{T}}$，每一个样本都对应二维空间中的一个点。每个点属于一类图像，共分为三类：ω_1，ω_2，ω_3。那么待测样本属于哪一类呢？这就要看它最接近于哪一类，若最接近于 ω_1则为 ω_1类，若最接近于 ω_2则为 ω_2类，否则就为 ω_3类。在各类之间都有一个分界线，若能知道各类之间的分界线，就知道待测样本属于哪一类了。所以，要进一步掌握如何去寻找这条分界线。找分界线的方法就是判别函数法，判别函数法的结果就是提供一个确定的分界线方程，这个分界线方程叫作判别函数。因此，判别函数描述了各类之间的分界线的具体形式。

判别函数法按照判别函数的形式，可以划分为线性判别函数和非线性判别函数两大类。线性分类器由于涉及的数学方法较为简单，在计算机上容易实现，故在模式识别中被广泛应用。但是，这并不意味着，在模式识别中只有线性分类器就足够了。在模式识别的许多问题中，由于线性分类器固有的局限性，它并不能提供理想的识别效果，必须求助于非线性分类器。而且，有些较为简单的非线性分类器，对某些模式识别问题的解决，显得既简单，效果又好。

第 2 章介绍了如何提取手写数字样本的特征，建立样本特征库；本章将讨论如何根据样本特征库建立分类判别函数，用以对待测的手写数字进行分类。在此基础上，本章介绍线性判别函数和非线性判别函数，并介绍它们的实现方法。实现线性判别函数分类的方法有感知器算法、增量校正算法、LMSE 分类算法和 Fisher 分类，本章主要介绍感知器算法和 Fisher 分类；实现非线性判别函数分类的方法有分段线性函数法、势函数法、基于核的 Fisher 分类、支持向量机，本章主要介绍基于核的 Fisher 分类和支持向量机。

5.2　线性判别函数的概念

判别函数分为线性判别函数和非线性判别函数。最简单的判别函数是线性判别函数，它是由所有特征量的线性组合构成的。

1. 两类情况

两类分类器框图如图 5-1 所示，根据计算结果的符号将 $\boldsymbol{X}$ 分类。

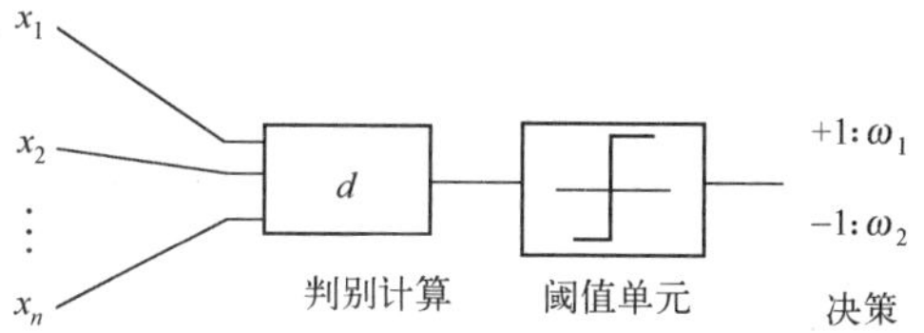

图 5-1　两类分类器框图

(1) 两个特征

每类模式均有两个特征，样本是二维的，在二维模式空间中存在线性判别函数

$$d(\boldsymbol{X})=w_1x_1+w_2x_2+w_3=0 \tag{5-1}$$

式中，w 是参数，或者称为权值；x_1、x_2 为坐标变量，即模式的特征值。

可以很明显地看到，属于 ω_1 类的任一模式代入 $d(\boldsymbol{X})$ 后为正值，而属于 ω_2 类的任一模式代入 $d(\boldsymbol{X})$ 后为负值。两类模式的线性判别函数如图 5-2 所示。

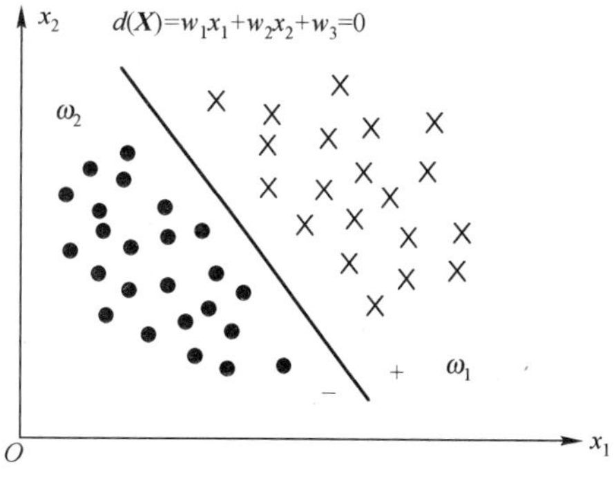

图 5-2　两类模式的线性判别函数

因此，$d(\boldsymbol{X})$ 可以用来判断某一模式所属的类别，在这里我们把 $d(\boldsymbol{X})$ 称为判别函数。给定某一未知类别的模式 $\boldsymbol{X}$，若 $d(\boldsymbol{X})>0$，则 $\boldsymbol{X}$ 属于 ω_1 类；若 $d(\boldsymbol{X})<0$，则 $\boldsymbol{X}$ 属于 ω_2 类；若 $d(\boldsymbol{X})=0$，则此时 $\boldsymbol{X}$ 落在分界线上，即 $\boldsymbol{X}$ 的类别处于不确定状态。这一概念不仅局限于两类

别的情况，还可推广到有限维欧氏空间中的非线性边界的一般情况。

（2） 三个特征

每类模式有三个特征，样本是三维的，判别边界为一平面。

（3） 三个以上特征

若每类模式有三个以上特征，则判别边界为一超平面。

对于 n 维空间，用矢量 $\boldsymbol{X}=(x_1,x_2,\cdots,x_n)^{\mathrm{T}}$ 来表示模式，一般的线性判别函数形式为

$$d(\boldsymbol{X})=w_1x_1+w_2x_2+\cdots+w_nx_n+w_{n+1}=\boldsymbol{W}_0^{\mathrm{T}}\boldsymbol{X}+w_{n+1} \tag{5-2}$$

式中，$\boldsymbol{W}_0=(w_1,w_2,\cdots,w_n)^{\mathrm{T}}$ 称为权矢量或参数矢量。如果在所有模式矢量的最末元素后再附加元素 1，则式（5-2）可以写成

$$d(\boldsymbol{X})=\boldsymbol{W}^{\mathrm{T}}\boldsymbol{X} \tag{5-3}$$

的形式。式中 $\boldsymbol{X}=(x_1,x_2,\cdots,x_n,1)$ 和 $\boldsymbol{W}=(w_1,w_2,\cdots,w_n,w_{n+1})^{\mathrm{T}}$ 分别称为增 1 模式矢量和权矢量。式（5-3）仅仅是为了方便而提出来的，模式类的基本几何性质并没有改变。

在两类别情况下，判别函数 $d(\boldsymbol{X})$ 有下述性质，即

$$d(\boldsymbol{X})=\boldsymbol{W}^{\mathrm{T}}\boldsymbol{X}\begin{cases}>0, & \boldsymbol{X}\in\omega_1\\ <0, & \boldsymbol{X}\in\omega_2\end{cases} \tag{5-4}$$

满足 $d(\boldsymbol{X})=\boldsymbol{W}^{\mathrm{T}}\boldsymbol{X}=0$ 的点为两类的判别边界。

2. 多类情况

对于多类别问题，假设有 M 类模式 $\omega_1,\omega_2,\cdots,\omega_M$。对于 n 维空间中的 M 个类别，就要给出 M 个判别函数：$d_1(\boldsymbol{X}),d_2(\boldsymbol{X}),\cdots,d_M(\boldsymbol{X})$，判别函数构成的多类分类器形式如图 5-3 所示，若 $\boldsymbol{X}$ 属于第 i 类，则有

$$d_i(\boldsymbol{X})>d_j(\boldsymbol{X}) \quad j=1,2,\cdots,M;i\neq j \tag{5-5}$$

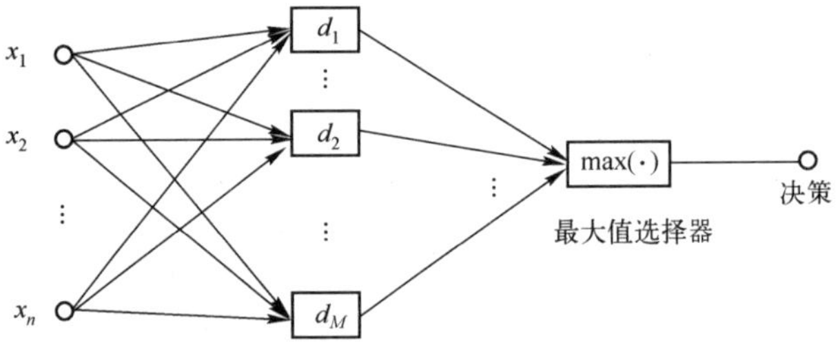

图 5-3 判别函数构成的多类分类器形式

（1） 第一种情况

每个类别可用单个判别平面分割，因此 M 类有 M 个判别函数，具有下面的性质

$$d_i(\boldsymbol{X})=\boldsymbol{W}_i^{\mathrm{T}}(\boldsymbol{X})\begin{cases}>0, & \boldsymbol{X}\in\omega_i\\ <0, & 其他\end{cases} \quad i=1,2,\cdots,M \tag{5-6}$$

如图 5-4 所示，有 3 个模式类，每个类别可用单个判别边界与其余类别划分开。

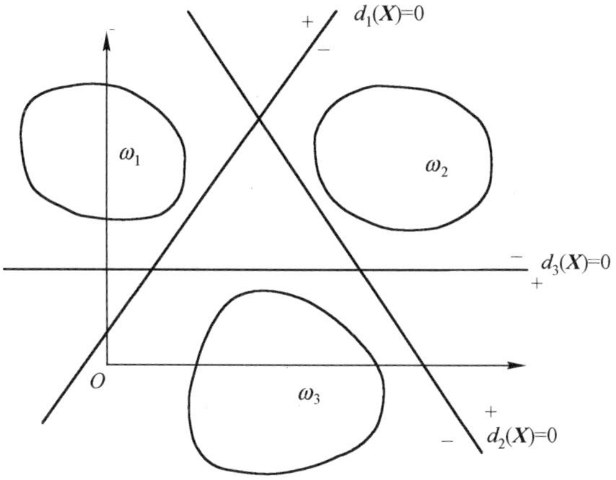

图 5-4　多类情况（1）

例如，手写数字共有 10 个类，$M=10$。对任一未知的手写数字，代入判别函数后若只有$d_7(\boldsymbol{X})>0$，而其他的均小于 0，则该未知的手写数字是 7。

（2）第二种情况

每两个类别之间可用判别平面分开，有 $M(M-1)/2$ 个判别函数，判别函数形式为

$$d_{ij}(\boldsymbol{X})=\boldsymbol{W}_{ij}^{\mathrm{T}}\boldsymbol{X} \text{ 且 } d_{ij}(\boldsymbol{X})=-d_{ji}(\boldsymbol{X}) \tag{5-7}$$

若 $d_{ij}(\boldsymbol{X})>0$，$\forall j\neq i$，则 $\boldsymbol{X}$ 属于 $\boldsymbol{\omega}_i$类。

如图 5-5 所示，没有一个类别可以用一个判别平面与其他类分开，每一个边界只能分割两类。对于一未知的手写数字，若 d_{71}，d_{72}，d_{73}，d_{74}，d_{75}，d_{76}，d_{78}，d_{79}，d_{70}均大于 0，则可知该手写数字为 7。

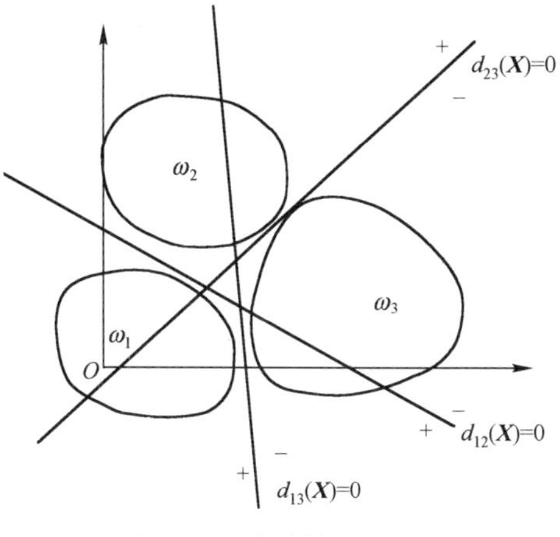

图 5-5　多类情况（2）

（3）第三种情况

存在 M 个判别函数，判别函数形式为

$$d_i(\boldsymbol{X})=\boldsymbol{W}_i^{\mathrm{T}}\boldsymbol{X} \quad i=1,2,\cdots,M \tag{5-8}$$

把 $\boldsymbol{X}$ 代入 M 个判别函数中，则判别函数最大的那个类就是 $\boldsymbol{X}$ 所属类别。与第一种情况的区别在于此种情况下可以有多个判别函数的值大于 0，第一种情况下只有一个判别函数的值大于 0，如图 5-6 所示。

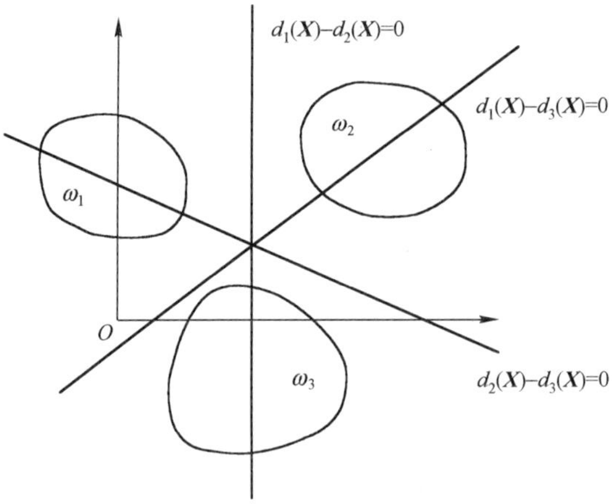

图 5-6　多类情况（3）

对任一未知的手写数字，代入判别函数后若 $d_7(\boldsymbol{X})$ 为最大值，则该未知的手写数字是 7。

若可用以上几种情况中的任一种线性判别函数来进行分类，则称这些模式类是线性可分的。线性分类器判别函数形式见表 5-1。

表 5-1　线性分类器判别函数形式

<table>
<tr><th>类 别 情 况</th><th>判 别 平 面</th><th>判别函数形式</th></tr>
<tr><td rowspan="3">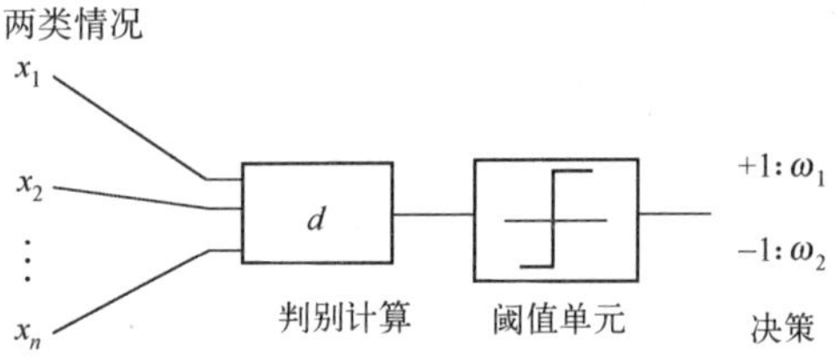</td><td>样本是二维的，判别边界为一直线
$d(\boldsymbol{X})=w_1x_1+w_2x_2+w_3=0$</td><td>若 $d(\boldsymbol{X})>0$，则 $\boldsymbol{X}\in\omega_1$；
若 $d(\boldsymbol{X})<0$，则 $\boldsymbol{X}\in\omega_2$；
若 $d(\boldsymbol{X})=0$，则 $\boldsymbol{X}$ 落在分界线上，类别不确定</td></tr>
<tr><td>样本是三维的，判别边界为一平面
$d(\boldsymbol{X})=w_1x_1+w_2x_2+w_3x_3+w_4=0$</td><td>若 $d(\boldsymbol{X})>0$，则 $\boldsymbol{X}\in\omega_1$；
若 $d(\boldsymbol{X})<0$，则 $\boldsymbol{X}\in\omega_2$；
若 $d(\boldsymbol{X})=0$，则 $\boldsymbol{X}$ 落在分界线上，类别不确定</td></tr>
<tr><td>有三个以上特征，判别边界为一超平面
$d(\boldsymbol{X})=w_1x_1+w_2x_2+\cdots+w_nx_n+w_{n+1}=\boldsymbol{W}_0^{\mathrm{T}}X+w_{n+1}=0$</td><td>$d(\boldsymbol{X})=\boldsymbol{W}^{\mathrm{T}}\boldsymbol{X}\begin{cases}>0, & 当\ \boldsymbol{X}\in\omega_1\\<0, & 当\ \boldsymbol{X}\in\omega_2\end{cases}$
$d(\boldsymbol{X})=\boldsymbol{W}^{\mathrm{T}}\boldsymbol{X}=0$ 为两类的判别边界</td></tr>
</table>

续表

<table>
<tr><th>类别情况</th><th>判别平面</th><th>判别函数形式</th></tr>
<tr><td rowspan="3">多类情况
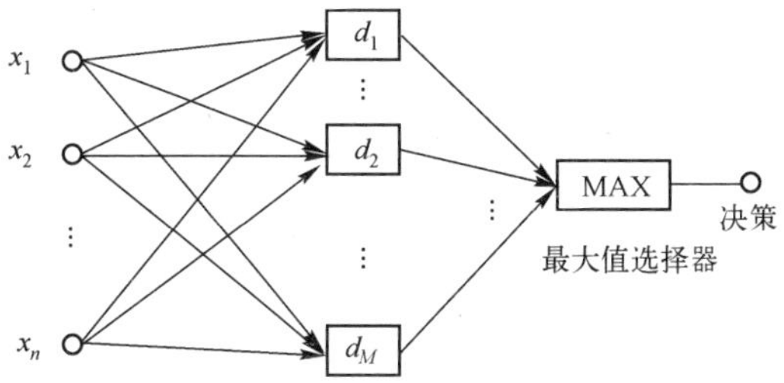
</td><td>每一个类别可用单个判别平面分割，M 类有 M 个判别函数
存在不满足条件的不确定区域</td><td>$d_i(\boldsymbol{X})=\boldsymbol{W}_i^{\mathrm{T}}\boldsymbol{X}\begin{cases}>0, & \boldsymbol{X}\in\omega_i\\<0, & 其他\end{cases}$</td></tr>
<tr><td>每两个类别之间可用判别平面分开，有 $M(M-1)/2$ 个判别函数，存在不满足条件的不确定区域</td><td>$d_{ij}(\boldsymbol{X})=\boldsymbol{W}_{ij}^{\mathrm{T}}\boldsymbol{X}$
若 $d_{ij}(\boldsymbol{X})>0$，$\forall j\neq i$，则 $\boldsymbol{X}$ 属于 ω_i 类</td></tr>
<tr><td>存在 M 个判别函数 $i=1,2,\cdots,M$，除了边界以外，没有不确定区域，是第二种情况的特殊状态。在此种条件下可分，则在第二种情况下也可分；反之不然</td><td>$d_i(\boldsymbol{X})=\boldsymbol{W}_i^{\mathrm{T}}\boldsymbol{X}\max(d_i(\boldsymbol{X}))$
把 $\boldsymbol{X}$ 代入 M 个判别函数中，判别函数最大的那个类就是 $\boldsymbol{X}$ 所属类别</td></tr>
</table>

模式分类方案取决于两个因素：判别函数 $d(\boldsymbol{X})$ 的形式和系数 $\boldsymbol{W}$ 的确定。前者和所研究的模式类的集合形式直接相关。一旦前者确定后，需要确定的就是后者，它们可通过模式的样本来确定。

5.3　线性判别函数的实现

前面介绍了判别函数的形式。对于判别函数来说，应该确定两方面内容：一方面是方程的形式，另一方面是方程所带的系数。对于线性判别函数来说，方程的形式固定为线性，维数固定为特征向量的维数，方程组的数量取决于待识别对象的类数。既然方程组的数量、维数和形式已定，则判别函数的设计就是确定函数的各系数，即线性方程的各个权值。下面将讨论怎样确定线性判别函数的系数。

首先按需要确定一准则函数 J，如 Fisher 准则、感知器算法、增量校正算法、LMSE 算法。确定准则函数 J 达到极值时解向量 $\boldsymbol{W}^*$ 及 $\boldsymbol{W}_0^*$ 的具体数值，从而确定判别函数，完成分类器设计。线性分类器设计任务是在给定样本集的条件下，确定线性判别函数的各项系数；对待测样本进行分类时，能满足相应的准则函数 J 为最优的要求。这种方法的具体过程可大致分为以下几个方面。

① 确定使用的判别函数类型或决策面方程类型，如线性分类器、分段线性分类器、非线性分类器和近邻法等。

② 按需要确定一准则函数 J，如 Fisher 准则、感知器算法、增量校正算法、LMSE 算法。增量校正算法与感知器算法的实现相似，只是在进行权向量修正时加上了权系数；LMSE 算法以最小均方误差作为准则。

③ 确定准则函数 J 达到极值时 $\boldsymbol{W}^*$ 及 $\boldsymbol{W}_0^*$ 的具体数值，从而确定判别函数，完成分类器设计。

在计算机上确定各权值时采用的是“训练”或“学习”的方法，就是挑选一批已分类的样本，把这批样本输入到计算机的“训练”程序中去，通过多次迭代后，准则函数 J 达到极值，得到正确的线性判别函数。

5.4　感知器算法

1. 理论基础

既然判别函数分类器的训练过程就是确定该函数的权集的过程，为叙述方便起见，我们从判别函数的一般形式着手。对于两类问题来说，设有判别函数

$$d(\boldsymbol{X})=w_1x_1+w_2x_2+w_3=0 \tag{5-9}$$

并已知训练集 $\boldsymbol{X}_\mathrm{A}$、$\boldsymbol{X}_\mathrm{B}$、$\boldsymbol{X}_\mathrm{C}$、$\boldsymbol{X}_\mathrm{D}$ 且

$$\{\boldsymbol{X}_\mathrm{A},\boldsymbol{X}_\mathrm{B}\}\in\omega_1$$

因而对 $\boldsymbol{X}_\mathrm{A}$、$\boldsymbol{X}_\mathrm{B}$来说

$$d(\boldsymbol{X})>0$$

而

$$\{\boldsymbol{X}_\mathrm{C},\boldsymbol{X}_\mathrm{D}\}\in\omega_2$$

因而对 $\boldsymbol{X}_\mathrm{C}$、$\boldsymbol{X}_\mathrm{D}$来说

$$d(\boldsymbol{X})<0$$

设

$$\boldsymbol{X}_\mathrm{A}=\begin{pmatrix}x_{1\mathrm{A}}\\x_{2\mathrm{A}}\end{pmatrix}\qquad\boldsymbol{X}_\mathrm{B}=\begin{pmatrix}x_{1\mathrm{B}}\\x_{2\mathrm{B}}\end{pmatrix}\qquad\boldsymbol{X}_\mathrm{C}=\begin{pmatrix}x_{1\mathrm{C}}\\x_{2\mathrm{C}}\end{pmatrix}\qquad\boldsymbol{X}_\mathrm{D}=\begin{pmatrix}x_{1\mathrm{D}}\\x_{2\mathrm{D}}\end{pmatrix}$$

则判别函数可以联立成

$$\begin{cases}x_{1\mathrm{A}}w_1+x_{2\mathrm{A}}w_2+w_3>0\\x_{1\mathrm{B}}w_1+x_{2\mathrm{B}}w_2+w_3>0\\x_{1\mathrm{C}}w_1+x_{2\mathrm{C}}w_2+w_3<0\\x_{1\mathrm{D}}w_1+x_{2\mathrm{D}}w_2+w_3<0\end{cases}$$

即

$$\begin{cases}x_{1\mathrm{A}}w_1+x_{2\mathrm{A}}w_2+w_3>0\\x_{1\mathrm{B}}w_1+x_{2\mathrm{B}}w_2+w_3>0\\-x_{1\mathrm{C}}w_1-x_{2\mathrm{C}}w_2-w_3>0\\-x_{1\mathrm{D}}w_1-x_{2\mathrm{D}}w_2-w_3>0\end{cases}$$

因此判别函数可写成一般方程形式

$$\boldsymbol{XW}>0 \tag{5-10}$$

式中，$\boldsymbol{W}$ 为权向量

$$\boldsymbol{W}=(w_1,w_2,w_3)^\mathrm{T}$$

$\boldsymbol{X}$ 为这个样本特征值的增 1 矩阵

$$X=\begin{pmatrix} x_{1A} & x_{2A} & 1 \\ x_{1B} & x_{2B} & 1 \\ -x_{1C} & -x_{2C} & -1 \\ -x_{1D} & -x_{2D} & -1 \end{pmatrix}$$

训练过程就是对判断好的样本集求解权向量 $\boldsymbol{W}$，即根据已知类别的样本求出权系数，形成判别界线（面），再对未知类别的样本求出其类别。这是一个线性联立不等式的求解问题，只对线性可分问题方程（5-10）才有解。对这样的问题来说，如果有解，其解也不一定是单值的，因而就有一个按不同条件取得最优解的问题。因此出现了多种不同的算法，这里介绍梯度下降法。

(1) 梯度下降法

求某一函数 $f(\boldsymbol{W})$ 的数值解，通常只能求出在某种意义下的最优解，即先定义一个准则函数，然后在使此准则函数最大或最小的情况下，求出 $f(\boldsymbol{W})$ 的解。梯度下降法准则函数示意图如图 5-7 所示。梯度下降法就是先确定一准则函数 $J(\boldsymbol{W})$，然后选一初值 $\boldsymbol{W}(1)$，这样可用迭代式

$$\boldsymbol{W}(k+1)=\boldsymbol{W}(k)-C\cdot\Delta J(\boldsymbol{W}(k)) \tag{5-11}$$

找到 $\boldsymbol{W}$ 的数值解。

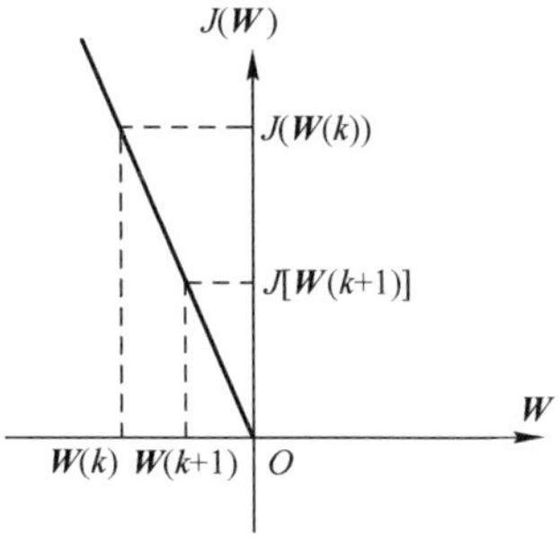

图 5-7　梯度下降法准则函数示意图

设有一组样本 $\boldsymbol{X}_1,\boldsymbol{X}_2,\cdots,\boldsymbol{X}_N$，其中 $\boldsymbol{X}_i$ 是规范化增广样本向量，目的是找一个解向量 $\boldsymbol{W}^*$，使得

$$\boldsymbol{W}^{\mathrm{T}}\boldsymbol{X}_i>0 \qquad i=1,2,\cdots,N \tag{5-12}$$

显然，只有在线性可分的情况下，该问题才有解。为此，这里首先考虑处理线性可分问题的算法。

可将准则函数 J 的形式选为

$$J(\boldsymbol{W},\boldsymbol{X})=\alpha(|\boldsymbol{W}^{\mathrm{T}}\boldsymbol{X}|-\boldsymbol{W}^{\mathrm{T}}\boldsymbol{X}) \tag{5-13}$$

① 当 $\boldsymbol{X}$ 被错分类时，就有 $\boldsymbol{W}^{\mathrm{T}}\boldsymbol{X}\leqslant 0$，或 $-\boldsymbol{W}^{\mathrm{T}}\boldsymbol{X}\geqslant 0$；因此，式（5-13）中的 $J(\boldsymbol{W},\boldsymbol{X})$ 总是大于 0。因此，在 $\boldsymbol{X}$ 被错分类时，函数 $J(\boldsymbol{W},\boldsymbol{X})=J(\boldsymbol{W})$ 的坐标原点左侧，为一条反比于 $\boldsymbol{W}$ 的斜线。

② 在 $\boldsymbol{W}^{\mathrm{T}}\boldsymbol{X}>0$ 时，有 $J(\boldsymbol{W},\boldsymbol{X})=J_{\min}(\boldsymbol{W},\boldsymbol{X})=0$，$\boldsymbol{X}$ 被正确分类时，在坐标原点右侧 $J(\boldsymbol{W},\boldsymbol{X})=0$，$\boldsymbol{W}$ 获得一个确定解的区域。

矢量的方向主要是由其取值最大的分量决定的，故负梯度向量 $-\Delta J(\boldsymbol{W})$ 指出了 $\boldsymbol{W}$ 的最陡下降方向。当梯度向量为 0 时，达到了函数的极值。对方程（5-10）求解 $\boldsymbol{W}$ 的问题，可转化为求函数极小值的问题。若准则函数 J 的梯度 $\dfrac{\partial J}{\partial \boldsymbol{W}}$ 收敛为 0，则表明达到 J 的极值，从而就是方程（5-10）的最优解 $\boldsymbol{W}$。

我们把样本集看成一个不断重复出现的序列而逐个加以考虑。例如，由三个样本组成的样本序列 $\bar{y}_1$，y_2，$\bar{y}_3$，$\bar{y}_1$，$\bar{y}_2$，y_3，$\bar{y}_1$，y_2，…，其中画“ˉ”的是被分错的样本，则把错分类样本序列 y_1，y_3，y_1，y_2，y_1，…记做 y^1，y^2，y^3，y^4，y^5，…；对于任意权向量 $\boldsymbol{W}(k)$，如果它把某个样本错分类了，则对 $\boldsymbol{W}(k)$ 做一次修正。这种方法称为单样本修正法。由于仅在发现错分类时，才修正 $\boldsymbol{W}(k)$，所以只需要注意那些被分错类的样本就行了。当且仅当错

分类样本集合为空集时，即当 $J(\boldsymbol{W}^*)=\min J(\boldsymbol{W})=0$ 时，将不存在错分类样本，此时的 $\boldsymbol{W}$ 就是我们要寻找的解向量 $\boldsymbol{W}^*$。

有了准则函数 $J(\boldsymbol{W})$，下一步便是求使 $J(\boldsymbol{W})$ 达到极小值时的解向量 $\boldsymbol{W}^*$ 了。设 $\boldsymbol{W}(k)$ 为 $\boldsymbol{W}$ 的 k 次迭代解，$\boldsymbol{W}(k+1)$ 为其后的另一迭代解，只要下一迭代解沿斜线下降，总有可能搜索到满足要求的 $\boldsymbol{W}$ 值，即

$$\boldsymbol{W}(k+1)=\boldsymbol{W}(k)-C\left\{\frac{\partial J}{\partial \boldsymbol{W}(k)}\right\}_{\boldsymbol{W}=\boldsymbol{W}(k)} \tag{5-14}$$

式中，C 为有助于收敛的校正系数。

在确定式（5-13）中的系数 α 后，可推导出迭代算法的具体关系。不妨设 $\alpha=1/2$，即

$$J(\boldsymbol{W},\boldsymbol{X})=\frac{1}{2}(|\boldsymbol{W}^{\mathrm{T}}\boldsymbol{X}|-\boldsymbol{W}^{\mathrm{T}}\boldsymbol{X}) \tag{5-15}$$

则

$$\frac{\partial J}{\partial \boldsymbol{W}}=\frac{1}{2}[\boldsymbol{X}\mathrm{sgn}(\boldsymbol{W}^{\mathrm{T}}\boldsymbol{X})-\boldsymbol{X}] \tag{5-16}$$

式中，

$$\mathrm{sgn}(\boldsymbol{W}^{\mathrm{T}}\boldsymbol{X})=\begin{cases}1, & \text{若 } \boldsymbol{W}^{\mathrm{T}}\boldsymbol{X}>0\\ -1, & \text{其他}\end{cases} \tag{5-17}$$

将式（5-16）代入式（5-14）后，有

$$\begin{aligned}\boldsymbol{W}(k+1)&=\boldsymbol{W}(k)+\frac{C}{2}\{\boldsymbol{X}(k)-\boldsymbol{X}(k)\mathrm{sgn}[\boldsymbol{W}^{\mathrm{T}}(k)\boldsymbol{X}(k)]\}\\&=\begin{cases}\boldsymbol{W}(k), & \text{若 } \boldsymbol{W}^{\mathrm{T}}(k)\boldsymbol{X}(k)>0\\ \boldsymbol{W}(k)+C\boldsymbol{X}(k), & \text{其他}\end{cases}\end{aligned} \tag{5-18}$$

即 $\boldsymbol{W}^{\mathrm{T}}(k)\boldsymbol{X}(k)>0$ 时，表明对样本正确分类，$\boldsymbol{W}(k+1)=\boldsymbol{W}(k)$，不做修正；反之，当 $\boldsymbol{W}^{\mathrm{T}}(k)\boldsymbol{X}(k)\leqslant 0$ 时，表明对样本错分类，$\boldsymbol{W}(k+1)=\boldsymbol{W}(k)+C\boldsymbol{X}(k)$，即应添加一个修正项 $C\boldsymbol{X}(k)$。这就是梯度下降法的基本形式。

梯度下降法可以简单叙述为：任意给定初始权向量 $\boldsymbol{W}(1)$，第 $k+1$ 次迭代时的权向量 $\boldsymbol{W}(k+1)$ 等于第 k 次迭代时的权向量加上被 $\boldsymbol{W}(k)$ 错分类的样本乘以某个系数 C。可以证明，对于线性可分的样本集，经过有限次修正，一定可以找到一个解向量 $\boldsymbol{W}^*$，即算法在有限步内收敛。其收敛速度的快慢取决于初始权向量 $\boldsymbol{W}(1)$ 和系数 C。不失一般性，可令 $C=1$。

（2）奖惩算法

将梯度下降法进一步具体化，就是奖惩算法。

① 两类情况。

若 $\boldsymbol{X}(k)\in\omega_1$ 且 $\boldsymbol{W}^{\mathrm{T}}(k)\boldsymbol{X}(k)>0$，或 $\boldsymbol{X}(k)\in\omega_2$ 且 $\boldsymbol{W}^{\mathrm{T}}(k)\boldsymbol{X}(k)<0$，则不需要修正，即 $\boldsymbol{W}(k+1)=\boldsymbol{W}(k)$。反之，则需要修正，即：

若 $\boldsymbol{X}(k)\in\omega_1$ 且 $\boldsymbol{W}^{\mathrm{T}}(k)\boldsymbol{X}(k)\leqslant 0$，则 $\boldsymbol{W}(k+1)=\boldsymbol{W}(k)+C\boldsymbol{X}(k)$；

若 $\boldsymbol{X}(k)\in\omega_2$ 且 $\boldsymbol{W}^{\mathrm{T}}(k)\boldsymbol{X}(k)\geqslant 0$，则 $\boldsymbol{W}(k+1)=\boldsymbol{W}(k)-C\boldsymbol{X}(k)$。

② 多类情况。

手写体数字的识别属于多类情况。对于多类问题，我们可以采用判别函数最大值的方法来训练，即对于 M 个类，应该有 M 个判别函数。

设有 $\omega_1,\omega_2,\cdots,\omega_M$（共 M 类样本），并且在 k 次迭代时出现的样本 $\boldsymbol{X}(k)\in\omega_i$，如果采用奖惩算法，则对 M 个判别函数 $d_i[\boldsymbol{X}(k)=\boldsymbol{W}_i^{\mathrm{T}}(k)\boldsymbol{X}(k),i=1,2,\cdots,M]$ 都应加以计算。

对于 $d_i[\boldsymbol{X}(k)]>d_j[\boldsymbol{X}(k)]$，则权向量不必加以修正，即

$$\begin{cases}\boldsymbol{W}_i(k+1)=\boldsymbol{W}_i(k)\\\boldsymbol{W}_j(k+1)=\boldsymbol{W}_j(k)\end{cases}\tag{5-19}$$

若对于 $d_i[\boldsymbol{X}(k)]\leqslant d_j[\boldsymbol{X}(k)]$，则应按下式修正权向量：

$$\begin{cases}\boldsymbol{W}_i(k+1)=\boldsymbol{W}_i(k)+C\boldsymbol{X}(k)\\\boldsymbol{W}_j(k+1)=\boldsymbol{W}_j(k)-C\boldsymbol{X}(k)\end{cases}\tag{5-20}$$

例如，手写数字分 10 个类，每个样本有 25 个特征，有 10 个判别函数，即

$$d_0(\boldsymbol{X})=\omega_{00}x_0+\omega_{01}x_1+\cdots+\omega_{0,24}x_{24}$$
$$d_1(\boldsymbol{X})=\omega_{10}x_0+\omega_{11}x_1+\cdots+\omega_{1,24}x_{24}$$
$$\vdots$$
$$d_9(\boldsymbol{X})=\omega_{90}x_0+\omega_{91}x_1+\cdots+\omega_{9,24}x_{24}$$

对于某一个已知类别为 1 的样本 $\boldsymbol{X}$，计算这 10 个判别函数，如果有 $d_1(\boldsymbol{X})>d_j(\boldsymbol{X})$，$(j=0,2,3,\cdots,9)$，则 $\boldsymbol{W}_j(j=0,2,3,\cdots,9)$ 不需要修正，$\boldsymbol{W}_j(k+1)=\boldsymbol{W}_j(k)$。

而若 $d_1(\boldsymbol{X})<d_8(\boldsymbol{X})$ 或 $d_1(\boldsymbol{X})<d_9(\boldsymbol{X})$，则 $\boldsymbol{W}_1$、$\boldsymbol{W}_2$ 至 $\boldsymbol{W}_9$ 按如下规则修正：

$$\begin{cases}\boldsymbol{W}_1(k+1)=\boldsymbol{W}_1(k)+C\boldsymbol{X}(k)\\\boldsymbol{W}_j(k+1)=\boldsymbol{W}_j(k)-C\boldsymbol{X}(k)\end{cases}\quad(j=0,2,3,\cdots,9)$$

(3) 实例说明

为了理解算法的思路，这里给一个简单的例子，用梯度下降法对三类模式求判别函数，每类仅含一个样本，即

$$\omega_1:\{(0,0)^{\mathrm{T}}\},\omega_2:\{(1,1)^{\mathrm{T}}\},\omega_3:\{(-1,1)^{\mathrm{T}}\}$$

其增广形式为

$$(0,0,1)^{\mathrm{T}},(1,1,1)^{\mathrm{T}},(-1,1,1)^{\mathrm{T}}$$

取参数 $C=1$，初始值 $\boldsymbol{W}_1(1)=\boldsymbol{W}_2(1)=\boldsymbol{W}_3(1)=(0,0,0)^{\mathrm{T}}$。其步骤如下。

① 输入样本 $\boldsymbol{X}(1)$，则

$$d_1[\boldsymbol{X}(1)]=\boldsymbol{W}_1^{\mathrm{T}}(1)\boldsymbol{X}(1)=0$$
$$d_2[\boldsymbol{X}(1)]=\boldsymbol{W}_2^{\mathrm{T}}(1)\boldsymbol{X}(1)=0$$
$$d_3[\boldsymbol{X}(1)]=\boldsymbol{W}_3^{\mathrm{T}}(1)\boldsymbol{X}(1)=0$$

因 $\boldsymbol{X}(1)\in\omega_1$，而 $d[\boldsymbol{X}(1)]$ 均为 0，$d_1[\boldsymbol{X}(1)]$ 不是最大值，故需要根据式（5-20）来修正权向量，即

$$\boldsymbol{W}_1(2)=\boldsymbol{W}_1(1)+\boldsymbol{X}(1)=(0,0,1)^{\mathrm{T}}$$
$$\boldsymbol{W}_2(2)=\boldsymbol{W}_2(1)-\boldsymbol{X}(1)=(0,0,-1)^{\mathrm{T}}$$
$$\boldsymbol{W}_3(2)=\boldsymbol{W}_3(1)-\boldsymbol{X}(1)=(0,0,-1)^{\mathrm{T}}$$

② 输入 $\boldsymbol{X}(2)$，$\boldsymbol{X}(2)\in\omega_2$，则

$$\boldsymbol{W}_1^{\mathrm{T}}(2)\boldsymbol{X}(2)=1,\boldsymbol{W}_2^{\mathrm{T}}(2)\boldsymbol{X}(2)=-1,\boldsymbol{W}_3^{\mathrm{T}}(2)\boldsymbol{X}(2)=-1$$

$d_2[\boldsymbol{X}(2)]$ 不是最大值，故需要修正权向量：

$$W_1(3)=W_1(2)-X(2)=(-1,-1,0)^{\mathrm{T}}$$
$$W_2(3)=W_2(2)+X(2)=(1,1,0)^{\mathrm{T}}$$
$$W_3(3)=W_3(2)-X(2)=(-1,-1,-2)^{\mathrm{T}}$$

③ 输入样本 $X(3)$，$X(3)\in\omega_3$，则

$$W_1^{\mathrm{T}}(3)X(3)=0,W_2^{\mathrm{T}}(3)X(3)=0,W_3^{\mathrm{T}}(3)X(3)=-2$$

由于 $d_3[X(3)]$ 不是最大值，故需要修正权向量：

$$W_1(4)=W_1(3)-X(3)=(0,-2,-1)^{\mathrm{T}}$$
$$W_2(4)=W_2(3)-X(3)=(2,0,-1)^{\mathrm{T}}$$
$$W_3(4)=W_3(3)+X(3)=(-2,0,-1)^{\mathrm{T}}$$

至此已完成一次迭代，但未得到对三类模式均正确分类的权向量，故令 $X(4)=X(1)$，$X(5)=X(2)$，$X(6)=X(3)$，再次进行迭代。

④ 输入样本 $X(4)$，得到

$$W_1^{\mathrm{T}}(4)X(4)=-1,W_2^{\mathrm{T}}(4)X(4)=-1,W_3^{\mathrm{T}}(4)X(4)=-1$$

因 $X(4)\in\omega_1$，而 $d_1[X(4)]$ 不是最大值，需要修正权矢量：

$$W_1(5)=W_1(4)+X(4)=(0,-2,0)^{\mathrm{T}}$$
$$W_2(5)=W_2(4)-X(4)=(2,0,-2)^{\mathrm{T}}$$
$$W_3(5)=W_3(4)-X(4)=(-2,0,-2)^{\mathrm{T}}$$

⑤ 输入样本 $X(5)\in\omega_2$，各判别函数的值为

$$W_1^{\mathrm{T}}(5)X(5)=-2,W_2^{\mathrm{T}}(5)X(5)=0,W_3^{\mathrm{T}}(5)X(5)=-4$$

$d_2[X(5)]$ 是最大值，这一判别结果是正确的，因而权向量不需要修正，即

$$W_1(6)=W_1(5)=(0,-2,0)^{\mathrm{T}}$$
$$W_2(6)=W_2(5)=(2,0,-2)^{\mathrm{T}}$$
$$W_3(6)=W_3(5)=(-2,0,-2)^{\mathrm{T}}$$

⑥ 输入样本 $X(6)\in\omega_3$，判别结果为

$$W_1^{\mathrm{T}}(6)X(6)=-2,W_2^{\mathrm{T}}(6)X(6)=-4,W_3^{\mathrm{T}}(6)X(6)=0$$

判别结果正确，因而

$$W_1(7)=W_1(6)=(0,-2,0)^{\mathrm{T}}$$
$$W_2(7)=W_2(6)=(2,0,-2)^{\mathrm{T}}$$
$$W_3(7)=W_3(6)=(-2,0,-2)^{\mathrm{T}}$$

⑦ 输入样本 $X(7)=(0,0,1)^{\mathrm{T}}$，$X(7)\in\omega_1$，各判别函数的值为

$$W_1^{\mathrm{T}}(7)X(7)=0,W_2^{\mathrm{T}}(7)W(7)=-2,W_3^{\mathrm{T}}(7)X(7)=-2$$

至此，所有的样本都通过了检验，因而权向量为

$$W_1(8)=W_1(7)=(0,-2,0)^{\mathrm{T}}$$
$$W_2(8)=W_2(7)=(2,0,-2)^{\mathrm{T}}$$
$$W_3(8)=W_3(7)=(-2,0,-2)^{\mathrm{T}}$$

于是三个判别函数为

$$d_1(X)=-2x_2$$
$$d_2(X)=2x_1-2$$

$$d_3(\boldsymbol{X}) = -2x_1-2$$

2. 实现步骤

① 设各个权向量的初始值为 0，即 $\boldsymbol{W}_0=\boldsymbol{W}_1=\boldsymbol{W}_2=\cdots=\boldsymbol{W}_9=0$。

② 第 k 次输入一个样本 $\boldsymbol{X}(k)$，计算第 k 次迭代计算的结果为

$$d_i[\boldsymbol{X}(k)]=\boldsymbol{W}_i^{\mathrm{T}}(k)\boldsymbol{X}(k),i=0,1,\cdots,9$$

③ 若 $\boldsymbol{X}(k)\in\omega_i,i=0,1,\cdots,9$，判断 $d_i[\boldsymbol{X}(k)]$是不是最大值。若是，则各权向量不需要修正；否则，各权向量需要修正：

$$\boldsymbol{W}_i(k+1)=\boldsymbol{W}_i(k)+\boldsymbol{X}(k),\boldsymbol{W}_j(k+1)=\boldsymbol{W}_j(k)-\boldsymbol{X}(k)\qquad j=0,1,\cdots,9,j\neq i$$

④ 循环执行第②步，直到输入所有的样本，权向量都不需要修正为止。注意，判别函数分类器样本总数不需要过多。

3. 编程代码

```
%%%%%%%%%%%%%%%%%%%%%%%%%%%%%%%%%%%%%%%%%%%%%%%%%%%%%%%%%%%%%%%%%%%%%%%%%%
%函数名称:jiangcheng()
%参数:sample,待识别样本特征
%返回值: y,待识别样本所属类别
%函数功能:奖惩算法
%%%%%%%%%%%%%%%%%%%%%%%%%%%%%%%%%%%%%%%%%%%%%%%%%%%%%%%%%%%%%%%%%%%%%%%%%%
function y=jiangcheng(sample)
    clc;
    load templet pattern;
    w=zeros(26,10);%初始化权向量矩阵
    d=[];
    maxpos=0;
    maxval=0;
    f=1;
    n=[];m=[];
    %依次输入样本
    for j=1:100
        for i=1:10
            f=1;
            pattern(i).feature(26,j)=1;%最后一位置1
            for k=1:10
                m=pattern(i).feature(:,j);
                d(k)=w(:,k)'*m;
            end
            %判断是否为最大值,如果是,f=1,否则f=0;
            for k=1:10
                if k~=i
                    if d(i)<=d(k)
```

```
                    f=0;
                end
            end
        end
        %修正权值
        if ~f
            for k=1:10
                if k==i
                    w(:,k)=w(:,k)+pattern(i).feature(:,j);
                else
                    w(:,k)=w(:,k)-pattern(i).feature(:,j);
                end
            end
        end
    end
end
sample(26)=1;
h=[];
%计算各类别的判别函数
for k=1:10
    h(k)=w(:,k)'*sample';
end
[maxval,maxpos]=max(h);
y=maxpos-1;
```

4. 效果图

奖惩算法识别效果如图 5-8 所示。

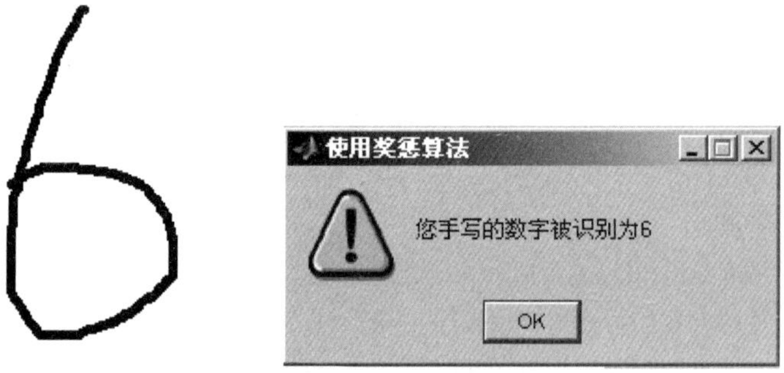

（a）待测样品　　（b）分类结果

图 5-8　奖惩算法识别效果

由于模式识别算法复杂，步骤较多，实现起来有一定的难度。为了使样本库小一些，将精力着重放在算法的理解及编程实现上，我们将模板设计为 5×5，比较小。读者可以将模板扩充得更大一些，这样计算会更准确些。

5.5　增量校正算法

1. 理论基础

(1) 回归函数

从随机估计的角度来看，对于 M 类问题来说，贝叶斯分类器的判别函数可以表达成

$$d_i(\boldsymbol{X})=P(\omega_i\mid\boldsymbol{X})P(\boldsymbol{X})\qquad i=1,2,\cdots,M$$

认为 $P(\boldsymbol{X})$ 与类别无关，因而

$$d_i(\boldsymbol{X})=P(\omega_i\mid\boldsymbol{X})\tag{5-21}$$

如果 $\boldsymbol{X}\in\omega_i$，则

$$d_i(\boldsymbol{X})>d_j(\boldsymbol{X})\qquad\forall j=1,2,\cdots,M\text{ 且 }j\neq i$$

对于两类问题来说，其判别边界为

$$d_1(\boldsymbol{X})-d_2(\boldsymbol{X})=0\tag{5-22}$$

即

$$d(\boldsymbol{X})=d_1(\boldsymbol{X})-d_2(\boldsymbol{X})=P(\omega_1\mid\boldsymbol{X})-[1-P(\omega_1\mid\boldsymbol{X})]=2P(\omega_1\mid\boldsymbol{X})-1=0$$

则有

$$\begin{matrix}d(\boldsymbol{X})>0\\d(\boldsymbol{X})\leqslant 0\end{matrix}\Rightarrow\begin{cases}\boldsymbol{X}\in\omega_1\\\boldsymbol{X}\in\omega_2\end{cases}\tag{5-23}$$

或者

$$\begin{cases}P(\omega_1\mid\boldsymbol{X})>1/2\Rightarrow\boldsymbol{X}\in\omega_1\\P(\omega_1\mid\boldsymbol{X})\leqslant 1/2\Rightarrow\boldsymbol{X}\in\omega_2\end{cases}\tag{5-24}$$

1/2 只是对判别界限的一个位移，因而为分析方便起见，可把判别函数直接看作

$$d(\boldsymbol{X})=P(\omega_1\mid\boldsymbol{X})=0\tag{5-25}$$

当然，如果为两类问题，对于最后求得的判别函数应该考虑进行判别界限的这一位移。

由于多项式处理问题的方便性，在随机估计中仍以一多项式来逼进函数 $P(\omega_i\mid\boldsymbol{X})$，即令

$$P(\omega_i\mid\boldsymbol{X})=\sum_{j=1}^{n+1}w_{ij}\varphi_j(\boldsymbol{X})$$

式中，$\varphi_j(\boldsymbol{X})$ 为一定形式的非线性或线性方程。由于 $\varphi_j(\boldsymbol{X})$ 中的各项最终总是可以以一个线性变量来代替，因而可写出

$$P(\omega_i\mid\boldsymbol{X})=\boldsymbol{W}_i^{\mathrm{T}}\boldsymbol{X}\tag{5-26}$$

式中，$\boldsymbol{W}_i=[w_{i1},w_{i2},\cdots,w_{i(n+1)}]^{\mathrm{T}}$ 为权向量，$\boldsymbol{X}=(x_1,x_2,\cdots,x_n,1)^{\mathrm{T}}$ 为特征增 1 向量。现在的问题是怎样通过对样本的逐个观察来估计权向量。

当各类样本以 $P(\omega_i\mid\boldsymbol{X})$ 的概率密度出现时，实际观测值不是概率密度而是逻辑判断结论

$$r_i(\boldsymbol{X})=\begin{cases}1, & \boldsymbol{X}\in\omega_i\\0, & \boldsymbol{X}\notin\omega_i\end{cases}$$

可以把这种观察结果看作由于系统中引入了均值为零的随机干扰 $\boldsymbol{\eta}$ 所造成的后果，如图 5-9 所示。

这种干扰的影响可写成

$$r_i(\boldsymbol{X})=P(\omega_i\mid\boldsymbol{X})+\eta \tag{5-27}$$

因为

$$E(\eta)=0$$

所以可写出 $P(\omega_i\mid\boldsymbol{X})$ 的估计为

$$\hat{P}(\omega_i\mid\boldsymbol{X})=E\{P(\omega_i\mid\boldsymbol{X})\}=E\{r_i(\boldsymbol{X})\}$$

按照统计学上的概念，$\hat{P}(\omega_i\mid\boldsymbol{X})$ 称为 $P(\omega_i\mid\boldsymbol{X})$ 的回归估计，$\hat{P}(\omega_i\mid\boldsymbol{X})$ 也称为回归函数。

如图 5-10 所示，这种回归函数 $\hat{h}(\boldsymbol{X})$ 与观察结果 $h(\boldsymbol{X})$ 之间的关系，由于受到随机干扰的影响，观测值散布在回归函数 $\hat{h}(\boldsymbol{X})$ 的四周并形成误差。从理论上来说，如果在变量 $\boldsymbol{X}$ 的每一点上测量大量的观测值，则每一点上 $h(\boldsymbol{X})$ 的期望值应该就是回归估计。但因为无法按照这样的要求来选取样本，只能按照有限的观察次数来进行估计。

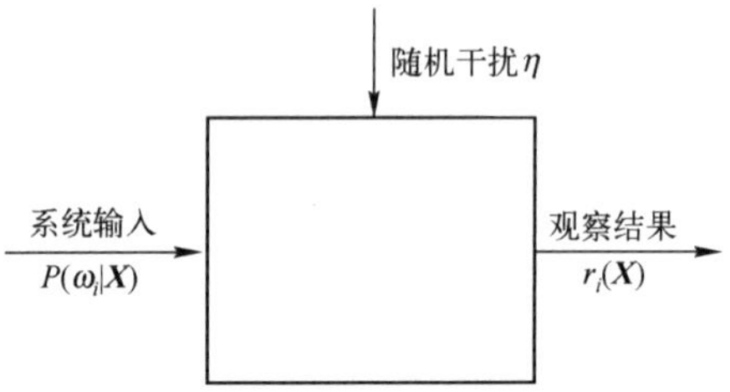

图 5-9　对 $P(\omega_i\mid\boldsymbol{X})$ 的观察结果

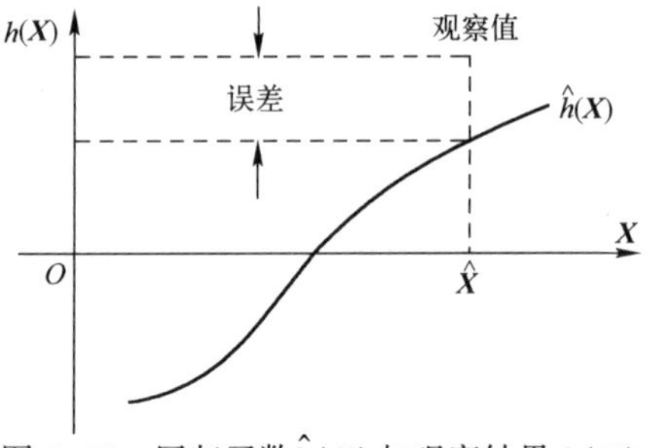

图 5-10　回归函数 $\hat{h}(\boldsymbol{X})$ 与观察结果 $h(\boldsymbol{X})$

如果再考虑到式（5-26）的关系，则可看到所希望得到的权向量的估计值 $\hat{\boldsymbol{W}}_i$。这就是说，从式（5-26）来看，$\boldsymbol{W}_i$ 也是以随机变量的角色出现的。所研究的是对 $P(\omega_i\mid\boldsymbol{X})$ 的估计，实际上希望解决的是对 $\boldsymbol{W}_i$ 的估计。

一个算法总是以某一个准则函数出现的最佳状态作为条件而建立起来的，设准则函数为

$$J(\boldsymbol{W}_i,\boldsymbol{X})=E\{f(\boldsymbol{W}_i,\boldsymbol{X})\} \tag{5-28}$$

则出现最优的条件为

$$\partial J/\partial \boldsymbol{W}=f'(\boldsymbol{W}_i)=0$$

由此确定了相应于最优状态时的 $\boldsymbol{W}_i$ 值。如果 $\partial J/\partial \boldsymbol{W}_i$ 是一个回归函数，则由 $f'(\boldsymbol{W}_i)=0$ 解 $\boldsymbol{W}_i$，也就是对回归函数 $\partial J/\partial \boldsymbol{W}=0$ 求其根 $\boldsymbol{W}_i$。从图 5-10 来说，就是对 $\hat{h}(\boldsymbol{X})=0$ 求根 $\hat{\boldsymbol{X}}$。这样一个随机估计问题就是对回归函数解其等于零时的根。由于 $\boldsymbol{W}_i$ 为随机变量以及准则函数所采用的数学期望的形式，使得 $\partial J/\partial \boldsymbol{W}$ 成为回归函数的假设可以成立。

为便于讨论起见，把回归函数 $\partial J/\partial \boldsymbol{W}$ 写成 $g(\boldsymbol{W})$，把它的观测值写成 $h(\boldsymbol{W})$，认为函数 $g(\boldsymbol{W})$ 只具有单根 $\hat{\boldsymbol{W}}$，因而 $g(\hat{\boldsymbol{W}})=0$。按照对噪声统计性质的规定有 $E\{h(\boldsymbol{W})\}=g(\boldsymbol{W})$。另外，还认为观测值对其数学期望的方差处在有限的范围之内，即

$$\sigma^2=E\{[g(\boldsymbol{W})-h(\boldsymbol{W})]^2\} \tag{5-29}$$

对所有 $\boldsymbol{W}$ 值来说，都是一个有限的值，因而我们引入 Robbins-Monro 算法（简称 R-M 算法）。R-M 算法建立在下述递推方程的基础上：

$$W(k+1)=W(k)-\alpha_k h[W(k)] \tag{5-30}$$

式中，$W(k+1)$和$W(k)$分别是W的$k+1$次和k次递推值，α_k是一正级数中的第k个分量。α_k按照调和级数1，$\frac{1}{2},\frac{1}{3},\frac{1}{4},\cdots,\frac{1}{k}$（$k$为递推次数）顺次递减。

现在要把R-M算法应用到模式识别上，因为$g(W)=E\{h(W)\}$，也即

$$\partial J/\partial W=E\{h(W)\} \tag{5-31}$$

J为准则函数

$$J(W,X)=E\{f(W,X)\} \tag{5-32}$$

将式（5-32）对X求偏微分，可得

$$\frac{\partial J(W,X)}{\partial W}=E\left\{\frac{\partial f(W,X)}{\partial W}\right\} \tag{5-33}$$

对比一下式（5-31）和式（5-33）可得

$$h(W)=\frac{\partial f(W,X)}{\partial W} \tag{5-34}$$

因而在模式识别情况下，R-M算法可以表示成

$$W(k+1)=W(k)-\alpha_k\left\{\frac{\partial f(W,X)}{\partial W}\right\}_{W=W(k)} \tag{5-35}$$

在$\frac{\partial f(W,X)}{\partial W}=0$时得到回归函数的根$\hat{W}$，而这时

$$W(k+1)=W(k)$$

现在对式（5-35）的求解就决定于准则函数的具体形式了。

（2）增量校正算法

增量校正算法采用绝对偏差的平均值为最小的原则，这时准则函数取为

$$J(W_i,X)=E\{|r_i(X)-W_i^{\mathrm{T}}X|\} \tag{5-36}$$

式中，

$$r_i(X)=\begin{cases}1, & X\in\omega_i\\ 0, & X\notin\omega_i\end{cases}$$

将式（5-36）对W_i求偏微分，可得

$$\frac{\partial J}{\partial W_i}=E\{-X\mathrm{sgn}[r_i(X)-W_i^{\mathrm{T}}X]\} \tag{5-37}$$

式中，

$$\mathrm{sgn}[r_i(X)-W_i^{\mathrm{T}}X]=\begin{cases}1, & r_i(X)\geqslant W_i^{\mathrm{T}}X\\ -1, & r_i(X)<W_i^{\mathrm{T}}X\end{cases}$$

对比式（5-37）和式（5-33），可以写出

$$\frac{\partial f(W_i,X)}{\partial W_i}=-X\mathrm{sgn}[r_i(X)-W_i^{\mathrm{T}}X] \tag{5-38}$$

因而算法方程为

$$W_i(k+1)=W_i(k)+\alpha_k X(k)\mathrm{sgn}\{r_i[X(k)]-W_i^{\mathrm{T}}(k)X(k)\} \tag{5-39}$$

W_i的初值$W(1)$是可以任意选取的，式（5-39）也可写成

$$\boldsymbol{W}_i(k+1)=\begin{cases}\boldsymbol{W}_i(k)+\alpha_k\boldsymbol{X}(k), & \boldsymbol{W}_i^{\mathrm{T}}(k)\boldsymbol{X}(k)<r_i[\boldsymbol{X}(k)]\\ \boldsymbol{W}_i(k)-\alpha_k\boldsymbol{X}(k), & \boldsymbol{W}_i^{\mathrm{T}}(k)\boldsymbol{X}(k)\geqslant r_i[\boldsymbol{X}(k)]\end{cases}\tag{5-40}$$

该算法的每一步都要校正权向量，而感知器算法只有在某一个模式样本被错误分类时才校正。由式（5-39）或式（5-40）看出，该算法每一步的校正值都正比于增量 α_k，故称为增量校正算法。

对于多类问题来说，判别函数为

$$d_i(\boldsymbol{X})=\boldsymbol{W}_i^{\mathrm{T}}\boldsymbol{X}$$

如果 $\boldsymbol{X}\in\omega_i$，则

$$d_i(\boldsymbol{X})=\boldsymbol{W}_i^{\mathrm{T}}\boldsymbol{X}=r_i[\boldsymbol{X}]=1$$

而

$$d_j(\boldsymbol{X})=\boldsymbol{W}_j^{\mathrm{T}}\boldsymbol{X}=r_j[\boldsymbol{X}]=0$$

（3）实例说明

为了说明该算法的实现过程，这里给出一个例子，给定两类样本：

$$\omega_1:(0,0,0)^{\mathrm{T}},(1,0,0)^{\mathrm{T}},(1,0,1)^{\mathrm{T}},(1,1,0)^{\mathrm{T}}$$

$$\omega_2:(0,0,1)^{\mathrm{T}},(0,1,0)^{\mathrm{T}},(0,1,1)^{\mathrm{T}},(1,1,1)^{\mathrm{T}}$$

现在用增量校正算法计算判别函数。在进行迭代运算之前，各样本的特征向量经过增 1：

$$\omega_1:(0,0,0,1)^{\mathrm{T}},(1,0,0,1)^{\mathrm{T}},(1,0,1,1)^{\mathrm{T}},(1,1,0,1)^{\mathrm{T}}$$

$$\omega_2:(0,0,1,1)^{\mathrm{T}},(0,1,0,1)^{\mathrm{T}},(0,1,1,1)^{\mathrm{T}},(1,1,1,1)^{\mathrm{T}}$$

以 $\boldsymbol{W}(1)=0$，$\alpha_k=1/k$ 进行讨论。

① 令 $\boldsymbol{X}(1)=(0,0,0,1)^{\mathrm{T}},\boldsymbol{X}(1)\in\omega_1,\boldsymbol{W}(2)=\boldsymbol{W}(1)+\alpha_1\boldsymbol{X}(1)\mathrm{sgn}\{r[\boldsymbol{X}(1)]-\boldsymbol{W}^{\mathrm{T}}(1)\boldsymbol{X}(1)\}$。

因为 $\alpha_1=1$，$r[\boldsymbol{X}(1)]=1$ 和 $r[\boldsymbol{X}(1)]>\boldsymbol{W}^{\mathrm{T}}(1)\boldsymbol{X}(1)$，所以

$$\boldsymbol{W}(2)=\boldsymbol{W}(1)+0=(0,0,0,1)^{\mathrm{T}}$$

② 令 $\boldsymbol{X}(2)=(1,0,0,1)^{\mathrm{T}}$，$\boldsymbol{X}(2)\in\omega_1$，$\alpha_2=\dfrac{1}{2}$，$r[\boldsymbol{X}(2)]=1$，则

$$\boldsymbol{W}(3)=\boldsymbol{W}(2)+\alpha_2\boldsymbol{X}(2)\mathrm{sgn}\{r[\boldsymbol{X}(2)]-\boldsymbol{W}^{\mathrm{T}}(2)\boldsymbol{X}(2)\}$$

因为 $r[\boldsymbol{X}(2)]=\boldsymbol{W}^{\mathrm{T}}(2)\boldsymbol{X}(2)$，所以

$$\boldsymbol{W}(3)=\boldsymbol{W}(2)-\frac{1}{2}(1,0,0,1)^{\mathrm{T}}=\left(-\frac{1}{2},0,0,\frac{1}{2}\right)$$

③ 令 $\boldsymbol{X}(3)=(1,0,1,1)^{\mathrm{T}}$，$\boldsymbol{X}(3)\in\omega_1$，$r[\boldsymbol{X}(3)]=1$，则

$$\boldsymbol{W}(4)=\boldsymbol{W}(3)+\alpha_2\boldsymbol{X}(3)\mathrm{sgn}\{r[\boldsymbol{X}(3)]-\boldsymbol{W}^{\mathrm{T}}(3)\boldsymbol{X}(3)\}$$

因为 $r[\boldsymbol{X}(3)]>\boldsymbol{W}^{\mathrm{T}}(3)\boldsymbol{X}(3)$，所以

$$\boldsymbol{W}(4)=\boldsymbol{W}(3)+\frac{1}{3}(1,0,1,1)^{\mathrm{T}}=\left(-\frac{1}{6},0,\frac{1}{3},\frac{5}{6}\right)^{\mathrm{T}}$$

按照同样的步骤把以下的样本逐个输入。当输入样本 $\boldsymbol{X}\in\omega_2$时，$r_i[\boldsymbol{X}(k)]=0$，由此确定函数 $\mathrm{sgn}\{r[\boldsymbol{X}(k)]-\boldsymbol{W}^{\mathrm{T}}(k)\boldsymbol{X}(k)\}$ 的符号，从而决定修正量的方向。

一直进行到第 15 步，即 $k=15$，$\alpha_k=\dfrac{1}{15}$，可以得到令人满意的结果，这时

$$\boldsymbol{W}(16)=(0.233,-0.239,-0.216,0.619)^{\mathrm{T}}$$

因此判别方程为

$$d(\boldsymbol{X})=P(\omega \mid \boldsymbol{X})-\frac{1}{2}=\boldsymbol{W}^{\mathrm{T}}\boldsymbol{X}-\frac{1}{2}=0.233x_1-0.239x_2-0.216x_3+0.119=0$$

2. 实现步骤

① 设各个权向量的初始值为 0，即 $\boldsymbol{W}_0(0)=\boldsymbol{W}_1(0)=\boldsymbol{W}_2(0)=\cdots=\boldsymbol{W}_9(0)=0$。

② 输入第 k 次样本 $\boldsymbol{X}(k)$，计算 $d_i(k)=\boldsymbol{W}_i^{\mathrm{T}}(k)\boldsymbol{X}(k)$。

③ 若 $\boldsymbol{X}(k)\in\omega_i$，则 $r_i[\boldsymbol{X}(k)]=1$，否则 $r_i[\boldsymbol{X}(k)]=0$。

④ 计算 $\boldsymbol{W}_i(k+1)$，$\boldsymbol{W}_i(k+1)=\begin{cases}\boldsymbol{W}_i(k)+\alpha_k\boldsymbol{X}(k), & \boldsymbol{W}_i^{\mathrm{T}}(k)\boldsymbol{X}(k)<r_i[\boldsymbol{X}(k)]\\ \boldsymbol{W}_i(k)-\alpha_k\boldsymbol{X}(k), & \boldsymbol{W}_i^{\mathrm{T}}(k)\boldsymbol{X}(k)\geqslant r_i[\boldsymbol{X}(k)]\end{cases}$

其中 $\alpha_k=1/k$。

⑤ 循环执行第②步，直到属于 ω_i类的所有样本都满足条件：

$$d_i(\boldsymbol{X})>d_j(\boldsymbol{X}) \qquad \forall j\neq i$$

3. 编程代码

```
%%%%%%%%%%%%%%%%%%%%%%%%%%%%%%%%%%%%%%%%%%%%%%%%%%
%函数名称:zengliangjiaozheng()
%参数:sample:待识别样本特征
%返回值: y:待识别样本所属类别
%函数功能:增量校正算法
%%%%%%%%%%%%%%%%%%%%%%%%%%%%%%%%%%%%%%%%%%%%%%%%%%
function y=zengliangjiaozheng(sample)
    clc;
    load templet pattern;
    w=zeros(26,10);%初始化权值
    d=[];
    maxpos=0;
    maxval=0;
    r=[];
    flag=1;
    num1=0;
    num2=0;
    f=1;
    n=[];m=[];
    while flag
        flag=0;
        num2=num2+1;
        for j=1:20
            for i=1:10
                num1=num1+1;
```

```
                %初始化向量 r,当前类别 r(i)为 1
                r=[0 0 0 0 0 0 0 0 0 0];
                r(i)=1;
                f=1;
                pattern(i).feature(26,j)=1;%末位置 1
                for k=1:10
                    m=pattern(i).feature(:,j);
                    d(k)=w(:,k)'*m;
                end
                %判断是否为最大值,不是则 flag 为 1
                for k=1:10
                    if k~=i
                        if d(i)<=d(k)
                            flag=1;
                        end
                    end
                end
                %校正权值
                for k=1:10
                    if r(k)>d(k)
                        w(:,k)=w(:,k)+pattern(i).feature(:,j)/num1;
                    else
                        w(:,k)=w(:,k)-pattern(i).feature(:,j)/num1;
                    end
                end
            end
        end
        if num2>400
            flag=0;
        end
end
sample(26)=1;
h=[];
%计算判别函数
for k=1:10
    h(k)=w(:,k)'*sample';
end
[maxval,maxpos]=max(h);
y=maxpos-1;
```

4. 效果图

采用增量校正算法自动分类识别效果如图 5-11 所示。

(a) 待测样品　　(b) 分类结果

图 5-11　增量校正算法自动分类识别效果

5.6　LMSE 分类算法

1. 理论基础

(1) LMSE 分类算法（简称 LMSE 算法）

LMSE 算法以最小均方误差（LMSE）作为准则，因均方误差为

$$E\{[r_i(\boldsymbol{X})-\boldsymbol{W}_i^{\mathrm{T}}\boldsymbol{X}]^2\}$$

则准则函数为

$$J(\boldsymbol{W}_i,\boldsymbol{X})=\frac{1}{2}E\{[r_i(\boldsymbol{X})-\boldsymbol{W}_i^{\mathrm{T}}\boldsymbol{X}]^2\} \tag{5-41}$$

准则函数在 $r_i(\boldsymbol{X})-\boldsymbol{W}_i^{\mathrm{T}}\boldsymbol{X}=0$ 时得 $J(\boldsymbol{W}_i,\boldsymbol{X})$ 的最小值。准则函数对 $\boldsymbol{W}_i$ 的偏导数为

$$\frac{\partial J}{\partial \boldsymbol{W}_i}=E\{-\boldsymbol{X}[r_i(\boldsymbol{X})-\boldsymbol{W}_i^{\mathrm{T}}\boldsymbol{X}]\} \tag{5-42}$$

代入迭代方程

$$\boldsymbol{W}_i(k+1)=\boldsymbol{W}_i(k)+\alpha_k\boldsymbol{X}(k)\{r_i[\boldsymbol{X}(k)]-\boldsymbol{W}_i^{\mathrm{T}}(k)\boldsymbol{X}(k)\} \tag{5-43}$$

对于多类问题来说，M 类问题应该有 M 个权函数方程，对于每一个权函数方程来说，如 $\boldsymbol{X}(k)\in\omega_i$，则

$$r_i[\boldsymbol{X}(k)]=1$$

否则

$$r_j[\boldsymbol{X}(k)]=0 \qquad j=1,2,\cdots,M,j\neq i$$

(2) 实例说明

下面用一个实例来说明 LMSE 算法的进行过程。给定两类样本：

$$\omega_1:(0,0,0)^{\mathrm{T}},(1,0,0)^{\mathrm{T}},(1,0,1)^{\mathrm{T}},(1,1,0)^{\mathrm{T}}$$

$$\omega_2:(0,0,1)^{\mathrm{T}},(0,1,0)^{\mathrm{T}},(0,1,1)^{\mathrm{T}},(1,1,1)^{\mathrm{T}}$$

现在用 LMSE 算法计算判别函数。在进行迭代运算之前，各样本的特征向量经过增 1：

$$\omega_1:(0,0,0,1)^{\mathrm{T}},(1,0,0,1)^{\mathrm{T}},(1,0,1,1)^{\mathrm{T}},(1,1,0,1)^{\mathrm{T}}$$

$$\omega_2:(0,0,1,1)^{\mathrm{T}},(0,1,0,1)^{\mathrm{T}},(0,1,1,1)^{\mathrm{T}},(1,1,1,1)^{\mathrm{T}}$$

取 $\boldsymbol{W}(1)=0$，$\alpha_k=1/k$。LMSE 分类算法判别函数的实现步骤如下：

① 令 $\boldsymbol{X}(1)=(0,0,0,1)^{\mathrm{T}}$，$\boldsymbol{X}(1)\in\omega_1$，$\alpha_1=1$，$r[\boldsymbol{X}(1)]=1$，因此

$$\boldsymbol{W}(2)=\boldsymbol{W}(1)+\alpha_1\boldsymbol{X}(1)[1-\boldsymbol{W}^{\mathrm{T}}(1)\boldsymbol{X}(1)]=(0,0,0,1)^{\mathrm{T}}$$

② $\boldsymbol{X}(2)=(1,0,0,1)^{\mathrm{T}},\boldsymbol{X}(2)\in\omega_1,\alpha_2=\frac{1}{2},r[\boldsymbol{X}(2)]=1$，因此

$$\boldsymbol{W}(3)=\boldsymbol{W}(2)+\frac{1}{2}\boldsymbol{X}(2)[1-\boldsymbol{W}^{\mathrm{T}}(2)\boldsymbol{X}(2)]=(0,0,0,1)^{\mathrm{T}}$$

③ $\boldsymbol{X}(3)=(1,0,1,1)^{\mathrm{T}},\boldsymbol{X}(3)\in\omega_1,r[\boldsymbol{X}(3)]=1$，因此

$$\boldsymbol{W}(4)=\boldsymbol{W}(3)=(0,0,0,1)^{\mathrm{T}}$$

④ $\boldsymbol{X}(4)=(1,1,0,1)^{\mathrm{T}},\boldsymbol{X}(4)\in\omega_1,r[\boldsymbol{X}(4)]=1$，因此

$$\boldsymbol{W}(5)=\boldsymbol{W}(4)=(0,0,0,1)^{\mathrm{T}}$$

⑤ $\boldsymbol{X}(5)=(0,0,1,1)^{\mathrm{T}},\boldsymbol{X}(5)\in\omega_2,r[\boldsymbol{X}(5)]=0$，因此

$$\boldsymbol{W}(6)=\boldsymbol{W}(5)+\alpha_5\boldsymbol{X}(5)[0-\boldsymbol{W}^{\mathrm{T}}(5)\boldsymbol{X}(5)]=\left(0,0,-\frac{1}{5},\frac{4}{5}\right)^{\mathrm{T}}$$

经过 19 次迭代以后，得到可以满足要求的结果为

$$\boldsymbol{W}(20)=(0.135,-0.238,-0.305,0.721)^{\mathrm{T}}$$

因此判别函数为

$$d(\boldsymbol{X})=\boldsymbol{W}^{\mathrm{T}}\boldsymbol{X}-0.5=0.135x_1-0.238x_2-0.305x_3+0.221=0$$

2. 算法实现

① 设各个权向量的初始值为 0，即 $\boldsymbol{W}_0(0)=\boldsymbol{W}_1(0)=\boldsymbol{W}_2(0)=\cdots=\boldsymbol{W}_9(0)=0$。

② 输入第 k 次样本 $\boldsymbol{X}(k)$，计算 $d_i(k)=\boldsymbol{W}_i^{\mathrm{T}}(k)\boldsymbol{X}(k)$。

③ 若 $\boldsymbol{X}(k)\in\omega_i$，则 $r_i[\boldsymbol{X}(k)]=1$，否则 $r_i[\boldsymbol{X}(k)]=0$。

④ 计算 $\boldsymbol{W}_i(k+1)$，$\boldsymbol{W}_i(k+1)=\boldsymbol{W}_i(k)+\alpha_k\boldsymbol{X}(k)\{r_i[\boldsymbol{X}(k)]-\boldsymbol{W}_i^{\mathrm{T}}(k)\boldsymbol{X}(k)\}$，其中 $\alpha_k=1/k$。

⑤ 循环执行第②步，直到属于 ω_i 类的所有样本都满足条件：

$$d_i(\boldsymbol{X})>d_j(\boldsymbol{X})\qquad\forall j\neq i$$

3. 编程代码

```
%%%%%%%%%%%%%%%%%%%%%%%%%%%%%%%%%%%%%%%%%%%%%%%%
%函数名称:lmseclassify()
%参数:sample:待识别样本特征
%返回值: y:待识别样本所属类别
%函数功能:LMSE 算法
%%%%%%%%%%%%%%%%%%%%%%%%%%%%%%%%%%%%%%%%%%%%%%%%
function y=lmseclassify(sample)
    clc;
    load templet pattern;
    w=zeros(26,10);%初始化权值
    flag=1;
    num=0;
```

```
num1=0;
d=[];
m=[];
r=[];
while flag
    flag=0;
    num1=num1+1;
    for j=1:40
        for i=1:10
            num=num+1;
            r=[0 0 0 0 0 0 0 0 0 0];
            r(i)=1;
            pattern(i).feature(26,j)=1;%向量增 1
            for k=1:10
                m=pattern(i).feature(:,j);
                d(k)=w(:,k)'*m;%计算 d
            end
            for k=1:10
              if k~=i
                  if d(i)<=d(k)%d(i)不是最大,则继续迭代
                      flag=1;
                  end
              end
            end
            %调整权值
            for k=1:10
              w(:,k)=w(:,k)+m*(r(k)-d(k))/num;
            end
        end
    end
    if num1>200%超过迭代次数则退出
        flag=0;
    end
end
sample(26)=1;
h=[];
for k=1:10
    h(k)=w(:,k)'*sample';%计算判别函数
end
[maxval,maxpos]=max(h);
y=maxpos-1;
```

4. 效果图

应用 LMSE 算法自动分类的识别效果如图 5-12 所示。

（a）待测样品　　（b）分类结果

图 5-12　LMSE 算法自动分类识别效果

5.7　Fisher 分类

1. 理论基础

在应用统计方法解决模式识别问题时，经常会遇到所谓的“维数灾难”问题，在低维空间里适用的方法在高维空间里可能完全不适用。因此，压缩特征空间的维数有时是很重要的。Fisher 分类实际上涉及维数压缩的问题。

Fisher 线性判别原理示意图如图 5-13 所示。如果把多维特征空间的点投影到一条直线上，就能把特征空间压缩成一维，这个在数学上是很容易办到的。但是，在高维空间里很容易分开的样本，当把它们投影到任意一条直线上时，有可能不同类别的样本就混在一起了，无法区分，见图 5-13（a），投影到 x_1或 x_2轴无法区分。若把直线绕原点转动，就有可能找到一个方向，使得当样本投影到这个方向的直线上时，各类样本能很好地区分开，见图 5-13（b）。因此直线方向的选择是很重要的。一般来说，总能够找到一个最好的方向，使样本投影到这个方向的直线上很容易区分开。如何找到这个最好的直线方向以及如何实现向最好方向的投影变换，正是 Fisher 算法要解决的基本问题，这个投影变换恰是我们所寻求的解向量 $\boldsymbol{W}^*$。

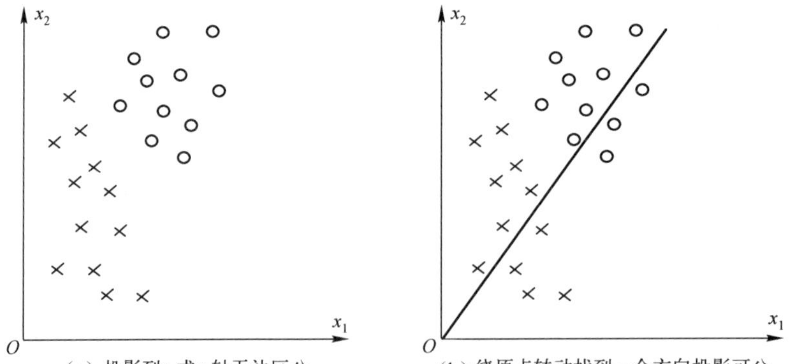

（a）投影到x_1或x_2轴无法区分　　（b）绕原点转动找到一个方向投影可分

图 5-13　Fisher 线性判别原理示意图

样本训练集以及待测样本的特征总数为 n。为了找到最佳投影方向，需要计算出各类样本均值、样本类内离散度矩阵 $\boldsymbol{S}_i$、总类间离散度矩阵 $\boldsymbol{S}_w$ 和样本类间离散度矩阵 $\boldsymbol{S}_b$，根据Fisher准则，找到最佳投影向量，将训练集内所有样本进行投影，投影到一维 Y 空间，由于 Y 空间是一维的，则需要求出 Y 空间的划分边界点，找到边界点后，就可以对待测样本进行一维 Y 空间的投影，判断它的投影点与分界点的关系，并将其归类，具体方法如下。

① 计算各类样本均值向量 $\boldsymbol{m}_i$。

$$\boldsymbol{m}_i = \frac{1}{N_i}\sum_{\boldsymbol{X}\in\omega_i}\boldsymbol{X} \qquad i = 1,2 \tag{5-44}$$

式中，N_i 是 ω_i 类的样本个数。

② 计算样本类内离散度矩阵 $\boldsymbol{S}_i$ 和总类内离散度矩阵 $\boldsymbol{S}_w$。

$$\boldsymbol{S}_i = \sum_{\boldsymbol{X}\in\omega_i}(\boldsymbol{X} - \boldsymbol{m}_i)(\boldsymbol{X} - \boldsymbol{m}_i)^{\mathrm{T}} \qquad i = 1,2 \tag{5-45}$$

$$\boldsymbol{S}_w = \boldsymbol{S}_1 + \boldsymbol{S}_2 \tag{5-46}$$

③ 计算样本类间离散度矩阵 $\boldsymbol{S}_b$。

$$\boldsymbol{S}_b = (\boldsymbol{m}_1 - \boldsymbol{m}_2)(\boldsymbol{m}_1 - \boldsymbol{m}_2)^{\mathrm{T}} \tag{5-47}$$

④ 求向量 $\boldsymbol{W}^*$。

我们希望投影后，在一维 Y 空间里各类样本尽可能地分开，也就是说我们希望两类样本均值之差$(\widetilde{m}_1 - \widetilde{m}_2)$越大越好；同时希望各类样本内部尽量密集，即希望类内离散度越小越好。因此，我们可以定义 Fisher 准则函数为

$$J_F(\boldsymbol{W}) = \frac{\boldsymbol{W}^{\mathrm{T}}\boldsymbol{S}_b\boldsymbol{W}}{\boldsymbol{W}^{\mathrm{T}}\boldsymbol{S}_w\boldsymbol{W}} \tag{5-48}$$

使得 $J_F(\boldsymbol{W})$ 取得最大值的 $\boldsymbol{W}^*$ 为

$$\boldsymbol{W}^* = \boldsymbol{S}_w^{-1}(\boldsymbol{m}_1 - \boldsymbol{m}_2) \tag{5-49}$$

⑤ 对训练集内所有样本进行投影。

$$y = (\boldsymbol{W}^*)^{\mathrm{T}}\boldsymbol{X} \tag{5-50}$$

⑥ 计算在投影空间上的分割阈值 y_0。

在一维 Y 空间里，各类样本均值 $\widetilde{m}_i$ 为

$$\widetilde{m}_i = \frac{1}{N_i}\sum_{y\in w_i} y \qquad i = 1,2 \tag{5-51}$$

样本类内离散度 $\widetilde{s}_i^2$ 和总类内离散度 $\widetilde{s}_w$ 为

$$\widetilde{s}_i^2 = \sum_{y\in w_i}(y - \widetilde{m}_i)^2 \qquad i = 1,2 \tag{5-52}$$

$$\widetilde{s}_w = \widetilde{s}_1^2 + \widetilde{s}_2^2 \tag{5-53}$$

阈值 y_0 的选取可以有不同的方案，较常用的一种是

$$y_0 = \frac{N_1\widetilde{m}_1 + N_2\widetilde{m}_2}{N_1 + N_2} \tag{5-54}$$

另一种是

$$y_0 = \frac{\widetilde{m}_1 + \widetilde{m}_2}{2} + \frac{\ln[P(\omega_1)/P(\omega_2)]}{N_1 + N_2 - 2} \tag{5-55}$$

⑦ 对于给定的 $\boldsymbol{X}$，计算出它在 $\boldsymbol{W}^*$ 上的投影点 y。

$$y=(\boldsymbol{W}^*)^{\mathrm{T}}\boldsymbol{X}$$

⑧ 根据决策规则分类。

$$\begin{cases} y>y_0 \Rightarrow \boldsymbol{X}\in\omega_1 \\ y<y_0 \Rightarrow \boldsymbol{X}\in\omega_2 \end{cases} \tag{5-56}$$

2. 实现步骤

要实现 Fisher 分类，应首先实现两类 Fisher 算法，两类 Fisher 算法能够返回最接近待测样本的类别；然后用返回的类别和新的类别做两类 Fisher 运算，又能够得到比较接近的类别。以此类推，直至得出未知样本的类别。

两类 Fisher 算法实现步骤如下：

① 求两类样本均值向量 $\boldsymbol{m}_1$ 和 $\boldsymbol{m}_2$。

② 求两类样本类内离散度矩阵 $\boldsymbol{S}_i$。

③ 求总类内离散度矩阵 $\boldsymbol{S}_w$。

④ 求向量 $\boldsymbol{W}^*$，$\boldsymbol{W}^*=\boldsymbol{S}_w^{-1}(\boldsymbol{m}_1-\boldsymbol{m}_2)$。

⑤ 对于两类已知样本，求出它们在 $\boldsymbol{W}^*$ 上的投影点 y。

⑥ 求各类样本均值 $\widetilde{m}_i$，$\widetilde{m}_i=\frac{1}{N_i}\sum_{y\in w_i} y$。

⑦ 选取阈值 y_0，在这里取 $y_0=\frac{N_1\widetilde{m}_1+N_2\widetilde{m}_2}{N_1+N_2}$。

⑧ 对于未知样本 $\boldsymbol{X}$，计算它在 $\boldsymbol{W}^*$ 上的投影点 y。

⑨ 根据决策规则分类。

3. 算法代码

```
%%%%%%%%%%%%%%%%%%%%%%%%%%%%%%%%%%%%%%%%%%%%%%%%
%函数名称:fisher()
%参数:sample,待识别样本特征
%返回值: y,待识别样本所属类别
%函数功能:Fisher 分类器
%%%%%%%%%%%%%%%%%%%%%%%%%%%%%%%%%%%%%%%%%%%%%%%%
function y=fisher(sample);
    clc;
    num=zeros(1,10);
    classnum=0;
    for i=1:10
        for j=1:i
            classnum=fisherclassify(i,j,sample);
            num(classnum)=num(classnum)+1;
        end
    end
```

```
    [max_val,max_pos]=max(num);
    y=max_pos-1;
%-------------------------------------------------
%%%%%%%%%%%%%%%%%%%%%%%%%%%%%%%%%%%%%%%%%%%%%%%%%
%函数名称:fisherclassify()
%参数:sample,待识别样本特征;class1、class2,0~9 中的任意两个类别
%返回值: classfit,返回与样本 sample 最接近的类别
%函数功能:两类 Fisher 分类器
%%%%%%%%%%%%%%%%%%%%%%%%%%%%%%%%%%%%%%%%%%%%%%%%%
function classfit=fisherclassify(class1,class2,sample)
    load templet pattern;
    %求两类样本均值向量
    m1=(mean(pattern(class1).feature'))';
    m2=(mean(pattern(class2).feature'))';
    %求两类样本类内离散度矩阵
    s1=cov(pattern(class1).feature')*(pattern(class1).num-1);
    s2=cov(pattern(class2).feature')*(pattern(class2).num-1);
    sw=s1+s2;%求总类间离散度矩阵
    sb=(m1-m2)*(m1-m2)';%求样本类间离散度矩阵
    w=inv(sw)*(m1-m2);%求 w
    %求已知类别在 w 上的投影
    y1=w'*pattern(class1).feature;
    y2=w'*pattern(class2).feature;
    %求各类别样本在投影空间上的均值
    mean1=mean(y1');
    mean2=mean(y2');
    %求阈值 y0
    y0=(pattern(class1).num*mean1+pattern(class2).num*mean2)/...
        (pattern(class1).num+pattern(class2).num);
    %对于未知样本 sample,计算在 w 上的投影 y
    y=w'*sample';
    %根据决策规则分类
    if y>y0
        classfit=class1;
    else
        classfit=class2;
    end
```

4. 效果图

应用 Fisher 算法识别效果如图 5-14 所示。

（a）待测样品

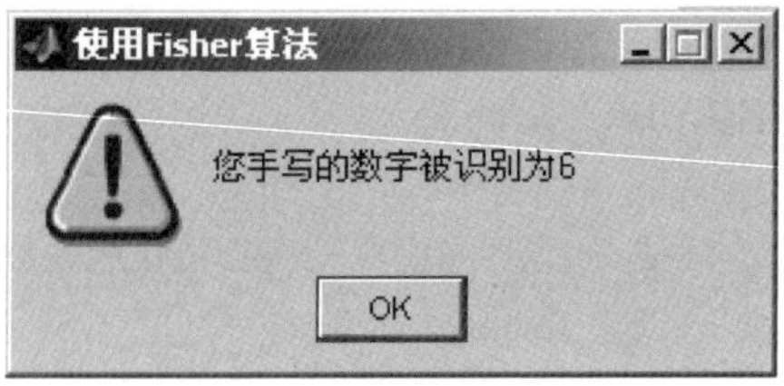

（b）分类结果

图 5-14 应用 Fisher 算法识别效果

5.8 基于核的 Fisher 分类

1. 理论基础

随着科学技术的迅速发展和研究对象的日益复杂，高维数据的统计分析方法显得越来越重要。直接对高维数据进行处理会遇到很多困难，包括随着维数的增加，计算量的迅速增大；数据的可视性差；维数灾难，即当维数较高时，即使数据的样本点很多，散布在高维空间中的样本点仍显得很稀疏，许多在低维时应用成功的数据处理方法，在高维中不能应用，如关于密度函数估计的核估计法、邻域法等；低维时鲁棒性很好的统计方法到了高维，其稳健性也就变差了。由此可见在多元统计过程中降维的重要性。

然而，一般常见的降维方法是建立在正态分布这一假设基础上的线性方法，显得过于简化，往往不能满足现实中的需要。这里将传统的线性降维方法通过引入核函数的方式（核方法）推广到非线性领域中。

基于核方法的特征提取理论本质上都是基于样本的，因此，它不仅适合解决非线性特征提取问题，还能比线性降维方法提供更多的特征数目和更好的特征质量，因为前者可提供的特征数目与输入样本的数目是相等的，而后者可提供的特征数目仅为输入样本的维数。

核方法首先采用非线性映射的方法将原始数据由数据空间映射到特征空间，进而在特征空间进行对应的线性操作。由于运用了非线性映射，且这种非线性映射往往是非常复杂的，从而大大增强了非线性数据处理能力。

从本质上讲，核方法实现了数据空间、特征空间和类别空间之间的非线性变换。设 $\boldsymbol{X}_i$ 和 $\boldsymbol{X}_j$ 为数据空间中的样本点，数据空间到特征空间的映射函数为 $\boldsymbol{\Phi}$，核方法的基础是实现向量的内积变换 $\langle \boldsymbol{X}_i,\boldsymbol{X}_j\rangle \rightarrow k(\boldsymbol{X}_i,\boldsymbol{X}_j)=\boldsymbol{\Phi}(\boldsymbol{X}_i)\cdot\boldsymbol{\Phi}(\boldsymbol{X}_j)$。

通常，非线性变换函数 $\boldsymbol{\Phi}(\cdot)$ 相当复杂，而运算过程中实际用到的核函数 $k(\cdot,\cdot)$ 则相对简单得多，这也正是核方法最为迷人的地方。

（1）几种常用核函数形式

核函数必须满足 Mercer 条件。目前，获得应用的核函数有以下几种形式。

① 线性核函数。

$$k(\boldsymbol{X},\boldsymbol{Y})=\langle \boldsymbol{X},\boldsymbol{Y}\rangle \tag{5-57}$$

② 二次核函数。

$$k(\boldsymbol{X},\boldsymbol{Y})=\langle \boldsymbol{X}\cdot\boldsymbol{Y}\rangle(\langle \boldsymbol{X}\cdot\boldsymbol{Y}\rangle+1) \tag{5-58}$$

③ 多项式核函数。多项式是最常使用的一种非线性映射，d 阶的多项式核函数定义如下

$$k(\boldsymbol{X},\boldsymbol{Y})=(\langle \boldsymbol{X}\cdot\boldsymbol{Y}\rangle+c)^{d} \tag{5-59}$$

式中，c 为常数，d 为多项式阶数。当 $c=0$，$d=1$ 时，该核函数即为线性核函数。

④ 高斯径向基（RBF）函数。最通用的径向基函数采用高斯径向基函数，定义为

$$k(\boldsymbol{X},\boldsymbol{Y})=\exp\left\{\frac{|\boldsymbol{X}-\boldsymbol{Y}|^2}{2\sigma^2}\right\} \tag{5-60}$$

式中，$|\boldsymbol{X}-\boldsymbol{Y}|$ 为两个向量之间的距离，σ 为常数。

⑤ 多层感知器核函数（又称 Sigmoid 核函数）

$$k(\boldsymbol{X},\boldsymbol{Y})=\tanh(\text{scale}\times\langle \boldsymbol{X}\cdot\boldsymbol{Y}\rangle-\text{offset}) \tag{5-61}$$

式中，scale 和 offset 是尺度和衰减参数。

实际上，在核方法的应用中，核函数的选择及相关参数的确定是问题的关键和难点所在，到目前为止，也没有太多的理论指导。需要指出的是，与同一个核函数对应的映射可能不唯一。在实际应用中，甚至使用者无须知道映射函数的具体形式。与同一个核函数对应的不同映射在维数上也存在差别。

（2）输入数据空间到特征空间的非线性映射 $\boldsymbol{\Phi}$：$\boldsymbol{X}\to \boldsymbol{F}$

在特征空间中往往存在输入空间所没有的性能，考虑输入空间中两类线性不可分样本 $\boldsymbol{X}=(x_1,x_2)^{\mathrm{T}}$，一类为$\{(1,0),(0,1)\}$，另一类为$\{(0,0),(1,1)\}$。而与式 $\boldsymbol{\Phi}(x)=(x_1\cdot x_1,\sqrt{2}\cdot x_1\cdot x_2,x_2\cdot x_2)$ 对应的特征空间中相应的一类为$\{(1,0,0),(0,0,1)\}$，另一类为$\{(0,0,0),(1,\sqrt{2},1)\}$，变为线性可分。

从上面的讨论可见，核方法可以将线性空间中的非线性问题映射为非线性空间中的线性问题，从而有望较好地克服以往线性方法处理非线性问题所存在的不足。

Fisher 判别函数过于简单，往往不能满足处理非线性数据的要求。改进的途径有两条：一是对样本集进行复杂的概率密度估计，在此基础上再使用贝叶斯最优分类器，这种方法在理论上是最理想的，然而由于需要极多的数据样本，在实际中常常是不可行的；第二条途径是采用非线性投影，使投影后的数据线性可分。核 Fisher 判别分析使用了类似于 SVM 和核 PCA 方法的“核技巧”，即首先把数据非线性地映射到某个特征空间 F，然后在这个特征空间中进行 Fisher 线性判别，这样就隐含地实现了原输入空间的非线性判别。

设 $\boldsymbol{\Phi}$ 是输入空间到某个特征空间 F 的非线性映射

$$\boldsymbol{\Phi}:\boldsymbol{X}\to \boldsymbol{F}$$

通过非线性映射，输入空间中的向量集合 $\boldsymbol{X}_1,\boldsymbol{X}_2,\cdots,\boldsymbol{X}_N$ 映射为特征空间中的向量集合

$$\boldsymbol{\Phi}(\boldsymbol{X}_1),\boldsymbol{\Phi}(\boldsymbol{X}_2),\cdots,\boldsymbol{\Phi}(\boldsymbol{X}_N)$$

则在特征空间中可定义两类样本的均值向量 $\boldsymbol{m}_i^{\Phi}$ 为

$$\boldsymbol{m}_i^{\Phi}=\left(\frac{1}{N_i}\right)\sum_{\boldsymbol{X}\in\boldsymbol{X}_i}\boldsymbol{\Phi}(\boldsymbol{X})\ (i=1,2) \tag{5-62}$$

样本类间离散度矩阵 $\boldsymbol{S}_b^\Phi$ 为

$$\boldsymbol{S}_b^\Phi=(\boldsymbol{m}_1^\Phi-\boldsymbol{m}_2^\Phi)(\boldsymbol{m}_1^\Phi-\boldsymbol{m}_2^\Phi)^{\mathrm{T}} \tag{5-63}$$

总类内离散度矩阵 $\boldsymbol{S}_w^\Phi$ 为

$$\boldsymbol{S}_w^\Phi=\sum_{i=1,2}\sum_{\boldsymbol{X}\in X_i}(\Phi(\boldsymbol{X})-\boldsymbol{m}_i^\Phi)(\Phi(\boldsymbol{X})-\boldsymbol{m}_i^\Phi)^{\mathrm{T}} \tag{5-64}$$

(3) 特征空间中 $\Phi(\boldsymbol{X})$ 在 $\boldsymbol{W}$ 上的投影变换

设投影直线的方向为 $\boldsymbol{W}$，则投影后应有

$$\max J_F(\boldsymbol{W})=\frac{\boldsymbol{W}^{\mathrm{T}}\boldsymbol{S}_b^\Phi\boldsymbol{W}}{\boldsymbol{W}^{\mathrm{T}}\boldsymbol{S}_w^\Phi\boldsymbol{W}} \tag{5-65}$$

由式（5-65）解得的最优投影方向为

$$\boldsymbol{W}^*=(\boldsymbol{S}_w^\Phi)^{-1}(\boldsymbol{m}_1^\Phi-\boldsymbol{m}_2^\Phi) \tag{5-66}$$

$\Phi(\boldsymbol{X})$ 在 $\boldsymbol{W}$ 上的投影为

$$y=\boldsymbol{W}^{*\mathrm{T}}\Phi(\boldsymbol{X}) \tag{5-67}$$

考虑到 $\boldsymbol{W}$ 可由 $\Phi(\boldsymbol{X}_1),\Phi(\boldsymbol{X}_2),\cdots,\Phi(\boldsymbol{X}_N)$ 线性表示，即有

$$\boldsymbol{W}=\sum_{i=1}^{N}\boldsymbol{\alpha}_i\Phi(\boldsymbol{X}_i) \tag{5-68}$$

结合式（5-62）和式（5-68），有

$$\bar{y}_i=\boldsymbol{W}^{\mathrm{T}}\boldsymbol{m}_i^\Phi=\frac{1}{N_i}\sum_{j=1}^{N}\sum_{k=1}^{N_i}\boldsymbol{\alpha}_j k(\boldsymbol{X}_j,\boldsymbol{X}_k^{(\omega_i)})=\boldsymbol{\alpha}^{\mathrm{T}}\boldsymbol{M}_i(i=1,2;j=1,2,\cdots,N) \tag{5-69}$$

式中定义 $\boldsymbol{M}_i$ 为一 $N\times1$ 的矩阵，且

$$(\boldsymbol{M}_i)_j=\left(\frac{1}{N_i}\right)\sum_{k=1}^{N_i}k(\boldsymbol{X}_j,\boldsymbol{X}_k^{(\omega_i)})\qquad(i=1,2;j=1,2,\cdots,N) \tag{5-70}$$

结合式（5-63）和式（5-69）有

$$\boldsymbol{W}^{\mathrm{T}}\boldsymbol{S}_b^\Phi\boldsymbol{W}=\boldsymbol{W}^{\mathrm{T}}(\boldsymbol{m}_1^\Phi-\boldsymbol{m}_2^\Phi)(\boldsymbol{m}_1^\Phi-\boldsymbol{m}_2^\Phi)^{\mathrm{T}}\boldsymbol{W}=\boldsymbol{\alpha}^{\mathrm{T}}(\boldsymbol{M}_1-\boldsymbol{M}_2)(\boldsymbol{M}_1-\boldsymbol{M}_2)^{\mathrm{T}}\boldsymbol{\alpha}=\boldsymbol{\alpha}^{\mathrm{T}}\boldsymbol{M}\boldsymbol{\alpha} \tag{5-71}$$

式（5-71）中定义

$$\boldsymbol{M}=(\boldsymbol{M}_1-\boldsymbol{M}_2)(\boldsymbol{M}_1-\boldsymbol{M}_2)^{\mathrm{T}} \tag{5-72}$$

结合式（5-64）和式（5-68）有

$$\boldsymbol{W}^{\mathrm{T}}\boldsymbol{S}_w^\Phi\boldsymbol{W}=\boldsymbol{W}^{\mathrm{T}}\sum_{i=1,2}\sum_{x\in X_i}(\Phi(\boldsymbol{X})-\boldsymbol{m}_i^\Phi)(\Phi(\boldsymbol{X})-\boldsymbol{m}_i^\Phi)^{\mathrm{T}}\boldsymbol{W}=\boldsymbol{\alpha}^{\mathrm{T}}\boldsymbol{H}\boldsymbol{\alpha} \tag{5-73}$$

式中

$$\boldsymbol{H}=\sum_{i=1,2}\boldsymbol{K}_i(\boldsymbol{I}-\boldsymbol{L}_i)\boldsymbol{K}_i^{\mathrm{T}} \tag{5-74}$$

式中，$\boldsymbol{K}_i$ 为 $N\times N_i(i=1,2)$ 矩阵，并满足

$$(\boldsymbol{K}_i)_{p,q}=k(\boldsymbol{X}_p,\boldsymbol{X}_q^{(\omega_i)})\qquad(p=1,2,\cdots,N;q=1,2,\cdots,N_i) \tag{5-75}$$

即 $\boldsymbol{K}_i$ 为第 i 类的核矩阵，$\boldsymbol{I}$ 为 $N_i\times N_i$ 大小的单位阵；$\boldsymbol{L}_i$ 为 $N_i\times N_i$ 大小的矩阵，其所有元素都为 $1/N_i$。

则结合式（5-71）和式（5-73），式（5-65）等价为

$$\max J(\boldsymbol{\alpha})=\frac{\boldsymbol{\alpha}^{\mathrm{T}}\boldsymbol{M}\boldsymbol{\alpha}}{\boldsymbol{\alpha}^{\mathrm{T}}\boldsymbol{H}\boldsymbol{\alpha}} \tag{5-76}$$

可见，$\boldsymbol{\alpha}$ 实质是矩阵 $\boldsymbol{H}^{-1}\boldsymbol{M}$ 的最大特征值对应的特征向量。可以直接求得

$$\boldsymbol{\alpha}=\boldsymbol{H}^{-1}(\boldsymbol{M}_1-\boldsymbol{M}_2) \tag{5-77}$$

为了求解 $\boldsymbol{W}$，需要使 $\boldsymbol{H}$ 为正定的。为此，我们简单地对矩阵 $\boldsymbol{H}$ 加上一个量 $\boldsymbol{\mu}$，即用 $\boldsymbol{H}_\mu$ 替代 $\boldsymbol{H}$，即

$$\boldsymbol{H}_\mu=\boldsymbol{H}+\boldsymbol{\mu}\boldsymbol{I} \tag{5-78}$$

式中，$\boldsymbol{I}$ 为单位阵。

特征空间中 $\boldsymbol{\Phi}(\boldsymbol{X})$ 在 $\boldsymbol{W}$ 上的投影变换为 $k(\cdot,\boldsymbol{X})$ 在 $\boldsymbol{\alpha}$ 上的投影，即

$$y=\boldsymbol{W}^{\mathrm{T}}\cdot\boldsymbol{\Phi}(\boldsymbol{X})=\sum_{j=1}^{N}\boldsymbol{\alpha}_j k(\boldsymbol{X}_j,\boldsymbol{X}) \tag{5-79}$$

(4) 确定分界阈值点 y_0

① $\widetilde{m}_i^{\Phi}(i=1,2)$ 为投影后的各类别的平均值，$\widetilde{m}_i^{\Phi}$ 满足

$$\widetilde{m}_i^{\Phi}=\frac{1}{N_i}\sum_{y_j\in\omega_i}y_j=\frac{1}{N_i}\sum_{\boldsymbol{X}\in\omega_i}\boldsymbol{W}^{\mathrm{T}}\boldsymbol{\Phi}(\boldsymbol{X})=\frac{1}{N_i}\sum_{\boldsymbol{X}\in\omega_i}\sum_{j=1}^{N}\boldsymbol{\alpha}_j k(\boldsymbol{X}_j,\boldsymbol{X}) \tag{5-80}$$

② 对于核 Fisher 线性判别法，分界阈值点 y_0 可选为

$$y_0=\frac{N_1\widetilde{m}_1^{\Phi}+N_2\widetilde{m}_2^{\Phi}}{N_1+N_2} \tag{5-81}$$

(5) 待测样本投影

将待测样本也进行投影得到 y_0，若 $y>y_0$，则 x 属于 ω_1；若 $y<y_0$，则 x 属于 ω_2。

2. 实现步骤

同 Fisher 算法，基于核的 Fisher 分类同样要首先实现两类分类，返回最接近待测样本的类别，然后用返回的类别和新的类别做两类分类，又能够得到比较接近的类别，以此类推，最后得出未知样本的类别。

两类基于核的 Fisher 算法步骤如下：

① 求 $(\boldsymbol{M}_i)_j=\left(\dfrac{1}{N_i}\right)\sum\limits_{k=1}^{N_i}k(\boldsymbol{X}_j,\boldsymbol{X}_k^{(\omega_i)})\ (i=1,2;j=1,2,\cdots,N)$。取高斯径向基核函数 $k(\boldsymbol{X}_j,\boldsymbol{X}_k^{(\omega_i)})=\exp\left\{-\dfrac{|\boldsymbol{X}_j-\boldsymbol{X}_k^{(\omega_i)}|^2}{2\sigma^2}\right\}$。

② 求 $\boldsymbol{H}=\sum\limits_{i=1,2}\boldsymbol{K}_i(\boldsymbol{I}-\boldsymbol{L}_i)\boldsymbol{K}_i^{\mathrm{T}}$ 及 $\boldsymbol{H}_\mu=\boldsymbol{H}+\boldsymbol{\mu}\boldsymbol{I}$，其中 $\boldsymbol{K}_i$ 的计算见式 (5-75)。

③ 求 $\boldsymbol{\alpha}=\boldsymbol{H}_\mu^{-1}(\boldsymbol{M}_1-\boldsymbol{M}_2)$。

④ 求训练集内各类样本投影。$y_j=\boldsymbol{W}^{\mathrm{T}}\cdot\boldsymbol{\Phi}(\boldsymbol{X}_j)=\sum\limits_{i=1}^{N}\boldsymbol{\alpha}_i k(\boldsymbol{X}_i,\boldsymbol{X}_j)$，$j=1,2,\cdots,N$。

⑤ 求均值 $\widetilde{m}_i^{\Phi}=\dfrac{1}{N_i}\sum\limits_{y_j\in\omega_i}y_j$。

⑥ 求阈值点 y_0。

⑦ 对于特定样本 $\boldsymbol{X}$，求它的投影点 y。

⑧ 根据决策规则分类。

3. 编程代码

```
%%%%%%%%%%%%%%%%%%%%%%%%%%%%%%%%%%%%%%%%%%%%%%%
%函数名称:kenfisher()
%参数:sample,待识别样本特征
%返回值: y,待识别样本所属类别
%函数功能:基于核的 Fisher 分类器
%%%%%%%%%%%%%%%%%%%%%%%%%%%%%%%%%%%%%%%%%%%%%%%
function y=kenfisher(sample);
    clc;
    num=zeros(1,10);
    classnum=0;
    for i=1:10
        for j=1:i-1
            classnum=fisherclassify(i,j,sample);
            num(classnum)= num(classnum)+1;
        end
    end
    [max_val,max_pos]=max(num);
    y=max_pos-1;
    %---------------------------------------------------------------------
%%%%%%%%%%%%%%%%%%%%%%%%%%%%%%%%%%%%%%%%%%%%%%%
%函数名称:fisherclassify()
%参数:sample,待识别样本特征;class1、class2,0~9 中的任意两个类别
%返回值: classfit,返回与样本 sample 最接近的类别
%函数功能:两类基于核的 Fisher 分类器
%%%%%%%%%%%%%%%%%%%%%%%%%%%%%%%%%%%%%%%%%%%%%%%
function classfit=fisherclassify(class1,class2,sample)
    load templet pattern;
    num1=50;%class1 类选取样本个数
    num2=50;%class2 类选取样本个数
    m1=[];m2=[];
    l=num1+num2;%样本总个数
    %将两类样本合在一起存放在矩阵 p 中
    p=[pattern(class1).feature(:,1:num1) pattern(class2).feature(:,1:num2)];
    %求 M1
    for i=1:l
        m1(i)= 0;
        for j=1:num1
            m1(i)= m1(i)+k(p(:,i),pattern(class1).feature(:,j));
        end
        m1(i)= m1(i)/num1;
    end
```

```
m1=m1';
%求 M2
for i=1:l
    m2(i)=0;
    for j=1:num2
        m2(i)=m2(i)+k(p(:,i),pattern(class2).feature(:,j));
    end
    m2(i)=m2(i)/num2;
end
m2=m2';
m=(m1-m2)*(m1-m2)';%求 M
k1=[];k2=[];
%求 K1
for i=1:l
    for j=1:num1
        k1(i,j)=k(p(:,i),pattern(class1).feature(:,j));
    end
end
%求 K2
for i=1:l
    for j=1:num2
        k2(i,j)=k(p(:,i),pattern(class2).feature(:,j));
    end
end
%求 N
I11=eye(num1);
I22=eye(num2);
I1=ones(num1)/num1;
I2=ones(num2)/num2;
n=k1*(I11-I1)*k1'+k2*(I22-I2)*k2';
n=n+0.001*eye(l);%使 N 正定
a=inv(n)*(m1-m2);%求 a
y1=[];y2=[];
%求两类样本的线性投影
for i=1:num1
    y1(i)=0;
    for j=1:l
        y1(i)=y1(i)+a(j)*k(p(:,j),pattern(class1).feature(:,i));
    end
end
for i=1:num2
    y2(i)=0;
    for j=1:l
```

```
        y2(i)= y2(i)+a(j) * k(p(:,j),pattern(class2).feature(:,i));
    end
end
%求各类别在特征空间的均值
mean1=mean(y1');
mean2=mean(y2');
%求阈值
y0=(num1 * mean1+num2 * mean2)/(num1+num2);
%对于未知样本 sample,计算投影点
y=0;
for i=1:l
    y=y+a(i) * k(p(:,i),sample');
end
%决策分类
if y>y0
    classfit=class1;
else
    classfit=class2;
end
%-------------------------------------------------------------------------
%%%%%%%%%%%%%%%%%%%%%%%%%%%%%%%%%%%%%%%%%%%%%%%%%

%函数名称:k()
%参数:x1、x2,两个样本向量
%返回值: y,核值
%函数功能:高斯核函数
%%%%%%%%%%%%%%%%%%%%%%%%%%%%%%%%%%%%%%%%%%%%%%%%%
function y=k(x1,x2)
    y=exp(-(x1-x2)' * (x1-x2));
```

4. 效果图

采用基于核的 Fisher 算法自动分类识别效果如图 5-15 所示。

(a) 待测样品

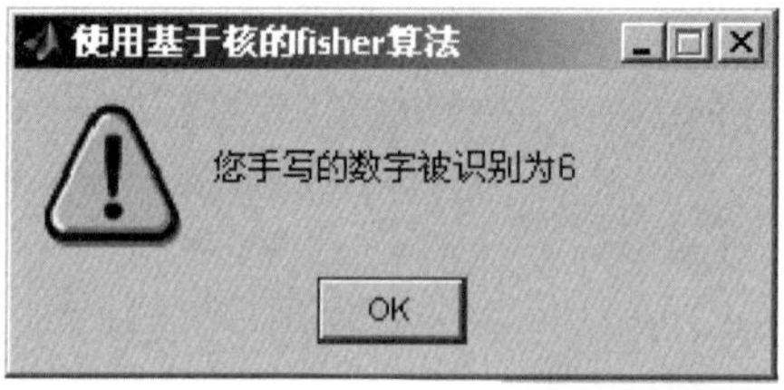

(b) 分类结果

图 5-15　采用基于核的 Fisher 算法自动分类识别效果

5.9 势函数法

1. 理论基础

势函数法是非线性分类器中常用到的一种方法，它借用电场的概念，来解决模式的分类问题。在势函数法中，把属于一类的样本看作正电荷，而属于另一类的样本看作负电荷，从而把模式的分类转变为正负电荷的转移，电位为 0 的等位线即为判别界线。

势函数在选择时应同时满足以下三个条件：

$K(\boldsymbol{X}_k,\boldsymbol{X})=K(\boldsymbol{X},\boldsymbol{X}_k)$，当且仅当 $\boldsymbol{X}=\boldsymbol{X}_k$时，达到最大值。

当向量 $\boldsymbol{X}$ 与 $\boldsymbol{X}_k$的距离趋于无穷时，$K(\boldsymbol{X},\boldsymbol{X}_k)$趋于 0。

$K(\boldsymbol{X}_k,\boldsymbol{X})$是光滑函数，且是 $\boldsymbol{X}_k$与 $\boldsymbol{X}$ 之间距离的单调减小函数。

通常选择的函数有

$$K(\boldsymbol{X},\boldsymbol{X}_k)=\exp(-\alpha\,|\boldsymbol{X}-\boldsymbol{X}_k|^2) \tag{5-82}$$

$$K(\boldsymbol{X},\boldsymbol{X}_k)=\frac{1}{1+\alpha\,|\boldsymbol{X}-\boldsymbol{X}_k|^2} \tag{5-83}$$

$$K(\boldsymbol{X},\boldsymbol{X}_k)=\left|\frac{\sin\alpha\,|\boldsymbol{X}-\boldsymbol{X}_k|^2}{\alpha\,|\boldsymbol{X}-\boldsymbol{X}_k|^2}\right| \tag{5-84}$$

(1) 势函数迭代算法

势函数算法的训练过程，是利用势函数在逐个样本输入时逐步积累电位的过程。对于两类问题来说，例如，势积累方程能以其运算结果的正负来区别两类样本，则训练结束。

算法过程：

设初始电位为 $K_0(\boldsymbol{X})=0$。

第 1 步，输入样本 $\boldsymbol{X}_1$，计算其积累电位 $K_1(\boldsymbol{X})$，

$$K_1(\boldsymbol{X})=\begin{cases}K_0(\boldsymbol{X})+K(\boldsymbol{X},\boldsymbol{X}_1),\boldsymbol{X}_1\in\omega_1\\K_0(\boldsymbol{X})-K(\boldsymbol{X},\boldsymbol{X}_1),\boldsymbol{X}_2\in\omega_2\end{cases}$$

$K_1(\boldsymbol{X})$描述了加入第一个样本后的边界划分，若样本属于 ω_1，势函数为正；若样本属于 ω_2，势函数为负。

第 2 步，输入第二个样本 $\boldsymbol{X}_2$，有三种情况：

① 若 $\boldsymbol{X}_2\in\omega_1$，且 $K_1(\boldsymbol{X}_2)>0$ 或 $\boldsymbol{X}_2\in\omega_2$，且 $K_1(\boldsymbol{X}_2)<0$，表示分类正确，则势函数不变，即

$$K_2(\boldsymbol{X})=K_1(\boldsymbol{X})$$

② 若 $\boldsymbol{X}_2\in\omega_1$，但 $K_1(\boldsymbol{X}_2)\leqslant 0$，则修改势函数，令

$$K_2(\boldsymbol{X})=K_1(\boldsymbol{X})+K(\boldsymbol{X},\boldsymbol{X}_2)$$

③ 若 $\boldsymbol{X}_2\in\omega_2$，但 $K_1(\boldsymbol{X}_2)\geqslant 0$，应修改势函数，令

$$K_2(\boldsymbol{X})=K_1(\boldsymbol{X})-K(\boldsymbol{X},\boldsymbol{X}_2)$$

可以看出：以上②、③两种情况属于错分，即若 $\boldsymbol{X}_2$处于 $K_1(\boldsymbol{X})$所定义的边界的错误一边，则当 $\boldsymbol{X}_2\in\omega_1$时，积累势函数 $K_2(\boldsymbol{X})$要加上 $K(\boldsymbol{X},\boldsymbol{X}_2)$。反之，当 $\boldsymbol{X}_2\in\omega_2$时，积累势函数要减去 $K(\boldsymbol{X},\boldsymbol{X}_2)$。

第 $i+1$ 步，这时已输入 i 个训练样本 $\boldsymbol{X}_1,\boldsymbol{X}_2,\cdots,\boldsymbol{X}_i$，这时的积累势函数也会有三种情形：

① 若 $\boldsymbol{X}_{i+1}\in\omega_1$，且 $K_i(\boldsymbol{X}_{i+1})>0$，或 $\boldsymbol{X}_{i+1}\in\omega_2$，且 $K_i(\boldsymbol{X}_{i+1})<0$

则

$$K_{i+1}(\boldsymbol{X})=K_i(\boldsymbol{X}) \tag{5-85}$$

② 若 $\boldsymbol{X}_{i+1}\in\omega_1$，且 $K_i(\boldsymbol{X}_{i+1})\leqslant 0$ 则

$$K_{i+1}(\boldsymbol{X})=K_i(\boldsymbol{X})+K(\boldsymbol{X},\boldsymbol{X}_{i+1}) \tag{5-86}$$

③ 若 $\boldsymbol{X}_{i+1}\in\omega_2$，且 $K_i(\boldsymbol{X}_{i+1})\geqslant 0$ 则

$$K_{i+1}(\boldsymbol{X})=K_i(\boldsymbol{X})-K(\boldsymbol{X},\boldsymbol{X}_{i+1}) \tag{5-87}$$

这三种情况可以归纳为一个方程

$$K_{i+1}(\boldsymbol{X})=K_i(\boldsymbol{X})+r_{i+1}K(\boldsymbol{X},\boldsymbol{X}_{i+1}) \tag{5-88}$$

式中 r_{i+1} 的取值如表 5-2 所示。

表 5-2 势函数算法系数 r_{i+1} 的取值

$\boldsymbol{X}_{i+1}$ 类别	$K_i(\boldsymbol{X}_{i+1})$	r_{i+1}
ω_1	>0	0
ω_2	<0	0
ω_1	⩽0	1
ω_2	⩾0	-1

如果从所给的训练样本集 $\{\boldsymbol{X}_1,\boldsymbol{X}_2,\cdots,\boldsymbol{X}_i,\cdots\}$ 中省略那些并不使积累势函数发生变化的样本，则可得一简化的样本序列 $\{\boldsymbol{X}_1,\boldsymbol{X}_2,\cdots,\boldsymbol{X}_j,\cdots\}$，它们完全是校正错误的模式样本，由式（5-86）和式（5-87）可以归纳为：

$$K_{i+1}(\boldsymbol{X})=\sum_{X_j}\alpha_j K(\boldsymbol{X},\boldsymbol{X}_j) \tag{5-89}$$

式中

$$\alpha_j=\begin{cases}1, & \boldsymbol{X}_j\in\omega_1\\ -1, & \boldsymbol{X}_j\in\omega_2\end{cases}$$

即由 $i+1$ 个样本产生的积累势函数，等于 ω_1 类和 ω_2 类两者中的校正错误样本的总位势之差。

由此算法可以看出，积累势函数不必做任何修改就可用作判别函数。设有一个两类问题，取 $d(\boldsymbol{X})=K(\boldsymbol{X})$，则由式（5-86）可得

$$d_{i+1}(\boldsymbol{X})=d_i(\boldsymbol{X})+r_{i+1}K(\boldsymbol{X},\boldsymbol{X}_{i+1})$$

式中系数取值由表 5-2 决定。

（2）实例说明

设有 4 个样本，共分两类，分布如图 5-16 所示。

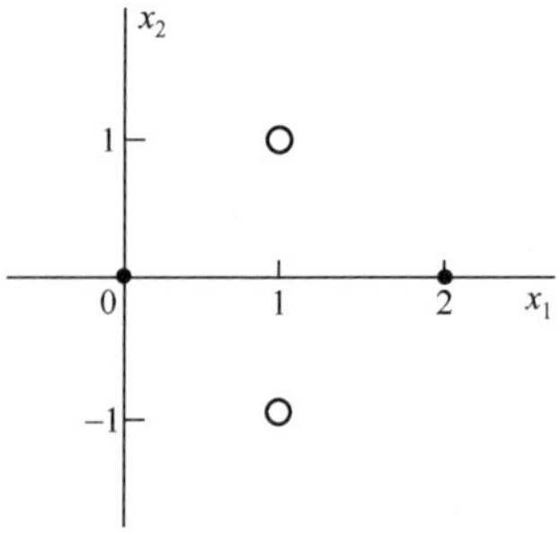

图 5-16 样本示意图

$\omega_1:(0,0)^{\mathrm T},(2,0)^{\mathrm T}$

$\omega_2:(1,1)^{\mathrm T},(1,-1)^{\mathrm T}$

显然这两类样本不是线性可分的。势函数取

$$K(\boldsymbol{X},\boldsymbol{X}_k)=\exp\{-\alpha[(x_1-x_{k1})^2+(x_2-x_{k2})^2]\}$$

取 $\alpha=1$，势函数实现分类方法如下：

① 输入 $\boldsymbol{X}_1=(0,0)^{\mathrm{T}}$，$\boldsymbol{X}_1\in\omega_1$，

$$K_1(\boldsymbol{X})=K(\boldsymbol{X},\boldsymbol{X}_1)=\exp\{-(x_1^2+x_2^2)\}$$

② 输入 $\boldsymbol{X}_2=(2,0)^{\mathrm{T}}$，$\boldsymbol{X}_2\in\omega_1,K_1(\boldsymbol{X}_2)=\mathrm{e}^{-4}>0$，分类正确，不需要修正

$$K_2(\boldsymbol{X})=K_1(\boldsymbol{X})=K(\boldsymbol{X},\boldsymbol{X}_1)=\exp\{-(x_1^2+x_2^2)\}$$

③ 输入 $\boldsymbol{X}_3=(1,1)^{\mathrm{T}}$，$\boldsymbol{X}_3\in\omega_2,K_2(\boldsymbol{X}_3)=\mathrm{e}^{-2}\not<0$，分类错误，需要修正

$$K_3(\boldsymbol{X})=K_2(\boldsymbol{X})-K(\boldsymbol{X},\boldsymbol{X}_3)=\exp\{-(x_1^2+x_2^2)\}-\exp\{-[(x_1-1)^2+(x_2-1)^2]\}$$

④ 输入 $\boldsymbol{X}_4=(1,-1)^{\mathrm{T}}$，$\boldsymbol{X}_4\in\omega_2,K_3(\boldsymbol{X}_4)=\mathrm{e}^{-2}-\mathrm{e}^{-4}\not<0$

$K_4(\boldsymbol{X})=K_3(\boldsymbol{X})-K(\boldsymbol{X},\boldsymbol{X}_4)=\exp\{-(x_1^2+x_2^2)\}-\exp\{-[(x_1-1)^2+(x_2-1)^2]\}-\exp\{-[(x_1-1)^2+(x_2+1)^2]\}$

⑤ 再次输入 $\boldsymbol{X}_1=(0,0)^{\mathrm{T}}$，$\boldsymbol{X}_1\in\omega_1,K_4(\boldsymbol{X}_1)=\mathrm{e}^0-\mathrm{e}^{-2}-\mathrm{e}^{-2}>0$ 不需要修正

$$K_5(\boldsymbol{X})=K_4(\boldsymbol{X})$$

⑥ 再次输入 $\boldsymbol{X}_2=(2,0)^{\mathrm{T}}$，$\boldsymbol{X}_2\in\omega_1,K_5(\boldsymbol{X}_2)=\mathrm{e}^{-4}-2\mathrm{e}^{-2}\not>0$

$$K_6(\boldsymbol{X})=K_5(\boldsymbol{X})+K(\boldsymbol{X},\boldsymbol{X}_2)=\exp\{-(x_1^2+x_2^2)\}-\exp\{-[(x_1-1)^2+(x_2-1)^2]\}-\exp\{-[(x_1-1)^2+(x_2+1)^2]\}+\exp\{-[(x_1-2)^2+x_2^2]\}$$

⑦ 再次输入 $\boldsymbol{X}_3=(1,1)^{\mathrm{T}}$，$\boldsymbol{X}_3\in\omega_2,K_6(\boldsymbol{X}_3)=2\mathrm{e}^{-2}-1-\mathrm{e}^{-4}<0$，不需要修正

$$K_7(\boldsymbol{X})=K_6(\boldsymbol{X})$$

⑧ 再次输入 $\boldsymbol{X}_4=(1,-1)^{\mathrm{T}}$，$\boldsymbol{X}_4\in\omega_2,K_7(\boldsymbol{X}_4)=\mathrm{e}^{-2}-\mathrm{e}^{-2}-1+\mathrm{e}^{-4}<0$，不需要修正

$$K_8(\boldsymbol{X})=K_7(\boldsymbol{X})$$

⑨ 再次输入 $\boldsymbol{X}_1=(0,0)^{\mathrm{T}}$，$\boldsymbol{X}_1\in\omega_1,K_8(\boldsymbol{X}_1)=\mathrm{e}^0-e^{-2}-\mathrm{e}^{-2}+e^{-4}>0$，不需要修正

$$K_9(\boldsymbol{X})=K_8(\boldsymbol{X})$$

⑩ 再次输入 $\boldsymbol{X}_2=(2,0)^{\mathrm{T}}$，$\boldsymbol{X}_2\in\omega_1,K_9(\boldsymbol{X}_2)=\mathrm{e}^{-4}-\mathrm{e}^{-2}-\mathrm{e}^{-2}+\mathrm{e}^0>0$，不需要修正

$$K_{10}(\boldsymbol{X})=K_9(\boldsymbol{X})$$

至此为止，所有的训练样本都能被正确分类，可以得到非线性判别函数为：

$$d(\boldsymbol{X})=K_{10}(\boldsymbol{X})=\exp\{-(x_1^2+x_2^2)\}-\exp\{-[(x_1-1)^2+(x_2-1)^2]\}-\exp\{-[(x_1-1)^2+(x_2+1)^2]\}+\exp\{-[(x_1-2)^2+x_2^2]\}$$

由势函数的迭代公式可知，它具有很强的分类能力，但当修正次数增多的时候，势函数方程的项数增多，使计算机的计算量大增。

2. 实现步骤

① 每一类取一个判别函数 $hx()$，10 个类别共有 10 个判别函数。

② 输入第一个样本 $\boldsymbol{X}_1$，10 个判别函数初始值都为 $K(\boldsymbol{X},\boldsymbol{X}_1)$。

③ 输入第 i 个样本 $\boldsymbol{X}_i$，若 $\boldsymbol{X}_i\in\omega_j$，判断 $hx(j)$ 是否大于 0，若 $hx(j)$ 大于 0，则 ω_j 类的判别函数不需调整，否则按照规则 $K_i(\boldsymbol{X})=K_{i-1}(\boldsymbol{X})+K(\boldsymbol{X},\ \boldsymbol{X}_i)$ 调整。判断 $hx(k)$ $(k=0,1,2,\cdots,9,k\neq j)$ 是否小于 0，若 $hx(k)$ 小于 0 则 ω_k 类的判别函数不需调整，否则按照规则 $K_i(\boldsymbol{X})=K_{i-1}(\boldsymbol{X})-K(\boldsymbol{X},\boldsymbol{X}_i)$ 调整。

④ 循环第③步，直至输入所有的样本判别函数都不需要调整。此时得到每一类的判别函数。
⑤ 输入待测样本，判别函数的最大值的类别就是待测样本的类别。

3. 编程代码

```
%%%%%%%%%%%%%%%%%%%%%%%%%%%%%%%%%%%%%%%%%%%%%%%%%%
%函数名称:shihanshu( )
%参数:sample:待识别样本特征
%返回值: y:待识别样本所属类别
%函数功能:势函数分类法
%%%%%%%%%%%%%%%%%%%%%%%%%%%%%%%%%%%%%%%%%%%%%%%%%%
function y=shihanshu(sample)
    clc;
    load templet pattern;
    r=[];
    x=[];
    c=0;
    t=0;
    hx=[];
    for i=1:20%每类取 20 个样本
        for n=1:10%十个类别
            if c==0
                r(1:10,1)=1;%初始化系数矩阵
            else
                for j=1:10
                    t=0;
                    for l=1:c
                        m=k(pattern(n).feature(:,i),pattern(x(1,1)).feature...
                            (:,x(1,2)));
                        t=t+r(j,l)*m;%计算判别函数
                    end
                    hx(j)=t;
                end
                %调整系数
                for j=1:10
                    if(j==n)
                        if hx(j)>0%分类正确
                            r(j,c+1)=0;
                        else%分类错误
                            r(j,c+1)=1;
                        end
                    else
                        if hx(j)<0%分类正确
                            r(j,c+1)=0;
```

```
                    else%分类错误
                        r(j,c+1)=-1;
                    end
                end
            end
        end
        x(c+1,1)=n; %类号
        x(c+1,2)=i; %样本号
        c=c+1;
    end
end
for j=1:10
    t=0;
    for l=1:200
        t=t+r(j,l) * k(sample',pattern(x(l,1)).feature(:,x(l,2)));
    end
    hx(j)=t;%代入待测样本,计算判别函数值
end
[maxvla,maxpos]=max(hx);
y=maxpos-1;
%-----------------------------------------------------------------------------
function y=k(x1,x2)
%%%%%%%%%%%%%%%%%%%%%%%%%%%%%%%%%%%%%%%%%%%%%%%%%%%%%%%%%%
%函数名称:k()
%参数:x1,x2:两个样本的特征
%返回值: y:两个样本的势
%函数功能:计算两个样本的势函数
%%%%%%%%%%%%%%%%%%%%%%%%%%%%%%%%%%%%%%%%%%%%%%%%%%%%%%%%%%
    y=exp(-sum((x1-x2).^2));
```

4. 效果图

采用势函数算法分类效果如图 5-17 所示。

（a）待测样品　　（b）分类结果

图 5-17　采用势函数算法分类效果

5.10 支持向量机

1. 理论基础

支持向量机是 Vapnik 等人根据统计学理论提出的一种新的通用学习方法，它建立在统计学理论的 VC 维理论和结构风险最小原理基础上，能较好地解决小样本、非线性、高维数和局部极小点等实际问题，已成为机器学习界的研究热点之一，并成功地应用于分类、函数逼近和时间序列预测等方面。

（1）线性最优分类超平面

支持向量机的研究最初是针对模式识别中的两类线性可分问题的。设线性可分样本集，$(\boldsymbol{X}_i,y_i)(i=1,2,\cdots,N,\boldsymbol{X}\in R^n,y\in\{-1,1\})$，根据类别 y 的不同分为正样本子集 $\boldsymbol{X}^+$ 和负样本子集 $\boldsymbol{X}^-$，这两个子集对于超平面可分的条件是，存在一个单位向量 $\boldsymbol{\phi}(\|\boldsymbol{\phi}\|=1)$ 和常数 c，使式（5-90）成立，其中“·”是向量内积运算。

$$\begin{cases}\langle \boldsymbol{X}^+\cdot\boldsymbol{\phi}\rangle>c\\ \langle \boldsymbol{X}^-\cdot\boldsymbol{\phi}\rangle<c\end{cases}\tag{5-90}$$

对于任何单位向量 $\boldsymbol{\phi}$，确定两个值

$$\begin{cases}c_1(\boldsymbol{\phi})=\min\langle \boldsymbol{X}^+\cdot\boldsymbol{\phi}\rangle\\ c_2(\boldsymbol{\phi})=\min\langle \boldsymbol{X}^-\cdot\boldsymbol{\phi}\rangle\end{cases}\tag{5-91}$$

最大化函数式为

$$\gamma(\boldsymbol{\phi})=\frac{c_1(\boldsymbol{\phi})-c_2(\boldsymbol{\phi})}{2},\ \|\boldsymbol{\phi}\|=1\tag{5-92}$$

找到一个 $\boldsymbol{\phi}_0$，使式（5-92）最大化。

$$c_0=\frac{c_1(\boldsymbol{\phi}_0)+c_2(\boldsymbol{\phi}_0)}{2}\tag{5-93}$$

由最大化函数式（5-92）和约束式（5-93）得到向量 $\boldsymbol{\phi}_0$ 与常数 c_0。

确定一个超平面，将两类样本集分开，并具有最大间隔，参见式（5-92），这样的超平面为最大间隔超平面，也称最优分类超平面，如图 5-18 所示。

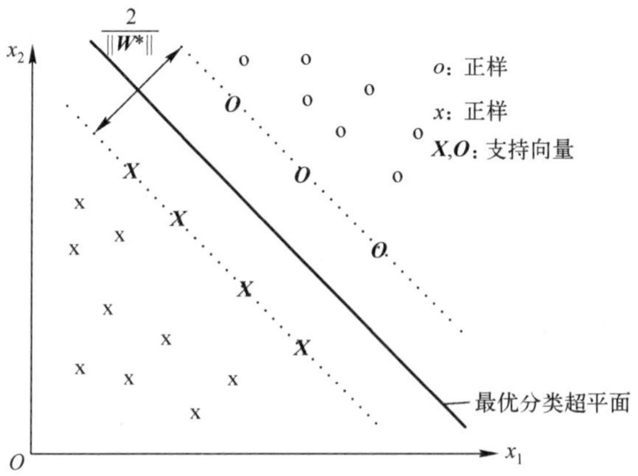

图 5-18　最优分类超平面

我们的目标是找到构造最优分类超平面的方法。考虑问题的一种等价表述为：找到一个向量 $\boldsymbol{W}^*$ 和常数 b^*，使它们满足约束条件

$$\begin{cases}\langle \boldsymbol{X}^+ \cdot \boldsymbol{W}^* \rangle + b^* \geqslant 1 \\ \langle \boldsymbol{X}^- \cdot \boldsymbol{W}^* \rangle + b^* \leqslant -1\end{cases} \tag{5-94}$$

且向量 $\boldsymbol{W}^*$ 具有最小范数

$$\min \rho(\boldsymbol{W}) = \frac{1}{2} \| \boldsymbol{W}^* \|^2 \tag{5-95}$$

此时的判别函数为

$$f(\boldsymbol{X}) = \boldsymbol{W}^* \cdot \boldsymbol{X} + b^*$$
$$\begin{cases}\text{若 } f(\boldsymbol{X}) > 0, & \text{则 } \boldsymbol{X} \in \boldsymbol{X}^+ \\ \text{若 } f(\boldsymbol{X}) < 0, & \text{则 } \boldsymbol{X} \in \boldsymbol{X}^-\end{cases} \tag{5-96}$$

定理 5.1　在满足式（5-94）的条件下最小化式（5-95）所得到的向量 $\boldsymbol{W}^*$ 与构成最优分类超平面的向量之间的关系是

$$\boldsymbol{\phi}_0 = \frac{\boldsymbol{W}^*}{\| \boldsymbol{W}^* \|} \tag{5-97}$$

最优分类超平面与分类向量之间的间隔 γ_0 为

$$\gamma(\boldsymbol{\phi}_0) = \sup \frac{1}{2}(c_1(\boldsymbol{\phi}_0) - c_2(\boldsymbol{\phi}_0)) = \frac{1}{\| \boldsymbol{W}^* \|} \tag{5-98}$$

因此，具有最小范数且满足约束式（5-94）的向量 $\boldsymbol{W}^*$ 定义了最优分类超平面。

为了简化符号，将约束式（5-94）改写成如下形式

$$y_i(\langle \boldsymbol{X}_i \cdot \boldsymbol{W}^* \rangle + b^*) \geqslant 1, i = 1, \cdots, N \tag{5-99}$$

因此，为了得到最优分类超平面，我们必须求解二次规划问题，在线性约束式（5-99）条件下，最小化二次型，参见式（5-95）。经典的求解方法可用 Lagrange 乘子法求解，Lagrange 方程为

$$L(\boldsymbol{W}, \boldsymbol{a}, b) = \frac{1}{2} \| \boldsymbol{W} \|^2 - \sum_{i=1}^{N} a_i \{ y_i(\langle \boldsymbol{X}_i \cdot \boldsymbol{W} \rangle + b) - 1 \} \tag{5-100}$$

其中 $a_i \geqslant 0$ 为 Lagrange 乘子。对 $\boldsymbol{W}$ 和 b 求偏微分，得到如下条件

$$\begin{cases}\dfrac{\partial L(\boldsymbol{W}, \boldsymbol{a}, b)}{\partial \boldsymbol{W}} = \boldsymbol{W} - \sum\limits_{i=1}^{N} y_i a_i \boldsymbol{X}_i = 0 \\ \dfrac{\partial L(\boldsymbol{W}, \boldsymbol{a}, b)}{\partial b} = -\sum\limits_{i=1}^{N} y_i a_i = 0\end{cases} \tag{5-101}$$

得到关系式

$$\boldsymbol{W} = \sum_{i=1}^{N} y_i a_i \boldsymbol{X}_i \tag{5-102}$$

$$0 = \sum_{i=1}^{N} y_i a_i \tag{5-103}$$

代入式（5-100）得到

$$\max \boldsymbol{H}(\boldsymbol{a}) = \sum_{i=1}^{N} a_i - \frac{1}{2} \sum_{i=1}^{N} \sum_{j=1}^{N} y_i y_j a_i a_j \langle \boldsymbol{X}_i \cdot \boldsymbol{X}_j \rangle \tag{5-104}$$

因为式（5-104）只涉及向量 $\boldsymbol{a}$ 的求解，因此我们把 $L(\boldsymbol{W},\ \boldsymbol{a},b)$ 改成 $\boldsymbol{H}(\boldsymbol{a})$，此式也称为原问题的对偶问题。为了构造最优化超平面，在 $a_i \geqslant 0, i=1,2,\cdots,N$ 且满足式（5-103）的条件下，对式（5-104）求解得到 $a_i^* \geqslant 0, i=1,2,\cdots,N$，代入式（5-102）得到向量

$$\boldsymbol{W}^* = \sum_{i=1}^{N} y_i a_i^* \boldsymbol{X}_i \tag{5-105}$$

在求解此优化问题的过程中，Karush-Kuhn-Tucker（KKT）互补条件提供了关于解结构的有用信息。根据 KKT 条件，最优解 a^* 必须满足

$$a^*[y_i(\langle \boldsymbol{W}^* \cdot \boldsymbol{X}_i \rangle + b^*) - 1] = 0, \qquad i=1,\cdots,N \tag{5-106}$$

在图 5-18 中大写字母所示的样本向量为支持向量。所有其他样本向量对应的 a_i^* 为零。因此在计算权重向量的表达式（5-105）中，实际只有这些支持向量。

最优解 a^* 和 $\boldsymbol{W}^*$ 可由二次规划算法求得。选取一个支持向量 $\boldsymbol{X}_i$，可求得 b^*

$$b^* = y_i - \langle \boldsymbol{X}_i \cdot \boldsymbol{W}^* \rangle \tag{5-107}$$

最优判别函数具有如下形式

$$f(\boldsymbol{X}) = \sum_{i=1}^{N} y_i a_i^* \langle \boldsymbol{X}_i \cdot \boldsymbol{X} \rangle + b^* \tag{5-108}$$

（2）支持向量机模型

我们介绍了线性可分的支持向量机最优超平面的求解，而对于线性不可分的分类问题，必须对最优化问题做一些改动。可以通过非线性变换把样本输入空间转化为某个高维空间中的线性问题，在高维空间中求线性最优分类超平面，这样的高维空间也称为特征空间或高维特征空间（Hilbert 空间）。这种变换可能比较复杂，且高维特征空间的转换函数也很难显式地表示出来，因此这种思路在一般情况下不易实现。但是注意到，在线性情况下的对偶问题中，不论是寻优目标函数式（5-104）还是判别函数式（5-108）都只涉及训练样本之间的内积运算 $\langle \boldsymbol{X}_i \cdot \boldsymbol{X}_j \rangle$。

假设有非线性映射 $\boldsymbol{\Phi}: R^n \to \boldsymbol{H}$ 将输入空间的样本映射到高维（可能是无穷维）的特征空间 $\boldsymbol{H}$ 中。当在特征空间 $\boldsymbol{H}$ 中构造最优超平面时，训练算法仅使用空间中的点积，即 $\langle \boldsymbol{\Phi}(\boldsymbol{X}_i), \boldsymbol{\Phi}(\boldsymbol{X}_j) \rangle$，而没有单独的 $\boldsymbol{\Phi}(\boldsymbol{X}_i)$ 出现。因此，如果能够找到一个函数 k 使得 $k(\boldsymbol{X}_i, \boldsymbol{X}_j) = \langle \boldsymbol{\Phi}(\boldsymbol{X}_i),\ \boldsymbol{\Phi}(\boldsymbol{X}_j) \rangle$，这样，在高维特征空间中实际上只需进行内积运算，而这种内积运算可以用输入空间中的某些特殊函数来实现，我们甚至没有必要知道变换 $\boldsymbol{\Phi}$ 的具体形式。这些特殊的函数 k 称为核函数。根据泛函数的有关理论，只要核函数 $k(x_i, x_j)$ 满足 Mercer 条件，它就对应某一变换空间中的内积。

此时，目标函数变为

$$\begin{aligned} &\max \boldsymbol{H}(\boldsymbol{a}) = \sum_{i=1}^{N} a_i - \frac{1}{2} \sum_{i=1}^{N} \sum_{j=1}^{N} y_i y_j a_i a_j k(\boldsymbol{X}_i \cdot \boldsymbol{X}_j) \\ &\sum_{i=1}^{n} y_i a_i = 0, a_i \geqslant 0, i=1,\cdots,N \end{aligned} \tag{5-109}$$

相应的判别函数变为

$$f(\boldsymbol{X}) = \sum_{i=1}^{N} y_i a_i^* k(\boldsymbol{X}_i \cdot \boldsymbol{X}) + b^* \tag{5-110}$$

这就是支持向量机（SVM）。

支持向量机利用输入空间的核函数取代了高维特征空间中的内积运算，解决了算法可能导致的“维数灾难”问题：在构造判别函数时，不是对输入空间的样本做非线性变换，然后在特征空间中求解，而是先在输入空间比较向量（如求内积或是某种距离），对结果再做非线性变换。这样，大的工作量将在输入空间而不是在高维特征空间中完成。

支持向量机判别函数在形式上类似于一个神经网络，输出是 M 个中间节点的线性组合，每个中间节点对应一个支持向量，支持向量机的网络结构如图 5-19 所示。

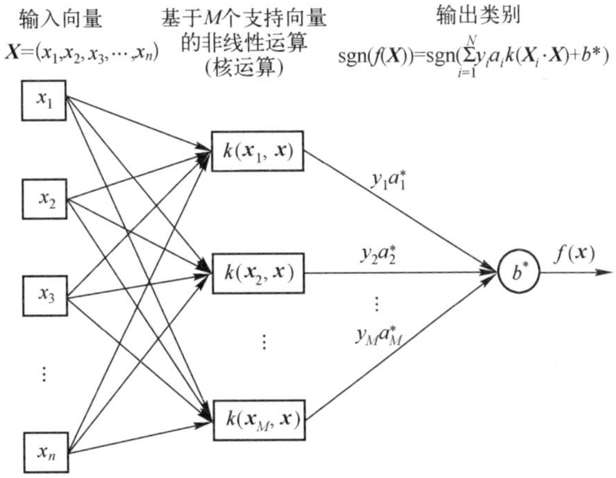

图 5-19　支持向量机的网络结构

（3）特征空间与核函数

Mercer 定理将核解释为特征空间的内积，核函数的思想是将原本在高维特征空间中的计算，通过核函数在输入空间中完成，而无须知道高维变换的显式公式。为了避免维数灾难，许多学习算法都通过“降维”的方式，将高维原始空间变换到较低维的特征空间，这容易损失一些有用的特征，导致学习性能的下降；而基于核的方法却恰好相反，它将低维向高维映射，却不需要过多地考虑维数对学习机器性能的影响。核函数是支持向量机的重要组成部分。根据 Hilbert-Schmidt 定理，只要变换 Φ 满足 Mercer 条件，就可用于构建核函数，Mercer 条件如下：给定对称函数 $k(x,y)$ 和任意函数 $\varphi(x)\neq 0$，满足约束

$$\begin{cases}\int_{-\infty}^{+\infty}\varphi^2(x)\,\mathrm{d}x < 0 \\ \iint_{-\infty}^{+\infty}k(x,y)\varphi(x)\varphi(y)\,\mathrm{d}x\mathrm{d}y > 0\end{cases} \tag{5-111}$$

目前常用的核函数主要有线性核函数、二次核函数、多项式核函数、高斯径向基核函数、多层感知器核函数，函数定义见式（5-57）~式（5-61）。

2. 实现步骤

要实现支持向量机的多类分类，首先要实现两类分类。支持向量机分类算法包括两部分，支持向量机的训练和支持向量机分类。

（1）支持向量机训练的步骤

① 输入两类训练样本向量$(\boldsymbol{X}_i,\boldsymbol{Y}_i)$$(i=1,2,\cdots,N,\boldsymbol{X}\in R^n,y\in\{-1,1\})$，类号分别为 ω_1，

ω_2。如果 $\boldsymbol{X}_i \in \omega_1$，则 $y_i=-1$；如果 $\boldsymbol{X}_i \in \omega_2$，则 $y_i=1$。

② 指定核函数类型。

③ 利用二次规划方法求解目标函数式（5-109）的最优解，得到最优 Lagrange 乘子 a^*。

④ 利用样本库中的一个支持向量 $\boldsymbol{X}$，代入式（5-110），左值 $f(\boldsymbol{X})$ 为其类别值（-1 或 1），可得到偏差值 b^*。

（2）支持向量机分类的步骤

① 输入待测样本 $\boldsymbol{X}$。

② 利用训练好的 Lagrange 乘子 a^*、偏差值 b^* 和核函数，根据式（5-108）求解判别函数 $f(\boldsymbol{X})$。

③ 根据 $\mathrm{sgn}(f(\boldsymbol{X}))$ 的值，输出类别。如果 $\mathrm{sgn}(f(\boldsymbol{X}))$ 为-1，则该样本属于 ω_1 类；如果 $\mathrm{sgn}(f(\boldsymbol{X}))$ 为 1，则该样本属于 ω_2 类。

3. 编程代码

MATLAB 中的支持向量机工具箱中提供了支持向量机训练和支持向量机分类方法的函数，其中 svmtrain 函数实现对样本进行训练并将训练结果保存到指定结构；svmclassify 函数通过输入指定训练结果和待测样本实现待测样本的分类。具体函数说明可参考 MATLAB 帮助文件。

（1）支持向量机训练方法代码

```
%%%%%%%%%%%%%%%%%%%%%%%%%%%%%%%%%%%%%%%%%%%%%%%%%%%%%%
%函数名称:SupportVectorTrain()
%参数:
%返回值:
%函数功能:支持向量机训练
%%%%%%%%%%%%%%%%%%%%%%%%%%%%%%%%%%%%%%%%%%%%%%%%%%%%%%
function SupportVectorTrain();
    patternNum=50;
    classnum=0;
    %选择核函数类型
    str={'线性核函数','二次核函数','多项式核函数','rbf 核函数','多层感知器核函数'};
    kernalType=listdlg('ListString',str,'PromptString','选择核函数计算类型',
     'SelectionMode','Single','ListSize',[160,100],'Name','核函数选择对话框');
    switch(kernalType)
        case 1
            kernal='linear';
        case 2
            kernal='quadratic';
        case 3
            kernal='polynomial';
        case 4
```

```
            kernal='rbf';
        case 5
            kernal='mlp';
    end
    load templet pattern;
    for i=1:10
        for j=1:i-1
            x=[pattern(i).feature(:,1:patternNum) pattern(j).feature(:,1:patternNum)];
            y=ones(1,patternNum*2);
            y(patternNum+1:patternNum*2)=-1;
            %进行两类支持向量机训练,结果保存到 svmStruct 结构中。
            svmStruct(i,j)=svmtrain(x,y,'Kernel_Function', kernal);
        end
    end
    %保存训练结果
    save svmStruct svmStruct;
    msgbox('训练结束');
```

（2）支持向量机分类方法代码

```
%%%%%%%%%%%%%%%%%%%%%%%%%%%%%%%%%%%%%%%%%%%%%%%
%函数名称:SupportVector()
%参数:sample,待测样本
%返回值:result,分类结果
%函数功能:支持向量机分类
%%%%%%%%%%%%%%%%%%%%%%%%%%%%%%%%%%%%%%%%%%%%%%%
function result=SupportVector(sample);
    %读取训练结果
    load svmStruct svmStruct
    num=zeros(1,10);
    classnum=0;
    for i=1:10
        for j=1:i-1
            %支持向量机两类分类
            G=svmclassify(svmStruct(i,j),sample);
            if(G==1)
                num(i)=num(i)+1;
            elseif(G==-1)
                num(j)=num(j)+1;
            end
        end
    end
    %找出分类数目最多的类
```

```
[max_val,max_pos]=max(num);
result=max_pos-1;
```

4. 效果图

首先对样本库进行支持向量机训练，单击“支持向量机训练”菜单，弹出“核函数选择”对话框，如图 5-20（a）所示。选择合适的核函数，开始训练，直至训练结束（图 5-20（b））。手写一数字，如图 5-20（c）所示，单击“支持向量机分类”菜单，进行分类，显示分类结果对话框，如图5-20（d）所示。

（a）核函数选择　（b）支持向量机训练　（c）待测样品　（d）支持向量机分类

图 5-20　支持向量机分类效果图

本章小结

本章介绍了线性判别函数与非线性判别函数，并介绍它们的实现方法，讨论了各种分类情况的判别函数设计基础理论、实现步骤、编程代码等，线性分类器介绍了感知器算法、增量校正法、LMSE 分类算法和 Fisher 分类，感知器算法只有在某一个模式样本被错误分类时才校正权向量，Fisher 分类算法，它是将特征空间进行投影压缩后以实现分类的方法。非线性分类器介绍了基于核的 Fisher 分类、势函数法和支持向量机方法。

习题 5

1. 写出每一个类别可用单个判别平面分开的判别函数形式。
2. 写出每两个类别之间可用判别平面分开的判别函数形式。
3. 简述多类可分的判别函数实现方法。
4. 写出非线性分类器判别函数的一般形式。
5. 简述感知器算法的分类准则，并写出梯度下降法的实现步骤。
6. 简述 Fisher 算法分类的实现步骤。
7. 简述基于核的 Fisher 分类算法的实现步骤。
8. 简述支持向量机的原理以及支持向量机分类方法的实现步骤。

第 6 章　神经网络分类器设计

本章要点：

☑ 人工神经网络的基本原理
☑ BP 神经网络
☑ 径向基函数（RBF）神经网络
☑ 自组织竞争神经网络
☑ 概率神经网络（PNN）
☑ 对向传播神经网络（CPN）
☑ 反馈型神经网络（Hopfield）

6.1　人工神经网络的基本原理

人工神经网络结构和工作机理基本上是以人脑的组织结构（大脑神经元网络）和活动规律为背景的，它反映了人脑的某些基本特征，但并不是要对人脑部分的真实再现，可以说它是某种抽象、简化或模仿。参照生物神经元网络发展起来的人工神经网络现已有许多种类型，但它们中的基本单元——神经元的结构是基本相同的。

6.1.1　人工神经元

人工神经元模型是生物神经元的模拟与抽象。这里所说的抽象是从数学角度而言的，所谓模拟是针对神经元的结构和功能而言的。图 6-1 所示的是一种典型的人工神经元模型，它是通过模拟生物神经元的细胞体、树突、轴突、突触等主要部分而形成的。

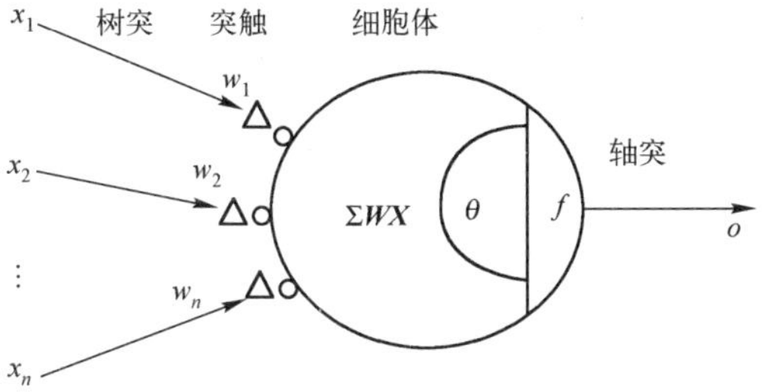

图 6-1　人工神经元模型

人工神经元相当于一个多输入、单输出的非线性阈值器件。这里的 $x_1,x_2,\cdots,x_n$ 表示它的 n 个输入；$w_1,w_2,\cdots,w_n$ 表示与它相连的 n 个突触的连接强度，其值称为权值；$\sum \boldsymbol{WX}$ 称为激活值，表示这个人工神经元的输入总和，对应于生物神经细胞的膜电位；o 表示这个人工神经元的输出；θ 表示这个人工神经元的阈值。如果输入信号的加权和超过 θ，则人工神

经元被激活。这样，人工神经元的输出可描述为

$$o = f\left(\sum \boldsymbol{W}\boldsymbol{X} - \theta\right) \tag{6-1}$$

式中，$f(\cdot)$表示神经元输入/输出关系函数，称为激活函数或输出函数。

W 为权矢量（Weight Vector）：

$$\boldsymbol{W}=\begin{bmatrix} w_1 \\ w_2 \\ \vdots \\ w_n \end{bmatrix}$$

X 为输入矢量（Input Vector）：

$$\boldsymbol{X}=\begin{bmatrix} x_1 \\ x_2 \\ \vdots \\ x_n \end{bmatrix}$$

设 $\mathrm{net}=\boldsymbol{W}^{\mathrm{T}}\boldsymbol{X}$ 是权与输入的矢量积（标量），相当于生物神经元由外加刺激引起的膜内电位的变化。这样激活函数可写成$f(\mathrm{net})$。

阈值 θ 一般不是一个常数，它是随着神经元的兴奋程度而变化的。

激活函数有许多种类型，其中比较常用的激活函数可归结为三种形式：阈值函数、Sigmoid 函数和分段线性函数。

1. 阈值函数

阈值函数通常也称为阶跃函数，其定义为

$$f(t)=\begin{cases} 1, & t \geqslant 0 \\ 0, & t<0 \end{cases} \tag{6-2}$$

若激励函数采用阶跃函数，如图 6-2（a）所示，人工神经元模型为著名的 MP（McCulloch-Pitts）模型。此时神经元的输出取 1 或 0，反映了神经元的兴奋或抑制。

此外，符号函数 $\mathrm{sgn}(t)$也常常作为神经元的激励函数，如图 6-2（b）所示。

$$\mathrm{sgn}(t)=\begin{cases} 1, & t \geqslant 0 \\ -1, & t<0 \end{cases} \tag{6-3}$$

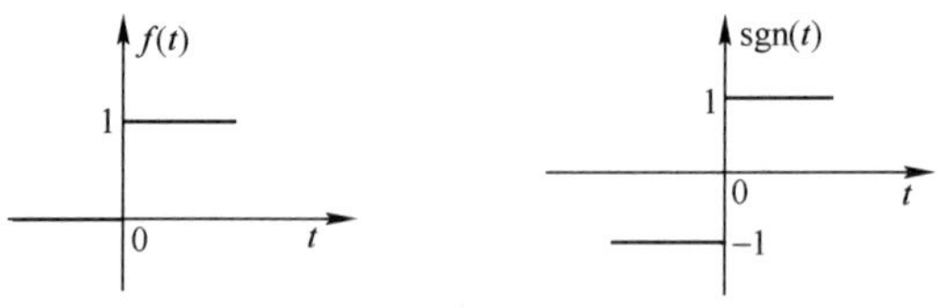

（a）阶跃函数　　（b）符号函数

图 6-2　阈值函数

2. Sigmoid 函数

Sigmoid 函数也称为 S 型函数。到目前为止，它是人工神经网络中最常用的激励函数。S 型函数的定义为

$$f(t)=\frac{1}{1+e^{-at}} \tag{6-4}$$

式中，a 为 Sigmoid 函数的斜率参数，通过改变参数 a，我们会获取不同斜率的 Sigmoid 函数，如图 6-3 所示。

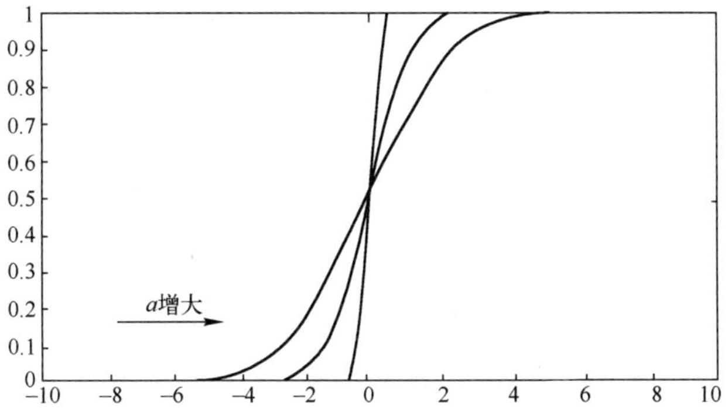

图 6-3　不同斜率的 Sigmoid 函数

当斜率参数接近无穷大时，此函数转化为简单的阈值函数，但 Sigmoid 函数对应 0~1 的连续区域，而阈值函数对应的只是 0 和 1 两点，此外，Sigmoid 函数是可微分的，而阈值函数是不可微分的。

Sigmoid 函数也可用双曲正切函数（Signum Function）来表示：

$$f(t)=\tanh(t) \tag{6-5}$$

双曲正切函数如图 6-4 所示。

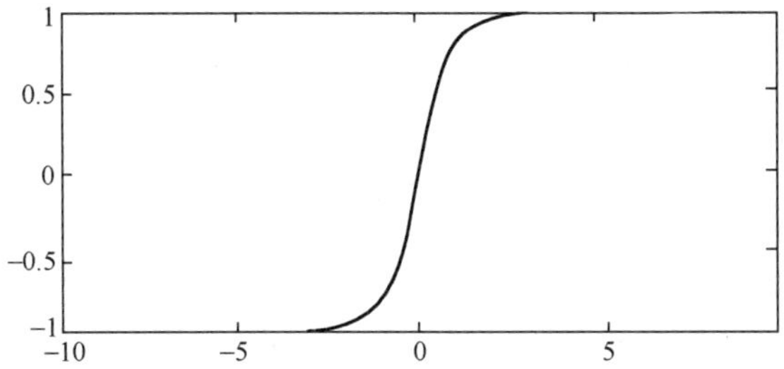

图 6-4　双曲正切函数

3. 分段线性函数

分段线性函数的定义为

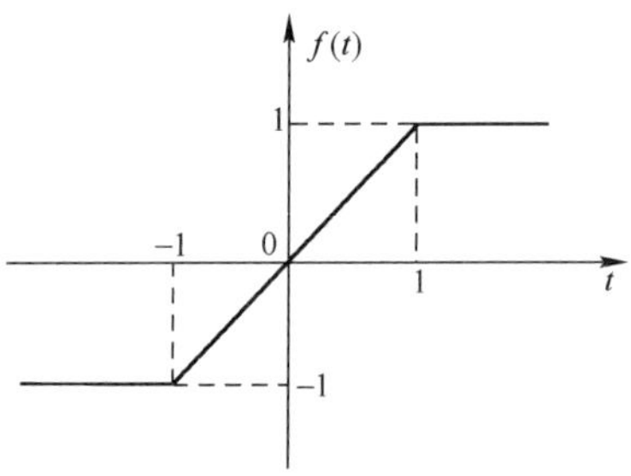

图 6-5　分段线性函数

$$f(t)=\begin{cases}1, & t\geqslant 1\\ t, & -1<t<1\\ -1, & t\leqslant -1\end{cases}\tag{6-6}$$

该函数在线性区间$[-1,1]$内的放大系数是一致的，如图 6-5 所示。

这种形式的激励函数可看成非线性放大器的近似。

(1) 分段函数的特殊形式

以下两种情况是分段线性函数的特殊形式：

① 在执行中保持线性区域而使其不进入饱和状态，则会产生线性组合器。

② 若线性区域的放大倍数无限大，则分段线性函数可简化为阈值函数。

(2) 人工神经元的特点

① 人工神经元是多输入、单输出的器件。

② 它具有非线性的输入/输出特性。

③ 它具有可塑性，可塑性反映在新突触的产生和现有神经突触的调整上，可塑性使神经网络能够适应周围的环境。可塑性变化的部分主要是权值(w_i)的变化，这相当于生物神经元的突触部分的变化。对于激发状态，w_i取正值；对于抑制状态，w_i取负值。

④ 人工神经元的输出响应是各个输入值的综合作用结果。

⑤ 时空整合功能，时间整合功能表现在不同时间、同一突触上；空间整合功能表现在同一时间、不同突触上。

⑥ 兴奋与抑制状态，当传入神经冲动的时空整合结果时，细胞膜电位升高，超过被称为动作电位的阈值，细胞进入兴奋状态，产生神经冲动，由轴突输出；同样，当膜电位低于阈值时，无神经冲动输出，细胞进入抑制状态。

6.1.2 人工神经网络模型

根据神经元之间连接的拓扑结构上的不同，可将神经网络结构分为两大类，即分层网络和相互连接型网络。分层网络是指将一个神经网络中的所有神经元按功能分为若干层，一般有输入层、隐含层和输出层，各层按顺序连接。分层网络可以细分为三种互连形式：简单的前向网络、具有反馈的前向网络以及层内有相互连接的前向网络。对于简单的前向网络，给定某一输入模式，网络能产生一个相应的输出模式，并保持不变。输入模式由输入层进入网络，经过隐含层的模式变换，由输出层产生输出模式。因此前向网络是由分层网络逐层模式变换处理的方向而得名的。相互连接型网络是指网络中任意两个单元之间都是可以相互连接的，对于给定的输入模式，相互连接型网络由某一初始状态出发开始运行，在一段时间内网络处于不断更新输出状态的变化过程中。如果网络设计得好，最终可能会产生某一稳定的输出模式；如果网络设计得不好，也有可能进入周期性振荡或发散状态。

本章着重应用 BP 神经网络、径向基函数神经网络、自组织竞争神经网络、概率神经网络、对向传播神经网络和反馈型神经网络对手写数字进行分类识别。其中 5 种网络结构模型及分类特点见表 6-1。

表 6-1　5 种网络结构模型及分类特点

	多层 BP 神经网络	径向基函数神经网络	自组织竞争神经网络
网络模型图	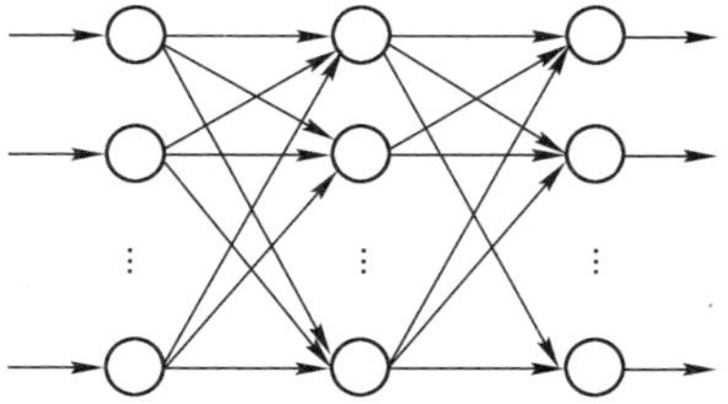	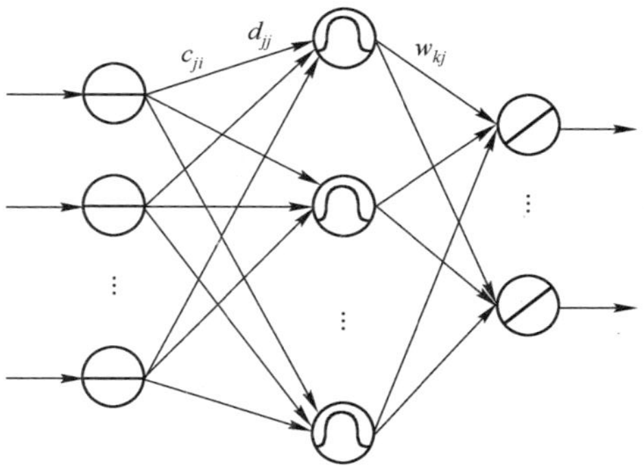	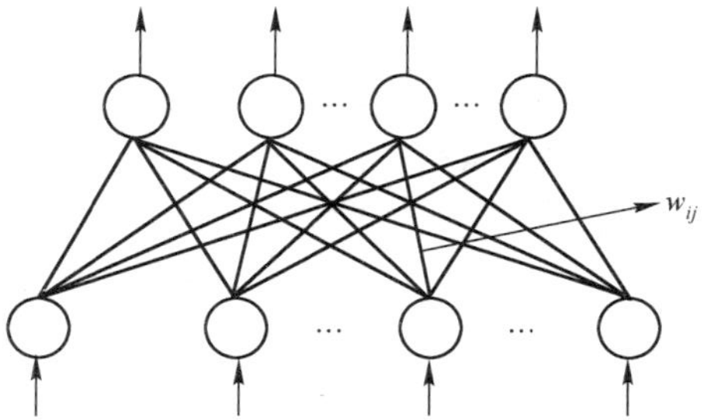
结构特点	BP 神经网络具有三层或三层以上的多层神经网络，上下各神经元之间无连接	与 BP 神经网络结构相似，但其隐含层神经元的核函数取为高斯核函数	由输入层和竞争层构成的两层网络，没有隐含层，输入和竞争层之间的神经元实现双向连接，同时竞争层各个神经元之间还存在横向连接
训练学习方式比较	当一对样本提供给网络后，从输入层经过各中间层向输出层传播，在输出层获得响应。按照减少目标输出与实际误差的方向，采用负梯度下降等多种方法，从输出层经过中间层逐层修正连接权值，使正确率不断提高	输入层到隐含层采用非线性映射，隐含层到输出层采用线性映射，具有最佳逼近、克服局部极小值的性能。神经元个数可能比 BP 神经网络多，训练时间比 BP 神经网络少	网络竞争层的各神经元通过竞争来获取输入模式的响应机会，最后仅有一个神经元成为竞争胜利者，并将与获胜神经元有关的各连接权值向着更有利于其竞争的方向发展
学习方式	两步都采用有导师学习	第一步为无导师学习，第二步为有导师学习	无导师自组织自学习
训练时间	长	较短	较短

续表

	对向传播神经网络	反馈型神经网络
网络模型图	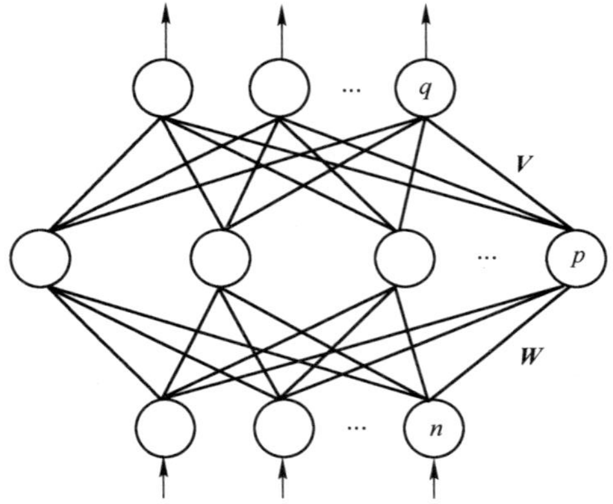	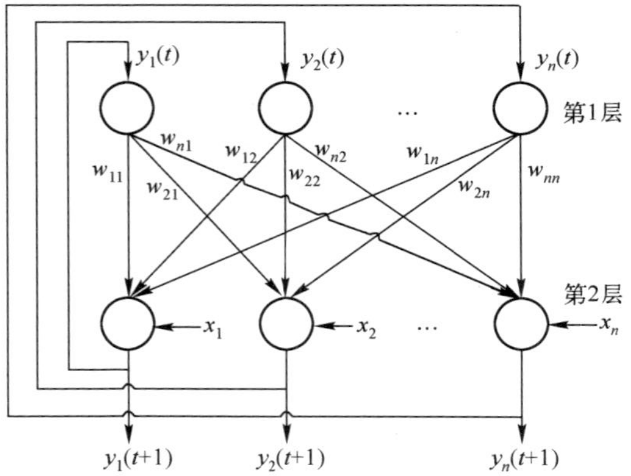
结构特点	由输入层、竞争层、输出层组成三层结构，输入层与竞争层构成 SOM 网络，竞争层与输出层构成基本竞争型网络	全连接型网络，属于单层反馈非线性网络，每一个节点的输出均反馈到其他节点的输入
训练学习方式比较	仅仅调整与竞争层获胜神经元相关的连接权向量，既反映了输入模式的统计特性，又反映了输出模式的统计特性。输入模式、输出模式通过竞争层实现了相互映射，即网络具有双向记忆的性能	是一种循环神经网络，从输出到输入有反馈连接，这个反馈过程一直进行下去。如果网络能稳定收敛，则反馈与迭代的计算过程所产生的变化将越来越小，一旦到达了稳定平衡状态，会输出稳定的恒值。具有联想记忆功能
学习方式	从整体上看属于有导师型网络，而由输入层和竞争层构成的 SOM 网络属于无导师型网络	无导师学习
训练时间	较长	短

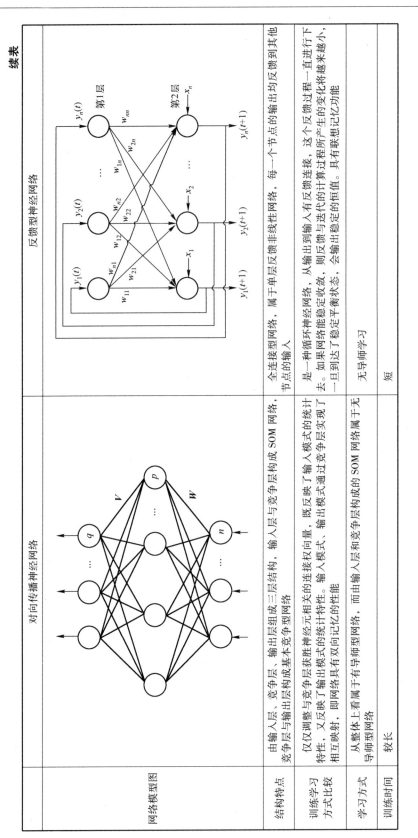

6.1.3　神经网络的学习过程

人的学习过程主要有三种：有导师学习、无导师学习和强化学习。通过模仿人的学习过程，人们提出了多种神经网络的学习方式，按学习方式进行神经网络模型分类，可以分为相应的三种，即有导师学习网络、无导师学习网络和强化学习网络。有导师型的学习或者说有监督型的学习是在有指导和考察的情况下进行的，如果学完了没有达到要求，那么就要再继续学习（重新学习）。无导师型的学习或者说无监督型的学习是靠学习者或者说神经网络本身自行完成的。学习是一个相对持久的变化过程，往往也是一个推理的过程，例如，通过经验也可以学习，学习是神经网络最重要的能力。

人工神经网络可从所需要的例子集合中学习、从输入与输出的映射中学习。对于有监督型学习，是在已知输入模式和期望输出的情况下进行的学习。对应每一个输入，有导师型的系统以实际响应与期望响应之间的差距作为测量误差，用来校正网络的参数（权值和阈值），输入—输出模式的集合称为这个学习模型的训练样本集合。

神经网络最大的特点就是它有学习的能力，在学习过程中，主要是网络连接的权值发生了相应的变化，学习到的内容记忆在连接的权值中。

6.1.4　人工神经网络在模式识别问题上的优势

人工神经网络（Artificial Neural Networks，ANN），简称神经网络（NN），是对人脑或自然神经网络若干基本特性的抽象和模拟，是一种基于连接学说构造的智能仿生模型，是由大量神经元组成的非线性动力系统。

以生物神经网络为模拟基础的人工神经网络试图在模拟推理和自动学习等方面向前发展，使人工智能更接近人脑的自组织和并行处理功能，它在模式识别、聚类分析和专家系统等多方面显示出了新的前景和思路。神经网络可以看成从输入空间到输出空间的一个非线性映射，它通过调整权重和阈值来“学习”或发现变量间的关系，实现对事物的分类。由于神经网络是一种对数据分布无任何要求的非线性技术，它能有效解决非正态分布、非线性的评价问题，因而得到广泛的应用。由于神经网络具有信息的分布存储、并行处理以及自学习能力等特点，所以它在信息处理、模式识别、智能控制等领域有着广泛的应用前景。近年来，神经网络已成为研究的热点，并取得了广泛的应用。

1. 人工神经网络的特点

(1) 固有的并行结构和并行处理

人工神经网络和人类的大脑类似，不但结构上是并行的，它的处理顺序也是并行的和同时的。在同一层内的处理单元都是同时操作的，即神经网络的计算功能分布在多个处理单元上。而一般计算机通常有一个处理单元，其处理顺序是串行的。

(2) 知识的分布存储

在神经网络中，知识不是存储在特定的存储单元中，而是分布在整个系统中，要存储多个知识就需要很多连接。在计算机中，只要给定一个地址就可得到一个或一组数据。在神经网络中要获得存储的知识则采用“联想”的办法，这类似人类和动物的联想记忆。人类根据联想善于正确识别图形，人工神经网络也是这样的。

（3）容错性

人工神经网络具有很强的容错性，它可以在不完善的数据和图形中进行学习并做出决定。由于知识存在于整个系统中，而不只是在一个存储单元中，预定比例的节点不参与运算，对整个系统的性能不会产生重大的影响。人工神经网络能够处理那些有噪声或不完全的数据，具有泛化功能和很强的容错能力。

（4）自适应性

自适应性是指人工神经网络能够根据所提供的数据，通过学习和训练，找出输入和输出之间的内在关系，从而求取问题的解。人工神经网络具有自适应性功能，这对于弱化权重确定人为因素是十分有益的。

（5）模式识别能力

目前有各种各样的神经网络模型，其中有很多网络模型善于进行模式识别。模式识别是 ANN 最重要的特征之一，它不但能识别静态信息，在实时处理复杂的动态信息方面（随时间和空间变化的）也具有巨大潜力。模式识别往往是非常复杂的，各个因素之间相互影响，呈现出复杂的非线性关系，人工神经网络为处理这类非线性问题提供了强有力的工具。

2. 人工神经网络的优点

相比其他传统方法，人工神经网络在模式识别问题上的优势可以大致归结为以下三点。

① 要求对问题的了解较少。

② 可对特征空间进行较为复杂的划分。

③ 适用于高速并行处理系统。

但是人工神经网络同其他理论一样也不是完美的，也有其固有的弱点，例如，需要更多的训练数据，在非并行处理系统中的模拟运行速度很慢，以及无法获取特征空间中的决策面等。

6.2 BP 神经网络

6.2.1 BP 神经网络的基本概念

1. BP 神经网络拓扑结构

BP 神经网络是一种具有三层或三层以上的多层神经网络，每一层都由若干个神经元组成，它的左、右各层之间各个神经元实现全连接，即左层的每一个神经元与右层的每个神经元都有连接，而上下各神经元之间无连接。用于多指标综合评价的三层 BP 神经网络如图 6-6 所示。BP 神经网络按有导师学习方式进行训练，当一对学习模式提供给网络后，其神经元的激活值将从输入层经各隐含层向输出层传播，在输出层的各神经元输出对应于输入模式的网络响应。然后，按减少希望输出与实际输出误差的原则，从输出层经各隐含层最后回到输入层，逐层修正各连接权值。由于这种修正过程是从输出层到输入逐层进行的，所以称它为“误差逆传播算法”。随着这种误差逆传播训练的不断进行，网络对输入模式响应的正确率也将不断提高。

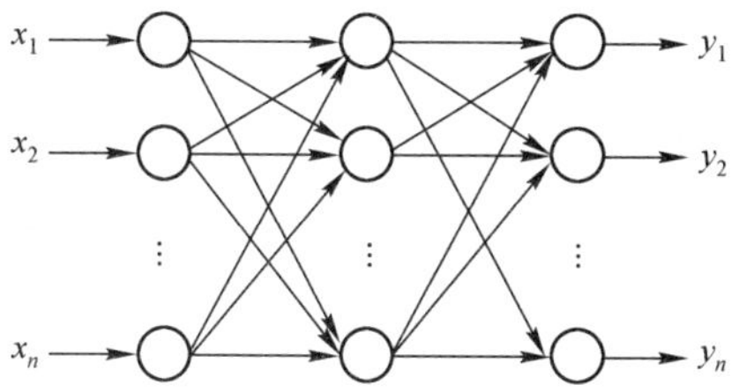

图 6-6　用于多指标综合评价的三层 BP 神经网络

由于 BP 神经网络有处于中间位置的隐含层，并有相应的学习规则可循，因此可训练这种网络，使其具有对非线性模式的识别能力。特别是它的数学意义明确、学习步骤分明，更使其有广泛的应用前景。

2. BP 神经网络训练

在进行 BP 神经网络的设计时，应从网络的层数、隐含层中的神经元数、初始权值的选取，以及学习速率等几个方面进行考虑。

① 网络的层数。已经证明：三层 BP 神经网络可以实现多维单位立方体 R^m 到 R^n 的映射，即能够逼近任何有理函数。这实际上给出了一个设计 BP 神经网络的基本原则。增加层数可以更进一步地降低误差，提高精度，但同时也会使网络更加复杂化，从而增加网络权值的训练时间。而误差精度的提高实际上也可以通过增加隐含层中的神经元数目来获得，其训练结果也比增加层数更容易观察和调整，所以一般情况下，应优先考虑增加隐含层中的神经元数。

② 隐含层中的神经元数。可以通过采用一个隐含层而增加神经元数的方法来提高网络训练精度，这在结构的实现上要比增加更多的隐含层简单得多。在具体设计时，比较实用的做法是隐含层的神经元数取输入层的两倍，然后适当地加上一点余量。评价一个网络设计得好坏，首先是它的精度，其次是训练时间。时间包含有两层含义：一是循环次数，二是每次循环中计算所花的时间。

③ 初始权值的选取。由于系统是非线性的，初始权值的选取对于学习能否达到局部最小、是否能够收敛以及训练时间的长短有很大关系。初始权值过大或过小都会影响学习速度，因此初始权值应选为均匀分布的小数经验值，初始权值一般取在$(-1,1)$之间的随机数，也可选取在$[-2.4/n,2.4/n]$内的随机数，其中 n 为输入特征个数。为避免每一步权值的调整方向是同向的，应将初始权值设为随机数。

④ 学习速率。学习速率取决于每一次循环训练中所产生的权值变化量。高的学习速率可能导致系统的不稳定；但低的学习速率又将导致较长的训练时间，可能收敛很慢，不过能保证网络的误差值跳出误差表面的低谷而最终趋于最小误差值。在一般情况下，倾向于选取较小的学习速率以保证系统的稳定性。学习速率通常选取 0.01~0.8。

如同初始权值的选取过程一样，在一个神经网络的设计中，网络要经过几个不同学习速率的训练，通过观察每一次训练后的误差平方和 $\sum e^2$ 的下降速率来判断所选定的学习速率是否合适，若 $\sum e^2$ 下降得很快，则说明学习速率合适；若 $\sum e^2$ 出现振荡现象，则说明学习速率过大。对于每一个具体网络都存在一个合适的学习速率，但对于较复杂网络，在误差曲面的不同部位可能需要不同的学习速率。为了减少寻找学习速率的训练次数以及训练时间，比较合适的方法是采用变化的自适应学习速率，使网络的训练在不同的阶段自动设置不同的学习速率。一般来说，学习速率越高，收敛越快，但容易振荡；而学习速率越低，则收敛越慢。

⑤ 期望误差的选取。在网络的训练过程中，期望误差值也应当通过对比训练后确定一个合适的值。所谓的“合适”，是相对于所需要的隐含层的节点数来确定的，因为较小的期望误差要靠增加隐含层的节点，以及训练时间来获得。一般情况下，作为对比，可以同时对两个不同期望误差的网络进行训练，最后综合考虑来确定采用其中一个网络。

尽管含有隐含层的神经网络能实现任意连续函数的逼近，但在训练过程中如果一些参数选取得合适，可以加快神经网络的训练，缩短神经网络的训练时间和取得满意的训练结果。对训练过程有较大影响的是权系数的初值、学习速率等。

调整量与误差成正比，即误差越大，调整的幅度就越大，这一物理意义是显而易见的。

调整量与输入值的大小成正比例，这里由于输入值越大，在学习过程中就显得越活跃，所以与其相连的权值的调整幅度就应该越大。

调整量与学习速率成正比，通常学习速率为 0.1~0.8，为使整个学习过程加快，又不引起振荡，可采用变学习速率的方法，即在学习初期取较大的学习速率，随着学习过程的进行逐渐减少其值。

下面以梯度下降法训练 BP 神经网络为例，介绍和分析这四个过程，在第 l 次输入样本 $(l=1,2,\cdots,N)$ 进行训练时各个参数的表达及计算方法。

（1）确定参数

① 确定输入向量 $\boldsymbol{X}$：

输入向量 $\boldsymbol{X}=[x_1,x_2,\cdots,x_n]^{\mathrm{T}}$（$n$ 为输入层单元个数）。

② 确定输出向量 $\boldsymbol{Y}$ 和希望输出向量 $\boldsymbol{O}$：

输出向量 $\boldsymbol{Y}=[y_1,y_2,\cdots,y_q]^{\mathrm{T}}$（$q$ 为输出层单元数）。

希望输出向量 $\boldsymbol{O}=[o_1,o_2,\cdots,o_q]^{\mathrm{T}}$。

③ 确定隐含层输出向量 $\boldsymbol{B}$：

隐含层输出向量 $\boldsymbol{B}=[b_1,b_2,\cdots,b_p]^{\mathrm{T}}$，（$p$ 为隐含层单元数）。

④ 初始化输入层至隐含层的连接权值 $\boldsymbol{W}_j=[w_{j1},w_{j2},\cdots,w_{jt},\cdots,w_{jn}]^{\mathrm{T}}, j=1,2,\cdots,p$。

⑤ 初始化隐含层至输出层的连接权值 $\boldsymbol{V}_k=[v_{k1},v_{k2},\cdots,v_{kj},\cdots,v_{kp}]^{\mathrm{T}}, k=1,2,\cdots,q$。

（2）输入模式顺传播

这一过程主要是利用输入模式求出它所对应的实际输出。

① 计算隐含层各神经元的激活值 s_j：

$$s_j=\sum_{i=1}^{n} w_{ji}\cdot x_i-\theta_j \qquad (j=1,2,\cdots,p) \tag{6-7}$$

式中，w_{ji} 为输入层至隐含层的连接权；θ_j 为隐含层单元的阈值。

激活函数采用 S 型函数，即

$$f(x)=\frac{1}{1+\exp(-x)} \tag{6-8}$$

这里之所以选 S 型函数为 BP 神经网络神经元的激活函数，是因为它是连续可微分的，而且更接近于生物神经元的信号输出形式。

② 计算隐含层 j 单元的输出值。将上面的激活值代入激活函数中可得隐含层 j 单元的输出值为

$$b_j=f(s_j)=\frac{1}{1+\exp\left(-\sum_{i=1}^{n} w_{ji}\cdot x_i+\theta_j\right)} \tag{6-9}$$

阈值 θ_j 在学习过程中和权值一样也不断地被修正。阈值的作用反映在 S 型函数的输出曲线上，如图 6-7 所示。

由图中可见，阈值的作用相当于将输出值移了 θ 个单位。

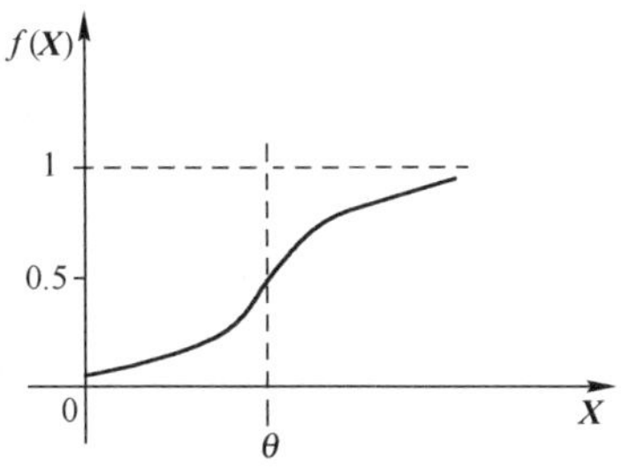

图 6-7　阈值的作用

同理，可求得输出端的激活值和输出值。

③ 计算输出层第 k 个单元的激活值 s_k：

$$s_k=\sum_{j=1}^{p} v_{kj}\cdot b_j-\theta_k \tag{6-10}$$

式中，v_{kj}为隐含层至输出层的权值；θ_k 为输出层单元阈值。

④ 计算输出层第 k 个单元的实际输出值 y_k：

$$y_k=f(s_k)\quad (k=1,2,\cdots,q) \tag{6-11}$$

式中，$f(x)$为 S 型激活函数。

利用以上各式就可计算出一个输入模式的顺传播过程。

(3) 输出误差的逆传播

在第（2）步的输入模式顺传播计算中我们得到了网络的实际输出值，当这些实际的输出值与希望的输出值不一样时或者说误差大于所限定的数值时，就要对网络进行校正。

这里的校正是从后向前进行的，所以叫作误差逆传播，计算时从输出层到隐含层，再从隐含层到输入层。

① 输出层的校正误差为

$$d_k=(o_k-y_k)y_k(1-y_k)\qquad (k=1,2,\cdots,q) \tag{6-12}$$

式中，y_k 为实际输出；o_k 为希望输出。

② 隐含层各单元的校正误差为

$$e_j=\left(\sum_{k=1}^{q} v_{kj}\cdot d_k\right)b_j(1-b_j) \tag{6-13}$$

这里应注意，每一个中间单元的校正误差都是由 q 个输出层单元校正误差传递而产生的。当求得校正误差后，则可利用 d_k 和 e_j 沿逆方向逐层调整输出层至隐含层，隐含层至输入层的权值。

③ 对于输出层至隐含层连接权值和输出层阈值的校正量为

$$\Delta v_{kj} = \alpha \cdot d_k \cdot b_j \tag{6-14}$$

$$\Delta \theta_k = \alpha \cdot d_k \tag{6-15}$$

式中，b_j 为隐含层 j 单元的输出；d_k 为输出层的校正误差；α 为（学习系数），$\alpha>0$。

④ 隐含层至输入层的校正量为

$$\Delta w_{ji} = \beta \cdot e_j \cdot x_i \tag{6-16}$$

$$\Delta \theta_j = \beta \cdot e_j \tag{6-17}$$

式中，e_j 为隐含层 j 单元的校正误差；β 为学习系数，$0<\beta<1$。

这里可以看出：

- 调整量与误差成正比，即误差越大，调整的幅度就越大，这一物理意义是显而易见的。
- 调整量与输入值的大小成正比例，这里由于输入值越大，在学习过程中就显得越活跃，所以与其相连的权值的调整幅度就应该越大。
- 调整量与学习系数成正比，通常学习系数为 0.1~0.8，为使整个学习过程加快，又不引起振荡，可采用变学习速率的方法，即在学习初期取较大的学习系数，随着学习过程的进行逐渐减少其值。

(4) 循环记忆训练

为使网络的输出误差趋于极小值，对于 BP 神经网络输入的每一组训练模式，一般要经过数百次甚至上万次的循环记忆训练，才能使网络记住这一模式。这种循环记忆训练实际上就是反复重复上面介绍的输入模式。

(5) 学习结果的判别

当每次循环记忆训练结束后，都要进行学习结果的判别。判别的目的主要是检查输出误差是否已经小到可以允许的程度。如果小到了可以允许的程度，就可以结束整个学习过程，否则还要继续进行循环训练。学习或者说训练的过程是网络全局误差趋向于极小值的过程。但是对于 BP 神经网络，其收敛过程存在着两个很大的缺陷：一是收敛速度慢，二是存在“局部极小点”问题。在学习过程中有时会出现，当学习反复进行到一定次数后，虽然网络的实际输出与希望输出还存在很大的误差，但无论再如何学习下去，网络全局误差的减少速度都变得很缓慢，或者根本不再变化，这种现象是因网络收敛于局部极小点所致的。BP 神经网络的全局误差函数 E 是一个以 S 型函数为自变量的非线性函数。这就意味着由 E 构成的连接权值空间不是只有一个极小点的曲面，而是存在多个局部极小点的超曲面，如图 6-8 所示。

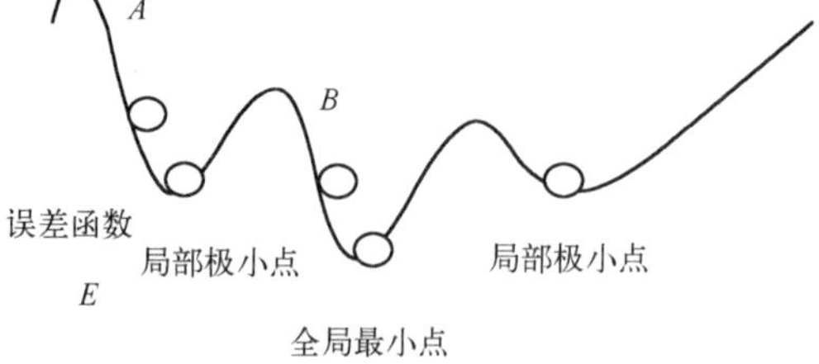

图 6-8 最小点和极小点

导致这一缺陷的主要原因是采用了按误差函数梯度下降的方向进行校正。在图 6-8 中，若初始条件是从 *A* 点的位置开始的，则只能达到局部极小点，但如果从 *B* 点开始则可达到全局最小点。所以 BP 神经网络的收敛依赖于学习模式的初始化位置，适当改进 BP 神经网络隐含层的单元个数，或者给每个连接权值加上一个很小的随机数，都有可能使收敛过程避开局部极小点。

6.2.2　BP 神经网络分类器设计

1. BP 神经网络分类器结构设计

我们设计的 BP 神经网络结构有三层：输入层、隐含层、输出层，三层 BP 神经网络结构图如图 6-9 所示。对于手写数字，提取了 5×5=25 个特征作为神经网络的输入，因此输入节点为 25 个，根据隐含层神经元（即节点）个数大约为输入节点两倍关系，隐含层取 50 个节点，输出层取 4 个节点，这 4 个输出为 4 位二进制数，代表神经网络输出的数字类型。

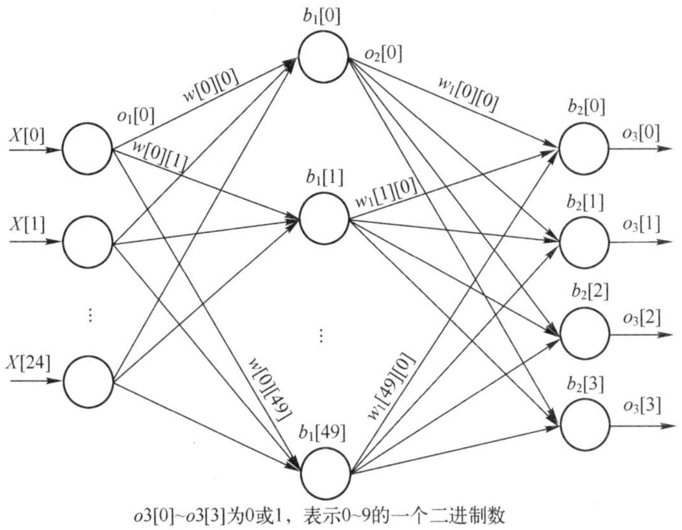

图 6-9　三层 BP 神经网络结构图

图 6-9 中的三层 BP 神经网络的学习分为正向（顺）传播输出和反向（逆）传播修正权值两阶段。

2. 实现步骤

① 初始化输入、输出矩阵 ***p***[ ]、***t***[ ]。***p*** 为训练样本，***t*** 为训练样本所属的类别。

② 构建 BP 神经网络，设置参数调整方式。Matlab 的 newff 函数具有构建 BP 神经网络的功能，为了选择不同的调整 BP 网络参数方式，只需修改 newff 函数最后一个参数。构建 BP 神经网络的核心函数见表 6-2。表 6-2 列出了采用不同的调整参数方式构建 BP 网络，newff 中的第一个参数代表手写数字训练集中输入节点为 x 个特征范围，第二个参数[50,4]代表隐含层和输出层的节点个数，由于构建 BP 网络和训练网络编程语句相同，本程序仅列出梯度下降法构建 BP 神经网络编程代码，供读者参考，其他不一一列出。

表 6-2　构建 BP 神经网络的核心函数

序号	调整 BP 网络参数方式	核心语句
1	梯度下降法	bpnet=newff(x,[50,4],{'logsig','logsig'},'traingd');
2	有动量的梯度下降法	bpnet=newff(x,[50,4],{'logsig','logsig'},'traingdm');
3	有自适应 lr 的梯度下降法	bpnet=newff(x,[50,4],{'logsig','logsig'},'traingda');
4	有动量加自适应 lr 的梯度下降法	bpnet=newff(x,[50,4],{'logsig','logsig'},'traingdx');
5	弹性梯度下降法	bpnet=newff(x,[50,4],{'logsig','logsig'},'trainrp');
6	Fletcher-Reeves 共轭梯度法	bpnet=newff(x,[50,4],{'logsig','logsig'},'traincgf');
7	Polak-Ribiere 共轭梯度法	bpnet=newff(x,[50,4],{'logsig','logsig'},'traincgp');
8	Powell-Beale 共轭梯度法	bpnet=newff(x,[50,4],{'logsig','logsig'},'traincgb');
9	量化共轭梯度法	bpnet=newff(x,[50,4],{'logsig','logsig'},'trainscg');

③ 调用 MATLAB 的 train(bpnet,p,t)函数，训练 BP 神经网络。其中，bpnet 为已经建立好的 BP 网络，p 为训练样本，t 为训练样本所属的类别。

④ 对待测样本，调用 MATLAB 的 sim 函数，利用已经训练好的 BP 神经网络识别。sim 函数定义为：[t,x,y] = sim(model,timespan,options,ut)；其中参数 model 表示网络结构名，timespan 表示循环次数，options 表示可选条件，ut 表示输入的向量，t 表示网络输出向量结构，x 表示仿真状态矩阵，y 表示仿真输出矩阵。

3. 编程代码

```
%%%%%%%%%%%%%%%%%%%%%%%%%%%%%%%%%%%%%
% 函数名称:bpgdtrain
% 函数功能:构建 BP 神经网络,使用梯度下降法训练 BP 神经网络
% 函数参数:无
% 函数返回值:无
%%%%%%%%%%%%%%%%%%%%%%%%%%%%%%%%%%%%%
function bpgdtrain
    global bpnet;
    clc;
    load templet pattern;
    c=0;
    p=[];
    for i=1:10
        for j=1:20
            c=c+1;
            p(:,c)=pattern(i).feature(:,j);
        end
    end
    t=zeros(4,200);
    t(4,1:20)=1;
    t(3,21:40)=1;
```

```
    t(3:4,41:60)=1;
    t(2,61:80)=1;
    t(2,81:100)=1;
    t(4,81:100)=1;
    t(2:3,101:120)=1;
    t(2:4,121:140)=1;
    t(1,141:160)=1;
    t(1,161:180)=1;
    t(4,161:180)=1;
    t(1,181:200)=1;
    t(3,181:200)=1;
    x=ones(25,2);
    x(:,1)=0;
    bpnet=newff(x,[50,4],{'logsig','logsig'},'traingd');
    bpnet.trainParam.show=50; %显示训练迭代过程(每隔 50 次训练,显示一次训练进程)
    bpnet.trainParam.lr=0.2; %学习速率
    bpnet.trainParam.epochs=20000; %最大训练次数
    bpnet.trainParam.goal=0.5e-1; %训练要求的精度(科学计数法:0.05)
    [bpnet]=train(bpnet,p,t);
%%%%%%%%%%%%%%%%%%%%%%%%%%%%%%%%%%%%%%%%
% 函数名称:bpnet
% 函数功能:识别手写数字
% 函数参数:手写数字特征 sample
% 函数返回值:手写数字所属类别 y
%%%%%%%%%%%%%%%%%%%%%%%%%%%%%%%%%%%%%%%%
function y=bpnet(sample)
    global bpnet;
    clc;
    a=sim(bpnet,sample');
    a=round(a);
    b=num2str(a);
    c=bin2dec(b');
    y=c-1;
```

4. 效果图

① 选择“神经网络”→“BP 神经网络分类法”→“梯度下降法 BP 训练”菜单命令（注：此处也可选择使用其他方法，如有动量的梯度下降法 BP 训练、Powell-Beale 共轭梯度法 BP 训练等，来训练 BP 神经网络），建立并训练 BP 神经网络如图 6-10 所示，训练结果如图 6-11 所示。

② 训练后权值详见文件“BP 神经网络训练后的权值和阈值.txt”。

③ 拖动鼠标左键在视图区用鼠标手写一个数字，然后选择“神经网络”→“BP 神经网络分类法”→“BP 网络法识别”菜单命令，如图 6-12 所示，进行手写数字分类。

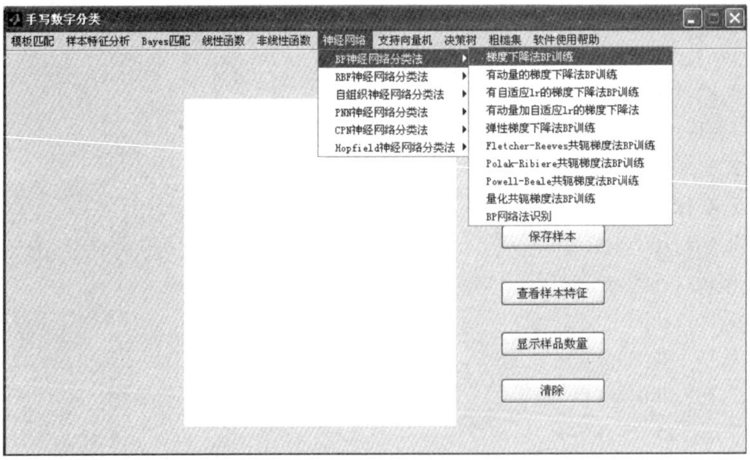

图 6-10 采用梯度下降法训练 BP 神经网络

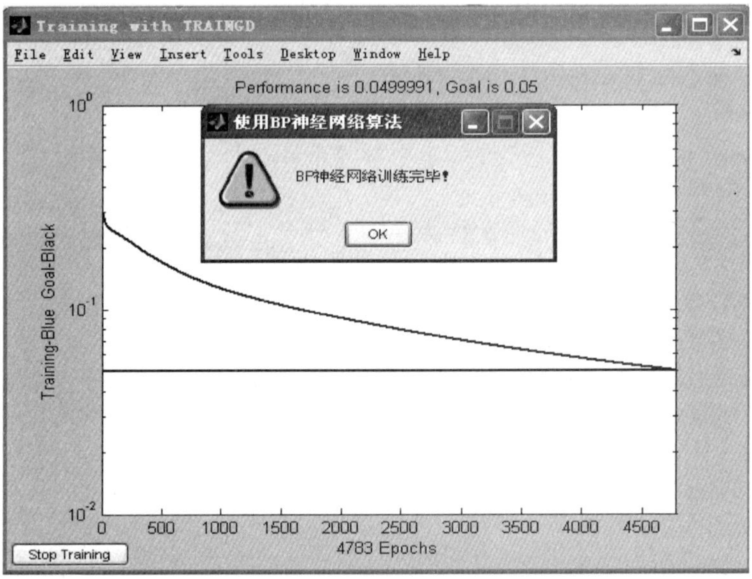

图 6-11 采用梯度下降法训练 BP 神经网络的结果

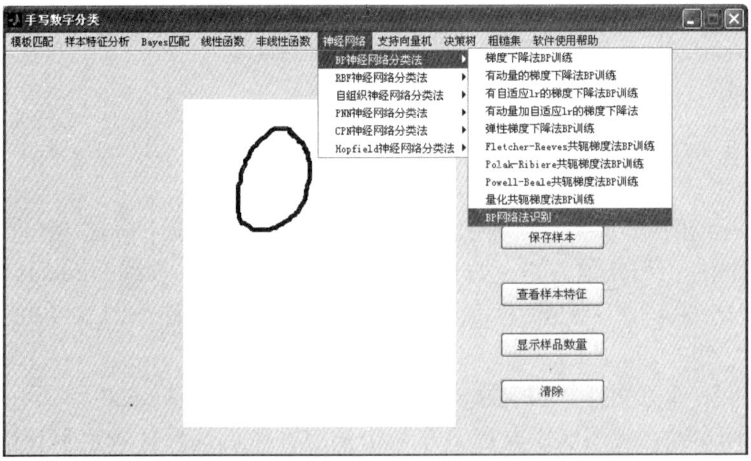

图 6-12 BP 神经网络识别菜单

由于样本库中存储的是作者自己手写的数字，神经网络训练集能够对这些形状的数字进行识别，BP 神经网络识别效果如图 6-13 所示。读者可以借鉴下面各数字的形状来运行神经网络分类，会得到正确的结果，否则读者书写的数字有可能被错误识别。读者可以将自己手写的数字尽可能多地添加到样本库，每个数字添加 20 个左右即可较轻松识别读者个人手写的数字。

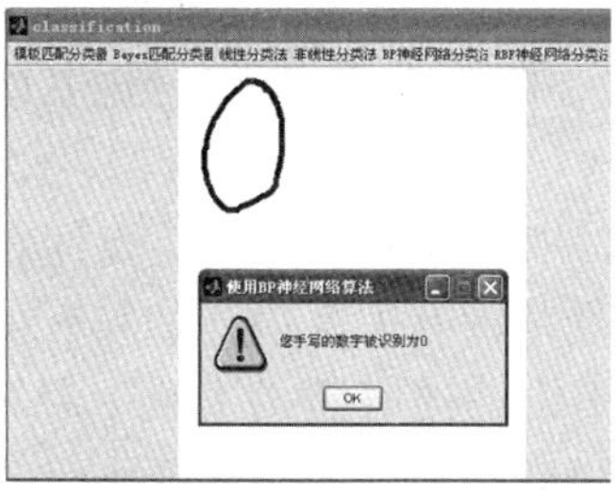

(a) 手写数字0识别示意图

(b) 手写数字1识别示意图

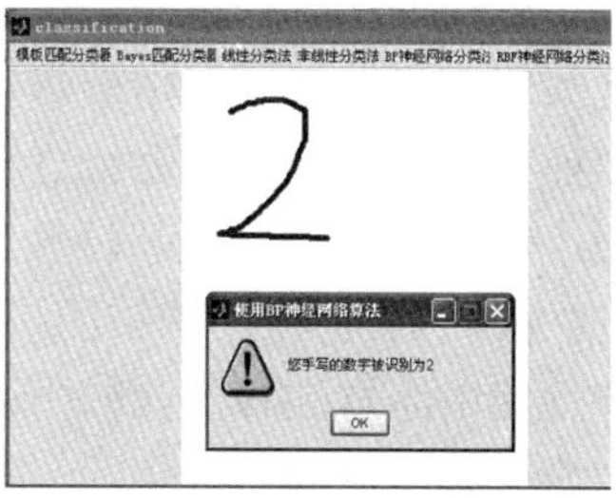

(c) 手写数字2识别示意图

(d) 手写数字3识别示意图

(e) 手写数字4识别示意图

(f) 手写数字5识别示意图

(g) 手写数字6识别示意图

(h) 手写数字7识别示意图

(i) 手写数字8识别示意图

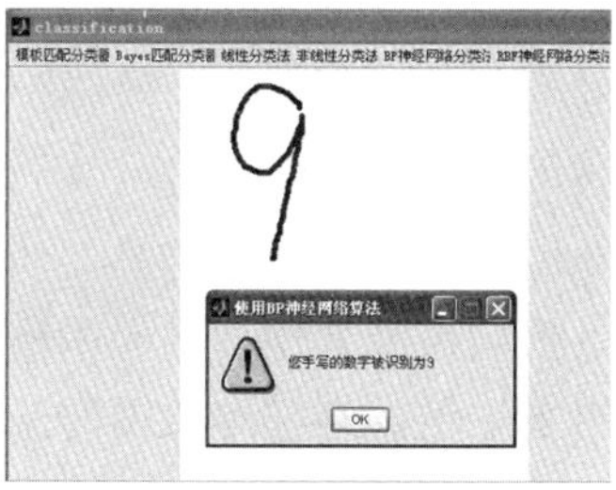

(j) 手写数字9识别示意图

图 6-13　BP 神经网络识别效果

6.3 径向基函数（RBF）神经网络

众所周知，BP 神经网络用于函数逼近时，权值的调节采用的是负梯度下降法，这种调节权值的方法具有局限性。本节主要介绍在逼近能力、分类能力和学习速度等方面都优于 BP 神经网络的另一种网络——径向基函数（Radial Basis Function，RBF）神经网络。

径向基函数神经网络（简称径向基网络）是由 J. Moody 和 C. Darken 于 20 世纪 80 年代末提出的一种神经网络结构，它是具有单隐含层的三层前向网络。目前已经证明，径向基网络能够以任意精度逼近任意连续函数。

RBF 神经网络是一种性能良好的前向网络，具有最佳逼近，以及克服局部极小点问题的性能。另外，BP 网络的初始权值参数是随机产生的，而 RBF 网络的有关参数（如具有重要性能的隐含层神经元的中心向量和宽度向量）则是根据训练集中的样本模式按照一定的规则来确定或者初始化的。这就可能使 RBF 神经网络在训练过程中不易陷入局部极小点的解域中。如果要实现同一个功能，RBF 神经网络的神经元个数可能要比前向 BP 神经网络的神经元个数要多，但是，径向基网络所需要的训练时间却比 BP 神经网络少。

6.3.1 径向基函数神经网络的基本概念

用 RBF 作为隐单元的“基”构成隐含层空间，这样就可以将输入矢量直接（即不通过权连接）映射到隐空间。当 RBF 神经网络的中心点确定以后，这种映射关系也就确定了。而隐含层空间到输出空间的映射是线性的，即网络的输出是隐单元输出的线性加权和，此处的权为网络可调参数。以上便是构成 RBF 神经网络的基本思想。由此可见，从总体上看，网络由输入到输出的映射是非线性的，而网络输出对可调参数而言却又是线性的；这样网络的权就可由线性方程组直接解出或用 RLS 方法递推计算，从而大大加快学习速率并避免局部极小点问题。下面对这种网络进行介绍。

1. RBF 神经网络中心点选取方法

对于 RBF 神经网络的学习算法，关键问题是隐含层神经元中心参数的合理确定。在已有的常用学习算法中，中心参数（或者中心参数的初始值）要么是从给定的训练样本集里按照某种方法直接选取，要么采用聚类的方法进行确定。RBF 神经网络中心选取常用方法有如下几种。

（1）直接计算法（随机选取 RBF 神经网络中心）

这是一种最简单的方法。在此方法中，隐含层神经元的中心是随机地在输入样本中选取的，且中心固定。一旦中心固定下来后，隐含层神经元的输出便是已知的，这样神经网络的连接权值就可以通过求线性方程组来确定。当样本数据的分布具有明显的代表性时，这种方法是一种简单有效的方法。

（2）自组织学习选取 RBF 神经网络中心法

在这种方法中，RBF 神经网络的中心是可以变化的，并通过自组织学习确定其位置。而输出层的线性权重则是通过有监督型的学习来确定的。因此，这是一种回合的学习方法。该方法在某种意义上是 RBF 对神经网络资源的再分配，通过学习，使 RBF 神经网络的隐含层神经元中心位于输入空间重要的区域。这种方法主要采用 K-均值聚类法来选择 RBF 神经网络的中心，属于无监督型（无导师型）的学习方法，在模式识别中有较为广泛的应用。

(3) 有导师型的学习选取 RBF 神经网络中心法

RBF 神经网络的中心以及其他参数都是通过有导师型的学习来确定的。通过训练样本集来获得满足导师（监督）要求的网络中心和其他权重参数，这也是 RBF 神经网络最一般的学习方法。常用的学习迭代方法是梯度下降法。

(4) 正交最小二乘法选取 RBF 神经网络中心

正交最小二乘（Orthogonal Least Squares，OLS）法是 RBF 神经网络的另一种重要的学习方法，其思想来源于线性回归模型。RBF 神经网络的输出实际上是隐含层神经元某种响应参数（这里称为回归因子）和隐含层—输出层间连接权重的线性组合。所有隐含层神经元上的回归因子构成回归向量。正交最小二乘法的任务是通过 RBF 神经网络的学习来获得合适的回归向量。学习过程主要是回归向量的正交化的过程。

实际应用表明，这些学习算法均有不足之处，使之应用范围受到限制。主要缺点体现在：如果隐含层神经元的取值是训练样本中的数据，那么在多数情况下难以反映系统的真正映射关系，并且在中心点的优选中会出现病态现象，导致训练失败。在很多实际问题中，RBF 神经网络隐含层神经元的中心并非是训练集中的某些样本点或样本的聚类中心，需要通过学习的方法获得，使所得到的中心能够更好地反映训练集数据所包含的信息。因此，有监督型的学习选取 RBF 神经网络中心的学习算法是一般的形式。但是，这种算法也有其缺点，即如果中心选取不当，会导致学习不收敛。因此，针对这种学习算法，并结合高斯核函数的特点，给出了一种新的 RBF 神经网络学习算法——基于高斯核的 RBF 神经网络。

2. 基于高斯核的 RBF 神经网络拓扑结构

RBF 神经网络的拓扑结构是一种三层前馈网络：第一层为输入层，由信号源节点构成，仅起到数据信息的传递作用，对输入信息不进行任何变换。第二层为隐含层，其节点数视需要而定，隐含层神经元的核函数（作用函数）为高斯函数，对输入信息进行空间映射变换。第三层为输出层，它对输入模式做出响应。输出层神经元的作用函数为线性函数，对隐含层神经元输出的信息进行线性加权后输出，作为整个神经网络的输出结果。基于高斯核的 RBF 神经网络的拓扑结构如图 6-14 所示。

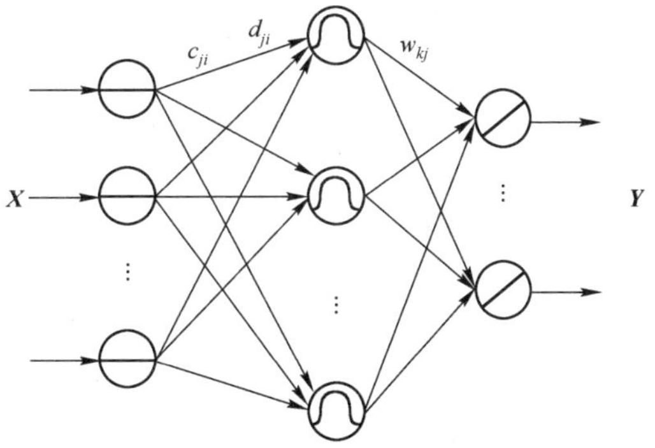

图 6-14　基于高斯核的 RBF 神经网络的拓扑结构

隐含层径向基神经元模型机构如图 6-15 所示。由图 6-15 可见，径向基网络传递函数是以输入向量与阈值向量之间的距离 $\|X-C_j\|$ 作为自变量的，其中 $\|X-C_j\|$ 是通过输入向量和加权矩阵 C 的行向量的乘积得到的。径向基函数神经网络传递函数可以取多种形式，最常用的有下面三种：

① 高斯函数：

$$\phi_i(t)=\mathrm{e}^{-\frac{t^2}{\delta_i^2}}$$

② 反常 S 型函数：

$$\phi_i(t)=\frac{1}{1+\mathrm{e}^{\frac{t^2}{\delta^2}}}$$

③ 逆 Multiquadric 函数：

$$\phi_i(t)=\frac{1}{(t^2+\delta_i^2)^a},\quad a>0$$

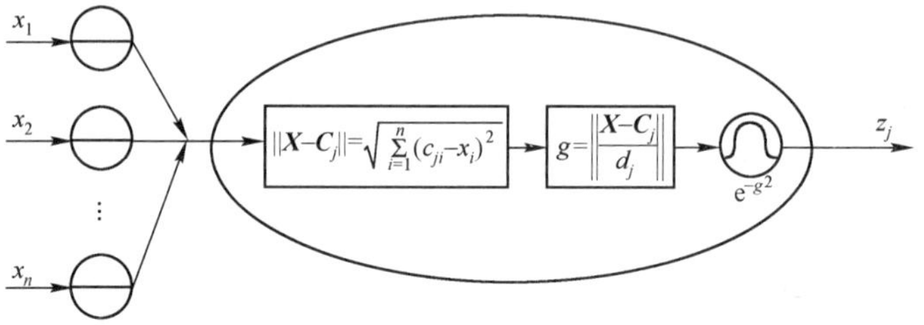

图 6-15　隐含层径向基神经元模型机构

但是，较为常用的还是高斯函数。本书选用高斯函数 $y=\mathrm{e}^{-x^2}$ 作为径向基函数。

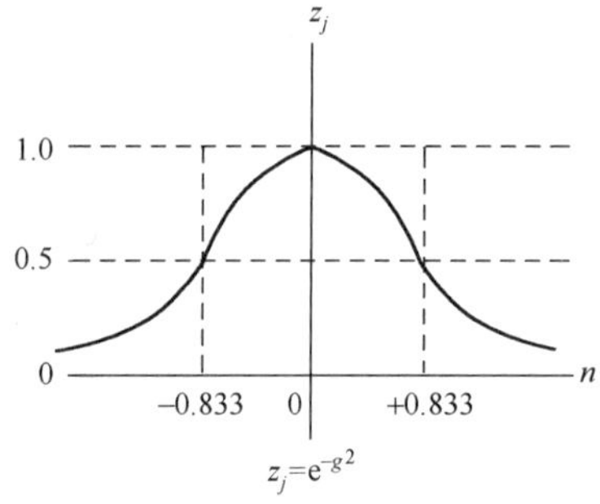

图 6-16　高斯函数

当输入自变量为 0 时，传递函数取得最大值为 1。随着权值和输入向量间的距离不断减小，网络输出是递增的。也就是说，径向基函数对输入信号在局部产生响应。函数的输入信号 X 靠近函数的中央范围时，隐含层节点将产生较大的输出，如图 6-16 所示。由此可以看出这种网络具有局部逼近的能力。

当输入向量加到网络输入端时，径向基层每个神经元都会输出一个值，代表输入向量与神经元权值向量之间的接近程度。如果输入向量与权值向量相差很多，则径向基层输出接近于 0，经过第二层的线性神经元，输出也接近于 0；如果输入向量与权值向量很接近，则径向基层的输出接近于 1，经过第二层的线性神经元，输出值就靠近第二层权值。在这个过程中，如果只有一个径向基神经元的输出为 1，而其他的神经元输出均为 0 或者接近 0，那么线性神经元的输出就相当于输出为 1 的神经元相对应的第二层权值的值。一般情况下，不止一个径向基神经元的输出为 1，所以输出值也就会有所不同。

3. RBF 神经网络训练

训练的目的是求两层的最终权值 C_j、D_j 和 W_j。RBF 神经网络的训练过程分为两步：第一步为无导师型的学习，训练确定输入层与隐含层间的权值 C_j、D_j；第二步为有导师型的学习，训练确定隐含层与输出层间的权值 $\boldsymbol{W}_j$。在训练前，需要提供输入向量 $\boldsymbol{X}$、对应的目标输出向量 $\boldsymbol{Y}$ 和径向基函数的宽度向量 $\boldsymbol{D}_j$。在第 l 次输入样本($l=1,2,\cdots,N$)进行训练时各个参数的表达及计算方法如下。

(1) 确定参数

① 确定输入向量 $\boldsymbol{X}$：

输入向量 $\boldsymbol{X}=[x_1,x_2,\cdots,x_n]^{\mathrm{T}}$（$n$ 为输入层单元个数）。

② 确定输出向量 $\boldsymbol{Y}$ 和希望输出向量 $\boldsymbol{O}$：

输出向量 $\boldsymbol{Y}=[y_1,y_2,\cdots,y_q]^{\mathrm{T}}$（$q$ 为输出层单元个数）。

希望输出向量 $\boldsymbol{O}=[o_1,o_2,\cdots,o_q]^{\mathrm{T}}$。

③ 初始化隐含层至输出层的连接权值 $\boldsymbol{W}_k=[w_{k1},w_{k2},\cdots,w_{kp}]^{\mathrm{T}}(k=1,2,\cdots,q)$。

参考中心初始化的方法为：

$$W_{kj}=\min k+j\frac{\max k-\min k}{q+1} \tag{6-18}$$

式中，min$k$ 为训练集中第 k 个输出神经元所有期望输出的最小值；max$k$ 为训练集中第 k 个输出神经元所有期望输出的最大值。

④ 初始化隐含层各神经元的中心参数 $\boldsymbol{C}_j=[c_{j1},c_{j2},\cdots,c_{jn}]^{\mathrm{T}}$。不同隐含层神经元的中心应有不同的取值，并且与中心的对应宽度能够调节，使得不同的输入信息特征能被不同的隐含层神经元最大程度地反映出来，在实际应用时，一个输入信息总是包含在一定的取值范围内。不失一般性，将隐含层各神经元的中心分量的初值，按从小到大等间距变化，使较弱的输入信息在较小的中心附近产生较强的响应。间距的大小可由隐含层神经元的个数来调节。这样做的好处是，能够通过试凑的方法找出较为合理的隐含层神经元个数，并使中心的初始化尽量合理，不同的输入特征更为明显地在不同的中心处反映出来，体现高斯核的特点。

基于上述思想，RBF 神经网络中心参数的初始值可由下式给出：

$$c_{ji}=\min i+\frac{\max i-\min i}{2p}+(j-1)\frac{\max i-\min i}{p} \quad (p\text{ 为隐含层神经元总个数},j=1,2,\cdots,p) \tag{6-19}$$

式中，min$i$ 为训练集中第 i 个特征所有输入信息的最小值；max$i$ 为训练集中第 i 个特征所有输入信息的最大值。

⑤ 初始化宽度向量 $\boldsymbol{D}_j=[d_{j1},d_{j2},\cdots,d_{jn}]^{\mathrm{T}}$。宽度向量影响着神经元对输入信息的作用范围：宽度越小，相应隐含层神经元作用函数的形状越窄，那么处于其他神经元中心附近的信息在该神经元处的响应就越小。一般计算方法如下：

$$d_{ji}=d_{\mathrm{f}}\sqrt{\frac{1}{N}\sum_{k=1}^{N}(x_i^k-c_{ji})} \tag{6-20}$$

式中，d_{f} 为宽度调节系数，取值应小于 1，其作用是使每个隐含层神经元更容易实现对局部信息的感受能力，有利于提高 RBF 神经网络的局部响应能力。

(2) 计算隐含层第 j 个神经元的输出值 z_j

$$z_j=\exp\left(-\left\|\frac{\boldsymbol{X}-\boldsymbol{C}_j}{\boldsymbol{D}_j}\right\|^2\right) \quad j=1,2,\cdots,p \tag{6-21}$$

式中，$\boldsymbol{C}_j$ 为隐含层第 j 个神经元的中心向量，由隐含层第 j 个神经元对应于输入层所有神经

元的中心分量构成，$\boldsymbol{C}_j=[c_{j1},c_{j2},\cdots,c_{jn}]^{\mathrm{T}}$；$\boldsymbol{D}_j$ 为隐含层第 j 个神经元的宽度向量，与 $\boldsymbol{C}_j$ 相对应，$\boldsymbol{D}_j=[d_{j1},d_{j2},\cdots,d_{jn}]^{\mathrm{T}}$，$\boldsymbol{D}_j$ 越大，隐含层对输入向量的响应范围就越大，且神经元间的平滑度也较好；$\|\cdot\|$为欧氏范数。

（3）计算输出层神经元的输出

$$\boldsymbol{Y}=[y_1,y_2,\cdots,y_q]^{\mathrm{T}}$$

$$y_k=\sum_{j=1}^{p} w_{kj}z_j \qquad k=1,2,\cdots,q \tag{6-22}$$

式中，w_{kj}为输出层第 k 个神经元与隐含层第 j 个神经元间的调节权重。

（4）权重参数的迭代计算

RBF 神经网络权重参数的训练方法在这里采用梯度下降法。中心、宽度和调节权重参数均通过学习来自适应调节到最佳值，它们的迭代计算如下：

$$w_{kj}(t)=w_{kj}(t-1)-\eta\frac{\partial E}{\partial w_{kj}(t-1)}+\alpha[w_{kj}(t-1)-w_{kj}(t-2)] \tag{6-23}$$

$$c_{ji}(t)=c_{ji}(t-1)-\eta\frac{\partial E}{\partial c_{ji}(t-1)}+\alpha[c_{ji}(t-1)-c_{ji}(t-2)] \tag{6-24}$$

$$d_{ji}(t)=d_{ji}(t-1)-\eta\frac{\partial E}{\partial d_{ji}(t-1)}+\alpha[d_{ji}(t-1)-d_{ji}(t-2)] \tag{6-25}$$

式中，$w_{kj}(t)$为第 k 个输出神经元与第 j 个隐层神经元之间在第 t 次迭代计算时的调节权重；$c_{ji}(t)$为第 j 个隐层神经元对应于第 i 个输入神经元在第 t 次迭代计算时的中心分量；$d_{ji}(t)$为与中心 $c_{ji}(t)$对应的宽度；η 为学习因子；E 为 RBF 神经网络评价函数，由下式给出：

$$E=\frac{1}{2}\sum_{l=1}^{N}\sum_{k=1}^{q}(y_{lk}-O_{lk})^2 \tag{6-26}$$

式中，O_{lk}为第 k 个输出神经元在第 l 个输入样本时的期望输出值；y_{lk}为第 k 个输出神经元在第 l 个输入样本时的网络输出值。

综上所述，可给出 RBF 神经网络如下的学习算法：

① 按式（6-18）~式（6-20）对神经网络参数进行初始化，并给定 η 和 α 的取值及迭代终止精度 ε 的值。

② 按式（6-27）计算网络输出的均方根误差 RMS 的值，若 RMS$\leqslant\varepsilon$，则训练结束，否则转到第③步。

$$\mathrm{RMS}=\sqrt{\frac{\sum_{l=1}^{N}\sum_{k=1}^{q}(O_{lk}-y_{lk})^2}{qN}} \tag{6-27}$$

③ 按式（6-23）~式（6-25）对调节权重、中心和宽度参数进行迭代计算。

④ 返回步骤②。

6.3.2　径向基函数神经网络分类器设计

1. 实现步骤

① 从样本库中获取训练样本。

② 设置目标向量及径向基函数的分布密度。

③ 调用 newrbe，构建并训练径向基函数神经网络。newrbe 定义为：net = newrbe(P,T,spread)，其中 P 为输入向量，T 为输出向量，spread 为径向基函数分布密度（默认值为 1）。

④ 获取手写数字特征，调用 sim，识别手写数字所属类别。

2. 编程代码

```
%%%%%%%%%%%%%%%%%%%%%%%%%%%%%%%%%%%%%%%%
% 函数名称:rbfnet
% 函数功能:构建并训练 RBF 神经网络
% 函数参数:无
% 函数返回值:无
%%%%%%%%%%%%%%%%%%%%%%%%%%%%%%%%%%%%%%%%
function rbfnet;
  global rbfnet;
  clc;
  load templet pattern;
  c=0;
  for i=1:10
     for j=1:100
          c=c+1;
          p(:,c)=pattern(i).feature(:,j);
     end
  end
  tc(:,1:100)=0;
  tc(:,101:200)=1;
  tc(:,201:300)=2;
  tc(:,301:400)=3;
  tc(:,401:500)=4;
  tc(:,501:600)=5;
  tc(:,601:700)=6;
  tc(:,701:800)=7;
  tc(:,801:900)=8;
  tc(:,901:1000)=9;
  tc=tc/10; % tc=[1 1 1 1 1 1 1 1 1 1 1 1 1 1 1 1 1 1 1 1 2 2 2 2....]
  t=tc;
  SPREAD=1;
  rbfnet=newrbe(p,t,SPREAD);
%%%%%%%%%%%%%%%%%%%%%%%%%%%%%%%%%%%%%%%%
% 函数名称:rbfnettest
% 函数功能:识别手写数字
% 函数参数:手写数字特征 sample
% 函数返回值:手写数字所属类别 y
```

```
%%%%%%%%%%%%%%%%%%%%%%%%%%%%%%%%%%%%%%
function y=rbfnettest(sample);
    global rbfnet;
    t=sim(rbfnet,sample');
    t=t*10;
    y=round(t);
```

3. 效果图

① 选择“神经网络”→“RBF 神经网络分类法”→“RBF 神经网络训练”菜单命令，建立并训练 RBF 神经网络，如图 6-17 所示。

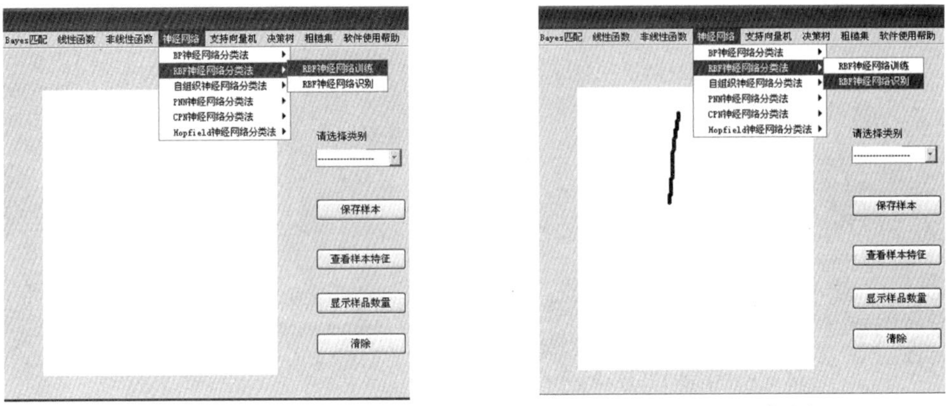

（a）训练菜单　　（b）识别菜单

图 6-17　建立并训练 RBF 神经网络

② 拖动鼠标左键在视图区用鼠标手写一个数字，如图 6-18 所示，然后选择“神经网络”→“RBF 神经网络分类法”→“RBF 神经网络识别”菜单命令，进行手写数字分类。

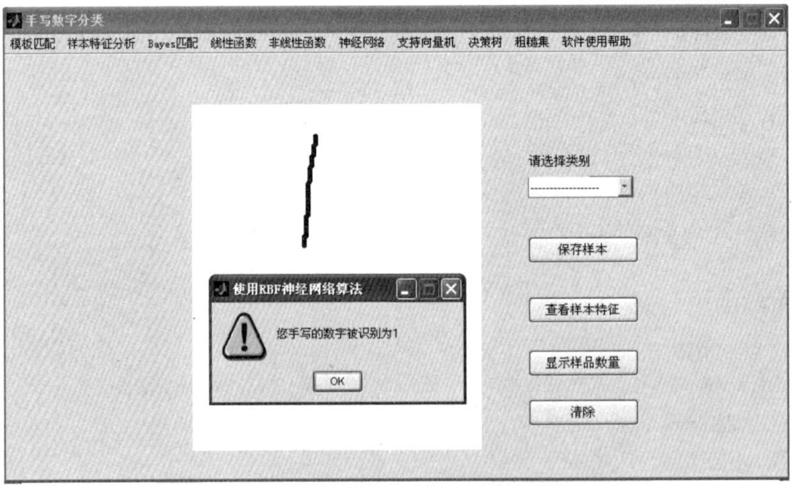

图 6-18　RBF 神经网络识别

6.4 自组织竞争神经网络

在生物神经系统中，存在着一种侧抑制现象，即一个神经细胞兴奋后，通过它的分支会对周围其他神经细胞产生抑制。由于侧抑制的作用，各个细胞之间相互竞争的最终结果是：兴奋作用最强的神经元细胞所产生的抑制作用战胜了周围其他所有细胞的抑制作用而“赢”了，其周围的其他神经细胞全“输”了。

自组织竞争神经网络正是基于上述生物结构和现象形成的。它是一种以无导师型学习方式进行网络训练的，具有自组织能力的神经网络。它能够对输入模式进行自组织训练和判断，并将其最终分为不同的类型。与 BP 神经网络相比，这种自组织自适应的学习能力进一步拓宽了人工神经网络在模式识别、分类方面的应用。另外，竞争学习网络的核心——竞争层，又是许多种其他神经网络模型的重要组成部分。

在网络结构上，自组织竞争神经网络一般是由输入层和竞争层构成的两层网络，网络没有隐含层，输入层和竞争层之间的神经元实现双向连接，同时竞争层的各个神经元之间还存在横向连接。在学习算法上，它模拟生物神经系统依靠神经元之间兴奋、协调、抑制、竞争的作用来进行信号处理的动力学原理，指导神经网络的学习与工作。

自组织竞争神经网络的基本思想是网络竞争层各个神经元竞争对输入模式的响应机会，最后仅有一个神经元成为竞争的获胜者，并对那些与获胜神经元有关的各个连接权值朝更有利于竞争的方向调整，获胜神经元表示输入模式的分类。除了竞争方法外，还可以通过另一种手段获胜，即网络竞争层各神经元都能抑制所有其他神经元对输入模式的响应机会，从而使自己成为获胜者。此外，还有一种抑制的方法，即每个神经元只抑制与自己邻近的神经元，而对远离自己的神经元则不抑制。因此，自组织竞争神经网络具有自组织自适应的学习能力，进一步拓宽了神经网络在模式识别、分类方面的应用。

6.4.1 自组织竞争神经网络的基本概念

1. 自组织竞争神经网络学习规则

自组织竞争神经网络在经过竞争而求得获胜节点后，则对与获胜节点相连的权值进行调整，调整权值的目的是为了使权值与其输入矢量之间的差别越来越小，从而使训练后的自组织竞争神经网络的权值能够代表对应输入矢量的特征，把相似的输入矢量分成同一类，并由输出来指示所代表的类别。自组织竞争神经网络修正权值的公式为

$$\Delta w_{ij}=\alpha\cdot(x_i-w_{ij}) \tag{6-28}$$

式中，α 为学习速率，且 $0<\alpha<1$，一般的取值范围为 0.01～0.3；x_i 为经过归一化处理后的输入。

2. 自组织竞争神经网络的拓扑结构

自组织竞争神经网络是一类无导师型学习的神经网络模型，这类模型大都采用竞争型学习规则，可以对外界未知环境（或样本空间）进行学习或仿真，并对自身的网络结构进行适当调整。自组织竞争神经网络可分为输入层和竞争层，其结构如图 6-19 所示。

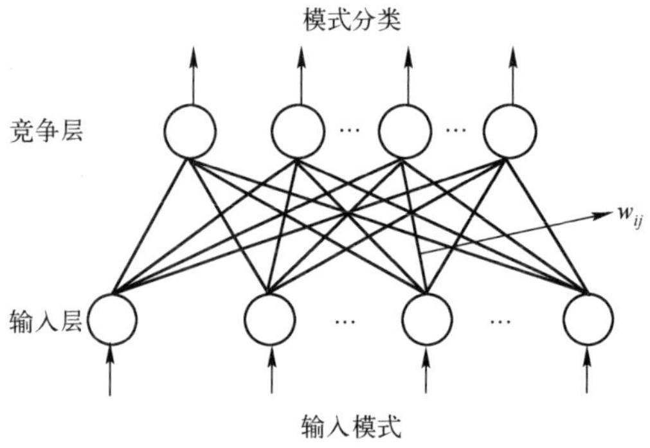

图 6-19　自组织竞争神经网络结构

3. 自组织竞争神经网络训练

自组织竞争神经网络训练实际上是对输入矢量的划分聚类过程，使得获胜节点与输入矢量之间的权矢量代表获胜输入矢量。这样，当达到最大循环的值后，网络已重复多次训练了训练模式 $\boldsymbol{X}$ 中的所有矢量，训练结束后，对于用于训练的模式 $\boldsymbol{X}$，其网络输出矢量中，其值为 1 的代表一种类型，而每类的典型模式值由该输出节点与输入节点相连的权矢量表示。在第 l 次输入样本($l=1,2,\cdots,N$)进行训练时各个参数的表达及计算方法如下。

（1）确定参数

① 确定自组织竞争神经网络的输入层节点。输入层节点是由已知输入矢量决定的。

$\boldsymbol{X}=[x_1,x_2,\cdots,x_n]$（$n$ 为输入层单元个数）。

输入样本为二值向量，每个元素的取值都是 0 或 1。

② 确定竞争层的神经元个数 p。竞争层的神经元个数 p 是由设计者确定的，一般情况下，可以根据输入矢量的维数及其估计，再适当地增加些数目来确定。

③ 确定学习速率和最大循环次数。自组织竞争神经网络的训练在达到最大循环次数后停止，这个最大循环次数一般可取输入矢量数组的 15~20 倍，即使每组输入矢量能够在网络重复出现 15~20 次。通过重复训练，自组织竞争神经网络将所有输入向量进行了分类。

④ 确定输入层到竞争层的权值 $\boldsymbol{W}_j=[w_{j1},w_{j2},\cdots,w_{ji},\cdots,w_{jn}]^{\mathrm{T}}$。网络的连接权值为 w_{ji}，$i=1,2,\cdots,n$，$j=1,2,\cdots,p$，且满足约束条件 $\sum\limits_{i=1}^{n}w_{ji}=1$。自组织竞争神经网络的权值要进行随机归一化的初始化处理，然后可以进入竞争以及权值的调整阶段。

（2）计算竞争层神经元 j 的状态 s_j

竞争层神经元 j 的状态可按下式计算：

$$s_j=\sum_{i=1}^{n}w_{ji}x_i \tag{6-29}$$

式中，x_i 为输入样本向量的第 i 个元素。

（3）求解赢得竞争胜利的神经元

竞争胜利的神经元代表着当前输入样本的分类模式。根据竞争机制，竞争层中具有最大加权值的神经元 k 赢得竞争胜利，输出为

$$a_k=\begin{cases}1, & s_k>s_j, \forall j, k\neq j \\ 0, & 其他\end{cases} \tag{6-30}$$

(4) 竞争后获胜节点权值修正

在竞争层中，神经元之间相互竞争，最终只有一个或者几个神经元获胜，以适应当前的输入样本。只有与获胜节点相连的权值才能得到修正，并且通过其学习法则修正后的权值更加接近其获胜输入向量。竞争后获胜节点的权值按照下式进行修正：

$$w_{ji}=w_{ji}+\alpha\left(\frac{x_i}{m}-w_{ji}\right) \tag{6-31}$$

式中，α 为学习参数，$0<\alpha<1$，一般为 0.01～0.03；m 为输入层中输出为 1 的神经元个数，即 $m=\sum_{i=1}^{n}x_i$。

权值调整式中的$\frac{x_i}{m}$项表示当 x_i 为 1 时，权值增加；而当 x_i 为 0 时，权值减小。也就是说，当 x_i 活跃时，对应的第 i 个权值就增加，否则就减小。由于所有权值的和为 1，所以当第 i 个权值增加或减小时，对应的其他权值就可能减小或增加。此外，该式还保证了权值的调整能够满足所有的权值调整量之和为 0。

获胜的节点对将来再次出现的相似向量更加容易使该节点赢得胜利。而对于一个不同的向量出现时，就更加不易取胜，但可能是其他某个节点获胜，归于另一类向量群中。随着输入向量的不断出现而不断调整获胜者相连的权向量，以使其更加接近于某一类输入向量。最终，如果有足够的神经元节点，每一组输入向量都能使某一节点的输出为 1 而聚为此类。

6.4.2　自组织竞争神经网络分类器设计

1. 实现步骤

① 提取每类的所有样本的均值作为该类的代表，组成训练样本矩阵。

② 调用 newc，构建自组织竞争神经网络。

③ 调用 train，训练网络。

④ 调用 sim，对手写数字进行仿真识别，将识别出的结果与每类代表该次训练所属的类号进行比对，确定识别结果。

2. 编程代码

```
%%%%%%%%%%%%%%%%%%%%%%%%%%%%%%%%%%%%%%%%%%
% 函数名称:zizuzhitrain
% 函数功能:构建并训练自组织竞争神经网络
% 函数参数:无
% 函数返回值:无
%%%%%%%%%%%%%%%%%%%%%%%%%%%%%%%%%%%%%%%%%%
function zizuzhitrain
   global net;
```

```
  global T;
  T=[0 0 0 0 0 0 0 0 0 0]; % 存储每次训练后训练集中每类所属的类号(各次训练后每类所属的
  类号不同)
  load templet pattern;
  % 取得第一类所有样本的平均特征向量
  a=pattern(1,1).feature(:,1:130);
  b=cumsum(a,2);
  c=b(:,130);
  d=c/130;
  A=d;
  for i=2:10
     ax=pattern(1,i).feature(:,1:130);
     bx=cumsum(ax,2);
     cx=bx(:,130);
     dx=cx/130;
     B=dx;% 取得各类各自所有样本的平均特征向量
     C=[A B];% 矩阵拼接
     A=C;
  end
  net=newc(minmax(C),10,0.1);% 构建自组织网络
  net.trainParam.epochs=400;% 训练次数
  net=train(net,C); % 训练网络
  Y=sim(net,C) % 训练集分类结果
  T=vec2ind(Y) % 训练集分类结果类别
%%%%%%%%%%%%%%%%%%%%%%%%%%%%%%%%%%%%%%%%%%%%%%%%%%%%%%%%%%%%%%%%%%%%%%%
% 函数名称:zizuzhi
% 函数功能:使用自组织竞争神经网络,识别手写数字
% 函数参数:手写数字特征 sample
% 函数返回值:手写数字所属类别 y
%%%%%%%%%%%%%%%%%%%%%%%%%%%%%%%%%%%%%%%%%%%%%%%%%%%%%%%%%%%%%%%%%%%%%%%
function y=zizuzhi(sample);
  clc;
  global net;
  global T;% 存储每次训练后训练集中每类所属的类号(各次训练后每类所属的类号不同)
  yt=sim(net,sample');
  yy=vec2ind(yt);
  switch(yy)% 翻译识别结果
      case T (1,1)
            y=0;
            return;
      case T(1,2)
            y=1;
            return;
```

```
        case T(1,3)
            y=2;
            return;
        case T(1,4)
            y=3;
            return;
        case T(1,5)
            y=4;
            return;
        case T(1,6)
            y=5;
            return;
        case T(1,7)
            y=6;
            return;
        case T(1,8)
            y=7;
            return;
        case T(1,9)
            y=8;
            return;
        case T(1,10)
            y=9;
            return;
    end
    y=-1;
```

3. 效果图

① 选择“神经网络”→“自组织神经网络分类法”→“自组织神经网络训练”菜单命令，建立并训练网络，如图 6-20 所示。

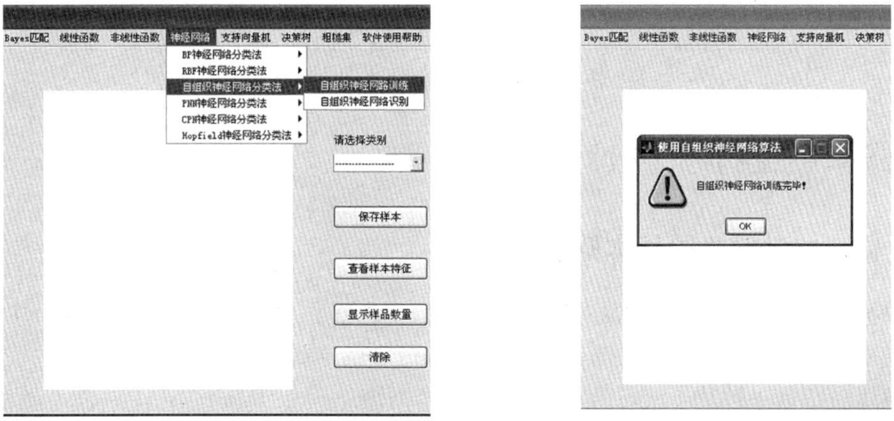

（a）训练　　（b）训练结果

图 6-20　组建并训练自组织竞争神经网络

② 训练后权值（详见“自组织网络训练后的权值和阈值.txt”）。

③ 拖动鼠标左键在视图区用鼠标手写一个数字，如图 6-21 所示，然后选择“神经网络”→“自组织神经网络分类法”→“自组织神经网络识别”菜单命令，进行手写数字分类。

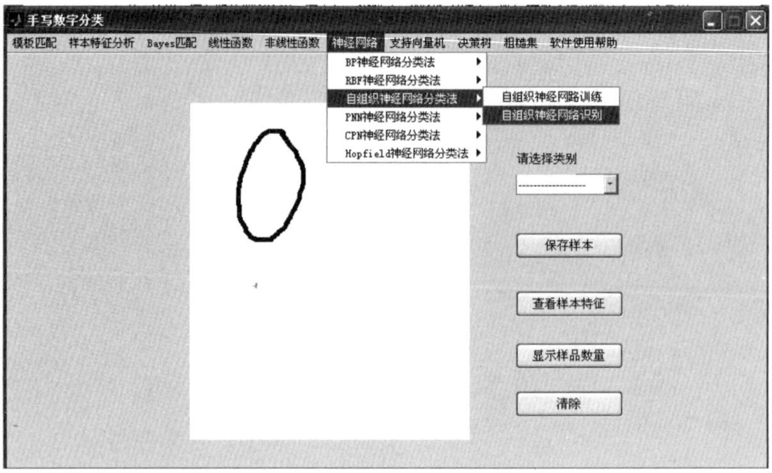

图 6-21　自组织神经网络分类

手写数字的识别效果如图 6-22 所示。

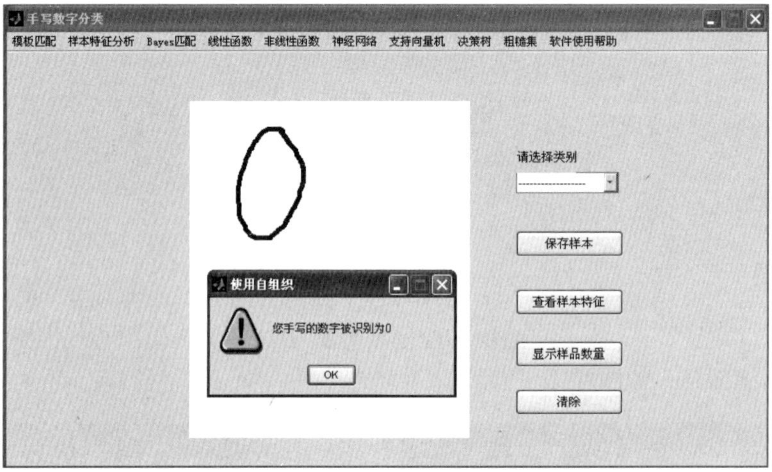

图 6-22　手写数字的识别效果

6.5　概率神经网络（PNN）

6.5.1　概率神经网络的基本概念

概率神经网络（Probabilistic Neural Networks，PNN）是由 D. F. Specht 在 1990 年提出的，其主要思想是利用贝叶斯决策规则，即错误分类的期望风险最小，在多维输入空间内分离决策空间。它是一种基于统计原理的人工神经网络，是以 Parzen 窗口函数为激活函数的一种前馈网络模型。PNN 吸收了径向基函数神经网络与经典的概率密度估计原理的优点，与传统的前馈神经网络相比，径向基神经元还可以和竞争神经元一起共同组建概率神经网络，在模式分类方面尤其具有较为显著的优势。

1. 概率神经网络拓扑结构

概率神经网络由四层结构组成，如图 6-23 所示。第一层为输入层，进行待测样本向量输入；第二层计算输入向量与训练样本之间的距离，表示输入向量与训练样本之间的接近程度；第三层将与输入向量相关的所有类别综合在一起，网络输出为表示概率的向量；最后通过第四层的竞争（Compete）传递函数进行取舍，概率最大值的那一类为 1，其他类用 0 表示。

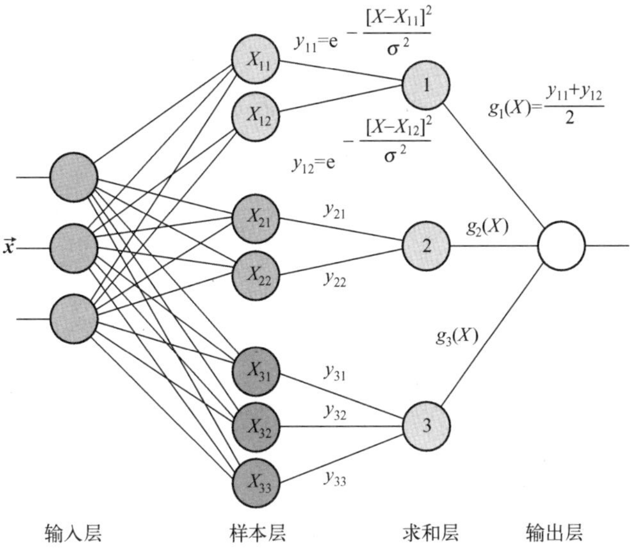

图 6-23 概率神经网络拓扑结构图

输入层：首先将输入向量 $\vec{x}$ 输入到输入层，网络计算输入向量与训练样本向量之间的差值 $\vec{x}-\vec{x}_{ik}$，差值绝对值 $\|\vec{x}-\vec{x}_{ik}\|$ 的大小代表这两个向量之间的距离，所得的向量由输入层输出，该向量反映了向量间的接近程度；接着，把输入层的输出向量 $\vec{x}-\vec{x}_{ik}$ 送入到样本层中。

样本层：样本层节点的数目等于训练样本数目的总和，$N=\sum_{i=1}^{i=M}N_i$，其中 M 是类的总数。先判断哪些类与输入向量有关，再将相关度高的类集中起来，样本层的输出值就代表相识度；然后，将样本层的输出值送入到求和层。

求和层：求和层的节点个数是 M，每个节点对应一个类，通过求和层的竞争传递函数进行判决。

竞争层：最后判决的结果由竞争层输出，输出结果中只有一个 1，其余都是 0，概率值最大的那一类输出结果为 1。

2. 概率神经网络的工作过程

（1）确定参数

① 确定输入层参数，有 n 个神经元，p 个待测样本，每个样本有 n 个特征。

输入模式 $\boldsymbol{D}=\begin{bmatrix} d_{11} & d_{12} & \cdots & d_{1n} \\ d_{21} & d_{22} & \cdots & d_{2n} \\ \cdots & \cdots & \cdots & \cdots \\ d_{p1} & d_{p2} & \cdots & d_{pn} \end{bmatrix}$，将输入向量 $\boldsymbol{D}$ 进行归一化处理：

$$d_i=\frac{d}{\|\boldsymbol{D}\|},\|\boldsymbol{D}\|=\sqrt{\sum_{i=1}^{n}(d_i)^2},(i=1,2,\cdots,n)$$

② 确定样本层参数，原始学习样本有 m 个，就有 m 个神经元。

归一化学习矩阵 $\boldsymbol{C}$。样本层节点个数为训练样本个数，设原始学习样本有 m 个，每一个样本的特征属性有 n 个。对样本层矩阵进行归一化处理，可以减小误差，避免较小的值被较大的值“吃掉”。训练学习的样本矩阵为

$$\boldsymbol{X}=\begin{bmatrix} X_{11} & X_{12} & \cdots & X_{1n} \\ X_{21} & X_{22} & \cdots & X_{2n} \\ \cdots & \cdots & \cdots & \cdots \\ X_{m1} & X_{m2} & \cdots & X_{mn} \end{bmatrix} \tag{6-32}$$

从样本矩阵中可以看出，在求归一化因子之前，必须先计算 $\boldsymbol{B}^{\mathrm{T}}$ 矩阵

$$\boldsymbol{B}^{\mathrm{T}}=\left[\frac{1}{\sqrt{\sum_{k=1}^{n}x_{1k}^2}}\ \frac{1}{\sqrt{\sum_{k=1}^{n}x_{2k}^2}}\cdots\ \frac{1}{\sqrt{\sum_{k=1}^{n}x_{mk}^2}}\right]$$

然后计算

$$\boldsymbol{C}_{m\times n}=\boldsymbol{B}_{m\times 1}[1\quad 1\quad \cdots\quad 1]_{1\times n}\cdot\boldsymbol{X}_{m\times n}=\begin{bmatrix} \frac{x_{11}}{\sqrt{M_1}} & \frac{x_{12}}{\sqrt{M_1}} & \cdots & \frac{x_{1n}}{\sqrt{M_1}} \\ \frac{x_{21}}{\sqrt{M_2}} & \frac{x_{22}}{\sqrt{M_2}} & \cdots & \frac{x_{2n}}{\sqrt{M_2}} \\ \cdots & \cdots & \cdots & \cdots \\ \frac{x_{m1}}{\sqrt{M_m}} & \frac{x_{m2}}{\sqrt{M_m}} & \cdots & \frac{x_{mn}}{\sqrt{M_m}} \end{bmatrix}$$

$$=\begin{bmatrix} C_{11} & C_{12} & \cdots & C_{1n} \\ C_{21} & C_{22} & \cdots & C_{2n} \\ \cdots & \cdots & \cdots & \cdots \\ C_{m1} & C_{m2} & \cdots & C_{mn} \end{bmatrix} \tag{6-33}$$

式中，$\boldsymbol{M}_1=\sum_{k=1}^{n}x_{1k}^2,\boldsymbol{M}_2=\sum_{k=1}^{n}x_{2k}^2,\cdots,\boldsymbol{M}_m=\sum_{k=1}^{n}x_{mk}^2$。

在式（6-33）中，符号“·”表示矩阵在做乘法运算时，相应元素之间的乘积。

因为采用有监督型的学习算法，所以很容易知道每个样本属于的类。假设 m 个样本一共可以分为 c 个类，并且各类样本的数目相同，设为 k，于是 $m=k\times c$。

③ 确定求和层，有 c 个类，就有 c 个神经元。每个节点对应一个类的输出，$\boldsymbol{Y}=[y_1,y_2,\cdots,y_c]^{\mathrm{T}}$。

(2) 模式距离的计算

该距离是指待测样本矩阵与学习矩阵中相应元素之间的距离。假设将由 p 个 n 维向量组成的矩阵称为待识别样本矩阵，则经归一化后，待识别的输入样本矩阵为

$$\boldsymbol{D}=\begin{bmatrix} d_{11} & d_{12} & \cdots & d_{1n} \\ d_{21} & d_{22} & \cdots & d_{2n} \\ \cdots & \cdots & \cdots & \cdots \\ d_{p1} & d_{p2} & \cdots & d_{pn} \end{bmatrix} \tag{6-34}$$

计算欧氏距离，就是需要计算每个待测样本到训练集中已经识别样本的距离。

$$\boldsymbol{E}=\begin{bmatrix} \sqrt{\sum_{k=1}^{n}|d_{1k}-c_{1k}|^2} & \sqrt{\sum_{k=1}^{n}|d_{1k}-c_{2k}|^2} & \cdots & \sqrt{\sum_{k=1}^{n}|d_{1k}-c_{mk}|^2} \\ \sqrt{\sum_{k=1}^{n}|d_{2k}-c_{1k}|^2} & \sqrt{\sum_{k=1}^{n}|d_{2k}-c_{2k}|^2} & \cdots & \sqrt{\sum_{k=1}^{n}|d_{2k}-c_{mk}|^2} \\ \cdots & \cdots & \cdots & \cdots \\ \sqrt{\sum_{k=1}^{n}|d_{pk}-c_{1k}|^2} & \sqrt{\sum_{k=1}^{n}|d_{pk}-c_{2k}|^2} & \cdots & \sqrt{\sum_{k=1}^{n}|d_{pk}-c_{mk}|^2} \end{bmatrix}=\begin{bmatrix} E_{11} & E_{12} & \cdots & E_{1m} \\ E_{21} & E_{22} & \cdots & E_{2m} \\ \cdots & \cdots & \cdots & \cdots \\ E_{p1} & E_{p2} & \cdots & E_{pm} \end{bmatrix} \tag{6-35}$$

(3) 激活样本层径向基函数的神经元

学习样本 $\boldsymbol{C}$ 与待识别样本 $\boldsymbol{D}$ 被归一化后，通常取标准差 $\sigma=0.1$ 的高斯型函数。激活后得到初始概率矩阵

$$\boldsymbol{P}=\begin{bmatrix} \mathrm{e}^{-\frac{E_{11}}{2\sigma^2}} & \mathrm{e}^{-\frac{E_{12}}{2\sigma^2}} & \cdots & \mathrm{e}^{-\frac{E_{1m}}{2\sigma^2}} \\ \mathrm{e}^{-\frac{E_{21}}{2\sigma^2}} & \mathrm{e}^{-\frac{E_{22}}{2\sigma^2}} & \cdots & \mathrm{e}^{-\frac{E_{2m}}{2\sigma^2}} \\ \cdots & \cdots & \cdots & \cdots \\ \mathrm{e}^{-\frac{E_{p1}}{2\sigma^2}} & \mathrm{e}^{-\frac{E_{p2}}{2\sigma^2}} & \cdots & \mathrm{e}^{-\frac{E_{pm}}{2\sigma^2}} \end{bmatrix}=\begin{bmatrix} P_{11} & P_{12} & \cdots & P_{1m} \\ P_{21} & P_{22} & \cdots & P_{2m} \\ \cdots & \cdots & \cdots & \cdots \\ P_{p1} & P_{p2} & \cdots & P_{pm} \end{bmatrix} \tag{6-36}$$

(4) 求和层计算各个样本属于各类的初始概率和

假设样本有 m 个，那么一共可以分为 c 个类，并且各类样本的数目相同，设为 k，则可以在网络的求和层求得各个样本属于各类的初始概率和

$$\boldsymbol{S}=\begin{bmatrix} \sum_{l=1}^{k}P_{1l} & \sum_{l=k+1}^{2k}P_{1l} & \cdots & \sum_{l=m-k+1}^{m}P_{1l} \\ \sum_{l=1}^{k}P_{2l} & \sum_{l=k+1}^{2k}P_{2l} & \cdots & \sum_{l=m-k+1}^{m}P_{2l} \\ \cdots & \cdots & \cdots & \cdots \\ \sum_{l=1}^{k}P_{pl} & \sum_{l=k+1}^{2k}P_{pl} & \cdots & \sum_{l=m-k+1}^{m}P_{pl} \end{bmatrix}=\begin{bmatrix} S_{11} & S_{12} & \cdots & S_{1c} \\ S_{21} & S_{22} & \cdots & S_{2c} \\ \cdots & \cdots & \cdots & \cdots \\ S_{p1} & S_{p2} & \cdots & S_{pc} \end{bmatrix} \tag{6-37}$$

式中，S_{ij}代表的意思是：将要被识别的样本中，第 i 个样本属于第 j 类的初始概率和。

（5）竞争层

通过计算概率 $prob_{ij}$，即第 i 个样本属于第 j 类的概率，找出每行中最大的概率，求得每个样本的类。

$$prob_{ij} = \frac{S_{ij}}{\sum_{l=1}^{c} S_{il}} \tag{6-38}$$

6.5.2　概率神经网络分类器设计

设隐含层中心向量数目为 p，期望值为 M，表示类别只有一个元素为 1，其余均为 0。

PNN 网络第一层的输入权值 $\boldsymbol{C}$ 为隐含层神经元中心向量，经过距离计算后，第一层输入向量表示输入向量与训练样本向量的接近程度，然后与阈值向量相除，再经过径向传递函数计算。输入向量与哪个输入样本最接近，则神经元输出 $\boldsymbol{Z}$ 对应元素就为 1，如果输入向量与几个类别的输入样本都接近，则 $\boldsymbol{Z}$ 相对应的几个元素均为 1。

第二层权值矩阵 $\boldsymbol{V}$ 的每个行向量只有一个元素为 1，代表相应的类，其余元素为 0，然后计算乘积 $\boldsymbol{VZ}$。最后通过第二层传递函数竞争计算得到输出，较大的元素取值为 1，其余为 0。至此 PNN 网络就能够完成对输入向量的分类了。

概率神经网络按此方式进行分类，为网络提供一种输入模式向量后，首先，径向基层计算该输入向量与样本输入向量间的距离，该层输出为一个距离向量。竞争层接收距离向量为输入向量，计算每个模式出现的概率，通过竞争传递函数后概率最大的元素对应的输出为 1，这就是一类模式；否则输出为 0，作为其他分类模式。

1. 实现步骤

① 提取样本库样本。

② 提取样本库样本所属的类别；调用 ind2vec 函数，将类向量转换为 PNN 可以使用的目标向量。

③ 调用函数 pnntrain，构建并训练 PNN 网络。

④ 调用 sim 函数，对手写数字进行仿真实验。

⑤ 调用 vec2ind 函数将分类结果转换为容易识别的类别向量。

2. 编程代码

```
%%%%%%%%%%%%%%%%%%%%%%%%%%%%%%%%%%%%%%%
% 函数名称:pnntrain
% 函数功能:构建并训练 PNN 网络
% 函数参数:无
% 函数返回值:无
%%%%%%%%%%%%%%%%%%%%%%%%%%%%%%%%%%%%%%%%%%%
function pnntrain
    global pnnnet;
    clc;
```

```
        load templet pattern;
        c=0;
        for i=1:10
            for j=1:20
                c=c+1;
                p(:,c)=pattern(i).feature(:,j);
            end
        end
        tc(:,1:20)=1;
        tc(:,21:40)=2;
        tc(:,41:60)=3;
        tc(:,61:80)=4;
        tc(:,81:100)=5;
        tc(:,101:120)=6;
        tc(:,121:140)=7;
        tc(:,141:160)=8;
        tc(:,161:180)=9;
        tc(:,181:200)=10;
        tc=tc;
        t=ind2vec(tc);
        pnnnet=newpnn(p,t); % 构建概率神经网络
%%%%%%%%%%%%%%%%%%%%%%%%%%%%%%%%%%%%%%%%
% 函数名称:pnnnet
% 函数功能:识别手写数字
% 函数参数:手写数字特征 sample
% 函数返回值:手写数字所属类别 yc
%%%%%%%%%%%%%%%%%%%%%%%%%%%%%%%%%%%%%%%%
function yc=pnnnet(sample)
        clc;
        global rbfnet;
        y=sim(pnnnet,sample'); % 测试
        yc=vec2ind(y)-1;
```

3. 效果图

① 选择“神经网络”→“RBF 神经网络分类法”→“PNN 概率神经网络训练”菜单命令，建立并训练 PNN 网络，如图 6-24 所示。

② 训练后的权值详见文件“RBF 网络训练后的权值和阈值.txt”。

③ 拖动鼠标左键在视图区用鼠标手写一个数字，如图 6-25 所示，然后选择“神经网络”→“RBF 神经网络分类法”→“PNN 概率神经网络识别”菜单命令，进行手写数字识别。

PNN 网络手写数字的识别效果如图 6-26 所示。

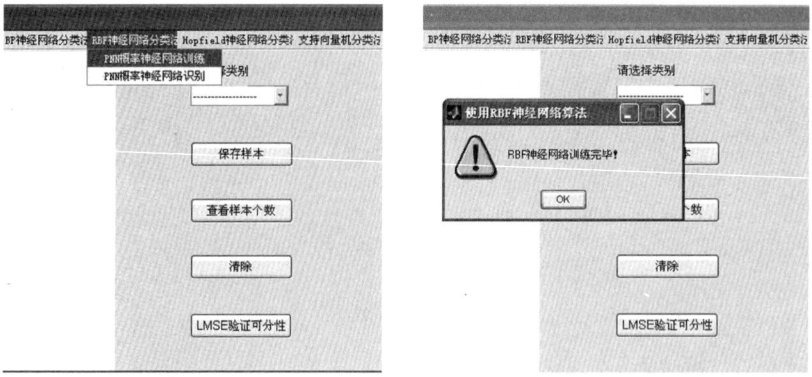

（a）训练　　　　（b）训练结果

图 6-24　建立并训练 PNN 网络

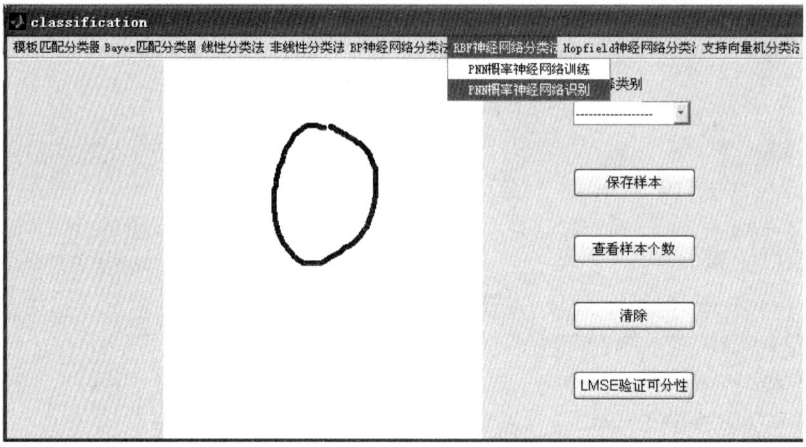

图 6-25　PNN 概率神经网络识别

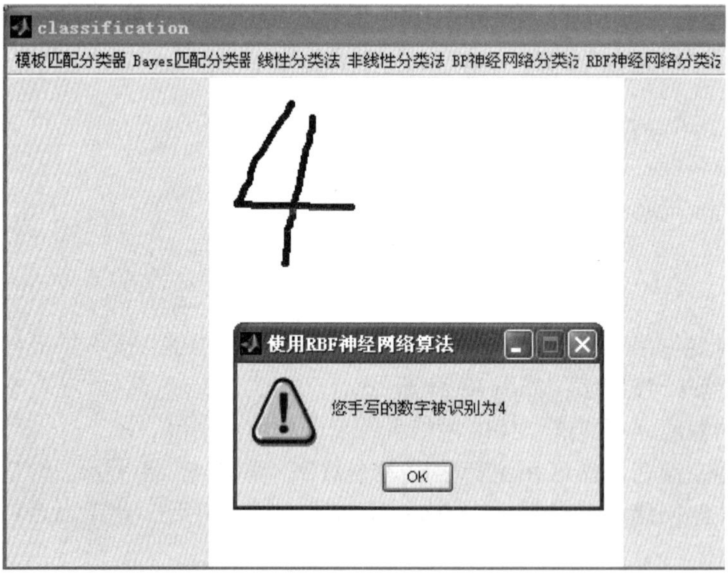

图 6-26　PNN 网络手写数字的识别效果

6.6　对向传播神经网络（CPN）

对向传播神经网络，简称 CPN，是将 Kohonen 特征映射网络与 Grossberg 基本竞争型网络相结合，发挥各自的特长的一种新型特征映射网络。这一网络是美国计算机专家 Robert Hecht-Nielsen 于 1987 年提出的，被广泛应用于模式分类、函数近似、统计分析和数据压缩等领域。

6.6.1　对向传播神经网络的基本概念

CPN 网络结构如图 6-27 所示，网络分为输入层、竞争层和输出层。输入层与竞争层构成 SOM 网络，竞争层与输出层构成基本竞争型网络。从整体上看，网络属于有导师型的网络，而由输入层和竞争层构成的 SOM 网络又是一种典型的无导师型的神经网络。因此，这一网络既具有无导师型网络分类灵活、算法简练的优点，又采纳了有导师型网络分类精细、准确的长处，使两种不同类型的网络有机地结合起来。

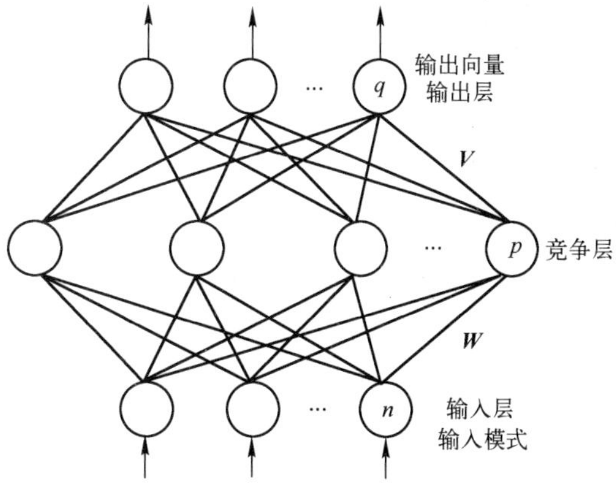

图 6-27　CPN 网络结构

CPN 网络的基本思想是，由输入层到竞争层，网络按照 SOM 学习规则产生竞争层的获胜神经元，并按照这一规则调整相应的输入层到竞争层的连接权；由竞争层到输出层，网络按照基本竞争型网络学习规则，得到各输出神经元的实际输出值，并按照有导师型的误差校正方法，修正由竞争层到输出层的连接权值。经过这样的反复学习，可以将任意的输入模式映射为输出模式。

从这一基本思想可以发现，处于网络中间未知的竞争层获胜神经元以及与其相关的连接权向量，既反映了输入模式的统计特性，又反映了输出模式的统计特性。因此，可以认为输入、输出模式通过竞争层实现了相互映射，即网络具有双向记忆的性能。在第 l 次输入样本 $(l=1,2,\cdots,N)$ 进行训练时各个参数的表达及计算方法如下。

① 确定参数。

确定输入层有 n 个神经元。

输入模式为 $\boldsymbol{X}=[x_1,x_2,\cdots,x_n]^{\mathrm{T}}$，将输入向量 $\boldsymbol{X}$ 进行归一化处理：

$$x_i=\frac{x_i}{\|\boldsymbol{X}\|},\|\boldsymbol{X}\|=\sqrt{\sum_{i=1}^{n}(x_i)^2}\qquad(i=1,2,\cdots,n)\tag{6-39}$$

确定竞争层有 p 个神经元。对应的二值输出向量 $\boldsymbol{B}=[b_1,b_2,\cdots,b_p]^{\mathrm{T}}$。

确定输出层输出向量 $\boldsymbol{Y}=[y_1,y_2,\cdots,y_q]^{\mathrm{T}}$，目标输出向量 $\boldsymbol{O}=[o_1,o_2,\cdots,o_q]^{\mathrm{T}}$。

确定由输入层到竞争层的连接权值向量为 $\boldsymbol{W}_j=[w_{j1},w_{j2},\cdots,w_{jn}]^{\mathrm{T}},j=1,2,\cdots,p$，将连接权值向量 $\boldsymbol{W}_j$ 赋值为$[0,1]$内的随机值。

确定由竞争层到输出层的连接权值向量 $\boldsymbol{V}_k=[v_{k1},v_{k2},\cdots,v_{kp}]^{\mathrm{T}},k=1,2,\cdots,q$，将连接权值向量 $\boldsymbol{V}_k$ 赋值为$[0,1]$内的随机值。

② 将连接权值向量 $\boldsymbol{W}_j$ 进行归一化处理：

$$w_{ji} = \frac{w_{ji}}{\|\boldsymbol{W}_j\|}, \|\boldsymbol{W}_j\| = \sqrt{\sum_{i=1}^{n} w_{ji}^2} \tag{6-40}$$

③ 求竞争层中每个神经元的加权输入和：

$$\boldsymbol{S}_j = \sum_{i=1}^{n} x_i w_{ji}, j = 1,2,\cdots,p \tag{6-41}$$

④ 求连接权值向量 $\boldsymbol{W}_j$ 与 $\boldsymbol{X}$ 距离最近的向量：

$$\boldsymbol{W}_g = \max_{j=1,2,\cdots,p} \sum_{i=1}^{n} x_i w_{ji} = \max_{j=1,2,\cdots,p} \boldsymbol{S}_j \tag{6-42}$$

⑤ 将神经元 g 的输出设定为 1，其余神经元输出设定为 0：

$$b_j = \begin{cases} 1, & j=g \\ 0, & j\neq g \end{cases} \tag{6-43}$$

⑥ 修正连接权值向量 $\boldsymbol{W}_g$：

$$w_{gi}(t+1) = w_{gi}(t) + \alpha(x_i - w_{gi}(t)) \qquad i=1,2,\cdots,n;0<\alpha<1 \tag{6-44}$$

⑦ 归一化连接权值向量 $\boldsymbol{W}_g$：

$$w_{gi} = \frac{w_{gi}}{\|\boldsymbol{W}_g\|}, \|\boldsymbol{W}_g\| = \sqrt{\sum_{i=1}^{n} w_{gi}^2} \tag{6-45}$$

⑧ 求输出层各神经元的加权输出，将其作为输出神经元的实际输出值：

$$y_k = \sum_{j=1}^{p} v_{kj} b_j \qquad k = 1,2,\cdots,q \tag{6-46}$$

⑨ 只需调整竞争层中获胜神经元 g 到输出神经元的连接权值向量 $\boldsymbol{V}_g$，按照下式修正竞争层到输出层的连接权向量 $\boldsymbol{V}_g$：

$$v_{kg}(t+1) = v_{kg}(t) + \beta b_j(y_k - o_k), \qquad k=1,2,\cdots,q \tag{6-47}$$

式中，$0<\beta<1$ 为学习速率。

⑩ 返回②，直到将 N 个输入模式全部提供给网络。

⑪ 令 $t=t+1$，将输入模式 $\boldsymbol{X}$ 重新提供给网络学习，直到 $t=T$，其中 T 为预先设定的学习总次数，一般 $500<T<10000$。

6.6.2 对向传播神经网络分类器设计

1. 实现步骤

① 初始化输入层和竞争层、竞争层和输出层之间的连接权值向量矩阵 $\boldsymbol{W}$、$\boldsymbol{V}$。

② 取得训练样本，并对其进行归一化处理。

③ 设定期望输出模式。

④ 归一化连接权值向量 $\boldsymbol{W}$。

⑤ 计算每一个竞争层神经元的加权输出 $\boldsymbol{S}_j$。

⑥ 找出竞争层加权输出最大的神经元，并将该神经元的输出设置为 1，将同层其他神经元的输出设置为 0。

⑦ 调整与竞争层输出为 1 的神经元相关的连接权值向量，并进行归一化。

⑧ 修正竞争层和输出层之间的连接权值向量 ***V***。

⑨ 计算输出层各神经元的加权输入，并将其作为神经元的实际输出值 ***Y***。

⑩ 对每一个训练样本，均执行步骤④~⑨，直至所有训练样本均经过一次训练。

⑪ 反复训练所有的训练样本，直至指定的训练遍数。

⑫ 归一化手写数字样本，计算每一个竞争层神经元的加权输出 ***S***。

⑬ 找出竞争层加权输出最大的神经元，并将该神经元的输出设置为 1，同层其他神经元的输出设置为 0，得到输出模式。

⑭ 将输出模式转换成十进制形式，得到最终结果。

2. 编程代码

```
%%%%%%%%%%%%%%%%%%%%%%%%%%%%%%%%%%%%%%%%
% 函数名称:cpntrain
% 函数功能:构建 CPN 网络,使用梯度下降法训练 CPN 网络
% 函数参数:无
% 函数返回值:无
%%%%%%%%%%%%%%%%%%%%%%%%%%%%%%%%%%%%%%%%
function cpntrain
  global w;
  global v;
  w=rands(250,25)/2+0.5;
  v=rands(4,250)/2+0.5;
  load templet pattern;
  a=pattern(1,1).feature(:,1:130);
  b=cumsum(a,2);
  c=b(:,130);
  d=c/130;
  A=d;
  for i=2:10
     i;
     ax=pattern(1,i).feature(:,1:130);
     bx=cumsum(ax,2);
     cx=bx(:,130);
        dx=cx/130;
        B=dx;
        P=[A B];
        A=P;
     end
     T=[0 0 0 0;0 0 0 1;0 0 1 0;0 0 1 1;0 1 0 0;0 1 0 1;0 1 1 0;0 1 1 1;1 0 0 0;1 0 0 1];
     T_out=T;
     epoch=1000;
     for i=1:10
        P(i,:)=P(i,:)/norm(P(i,:));
     end
```

```
    P=P';
    while epoch>0
        for j=1:10
            for i=1:250
                w(i,:)=w(i,:)/norm(w(i,:));
                s(i)=P(j,:)*w(i,:)';
        end
        temp=max(s);
        for i=1:250
            if temp==s(i)
                count=i;
            end
        end
        for i=1:250
            s(i)=0;
        end
        s(count)=1;
        w(count,:)=w(count,:)+0.1*[P(j,:)-w(count,:)];
        w(count,:)=w(count,:)/norm(w(count,:));
        v(:,count)=v(:,count)+0.1*(T(j,:)'-T_out(j,:)');
        T_out(j,:)=v(:,count)';
  end
  epoch=epoch-1;
  end
%%%%%%%%%%%%%%%%%%%%%%%%%%%%%%%%%%%%%%%
% 函数名称:cpn
% 函数功能:识别手写数字
% 函数参数:手写数字特征 sample
% 函数返回值:手写数字所属类别 y
%%%%%%%%%%%%%%%%%%%%%%%%%%%%%%%%%%%%%%%
function y=cpn(sample);
  global w;
  global v;
  sample(1,:)=sample(1,:)/norm(sample(1,:));
  Outc=[0 0 0 0];
  for i=1:250
     sc(i)=sample(1,:)*w(i,:)';
  end
  tempc=max(sc);
  for i=1:250
     if tempc==sc(i)
         countp=i;
     end
     sc(i)=0;
  end
```

```
sc(countp)= 1;
Outc(1,:)= v(:,countp)';
Outca=round(Outc')% 转成最接近的二进制数
Outcb=num2str(Outca)
Outcc=bin2dec(Outcb')
y=Outcc
```

3. 效果图

① 选择“神经网络”→“对向传播网络分类法”→“对向传播网络训练”菜单命令，建立并训练 CPN 网络，如图 6-28 所示。

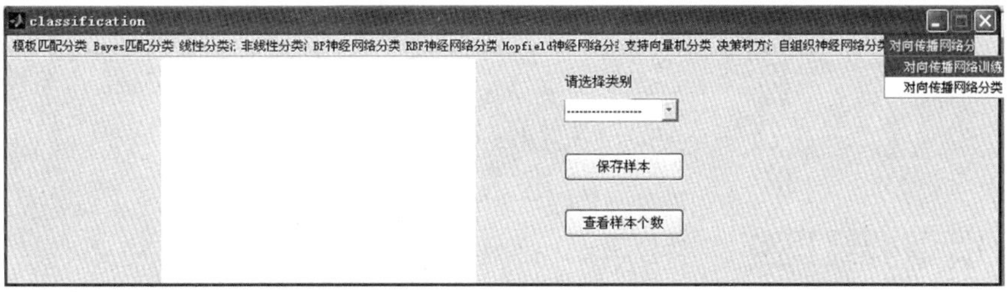

(a) 训练

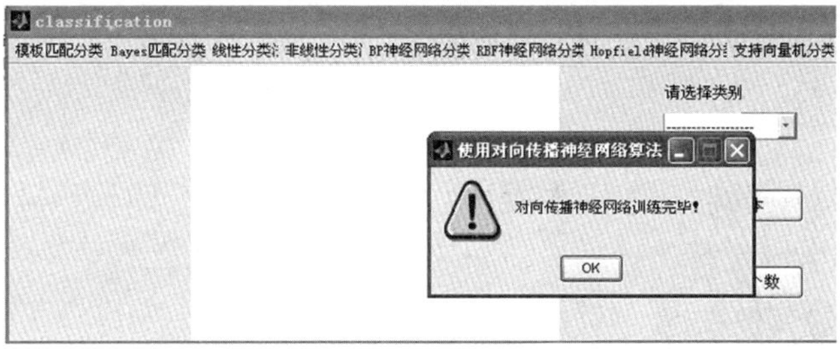

(b) 训练结果

图 6-28　建立并训练 CPN 网络

② 训练后权值详见“CPN 网络训练后的权值和阈值.txt”。

③ 拖动鼠标左键在视图区用鼠标手写一个数字，如图 6-29 所示，然后选择“神经网络”→“对向传播网络分类法”→“对向传播网络分类”菜单命令，进行手写数字分类。

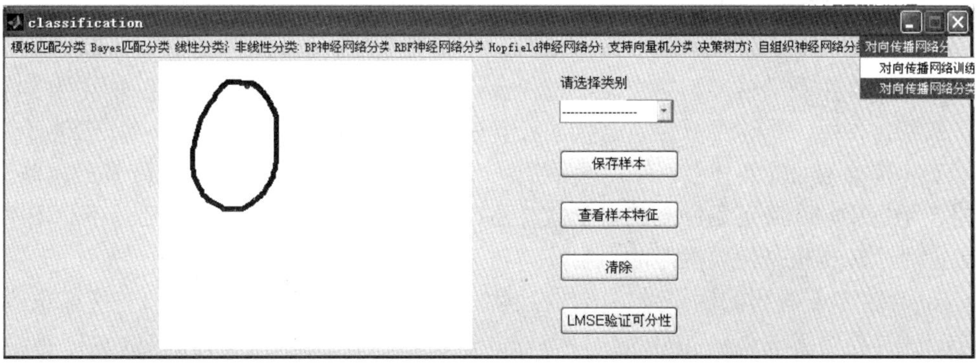

图 6-29　CPN 网络识别手写数字

CPN 网络手写数字的识别效果如图 6-30 所示。

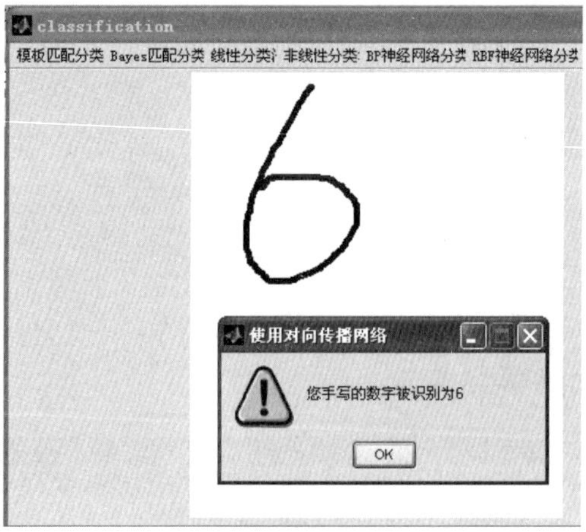

图 6-30 CPN 网络手写数字的识别效果

6.7 反馈型神经网络

Hopfield 神经网络是最典型的反馈型神经网络模型，它是目前人们研究最多的模型之一。Hopfield 神经网络是由相同的神经元构成的单层，并且具有学习功能的自联想网络，可以实现制约优化和联想记忆等功能。

6.7.1 Hopfield 神经网络的基本概念

1. Hopfield 神经网络简述

Hopfield 模型是霍普菲尔特（Hopfield）分别于 1982 年及 1984 年提出的。1984 年，J. Hopfiled 提出了可用于联想存储的互联网络，这个网络称为 Hopfield 神经网络模型，也称为 Hopfield 模型。Hopfield 神经网络模型是一种循环神经网络，从输出到输入有反馈连接。它具有两个神经网络模型，一个是离散的，一个是连续的，但它们都属于反馈网络，即它们从输入层至输出层都有反馈存在。

由于反馈型神经网络的输出端到输入端有反馈，所以，Hopfield 神经网络在输入的激励下，会产生不断的状态变化。当有输入之后，可以求得 Hopfield 网络的输出，这个输出反馈到输入端从而产生新的输出，这个反馈过程会一直进行下去。如果 Hopfield 神经网络是一个能收敛的稳定网络，则这个反馈与迭代的计算过程所产生的变化越来越小，一旦到达了稳定平衡状态，那么 Hopfield 神经网络就会输出一个稳定的恒值。对于 Hopfield 神经网络来说，关键是在于确定它在稳定条件下的权系数，还存在如何判别它是稳定网络还是不稳定网络的问题，而判别依据也是需要确定的。

J. Hopfield 最早提出的网络是二值神经网络，神经元的输出只取-1 和 1，所以也称为离散 Hopfield 神经网络（Discrete Hopfield Neural Network，DHNN）。在离散 Hopfield 神经网络中，所采用的神经元是二值神经元，所输出的离散值-1 和 1 分别表示神经元处于抑制和激活状态。

2. 离散 Hopfield 神经网络拓扑结构

图 6-31 所示为由 n 个神经元组成的离散 Hopfield 神经网络拓扑结构，第 1 层仅作为网络的输入，它不是实际神经元，所以没有计算功能；而第 2 层是实际神经元，故而执行对输入信息与权系数的积求累加和，并由非线性函数 f 处理后产生输出信息。f 是一个简单的阈值函数，如果神经元的输出信息大于阈值 θ，那么神经元的输出就取值为 1；小于阈值 θ，则神经元的输出就取值为-1。

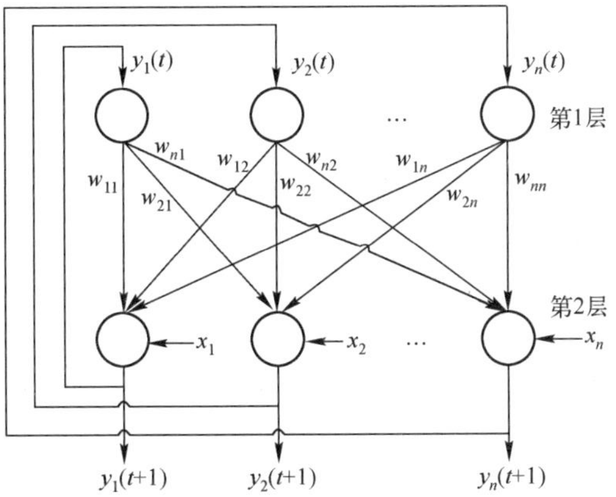

图 6-31　离散 Hopfield 神经网络拓扑结构图

对于一个离散 Hopfield 神经网络，其网络状态是输出神经元信息的集合。对于一个输出层是 n 个神经元的离散 Hopfield 神经网络，则其 t 时刻的状态为一个 n 维向量：

$$\boldsymbol{Y}(t)=[y_1(t),y_2(t),\cdots,y_n(t)]$$

因为 $y_i(t)$ 取值为+1 或-1，所以网络有 2^n 个状态，即网络状态。

3. 离散 Hopfield 神经网络结构的工作方式

(1) 同步（并行）方式

在时刻 t 时，所有神经元的状态都产生了变化，这时称为同步（并行）工作方式。

$$y_j(t+1)=f\left(\sum_{i=1}^{n} w_{ji}y_i(t)+x_j-\theta_j\right),\quad j=1,2,\cdots,n \tag{6-48}$$

不考虑外部输入时：

$$y_j(t+1)=f\left(\sum_{i=1}^{n} w_{ji}y_i(t)-\theta_j\right),\quad j=1,2,\cdots,n \tag{6-49}$$

(2) 异步（串行）方式

在时刻 t 时，只有某一个神经元 j 的状态产生变化，而其他 $n-1$ 个神经元的状态不变，这时称为异步工作方式。此时：

$$y_j(t+1)=f\left(\sum_{i=1}^{n} w_{ji}y_i(t)+x_j-\theta_j\right) \tag{6-50}$$

$$y_i(t+1)=y_i(t), \quad i\neq j \tag{6-51}$$

不考虑外部输入时：

$$y_j(t+1)=f\left(\sum_{i=1}^{n} w_{ji}y_i(t)-\theta_j\right) \tag{6-52}$$

按照异步方式，某一时刻网络中只有一个节点（神经元）被选择进行状态更新，当该节点状态变化时，网络状态就以其概率转移到另一状态；当该节点状态保持时，网络状态更新结果保持前一时刻的状态。通常，网络从某一初始状态开始经过多次更新后，才可能达到某一稳态。使用异步方式状态更新策略有若干好处：首先，算法实现容易，每个节点有自己的状态更新时刻，不需要同步机制；其次，以异步方式更新网络的状态可以限制网络的输出状态，避免不同稳态以等概率出现。一旦给出 Hopfield 的权值和神经元的阈值，则网络的状态转移序列就确定了。

4. 离散 Hopfield 神经网络训练和分类识别方法

离散 Hopfield 神经网络的训练和分类利用的是其联想记忆功能，也称为联想存储器。这是人类的智能特点之一。所谓“触景生情”，就是指见到一些类同过去接触的景物，容易产生对过去情景的回味和思忆。由于网络可收敛于稳定状态，因此可用于联想记忆。若将稳态视为一个记忆，则由初始状态向稳态收敛的过程就是寻找记忆的过程，初始状态可视为给定的部分信息，收敛过程可认为从部分信息找到了全部信息，则实现了联想记忆的功能。联想记忆的一个重要的特性是由噪声输入模式反映出训练模式，这一点正是分类识别所需要的。

对于 Hopfield 网络，用它做联想记忆时，首先通过一个学习训练过程确定网络中的权系数（连接权值），使所记忆的信息在网络的 n 维超立方体的某一个顶角的能量最小。当网络的权系数确定之后，只要向网络给出输入向量，这个向量可能是局部数据，即不完全或部分不正确的数据，但是网络仍然产生所记忆的信息的完整输出。1984 年 J. Hopfield 开发了一种用 n 维 Hopfield 网络作为联想存储器的结构。在这个网络中，权系数的赋值规则为存储向量的外积存储规则（Out Product Storage Prescription）。

（1）确定参数

① 确定输入向量 $\boldsymbol{X}$。设有 N 个训练样本特征向量 $\boldsymbol{X}_1,\boldsymbol{X}_2,\boldsymbol{X}_3,\cdots,\boldsymbol{X}_N$，所有特征已经标准化。其特征空间为 n 维，即 $\boldsymbol{X}_i=[x_{i1},x_{i2},\cdots,x_{in}]^{\mathrm{T}}$，将这 N 个训练样本存入 Hopfield 网络中，则在网络中第 i、j 两个节点之间的权系数可按式（6-53）计算，完成网络的训练。

② 确定输出向量 $\boldsymbol{Y}$。

输出向量 $\boldsymbol{Y}=[y_1,y_2,\cdots,y_n]^{\mathrm{T}}$。

③ 计算连接权值 w_{ji}。连接权值 $w_{ji}(i=1,2,\cdots,n;j=1,2,\cdots,n)$。

$$w_{ji}=\begin{cases}\displaystyle\sum_{k=1}^{N} x_{ki}x_{kj}, & i\neq j\\ 0, & i=j\end{cases} \tag{6-53}$$

（2）对待测样本分类

对于待测样本 $\boldsymbol{X}=[x_1,x_2,\cdots,x_n]^{\mathrm{T}}$，通过对 Hopfield 网络构成的联想存储器进行联想检

索过程可实现分类功能。

① 将 $\boldsymbol{X}$ 中各个分量的 $x_1, x_2, \cdots, x_n$ 分别作为第一层网络节点，n 个输入，则节点有相应的初始状态 $\boldsymbol{Y}(t=0)$，即 $y_j(0)=x_j, j=1,2,\cdots,n$。

② 对于二值神经元，计算当前 Hopfield 网络输出：

$$U_j(t+1)=\sum_{i=1}^{n} w_{ji}y_i(t)+x_j-\theta_j, \quad j=1,2,\cdots,n \tag{6-54}$$

$$y_j(t+1)=f[U_j(t+1)], \quad j=1,2,\cdots,n \tag{6-55}$$

式中，x_j 为外部输入；f 是非线性函数，可以选择阶跃函数；θ_j 为阈值参数。

$$f[U_j(t+1)]=\begin{cases}-1, & U_j(t+1)<0 \\ +1, & U_j(t+1)\geqslant 0\end{cases} \tag{6-56}$$

③ 对于一个网络来说，稳定性是一个重要的性能指标。对于离散 Hopfield 神经网络，其状态为 $\boldsymbol{Y}(t)$。如果对于任何 $\Delta t>0$，当网络从 $t=0$ 开始有初始状态 $\boldsymbol{Y}(0)$，经过有限时刻 t 有 $\boldsymbol{Y}(t+\Delta t)=\boldsymbol{Y}(t)$，则称网络是稳定的。此时的状态称为稳定状态。通过网络状态不断变化，最后状态会稳定下来，最终的状态是和待测样本向量 $\boldsymbol{X}$ 最接近的训练样本向量。所以，离散 Hopfield 神经网络的最终输出也就是待测样本向量联想检索结果。

④ 利用最终输出与训练样本进行匹配，找出最相近的训练样本向量，其类即待测样本的类。这个过程说明，即使待测样本并不完全或部分不正确，也能找到正确的结果。在本质上讲，它具有滤波功能。

6.7.2　Hopfield 神经网络分类器设计

1. 实现步骤

① 初始化 10 个标准数字的训练样本，将其进行二值化处理。

② 调用 MATLAB 的 newhop 函数，训练 Hopfield 神经网络。

newhop 函数定义为：net = newhop(T)，其中 T 为训练样本集合，net 为训练后的 Hopfield 神经网络结构名。

③ 对于一个未知类别的待测样本，调用 sim 函数，利用已训练好的 Hopfield 神经网络进行仿真计算，最终将网络稳定状态下的输出保存到向量 $\boldsymbol{t}$ 中。

④ 将网络输出向量 $\boldsymbol{t}$ 与标准数字训练样本进行匹配，找出最接近的训练样本，其类号即为待测样本的类，从而实现了分类识别。

2. 编程代码

```
%%%%%%%%%%%%%%%%%%%%%%%%%%%%%%%%%%%%%%%%
% 函数名称:Hopfield
% 函数功能:使用 Hopfield 神经网络,识别手写数字
% 函数参数:手写数字特征
% 函数返回值:手写数字所属类别 y
%%%%%%%%%%%%%%%%%%%%%%%%%%%%%%%%%%%%%%%%
function y=Hopfield(samplehop);
```

```
clc;
zero=[-1 1 1 1 -1  1 1 -1 1 1  1 -1 -1 -1 1  1 1 -1 1 1  -1 1 1 1 -1];
one=[-1 -1 1 -1 -1  -1 -1 1 -1 -1  -1 -1 1 -1 -1  -1 -1 1 -1 -1  -1 -1 1 -1 -1];
two=[1 1 1 1 1  -1 -1 -1 -1 1  -1 -1 1 1 -1  -1 1 1 -1 -1  1 1 1 1 1];
three=[1 1 1 1 1  -1 -1 -1 1 1  -1 -1 1 1 1  -1 -1 -1 1 1  1 1 1 1 1];
four=[-1 -1 1 1 -1  -1 1 1 1 -1  1 1 -1 1 -1  1 1 1 1 1  -1 -1 -1 1 -1];
five=[-1 -1 1 1 1  -1 1 -1 -1 -1  1 1 1 1 -1  -1 -1 -1 -1 1  1 1 1 1 -1];
six=[-1 -1 1 -1 -1  -1 1 -1 -1 -1  1 1 1 1 1  1 -1 -1 -1 1  1 1 1 1 1];
seven=[1 1 1 1 1  -1 -1 -1 1 -1  -1 -1 1 -1 -1  -1 1 1 -1 -1  -1 1 1 -1 -1];
eight=[1 1 1 1 1  1 1 -1 1 1  -1 -1 1 -1 -1  1 1 -1 1 1  1 1 1 1 1];
nine=[1 1 1 1 1  1 -1 -1 -1 1  1 1 1 1 1  -1 -1 1 -1 -1  -1 1 -1 -1 -1];
T=[zero;one;two;three;four;five;six;seven;eight;nine]';
net=newhop(T);
[Y,Pf,Af]=sim(net,{1 5},{},{samplehop});
for i=1:25
    if(Y{1}(i,1)>0.5)
        Y{1}(i,1)=1;
    else
        Y{1}(i,1)=-1;
    end
end
a=[0 0 0 0 0 0 0 0 0 0];
b=-1;
temy=0;
for i=1:10
    for j=1:25
    if Y{1}(j,1)~=T(j,i)
        continue;
    end
    if Y{1}(j,1)==T(j,i)
        a(1,i)=a(1,i)+1;
    end
    end
    if(a(1,i)>b)
        b=a(1,i);
        temy=i-1;
    end
end
y=temy
```

3. 效果图

拖动鼠标左键在视图区用鼠标手写一个数字，然后选择“神经网络”→“Hopfield 神经网络分类法”→“Hopfield 神经网络识别”菜单命令，进行手写数字识别，如图 6-32 所示。Hopfield 神经网络手写数字的识别效果，如图 6-33 所示。

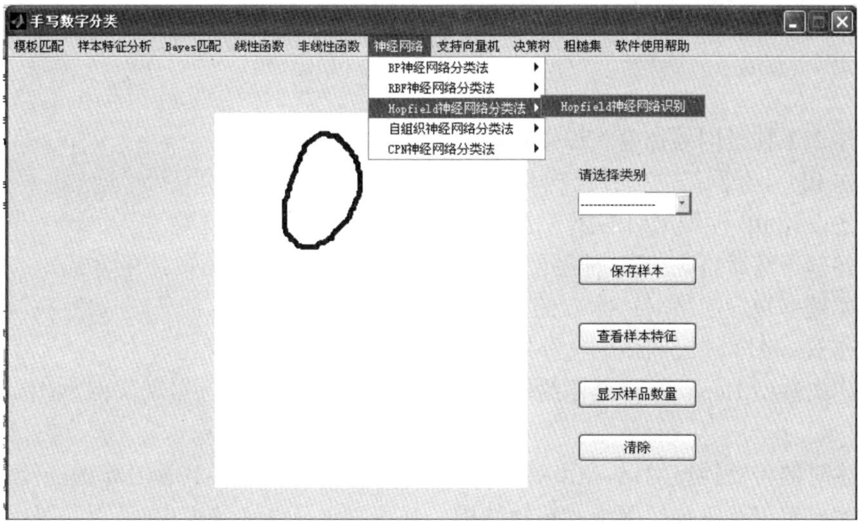

图 6-32 Hopfield 神经网络识别手写数字

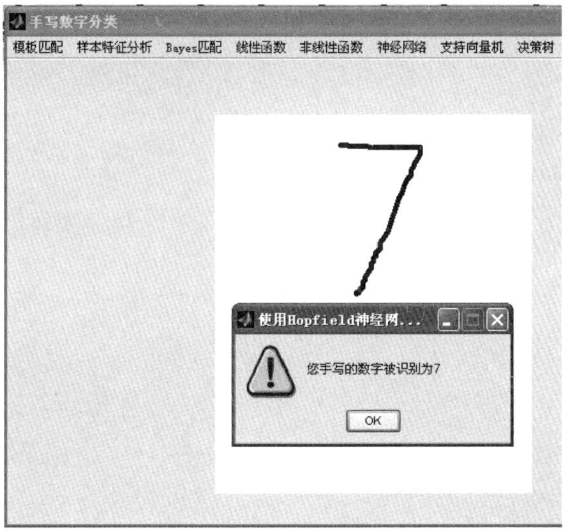

图 6-33 Hopfield 神经网络手写数字的识别效果

本章小结

近年来，神经网络已成为研究的热点，并取得了广泛的应用。人工神经网络是从输入空间到输出空间的一个非线性映射，通过调整权重和阈值来“学习”或发现变量间的关系，实现对事物的分类。本章介绍了人工神经网络的基本原理，包括人工神经元、人工神经网络模型、神经网络的学习过程、人工神经网络在模式识别问题上的优势，并应用 BP 神经网络、径向基函数神经网络、自组织竞争神经网络、概率神经网络、对向传播神经网络和反馈型神经网络实现模式识别的基本原理和具体方法，并给出了 MATLAB 执行程序，对理论进行了验证。实践证明，神经网络是一种对数据分布无任何要求的非线性技术，它能有效解决非正态分布、非线性的评价问题，因而得到了广泛的应用。

习题 6

1. 简述人工神经网络在模式识别问题上的优势。
2. 试述 BP 神经网络的拓扑结构及其学习算法。
3. 简述设计 BP 神经网络需要考虑的主要因素。
4. 试述基于高斯核的 RBF 神经网络的拓扑结构及其初始权值的产生方式。
5. 简述概率神经网络（PNN）的拓扑结构及其各层的功能。
6. 简述 Hopfield 神经网络的拓扑结构和稳定条件。
7. 简述离散型 Hopfield 神经网络的学习算法，并试用 C 语言实现离散型 Hopfield 神经网络。
8. 简述对向传播神经网络（CPN）的拓扑结构、基本思想及其学习算法。
9. 简述自组织竞争神经网络的拓扑结构、基本思想及其训练过程。
10. 试列表对比本章介绍的几种神经网络的异同。

第 7 章　决策树分类器设计

本章要点：

☑ 决策树的基本概念

☑ 决策树理论的分类方法

7.1　决策树的基本概念

1. 决策树的基本原理

决策树（Decision Tree）又称为判定树，是用于分类和预测的一种树结构。决策树学习是以实例为基础的归纳学习算法，它着眼于从一组无次序、无规则的实例中推理出决策树表示形式的分类规则。它采用自顶向下的递归方式，在决策树的内部节点进行属性值的比较并根据不同属性判断从该节点向下的分支，在决策树的叶节点得到结论。所以从根节点开始对应着一条合取规则，整棵树就对应一组析取表达式规则。

决策树中的每个内部节点（Internal Node）代表对某一属性的一次测试，每条边代表一个测试结果，叶节点（Leaf）代表某个类（Class）或类的分布（Class Distribution）。

下例是一棵决策树，从中可以看到决策树的基本组成部分：决策节点、分支和叶节点。

［**例 1**］　图 7-1 所示为买车问题的决策树，从中可以看出一位用户是否会买汽车，用它可以预测某个人的购买意向。

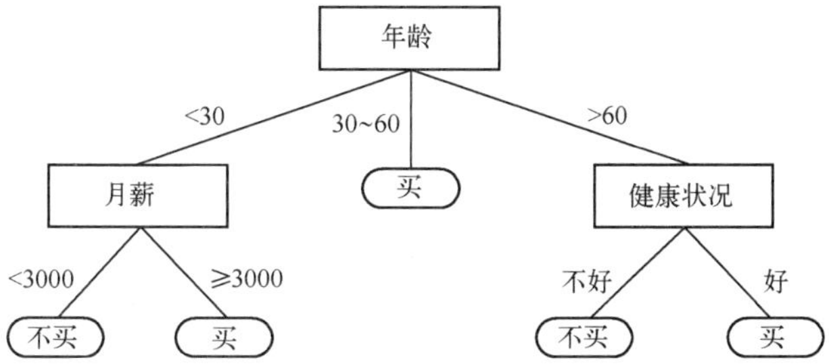

图 7-1　买车问题的决策树

这棵决策树对销售记录进行分类，指出一个消费者是否会购买汽车。每个内部节点（矩形框）代表对某个属性的一次检测。每个叶节点（椭圆框）代表一个类：买或不买。

在这个例子中，样本向量为“(年龄，月薪，健康状况；买车意向)”，待测样本格式为“(年龄，月薪，健康状况)”，输入新的待测样本记录，可以预测该待测样本隶属于哪个类。

构造决策树通常采用自上而下的递归构造方法。以多叉树为例，构造思路是：如果训练集中所有数据都是同类的，则将之作为叶节点，节点内容即该类标记，否则根据某种策略选择一个属性，按照属性的各个取值，把数据集合划分若干个子集，使得每个子集上的所有数据在该属性上具有同样的属性值；然后依次递归处理各个子集。这种思路称之为“分而治之”。

决策树构造的结果是一棵二叉或多叉树，它的输入是一组带有类别标记的训练数据。二叉树的内部节点（非叶节点）一般表示为一个逻辑判断，如形式为（$a=b$）的逻辑判断，其中 a 是属性，b 是该属性的某个属性值；树的边是逻辑判断的分支结果。多叉树（ID3）的内部节点是属性，边是该属性的所有取值，有几个属性值，就有几条边。树的叶节点都是类的标记。

2. 决策树分类

决策树分类算法起源于概念学习系统（Concept Learning System，CLS），然后发展到ID3 方法并达到高潮，最后又演化为能处理连续属性的 C4.5。此外，决策树方法还有CART、SLIQ、SPRINT 等。最初的算法利用信息论中信息增益方法寻找训练集中具有最大信息量的字段，把决策树的一个节点字段的某些值作为分水岭建立树的分支；在分支下建立下层节点和子分支，生成一棵决策树。再剪枝，优化，然后把决策树转化为规则，利用这些规则可以对新事物进行分类。

使用决策树进行分类可分为两步。

步骤 1 建立决策树模型：利用训练集建立并精化一棵决策树。这个过程实际上是一个从数据中获取知识，进行机器学习的过程。这个过程通常分为两个阶段：

① 建树（Tree Building）：这是一个递归的过程，最终将得到一棵树。

② 剪枝（Tree Pruning）：剪枝的目的是降低由于训练集存在噪声而造成的起伏。

步骤 2 利用生成完毕的决策树对输入数据进行分类：对输入的待测样本，从根节点依次测试记录待测样本的属性值，直到到达某个叶节点，从而找到该待测样本所在的类。

3. 决策树方法的特点

与其他分类方法相比，决策树分类有如下优点。

① 分类速度快，计算量相对较小，容易转化成分类规则。只须沿着树根向下一直走到叶节点，沿途的分裂条件就能够唯一确定一条分类的谓词。如在例 1 中，“年龄→健康状况→不买”这条路径谓词表示为“如果一个人年龄大于 60 且身体不好，那么他就不会买车”。

② 分类准确性高，从决策树中挖掘出的规则准确性高且便于理解。

当然，一般决策树方法也存在缺乏伸缩性，处理大训练集时算法的额外开销大，降低了分类的准确性。

7.2 决策树理论的分类方法

1. 理论基础

Quinlan 提出的 ID3 算法是决策树算法的代表，具有描述简单、分类速度快的优点，大多数决策树算法都是在它的基础上加以改进而实现的。ID3 算法采用分治策略，通过选择窗口形成决策树，利用信息增益寻找训练集数据库中具有最大信息量的属性，建立决策树的一个节点，再根据该属性的不同取值建立树的分支，在每个分支子集中重复建立树的下层节点和分支过程。

(1) ID3 算法的基本思想

① 任意选取一个属性作为决策树的根节点，然后就这个属性所有的取值创建树的分支。

② 用这棵树来对训练集进行分类，如果一个叶节点无标记且该节点的所有实例都属于同一类，则以该类为标记标识此叶节点；如果所有的叶节点都有类标记，则算法终止。

③ 否则，选取一个从该节点到根路径中没有出现过的属性为标记，标识该节点，然后就这个属性所有的取值继续创建树的分支，重复算法步骤②。

这个算法一定可以创建一棵基于训练集的正确的决策树，然而，这棵决策树不一定是最简单的。显然，不同的属性选取顺序将生成不同的决策树。因此，适当地选取属性将生成一棵简单的决策树。在 ID3 算法中，采用了一种基于信息的启发式的方法来决定如何选取属性。启发式方法选取具有最高信息量的属性，也就是说，生成最少分支决策树的那个属性。

(2) 属性选择度量

ID3 算法在树的每个节点上以信息增益（Information Gain）作为度量来选择测试属性。这种度量称为属性选择度量或分裂的优良性度量。选择具有最高信息增益（或最大熵压缩）的属性作为当前节点的测试属性，该属性使得对结果划分中的样本分类所需要的信息量最小，并确保找到一棵简单的（但不一定是最简单的）决策树。

信息增益的原理取自 1948 年香农（C. E. Shannon）提出的信息论，其中给出了关于信息量（Information）和熵（Entropy）的定义，熵实际上是系统信息量的加权平均，也就是系统的平均信息量。

定义 1　期望信息量：设训练集为$\widetilde{X}$，样本总数为 N，其中包含 M 个不同的类 $\omega_i(i=1,2,\cdots,M)$。设 N_i 是$\widetilde{X}$中属于类 ω_i 的样本的个数。对一个给定样本分类所需的期望信息为

$$I(N_1,N_2,\cdots,N_M)=-\sum_{i=1}^{M}p_i\log_2(p_i) \tag{7-1}$$

式中，p_i 是样本属于 ω_i 的概率，用 N_i/N 来估计。

定义 2　熵：属性 A 具有 k 个不同值的属性$\{a_1,a_2,\cdots,a_j,\cdots,a_k\}$，$A$ 可以把全体训练集$\widetilde{X}$分成 k 个子集 $S_1,S_2,\cdots,S_k$，其中 $S_j=\{X|X\in\widetilde{X},X.A=a_j\}$。如果 A 选为测试属性，那么那些子集表示从代表集合$\widetilde{X}$出发的所有树枝。设 N_{ij}表示 S_j 中类为 ω_i 的样本的个数，根据属性 A 划分的子集的熵，也就是系统总熵为

$$E(A)=\sum_{j=1}^{k}\left[\left(\frac{N_{1j}+N_{2j}+\cdots+N_{Mj}}{N}\right)\cdot I(N_{1j},N_{2j},\cdots,N_{Mj})\right] \tag{7-2}$$

式中，$\left(\frac{N_{1j}+N_{2j}+\cdots+N_{Mj}}{N}\right)$表示第 j 个子集的权重；N 为训练集$\widetilde{X}$中样本个数。对于给定子集 S_j，有

$$I(N_{1j},N_{2j},\cdots,N_{Mj})=-\sum_{i=1}^{M}p_{ij}\log_2(p_{ij}) \tag{7-3}$$

式中，$p_{ij}=N_{ij}/|S_j|$表示 S_j 中的样本属于 ω_i 的概率；$|S_j|$表示 S_j 中的样本个数。

定义 3　在属性 A 上分支获得的信息增益表示为

$$\text{Gain}(A)=I(N_1,N_2,\cdots,N_M)-E(A) \tag{7-4}$$

Gain(A)是指由于知道属性 A 的值而导致的熵的期望压缩。熵是一个衡量系统混乱程度的统计量，熵越大，表示系统越混乱。分类的目的是提取系统信息，使系统向更加有序、有规则、有组织的方向发展。所以最佳的分裂方案是使熵减少量最大的分裂方案。熵减少量就是信息增益，所以，最佳分裂就是使 Gain(A)最大的分裂方案。通常，这个最佳方案是用“贪心算法+深度优先搜索”得到的。算法计算每个属性的信息增益。具有最高信息增益的属性选做给定集合 S 的测试属性，创建一个节点，并以该属性标记，对属性的每个值创建分支，据此划分样本。

[例 2]　表 7-1 所示的是一个顾客买车意向的训练集，通过此例来说明属性选择方法。

表 7-1　顾客买车意向的训练集

样本编号	年　龄	月　薪	健康状况	买车意向（类）
1	<30	<3000	好	不买
2	<30	<3000	不好	不买
3	<30	≥3000	不好	买
4	<30	≥3000	好	买
5	30~60	<3000	好	买
6	30~60	≥3000	好	买
7	30~60	≥3000	不好	买
8	>60	<3000	好	买
9	>60	<3000	不好	不买
10	>60	≥3000	不好	不买

从表 7-1 中可以看出，类属性“买车意向”有两个不同的值{买,不买}，因此一共有两个类，即 $M=2$。设 ω_1 对应于“买”，ω_2 对应于“不买”，则 ω_1 有 6 个样本，即 $N_1=6$；ω_2 有 4 个样本，即 $N_2=4$。首先利用式（7-1）计算期望信息 $I(N_1,N_2)$。

$$I(N_1,N_2)=I(6,4)=-\frac{6}{10}\log_2\frac{6}{10}-\frac{4}{10}\log_2\frac{4}{10}=0.9710$$

然后计算每个属性的熵。对于属性“年龄”，有三种取值，即三个子集，分别计算三个子集的期望信息。

年龄=“<30”：　$N_{11}=2,N_{21}=2,I(N_{11},N_{21})=-\frac{2}{4}\log_2\frac{2}{4}-\frac{2}{4}\log_2\frac{2}{4}=1$

年龄=“30~60”：　$N_{12}=3,N_{22}=0,I(N_{12},N_{22})=-\frac{3}{3}\log_2\frac{3}{3}=0$

年龄=“>60”：　$N_{13}=1,N_{23}=2,I(N_{13},N_{23})=-\frac{1}{3}\log_2\frac{1}{3}-\frac{2}{3}\log_2\frac{2}{3}=0.9183$

根据式（7-2），计算样本按“年龄”划分成子集的熵为：

$$E(\text{年龄})=\frac{4}{10}I(N_{11},N_{21})+\frac{3}{10}I(N_{12},N_{22})+\frac{3}{10}I(N_{13},N_{23})=0.6755$$

信息增益为

$$\text{Gain}(\text{年龄})=I(N_1,N_2)-E(\text{年龄})=0.2955$$

同理，我们可以得到其余两个属性的信息增益：

$$\text{Gain}(\text{月薪}) = 0.1246$$

$$\text{Gain}(\text{健康状况}) = 0.1246$$

由于“年龄”属性具有最高信息增益，因此被选择为测试属性。创建一个以年龄为标记的节点，对每一属性值引出一个分支，如图 7-2 所示。

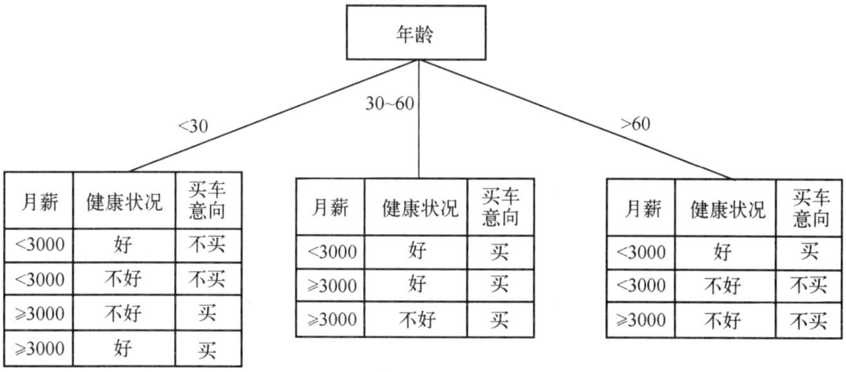

图 7-2　对属性“年龄”进行划分

从图 7-2 中可以看出，落在分支“30~60”的样本都属于同一类，因此该分支节点为一个叶节点。然后对另外两个节点子集继续进行属性选择，创建分支，直至分支节点全部为叶节点，生成如图 7-1 所示的决策树。

(3) 决策树剪枝

由于训练集中的数据一般不可能是完美的，有些属性缺值或不准确，即存在噪声数据。基本的决策树构造算法没有考虑噪声和孤立点，生成的决策树完全与训练集拟合。在有噪声情况下，完全拟合将导致过分适应。由于数据中的噪声和孤立点，许多分支反映的是训练集中的异常。剪枝阶段的任务就是利用统计学方法，去掉最不可靠、可能是噪声的一些枝条对决策树的影响，即过分适应数据问题，从而提高独立于测试数据正确分类的能力，达到净化树的目的。当然，当数据稀疏时，要防止过分剪枝。因此，剪枝对有些数据效果好而对有些数据则效果差。

剪枝方法主要有两类：先剪枝和后剪枝。

① 先剪枝（Pre-Pruning）。在建树的过程中，当满足一定条件，例如，信息增益或者某些有效统计量达到某个预先设定的阈值时，节点不再继续分裂，内部节点成为一个叶节点。叶节点取子集中频率最大的类作为自己的标识，或者可能仅仅存储这些实例的概率分布函数。

② 后剪枝（Pos-Pruning）。它是由“完全生长”的树剪去分支，首先生成与训练数据集合完全拟合的一棵决策树，然后从树的叶子开始剪枝，逐步向根的方向剪。剪枝时要用到一个测试数据集合（Adjusting Set），如果存在某个叶子剪去后能使得在测试集上的准确度不降低，则剪去该叶子，最终形成一棵错误率尽可能小的决策树。

如果在训练集中出现了类交叉的情况，也就是说，在待挖掘的数据中出现矛盾和不一致，将出现这样一种情况：在一个树节点中，所有的实例并不属于一个类却找不到可以继续分支的属性。

ID3 算法使用以下两种方案解决这个问题：

- 选择在该节点中所占比例最大的类为标记并标识该节点；
- 根据该节点中不同类的概率分布为标记并标识该节点。

如果在训练集中出现了某些错误的实例，即在待挖掘的数据中，本来应该属于同一节点的数据因为某些错误的属性取值而继续分支，则在最终生成的决策树中可能出现分支过细和错误分类的现象。ID3 算法设置了一个阈值来解决这个问题：只有属性的信息量超过这个阈值时才创建分支，否则以类标志标识该节点。该阈值的选取对决策树的正确创建具有相当重要的影响，如果阈值过小，可能没有发挥应有的作用；如果阈值过大，又可能删除了应该创建的分支。

（4）从决策树提取分类规则

从决策树中可以提取分类规则，并以 IF-THEN 的形式表示。具体方法是：从根节点到叶节点的每一条路径创建一条分类规则，路径上的每一对“属性-值”对应规则的前件（即 IF 部分）的一个合取项，叶节点为规则的后件（即 THEN 部分）。

对于例 1 中的决策树可提取以下分类规则：

IF 年龄 =‘<30’AND 月薪 =‘<3000’ THEN 买车意向 =‘不买’。

IF 年龄 =‘<30’AND 月薪 =‘≥3000’ THEN 买车意向 =‘买’。

IF 年龄 =‘30~60’ THEN 买车意向 =‘买’。

IF 年龄 =‘>60’AND 健康状况 =‘不好’ THEN 买车意向 =‘不买’。

IF 年龄 =‘>60’AND 健康状况 =‘好’ THEN 买车意向 =‘买’。

（5）ID3 算法的改进

基本的 ID3 算法采用信息增益作为属性的度量，试图减少树的平均深度，而忽略了对叶子数目的研究，导致了许多问题：最优属性选取不准确，信息增益的计算依赖于属性取值数目较多的特征，而取值较多的属性不一定是最优属性；抗噪性差，训练集中正例和反例较难控制。因此，众多学者针对 ID3 算法的不足，提出了许多改进策略。

① 离散化。对于符号性属性（即离散性属性），ID3 算法的知识挖掘比较简单，算法将针对属性的所有符号创建决策树分支。但是，如果属性值是连续的，如本书实例中手写数字中的特征值等，针对属性的所有不同的值创建决策树，则将由于决策树过于庞大而导致算法失效。

为了解决该问题，在用 ID3 算法挖掘具有连续性属性的知识时，应该首先把该连续性属性离散化。最简单的方法就是把属性值分成两段。如手写数字中的特征值可以分为大于 0.3 和小于 0.3 等。因此选择最佳的分段值是离散化的核心。对于任何一个属性，其所有的取值在一个数据集中是有限的。假设该属性取值为 $\{a_1, a_2, \cdots, a_n\}$，则在这个集合中，一共存在 $n-1$ 个分段值，ID3 算法采用计算信息量的方法计算最佳的分段值，然后进一步构建决策树。

② 空缺值处理。训练集中的数据可能会出现某一训练样本中某一属性值空缺的情况，因此必须进行空缺值处理。可以采用如下的空缺值处理方法：若属性 A 有空缺值，则可用 A 的最常见值、平均值、样本平均值等填充。

③ 属性选择度量。在决策树建树过程中，有许多的属性选择度量方法，对于一个特定的数据集来讲，只有“适合”与“不适合”之分，而没有“好”与“差”之分，这与数据集合中属性的值的多少、类的多少有关系。ID3 算法中采用信息增益作为属性选择度量，但它仅适合于具有多个值的属性。还有一些其他的属性选择度量方法，如增益率、可伸缩性指标基尼指数等。

④ 可伸缩性。ID3 算法对于相对较小的训练数据集是有效的，但对于现实世界中数以百万计的训练数据集，需要频繁地将训练数据在主存和高速缓存中换进换出，从而使算法的性能低下。因此可以将训练数据集划分为几个子集，使得每个子集能够放入内存；然后由每个子集构造一棵决策树；最后，将每个子集得到的分类规则组合起来，得到输出的分类规则。

⑤ 碎片、重复和复制处理。碎片是指在一个给定的分支中的样本数太少，从而失去统计意义。解决的方法是将分类属性值分组，决策树节点可以测试一个属性值是否属于给定的集合；另一种解决方法是创建二叉判定树，在树的节点上进行属性的布尔测试，从而可以减少碎片。当一个属性沿树的一个给定的分支重复测试时，将出现重复。复制是指复制树中已经存在的子树。以上问题可以通过由给定的属性构造新的属性（即属性构造）来解决。

2. 实现步骤

本书利用基于决策树理论的分类方法对手写数字进行分类识别，其实现步骤如下。

(1) 构建训练样本集

从手写数字样本库中的各类样本中分别提取 100 个训练样本，共 1000 个样本。每个手写数字样本具有 25 个特征，分别代表 25 个属性，其所属数字类别为训练类别，一共有 10 类。

(2) 构建分类决策树

本书采用 MATLAB 中的决策树工具箱函数进行分类决策树的构建。构建分类决策树函数的基本定义为 T=treefit(X,y)。其中参数 X 为训练样本属性集合，对于手写数字训练集，X 为矩阵，矩阵每一行是一个训练样本，每列对应一个属性；参数 y 为类别集合，对于手写数字训练集，y 为 1000 维的向量，每一维对应一个训练样本的类别；返回值 T 是一个决策树结构，保存了已构建好的分类决策树的信息。

(3) 利用决策树分类

输入待测样本，利用 MATLAB 中的决策树工具箱函数进行决策树分类。决策树分类函数的基本定义为 YFIT=treeval(T,X)。其中参数 T 为步骤（2）中已构用于的决策树结构，X 为待测样本特征矩阵，可以表示多个待测样本；YFIT 为分类结果向量，保存每个待测样本分类结果。

(4) 显示决策树

为了更清楚地检验决策树分类，将决策树显示出来可以更加直观地理解决策树理论。MATLAB 中决策树工具箱提供了显示决策树功能。

显示决策树函数为 treedisp(T)，参数 T 为已构建的决策树结构。

3. 编程代码

```
%%%%%%%%%%%%%%%%%%%%%%%%%%%%%%%%%%%%%%%%%%%%%
%函数名称:DecisionTree()
%参数:sample 为待测样本
%返回值:result 为分类结果
%函数功能:决策树分类算法
%%%%%%%%%%%%%%%%%%%%%%%%%%%%%%%%%%%%%%%%%%%%%
function result=DecisionTree(sample);
    x=[];
    y=cell(1,1000);
    for i=1:10
        %初始化训练样本集
        x=[x pattern(i).feature(:,1:100)];
        str=num2str(i-1);
         %初始化类
        y(1,100*(i-1)+1:100*i)={str};
    end
    %构造分类决策树
    t=treefit(x',y);
    %决策树分类
    result=treeval(t,sample);
    sfit = t.classname(result);
    %获得分类结果
    result=str2num(sfit{1,1});
    %显示分类结果
    treedisp(t);
```

4. 效果图

首先输入一个手写数字，如图 7-3（a）所示，单击“决策树分类”按钮，进行决策树算法分类，得到正确的分类结果，如图 7-3（b）所示。同时，显示决策树结构图，分类决策树如图 7-3（c）所示，图中空心三角形表示分支节点，分支节点旁边的不等式表示分支规则。例如，图中根节点含义是：如果第 22 个特征小于 0.0205779 则进入左边分支，否则进入右边分支。实体圆形表示叶节点，叶节点下方的数字为分类。

（a）输入手写数字　　（b）决策树分类结果

图 7-3　决策树分类算法效果图

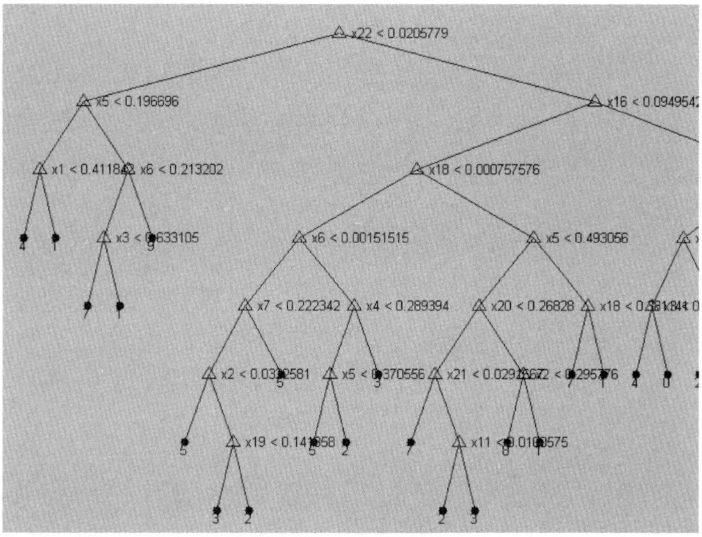

（c）分类决策树

图 7-3　决策树分类算法效果图（续）

本章小结

本章介绍了决策树理论的基本概念，包括决策树的基本原理、决策树分类方法、决策树方法的特点等；详细介绍了基于决策树理论的分类方法，包括 ID3 算法基本思想、属性选择度量等；最后介绍了基于决策树理论的手写数字分类器设计实现。

习题 7

1. 简述决策树的构造方法。
2. 简述 ID3 算法基本思想以及基于信息增益的属性选择度量方法。
3. 对于一个训练集，如表 7-2 所示，利用 ID3 算法构造一棵决策树。

表 7-2　流感决策问题训练集

样本编号	咳　嗽	头　晕	体　温	流感（类别）
1	是	是	正常	否
2	是	是	高	是
3	是	是	非常高	是
4	否	是	正常	否
5	否	否	高	否
6	否	是	非常高	是
7	是	否	高	是
8	否	是	正常	否

4. 叙述决策树理论在分类问题中的实现方法和步骤。

第 3 篇

聚类分析篇

第 8 章　聚 类 分 析

本章要点：

☑ 聚类的设计
☑ 基于试探的未知类别聚类算法
☑ 层次聚类算法
☑ 动态聚类算法
☑ 模拟退火聚类算法

8.1　聚类的设计

聚类分析是指事先不了解一批样本中的每一个样本的类别或者其他的先验知识，而唯一的分类根据是样本的特征，利用某种相似性度量的方法，把特征相同或相近的归为一类，实现聚类划分。例如，对于一幅手写数字图像，如图 8-1 所示，将相同的手写数字划分为一类，即聚类分析要解决的问题。

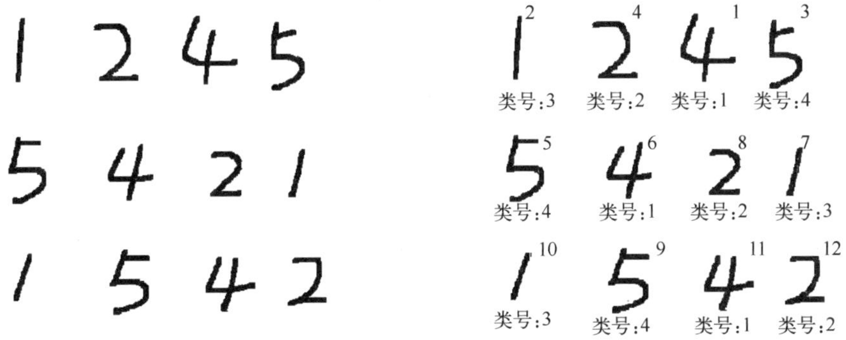

（a）待聚类图像　　（b）聚类后图像

图 8-1　手写数字图像聚类

本书从第 8 章到第 10 章对各种聚类算法进行了理论分析和实例介绍，为了便于读者对后面章节的阅读，本节将对聚类算法设计中的结构定义以及距离计算方法等常用函数功能进行介绍，使读者能够更清楚地阅读算法程序。

1. 样本结构设计

样本是聚类分析中的最基本单位，例如，手写数字聚类中每一个手写数字即为一个样本，通常一个样本的结构包括样本特征和所属类别两部分。

在本书基于 MATLAB 的聚类算法设计中，样本结构定义如下。

(1) 样本集 m_pattern

样本集为多个样本的集合，一个具有 N 个样本的样本集 m_pattern，定义为 m_pattern =

{m_pattern(1)，m_pattern(2)，…，m_pattern(N)}，其中 m_pattern 中每一个元素为一个样本结构。

（2）样本 m_pattern(i)

对于样本集中的样本 m_pattern(i)，其结构定义为：

```
Struct m_pattern(i)
{
    feature;
    category;
}
```

其中 feature 是该样本的特征矩阵，本书中对每个样本划分成 7×7 块，共 49 个特征。category 为样本所属类别。

2. 聚类中心结构设计

聚类中心是指当对样本进行聚类划分之后，对每一个划分好的类用一个结构来描述，这个结构就是聚类中心。聚类中心结构包括聚类中心特征，属于该类的样本数目，类索引值。

类似于样本结构定义，聚类中心结构定义如下。

（1）聚类中心集 m_center

聚类中心集为多个聚类中心的集合，一个具有 M 个类的聚类中心集 m_center，定义为 m_center = { m_center (1)，m_center (2)，…，m_center (M)}，其中 m_center 中每一个元素为一个聚类中心结构。

（2）聚类中心 m_center(i)

聚类中心 m_center(i)，其结构定义为

```
Struct m_center(i)
{
    feature;
    patternNum;
    index;
}
```

其中，feature 是该聚类中心的特征矩阵，patternNum 为属于该类的样本数目，index 为类的索引号。

3. 样本（或聚类中心）与样本（或聚类中心）的距离

本书中计算样本（或聚类中心）特征之间距离有四种方法，分别是欧氏距离法、夹角余弦距离法、二值夹角余弦法和具有二值特征的 Tanimoto 测度。计算公式见本书第 3 章的表 3-1。

本书中距离计算的 MATLAB 函数为：GetDistance()，具体的函数说明及代码如下：

```
%%%%%%%%%%%%%%%%%%%%%%%%%%%%%%%%%%%%%%%%%%%%%%%
%函数名称        GetDistance( pattern1,pattern2,type )
%参数          pattern1:  样本(或聚类中心)1结构
%              pattern2:  样本(或聚类中心)2结构
%              type:距离模式  1:欧氏距离;2:夹角余弦距离;  3:特征是二值时
%                 的夹角余弦距离;4:具有二值特征的Tanimoto测度
%返回值         result:距离
%函数功能        计算样本(或聚类中心)1和样本(或聚类中心)2间的距离,距离模式
%              由参数type给定
%%%%%%%%%%%%%%%%%%%%%%%%%%%%%%%%%%%%%%%%%%%%%%%
function [ result ] = GetDistance( pattern1,pattern2,type )
   result=0;
   global Nwidth;%特征矩阵的宽度,本书取7,即样本特征为7*7矩阵
   switch(type)
      case 1 %欧式距离
         result=sum((pattern1.feature(:)-pattern2.feature(:)).^2);
         result=sqrt(result);
      case 2  %夹角余弦
         a=0;
         b1=0;
         b2=0;
         for i=1:Nwidth
            for j=1:Nwidth
               a=a+pattern1.feature(i,j) * pattern2.feature(i,j);
               b1=b1+pattern1.feature(i,j) * pattern1.feature(i,j);
               b2=b2+pattern2.feature(i,j) * pattern2.feature(i,j);
            end
         end
         if(b1 * b2~=0)
            result=1-a/sqrt(b1 * b2);
         else
            result=-1;
         end
      case 3 %二值夹角余弦
         t1=zeros(Nwidth,Nwidth);
         t2=zeros(Nwidth,Nwidth);
         a=0;
         b1=0;
         b2=0;
         for i=1:Nwidth
            for j=1:Nwidth
               if(pattern1.feature(i,j)>0.2)
                  t1(i,j)=1;
```

```
                end
                if(pattern2.feature(i,j)>0.2)
                    t2(i,j)= 1;
                end
                a=a+t1(i,j) * t2(i,j);
                b1=b1+t1(i,j) * t1(i,j);
                b2=b2+t2(i,j) * t2(i,j);
            end
        end
        if(b1 * b2~ =0)
            result=1-a/sqrt(b1 * b2);
        else
            result=-1;
        end
    case 4 %Tanimoto
        t1=zeros(Nwidth,Nwidth);
        t2=zeros(Nwidth,Nwidth);
        a=0;
        b1=0;
        b2=0;
        for i=1:Nwidth
            for j=1:Nwidth
                if(pattern1.feature(i,j)>0.2)
                    t1(i,j)= 1;
                end
                if(pattern2.feature(i,j)>0.2)
                    t2(i,j)= 1;
                end
                a=a+t1(i,j) * t2(i,j);
                b1=b1+t1(i,j) * t1(i,j);
                b2=b2+t2(i,j) * t2(i,j);
            end
        end
        if ((b2 * b1-a) ~ =0)
            result=1-a/(b1+b2-a);
        else
            result=-1;
        end
end
```

4. 计算聚类中心

聚类算法中经常会用到聚类中心的计算，聚类中心的特征值等于该类所有样本特征值的平均值，在已知一个聚类划分的情况下，求解聚类中心的函数为 CalCenter( )，函数说明如下：

```
%%%%%%%%%%%%%%%%%%%%%%%%%%%%%%%%%%%%%%%%%%%
%函数名称          CalCenter( )
%参数              m_center_i 聚类中心结构
%                 m_pattern   样本集
%                 patternNum 样本个数
%返回值                m_center_i 聚类中心结构
%函数功能          计算聚类中心 m_center_i 的特征值(本类所有样本的均值)及
%                        该类的样本个数
%%%%%%%%%%%%%%%%%%%%%%%%%%%%%%%%%%%%%%%%%%%
function [ m_center_i ] = CalCenter( m_center_i,m_pattern,patternNum )
    global Nwidth;
    temp=zeros(Nwidth,Nwidth);%临时存储中心的特征值
    a=0;%记录该类中元素个数
    for i=1:patternNum
        if (m_pattern(i).category==m_center_i.index)%累加中心所有样本
            a=a+1;
            temp=temp+m_pattern(i).feature;
        end
    end
      m_center_i.patternNum=a;
    if(a~=0)
          m_center_i.feature=temp/a;%取均值
    else
          m_center_i.feature=temp;
    end
```

8.2 基于试探的未知类别聚类算法

定义误差平方和为

$$J = \sum_{i=1}^{M} \sum_{X \in \omega_i} \| \boldsymbol{X} - \overline{\boldsymbol{X}^{(\omega_i)}} \|^2 \tag{8-1}$$

式中，M 是聚类中心的个数，M 应该小于样本的总个数。ω_i 表示第 i 类，$\overline{\boldsymbol{X}^{(\omega_i)}}$ 表示第 i 类的聚类中心向量。针对所有样本假设某种聚类方案，计算 J 值，找到 J 值最小的那一种聚类方案，则认为该种方法为最优聚类。以下讨论的是在聚类数未知的情况下，以该准则为聚类的方案。

8.2.1 最邻近规则的试探法

1. 理论基础

设有 N 个样本：$\boldsymbol{X}_1,\boldsymbol{X}_2,\cdots,\boldsymbol{X}_N$，并选取任一非负的阈值 T。为方便起见，我们假设前

$i(i<N)$ 个样本已经被分到 $k(k\leqslant i)$ 个类中。则第 $i+1$ 个样本应该归入哪一个类中呢？假设归入 ω_a 类，要使 J 最小，则应满足 $|\boldsymbol{X}_{i+1}-\overline{\boldsymbol{X}^{(\omega_a)}}|\leqslant|\boldsymbol{X}_{i+1}-\overline{\boldsymbol{X}^{(\omega_b)}}|(1\leqslant b\leqslant k)$。若 $\boldsymbol{X}_{i+1}$ 到 ω_a 类的距离大于给定的阈值 T，即 $|\boldsymbol{X}_{i+1}-\overline{\boldsymbol{X}^{(\omega_a)}}|>T$，则应为 $\boldsymbol{X}_{i+1}$ 建立一个新的类 ω_{k+1}。在未将所有的样本分类前，类数是不能确定的。

这种算法与第一个中心的选取、阈值 T 的大小、样本排列次序以及样本分布的几何特性有关。这种方法运算简单，若有关于模式几何分布的先验知识做指导给出阈值 T 及初始点，则能较快地获得合理的聚类结果。

合理地选择聚类中心和阈值，将会得到正确的聚类结果，如图 8-2（a）所示，若选择的中心和阈值不当，得到聚类结果比较粗糙，甚至错误，如图 8-2（b）和（c）所示。

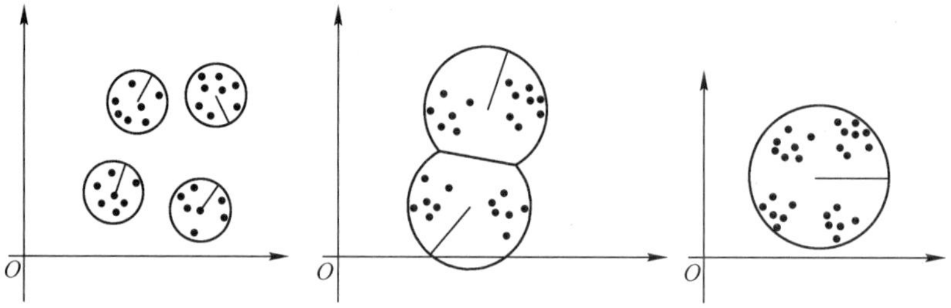

（a）正确的聚类结果　（b）较大的阈值将不同类合并　（c）过大的阈值以及不当的中心

图 8-2　样本的聚类与中心的选取和阈值密切相关

2. 实现步骤

设有 N 个样本：m_pattern(1),m_pattern(2),…,m_pattern(patternNum),patternNum=N。

① 选一个样本作为第一个聚类中心 m_center(1).feature，不妨令 m_center(1).feature=m_pattern(1).feature。centerNum 记录当前中心的数目，centerNum=1。

② 通过对话框读入阈值 T 并输出所有样本之间的最大与最小距离作为 T 的参考。

③ 对所有样本：计算该样本 m_pattern(i) 到所有聚类中心 m_center(j) 的距离，找到最小值 $D_j(0\leqslant j<\text{centerNum})$。

若 $D_j<T$，则将该样本 m_pattern(i) 归入第 j 类，即

m_pattern(i).category=m_center(j).index;

N_j 代表第 j 类的样本数量，由于增加了一个样本，因此，N_j++。并且修改第 j 个聚类中心的值：

$$\text{center}(j)=\frac{1}{N_j}\sum_{X\in\omega_j}X$$

若 $D_j\geqslant T$，建立新的聚类中心，聚类中心数目（centerNum）增加，因此 centerNum++。m_center(centerNum).feature=m_pattern(i).feature，m_pattern(i).category=centerNum。

④ 输出分类结果。

3. 编程代码

函数调用关系

```
[ m_pattern ]  = C_ZuiLinJin( m_pattern,patternNum )//最邻近规则
 |
 |
 ├─► [ result ]  = GetDistance( pattern1,pattern2,type )
 |    //计算样品1和样品2间的距离，距离模式由参数type给定
 |
 └─► [ m_center_i ]  = CalCenter( m_center_i,m_pattern,patternNum )
      // 计算中心m_center的特征值(本类所有样品的均值)及样品个数
```

```
%%%%%%%%%%%%%%%%%%%%%%%%%%%%%%%%%%%%%%%
%函数名称:C_ZuiLinJin()
%参数:m_pattern:样本特征库;patternNum:样本数目
%返回值:m_pattern:样本特征库
%函数功能:按照最邻近规则对全体样本进行分类
%%%%%%%%%%%%%%%%%%%%%%%%%%%%%%%%%%%%%%%
function [ m_pattern ] = C_ZuiLinJin( m_pattern,patternNum )
    global Nwidth;
    m_center(1).feature=m_pattern(1).feature;%将第一个样本作为第一个中心
    m_center(1).index=1;
    m_center(1).patternNum=1;
    m_pattern(1).category=1;
    centerNum=1;

    m_min=inf;
    m_max=0;
    disType=DisSelDlg();
    sum=0;
    div=0;
    T=InputThreshDlg( m_pattern,patternNum,disType );%获得阈值
    for i=1:patternNum
        centerdistance=inf;
        index=1;
        for j=1:centerNum
            dis=GetDistance(m_pattern(i),m_center(j),disType);
            if(dis<centerdistance)
                centerdistance=dis;
                index=j;
            end
        end
        if (centerdistance<T)%距离小于阈值则将样本归入该类
                m_pattern(i).category=m_center(index).index;
                m_center(index)=CalCenter(m_center(index),m_pattern,patternNum);
       else %新建聚类中心
                centerNum=centerNum+1;
                m_pattern(i).category=centerNum;
                m_center(centerNum).feature=m_pattern(i).feature;
```

```
            m_center(centerNum).index=centerNum;
        end
    end
```

4. 效果图

如图 8-3（a）所示的是待聚类的原始图，输入阈值为 1.5，如图 8-3（b）所示，经过程序运算得到了聚类结果，如图 8-3（c）所示，每个物体的右上角标号是该物体的标号，左下角是该物体的所属类号，从效果图上可以看出，样本被正确分类；当阈值为 2.5，过大的时候，如图 8-3（d）所示，不同样本被归入同一类，如图 8-3（e）所示。除了对数字进行聚类分析，还可以对几何图形进行聚类，如图 8-3（f）、（g）、（h）所示。

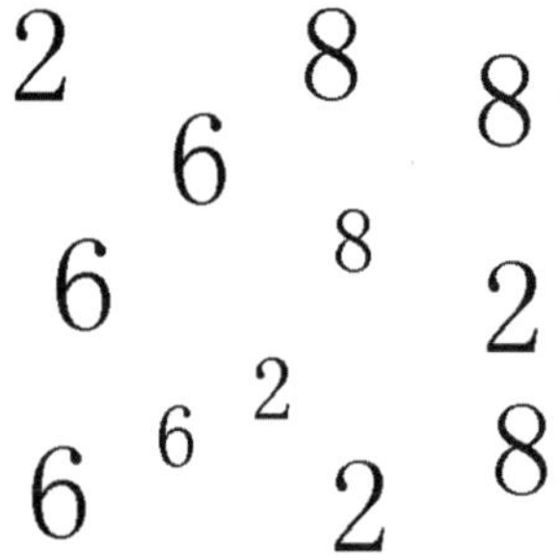

（a）原始数据

（b）输入阈值

（c）正确输出结果

（d）输入阈值过大

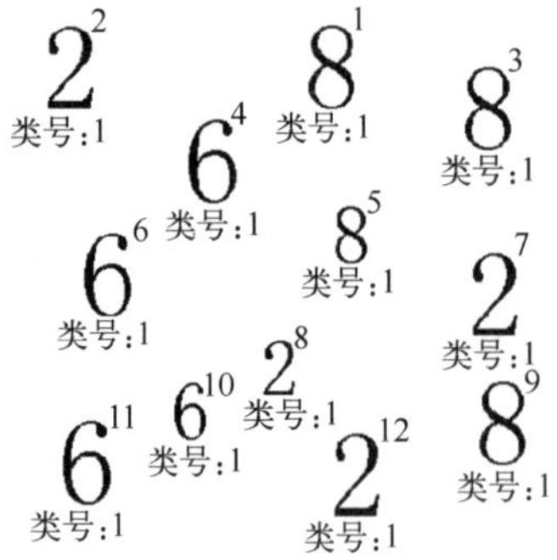

（e）不同样品被归入同一类

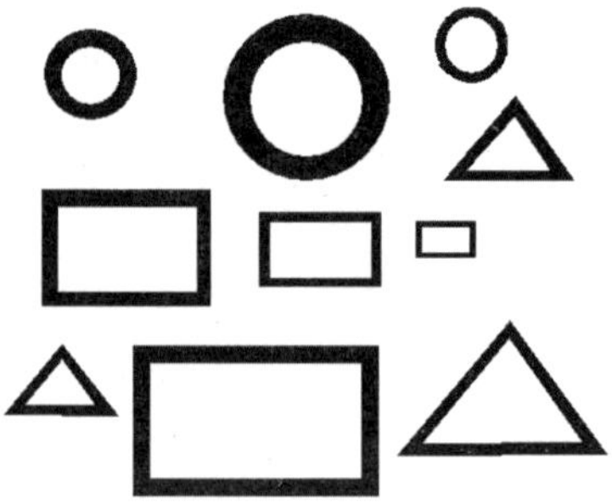

（f）几何图形原始图像

图 8-3　最邻近规则聚类效果图

（g）输入阈值

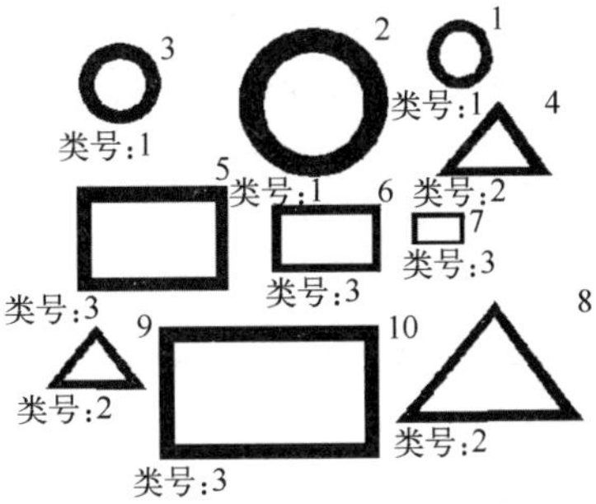

（h）对几何图形的最邻近规则算法聚类结果

图 8-3　最邻近规则聚类效果图（续）

最邻近规则的试探法受到阈值 T 的影响很大。阈值的选取是分类成败的关键之一。用户可以根据对话框中给出的参考值确定阈值，一般应介于最大值和最小值之间。

这种算法与第一个中心的选取、阈值 T 的大小、样本排列次序以及样本分布的几何特性有关。

不难看出，这种方法运算简单，若有关于模式几何分布的先验知识做指导给出阈值 T 及初始点，则能较快地获得合理的聚类结果。

8.2.2　最大最小距离算法

1. 理论基础

最大最小距离算法充分利用样本内部特性，计算出所有样本间的最大距离 maxdistance 作为归类阈值的参考，改善了分类的准确性。若某样本到某一个聚类中心的距离小于 maxdistance/3，则归入该类，否则建立新的聚类中心。

2. 实现步骤

① 选一个样本作为第一个聚类中心 m_center(1)，以第一个样本的特征值作为第一个中心的特征值，当前类中心的数目为 1。

m_center(1). feature = m_pattern(1). feature, m_center(1). index = 1，不妨令

m_pattern(1). category = 1。centerNum 记录当前类的数目，centerNum = 1。

② 查找离 m_center(1)最远的样本 m_pattern(i)，设最大距离为 maxdistance。令最远的样本 m_pattern(i)为第二个类，增加一个中心个数 centerNum++;m_center(2). feature = m_pattern(i). feature ;m_pattern(i). category = 2。

③ 逐个计算其余各样本 m_pattern(i)到各个聚类中心 m_center(j)（$1 \leqslant j \leqslant$ centerNum）间的距离，查看样本 m_pattern(i)距离哪一个中心近，找出最近的中心为 m_center(index)，计算其距离为 tDistance。

若 tDistance≤maxdistance/3，则将该样本 m_pattern(i)归入距离最近的类，即 m_pattern(i). category = m_center(index). index;

重新计算序号为 index 的中心特征值。

若 tDistance>maxdistance/3，则以该样本为中心建立新的聚类中心；增加一个中心个数，

centerNum++，即 m_center(centerNum) = m_pattern(*i*), m_pattern(*i*).category = centerNum。

④ 重复步骤③，直到所有样本分类完毕。

3. 编程代码

```
%%%%%%%%%%%%%%%%%%%%%%%%%%%%%%%%%%%%%%%%
%函数名称:C_ZuiDaZuiXiaoJuLi()
%参数:    m_pattern:样本特征库; patternNum:样本数目
%返回值:  m_pattern:样本特征库
%函数功能:按照最大最小距离规则对全体样本进行分类
%%%%%%%%%%%%%%%%%%%%%%%%%%%%%%%%%%%%%%%%
function [ m_pattern ] = C_ZuiDaZuiXiaoJuLi( m_pattern,patternNum )
    disType=DisSelDlg();%获得距离计算类型
    maxDistance=0;%记录两类间的最大距离,用作类分割阈值
    index=1;%记录距离第一个中心最远的样本

    m_center(1).feature=m_pattern(1).feature;%第一个聚类中心
    m_center(1).index=1;
    m_center(1).patternNum=1;
    m_pattern(1).category=1;

    for i=1:patternNum%第二个聚类中心
        tDistance=GetDistance(m_pattern(i),m_center(1),disType);
        if(maxDistance<tDistance)
            maxDistance=tDistance;
            index=i;
        end
    end
    m_center(2).feature=m_pattern(index).feature;
    m_center(2).index=2;
    m_pattern(index).category=2;
    centerNum=2;

    for i=1:patternNum
        MAX=inf;
        index=0;%记录样本距离最近的中心
        for j=1:centerNum
            tDistance=GetDistance(m_pattern(i),m_center(j),disType);
            if(MAX>tDistance)
                MAX=tDistance;
                index=j;
            end
        end
```

```
    if(MAX>maxDistance/3)%样本到最近中心的距离大于阈值,建立新的聚类中心
        centerNum=centerNum+1;
        m_center(centerNum).feature=m_pattern(i).feature;
        m_center(centerNum).index=centerNum;
        m_pattern(i).category=centerNum;
    else%归入 index 类中
        m_pattern(i).category=m_center(index).index;
        CalCenter(m_center(index),m_pattern,patternNum);
    end
end
```

4. 效果图

每个物体的右上角标号是该物体的标号，左下角是该物体的所属类号。最大最小距离法不需要用户输入聚类阈值，只需要选择距离计算类型即可，如图 8-4（a）、（c）所示为选择距离计算公式，程序会根据所有样本数据自动确定阈值。若样本集中没有突出的噪声，程序一般会正确聚类，如图 8-4（b）所示。然而，样本中含有离中心较远的孤立点时，聚类阈值会受到干扰。该算法对图形数据聚类的效果如图 8-4（d）所示。

（a）选择欧氏距离

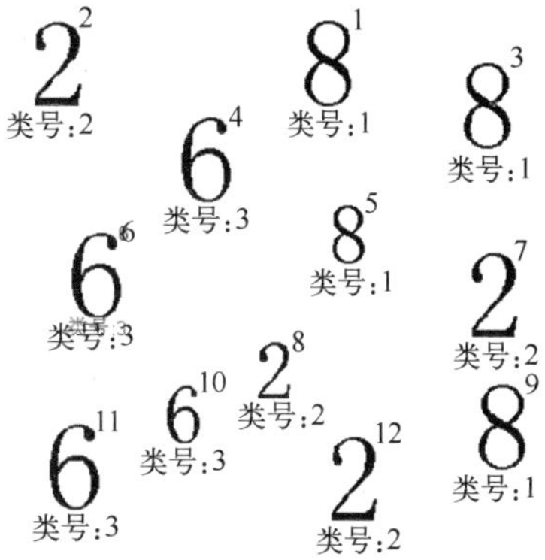

（b）数字聚类结果

（c）采用夹角余弦距离模式

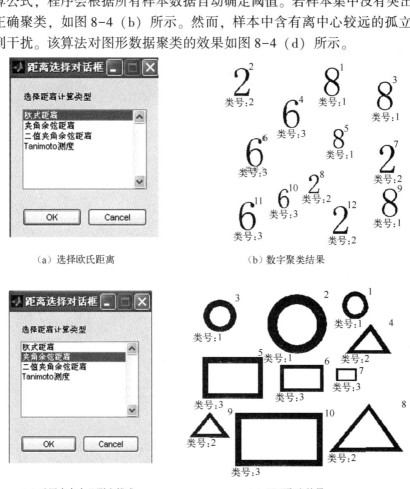

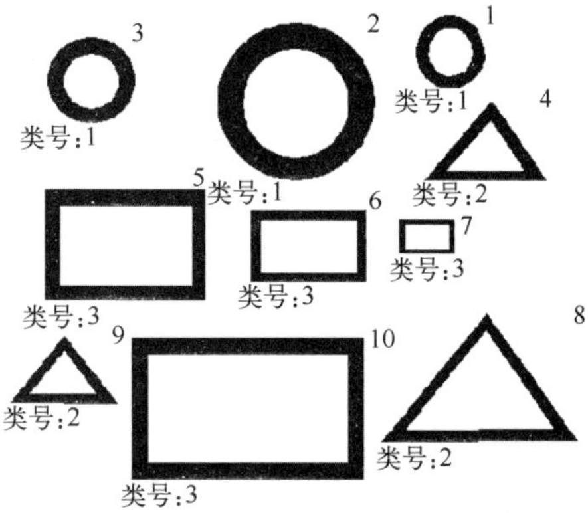

（d）图形聚类结果

图 8-4　最大最小距离法聚类效果图

8.3 层次聚类算法

与未知类别的聚类算法不同，层次聚类分为合并算法和分裂算法。合并算法会在每一步减少聚类中心数量，聚类产生的结果来自于前一步的两个聚类的合并；分裂算法与合并算法的原理相反，在每一步增加聚类中心数量，每一步聚类产生的结果，都是将前一步的一个聚类中心分裂成两个得到的。合并算法，先将每个样本自成一类，然后根据类间距离的不同，合并距离小于阈值的类。

① 设有 N 个样本，这里取 $N=4$。每个样本自成一类，计算各类间的距离填入表 8-1。

表 8-1　聚类中心间的距离表

	ω_1	ω_2	ω_3	ω_4
ω_1	D_{11}	D_{12}	D_{13}	D_{14}
ω_2	D_{21}	D_{22}	D_{23}	D_{24}
ω_3	D_{31}	D_{32}	D_{33}	D_{34}
ω_4	D_{41}	D_{42}	D_{43}	D_{44}

初始距离计算公式为 $D_{ij}=\|\omega_i-\omega_j\|=\|\boldsymbol{X}_i-\boldsymbol{X}_j\|$。

② 求表 8-1 中最小的值，设为 D_{ij}，即距离最近的两类是 ω_i、ω_j，若 $D_{ij}<T$，合并 ω_i、ω_j 类。如 $D_{34}<T$，则合并 ω_3 与 ω_4，组成新的类 $\omega_{3,4}$。

③ 下一步要确定各类到 $\omega_{3,4}$ 的距离，填写表 8-2。这里介绍了最短距离法、最长距离法、中间距离法、重心法、平均距离法。各种算法的计算公式如表 8-3 所示。

表 8-2　合并后的聚类中心间距

	ω_1	ω_2	$\omega_{3,4}$
ω_1	D_{11}	D_{12}	D_{13}
ω_2	D_{21}	D_{22}	D_{23}
ω_3	$D_{34,1}$	$D_{34,2}$	$D_{34,3}$

表 8-3　两类合并后到其他类间的距离计算公式

距离计算方法	ω_j 是由 ω_m、ω_n 两类合并而成的，定义类 ω_i 与 ω_j 类的距离为：$D_{i,j}$	ω_i 中有 N_i 个样本，ω_m 中有 N_m 个样本，ω_n 中有 N_n 个样本
最短距离法	$D_{i,j}$ 为 ω_i 类中所有样本与 ω_j 类中所有样本间的最小距离	$D_{i,j}=D_{i,mn}=\min(D_{i,m},D_{i,n})$
最长距离法	$D_{i,j}$ 为 ω_i 类中所有样本与 ω_j 类中所有样本间的最长距离	$D_{i,j}=D_{i,mn}=\max(D_{i,m},D_{i,n})$
中间距离法	它介于最长距离与最短距离之间，其中 $D_{i,m}$，$D_{i,n}$，$D_{m,n}$ 可以用类间的最长距离或最短距离计算	$D_{i,j}=D_{i,mn}=\left(\frac{1}{2}D_{i,m}^2+\frac{1}{2}D_{i,n}^2-\frac{1}{4}D_{m,n}^2\right)^{\frac{1}{2}}$

续表

重心法	重心法考虑了类内样本数目对类间距离的影响	$D_{i,j}=D_{i,mn}=\left(\frac{N_m}{N_m+N_n}D_{i,m}^2+\frac{N_n}{N_m+N_n}D_{i,n}^2-\frac{N_mN_n}{N_m+N_n}D_{m,n}^2\right)^{\frac{1}{2}}$
平均距离法	用两类内所有样本距离的平均值作为两类的距离	$D_{i,j}=D_{i,mn}=\left(\frac{N_m}{N_m+N_n}D_{i,m}^2+\frac{N_n}{N_m+N_n}D_{i,n}^2\right)^{\frac{1}{2}}$

注：其中 $D_{i,m}$、$D_{i,n}$定义见本书第 3 章的表 3-2。

8.3.1 最短距离法

1. 理论基础

最短距离法认为，只要两类的最小距离小于阈值，就将两类合并成一类。定义 $D_{i,j}$为 ω_i 类中所有样本和 ω_j 类中所有样本间的最小距离，即

$$D_{i,j}=\min\{d_{UV}\}$$

式中，d_{UV}表示 ω_i 类中的样本 U 与 ω_j 类中的样本 V 之间的距离。若 ω_j 类是由 ω_m，ω_n 两类合并而成的，则

$$D_{i,m}=\min\{d_{UA}\} \qquad U\in\omega_i\text{ 类},A\in\omega_m\text{ 类}$$
$$D_{i,n}=\min\{d_{UB}\} \qquad U\in\omega_i\text{ 类},B\in\omega_n\text{ 类}$$

递推可得

$$D_{i,j}=\min\{D_{i,m},D_{i,n}\} \tag{8-2}$$

例如：计算 ω_1 到 $\omega_{3,4}$的距离 $D_{1,34}$，先计算 ω_1 类中各个样本到 ω_3 类中各个样本的距离，取最小值为 $D_{1,3}$；然后计算 ω_1 类中各个样本到 ω_4 类中各个样本的距离，取最小值为 $D_{1,4}$；取 $D_{1,3}$、$D_{1,4}$中的最小值为 $D_{1,34}$。

2. 实现步骤

① 获得所有样本特征。

② 输入阈值 T（计算所有样本距离的最大值与最小值，输出，作为阈值的参考）。

③ 将所有样本各分一类，聚类中心数 centerNum＝样本总数 patternNum，m_pattern(*i*).category＝*i*；m_center(*i*).feature＝m_pattern(i).feature。

④ 对所有样本循环：

- 找到距离最近的两类 p_i、p_j，设距离为 minDis。
- 若 minDis≤T，则合并 p_i、p_j，将类号大的归入到类号小的类中，调整其他类保持类号连续。否则 minDis>T，即两类间的最小距离大于阈值，则退出循环。

3. 编程代码

```
%%%%%%%%%%%%%%%%%%%%%%%%%%%%%%%%%%%%%%%%%
%函数名称:C_ZuiDuanJuLi()
%参数:m_pattern:样本特征库;patternNum:样本数目
```

```
%返回值:m_pattern:样本特征库
%函数功能:按照最短距离法对全体样本进行分类
%%%%%%%%%%%%%%%%%%%%%%%%%%%%%%%%%%%%%%%%%%%%%%%%
function [ m_pattern ] = C_ZuiDuanJuLi( m_pattern,patternNum )
    disType=DisSelDlg();%获得距离计算类型
    T=InputThreshDlg( m_pattern,patternNum,disType );%获得阈值
   %初始化,所有样本各分一类
    for i=1:patternNum
        m_pattern(i).category=i;
    end

    while(true)
        minDis=inf;
        pi=0;
        pj=0;
        %寻找距离最近的两类 pi、pj,记录最小距离 minDis
        for i=1:patternNum-1
            for j=i+1:patternNum
                if(m_pattern(i).category~=m_pattern(j).category)
                    tempDis=GetDistance(m_pattern(i),m_pattern(j),disType);
                    if(tempDis<minDis)
                        minDis=tempDis;
                        pi=m_pattern(i).category;
                        pj=m_pattern(j).category;
                    end
                end
            end
        end

        if(minDis<=T)%距离小于阈值,合并 pi、pj 类
            if(pi>pj)%将较大类号归入较小类号
                temp=pi;
                pi=pj;
                pj=temp;
            end
            for i=1:patternNum
                if(m_pattern(i).category==pj)
                    m_pattern(i).category=pi;
                elseif(m_pattern(i).category>pj)
                    m_pattern(i).category=m_pattern(i).category-1;
                end
            end
        else
            break;
        end
    end
```

4. 效果图

在最短距离法中，只要两类的最近距离在阈值之内，就会被合并成一个类，聚类效果如图 8-5（a）和（b）所示，阈值过小，同类样本将被归入不同的类中；如图 8-5（c）和（d）所示，阈值恰当，被正确聚类；如图 8-5（e）和（f）所示为二值夹角余弦距离模式下，图形数据聚类结果。对相同的数据，要想获得同样的聚类效果，最短距离法的阈值要比其他算法大一些。

（a）阈值过小

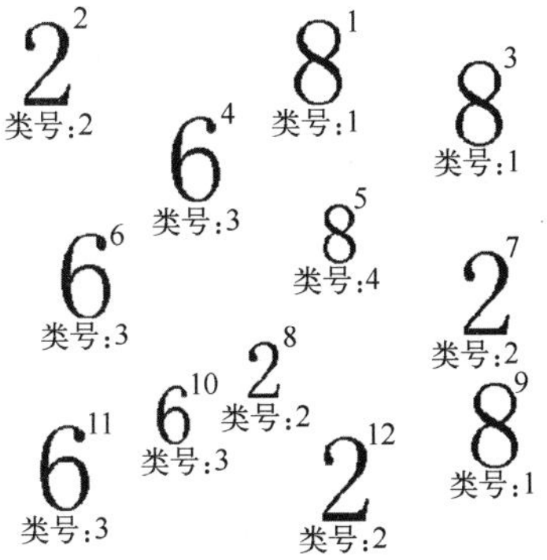

（b）同类样品被归入不同的类中

（c）阈值恰当

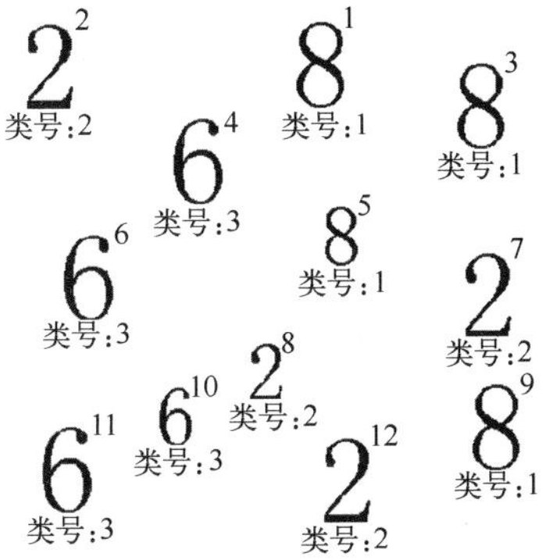

（d）正确聚类

（e）二值夹角余弦距离模式

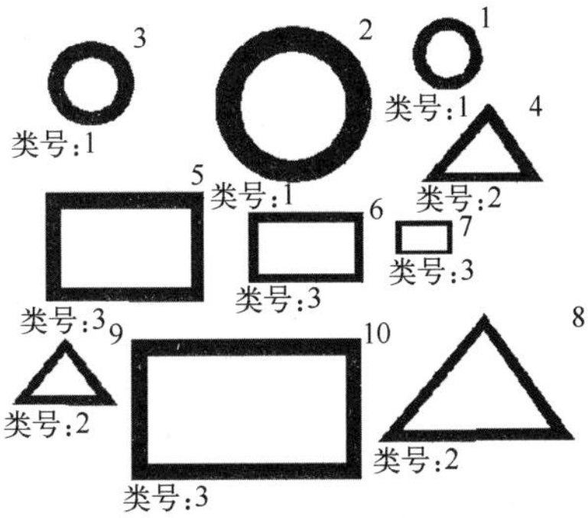

（f）图形数据聚类结果

图 8-5　最短距离法聚类效果图

8.3.2　重心法

1. 理论基础

重心法的提出考虑了类中样本个数对类间距离的影响。设 ω_j 类由 ω_m 类和 ω_n 类合并而成，ω_m 类有 N_m 个样本，ω_n 类中有 N_n 个样本。则重心法定义类 ω_i 和类 ω_j 间的距离为

$$D_{i,j}=D_{i,mn}=\left(\frac{N_m}{N_m+N_n}D_{i,m}^2+\frac{N_n}{N_m+N_n}D_{i,n}^2-\frac{N_mN_n}{N_m+N_n}D_{m,n}^2\right)^{\frac{1}{2}} \tag{8-3}$$

例如，要计算 ω_1 到 $\omega_{3,4}$的距离 $D_{1,34}$，先计算 ω_1 类中各个样本到 ω_3 类中各个样本的距离 $D_{1,3}$，然后计算 ω_1 类中各个样本到 ω_4 类中各个样本的距离 $D_{1,4}$及 ω_3 类和 ω_4 类的距离 $D_{3,4}$，按照下式计算 $D_{1,34}$：

$$D_{1,34}=\left(\frac{N_3}{N_3+N_4}D_{1,3}^2+\frac{N_4}{N_3+N_4}D_{1,4}^2-\frac{N_3N_4}{N_3+N_4}D_{3,4}^2\right)^{\frac{1}{2}}$$

2. 实现步骤

① 获得所有样本特征。

② 输入阈值 T（计算所有样本距离的最大值与最小值，输出，作为阈值的参考）。

③ 将所有样本各分一类，聚类中心数 centerNum＝样本总数 patternNum。m_pattern(i). category＝i；m_center(i). feature＝m_pattern(i). feature。

④ 建立距离矩阵 centerDistance，记录各类间的距离，初始值为各样本间的距离。

⑤ 对所有样本循环：

- 找到 centerDistance 中的最小值 t_d＝centerDistance(t_i,t_j)，即 t_i 类和 t_j 类距离最小（$t_j>t_i$）。
- 若 $t_d<T$，则将所有 t_j 类成员归入 t_i 类；centerNum＝centerNum−1；重新顺序排列类号；根据式（8-5）重新计算距离矩阵 centerDistance，否则（$t_d\geq T$）终止循环，分类结束。

3. 编程代码

```
%%%%%%%%%%%%%%%%%%%%%%%%%%%%%%%%%%%%%
%函数名称:C_ZhongXin()
%参数:m_pattern:样本特征库;patternNum:样本数目
%返回值:m_pattern:样本特征库
%函数功能:按照重心法对全体样本进行分类
%%%%%%%%%%%%%%%%%%%%%%%%%%%%%%%%%%%%%
function [ m_pattern ] = C_ZhongXin( m_pattern,patternNum )
    disType=DisSelDlg();%获得距离计算类型
    T=InputThreshDlg( m_pattern,patternNum,disType );%获得阈值
    %初始化,所有样本各分一类
    for i=1:patternNum
        m_pattern(i).category=i;
    end
```

```
centerNum=patternNum;
%建立类间距离数组,centerdistance(i,j)表示i类和j类距离
centerDistance=zeros(centerNum,centerNum);
for i=1:patternNum-1
    for j=i+1:patternNum
        centerDistance(i,j)=GetDistance(m_pattern(i),m_pattern(j),disType);
    end
end

  while(true)
    td=inf;
    for i=1:centerNum-1
        for j=i+1:centerNum
            if(td>centerDistance(i,j))%找到距离最近的两类:ti,tj,记录最小距离td;
                td=centerDistance(i,j);
                ti=i;
                tj=j;
            end
        end
    end
    numi=0;
    numj=0;
    if(td<T)%合并类i,j
        for i=1:patternNum
            if(m_pattern(i).category==ti)
                numi=numi+1;
            elseif(m_pattern(i).category==tj)
                m_pattern(i).category=ti;
                numj=numj+1;
            elseif(m_pattern(i).category>tj)
                m_pattern(i).category=m_pattern(i).category-1;
            end
        end
        centerNum=centerNum-1;
        tempDistance=centerDistance;%临时类间距离矩阵

        for i=1:centerNum-1%重新计算合并后的类到其他各类的新距离
            for j=i+1:centerNum
                if(i<ti)
                    if(j==ti)

                        tempDistance(i,j)=sqrt(centerDistance(i,ti)*centerDistance(i,ti)
                        *numi/(numi+numj)+centerDistance(i,tj)*centerDistance(i,tj)
```

```
                    * numj/(numi+numj)-centerDistance(ti,tj) * centerDistance(ti,tj)
                    * numi * numj/(numi+numj));
                elseif(j>=tj)
                    tempDistance(i,j)=centerDistance(i,j+1);
                else
                    tempDistance(i,j)=centerDistance(i,j);
                end
            elseif(i==ti)
                if(j<tj)

                    tempDistance(i,j)=sqrt(centerDistance(ti,j) * centerDistance(ti,j)
                    * numi/(numi+numj)+centerDistance(j,tj) * centerDistance(j,tj)
                    * numj/(numi+numj)-centerDistance(ti,tj) * centerDistance(ti,tj)
                    * numi * numj/(numi+numj));
                else

                    tempDistance(i,j)=sqrt(centerDistance(ti,j+1) * centerDistance(ti,
                    j+1) * numi/(numi + numj) + centerDistance(tj, j + 1) *
                    centerDistance(tj,j+1) * numj/(numi+numj)-centerDistance(ti,tj)
                    * centerDistance(ti,tj) * numi * numj/(numi+numj));
                end
              elseif((i>ti)&&(i<tj))
                if(j<tj)
                    tempDistance(i,j)=centerDistance(i,j);
                else
                    tempDistance(i,j)=centerDistance(i,j+1);
                end
              else
                tempDistance(i,j)=centerDistance(i+1,j+1);
              end
          end
      end

      centerDistance=tempDistance;
  else
      break;
  end
end
```

4. 效果图

重心法在计算类间的距离时，考虑了样本在多维空间的位置分布对类的重心的影响，计算的结果更能反映类间的不同。重心法聚类效果图如图 8-6 所示。其中图 8-6（e）和（f）

是重心法应用于图形聚类的效果。

（a）阈值过大

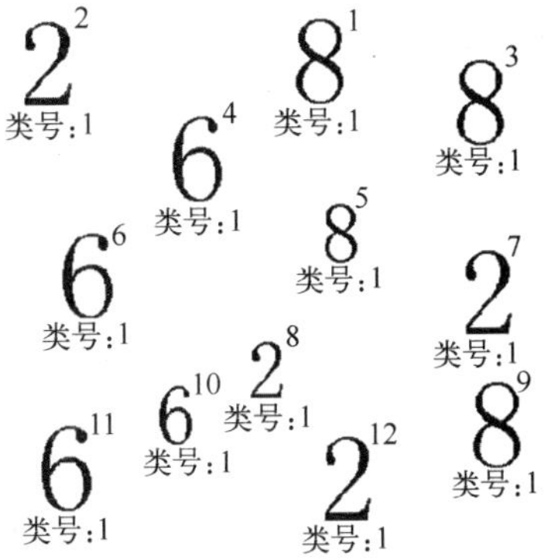

（b）阈值过大时聚类效果图

（c）阈值合适

（d）正确聚类结果

（e）阈值合适

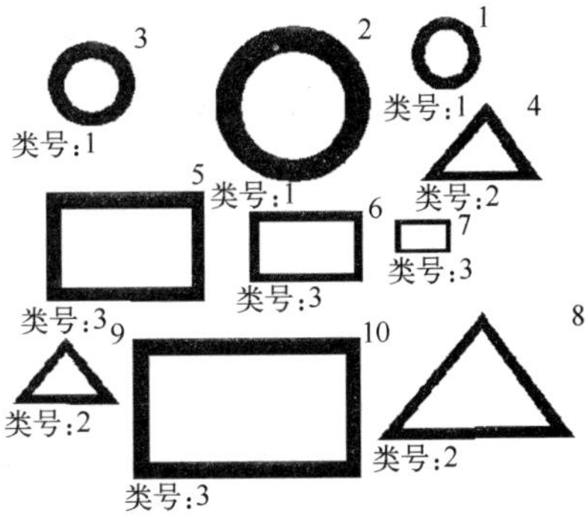

（f）重心法应用于图形聚类效果

图 8-6　重心法聚类效果图

8.4　动态聚类算法

动态聚类算法选择若干样本作为聚类中心，再按照某种聚类准则，如最小距离准则，将其余样本归入最近的中心，得到初始分类。然后判断初始分类是否合理，若不合理则按照特定规则重新修改不合理的分类，如此反复迭代，直到分类合理。

8.4.1　*K* 均值算法

1. 理论基础

K 均值算法能够使聚类域中所有样本到聚类中心距离的平方和最小。其原理为：先取 k 个初始距离中心，计算每个样本到这 k 个中心的距离，找出最小距离把样本归入最近的聚类中心，如图 8-7（a）所示，修改中心点的值为本类所有样本的均值，再计算各个样本到 k 个中心的距离，重新归类、修改新的中心点，如图 8-7（b）所示。直到新的距离中心等于上一次的中心点时结束。此算法的结果受到聚类中心的个数以及初始聚类中心的选择影响，也受到样本几何性质及排列次序影响。如果样本的几何特性表明它们能形成几个相距较远的小块孤立区域，则算法多能收敛。

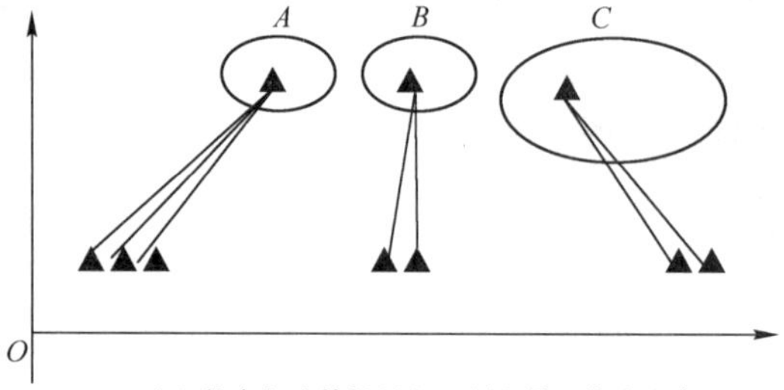

（a）将未归类的样品归入距离最近的聚类中心

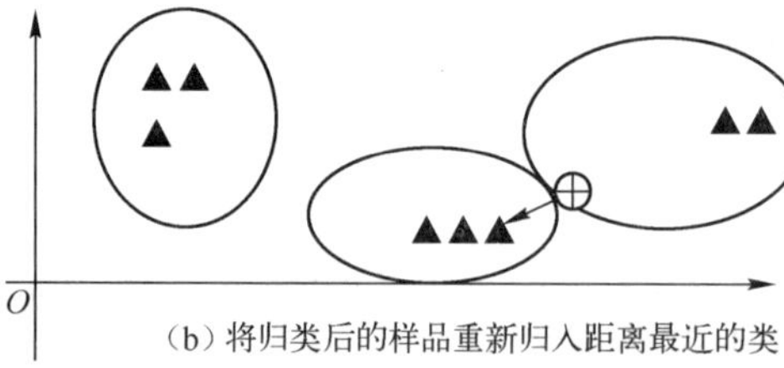

（b）将归类后的样品重新归入距离最近的类

图 8-7　*K* 均值算法示意图

2. 实现步骤

① 通过对话框读取需要分类数目 centerNum 和最大迭代次数 iterNum。

② 随机取 centerNum 个样本作为聚类中心。m_center(i). feature = m_pattern(i). feature, m_center(i). index = i; m_pattern(i). category = i; i = (1 ~ centerNum)，其余样本中心号为-1，样本到本类中心的距离为 max（max 为无穷大）。

③ 假设前三个样本分别属于每一类，需要分三类 A、B、C，参见图 8-7（a），计算其余样本到这三个类的距离，将它们归为距离最近的类，至此，所有的样本都归类完毕。计算各个类中心所有样本特征值的平均值作为该聚类中心的特征值。

④ 如图 8-7（b）所示，对每一类中的各个样本，计算它到其他类中心的距离，如果它到某一类中心的距离小于它到自身类中心的距离，需要对该样本重新分类，将它归属到距离中心近的类，循环重复所有的样本，直至不再有样本类号发生变化。

3. 编程代码

本算法编程采用了两种方式：一种是按实现步骤编写的 *K* 均值算法聚类；另一种是使用 MATLAB 工具箱中的 *K* 均值算法聚类（通过 Kmeans( )函数实现）。

```
%%%%%%%%%%%%%%%%%%%%%%%%%%%%%%%%%%%%%%%
%函数名称:C_KJunZhi( )
%参数:m_pattern:样本特征库;patternNum:样本数目
%返回值:m_pattern:样本特征库
%函数功能:按照 K 均值法对全体样本进行分类
%%%%%%%%%%%%%%%%%%%%%%%%%%%%%%%%%%%%%%%
function [ m_pattern ] = C_KJunZhi( m_pattern,patternNum )
    disType=DisSelDlg( );%获得距离计算类型
    [centerNum iterNum]=InputClassDlg( );%获得类中心数和最大迭代次数
    for i=1:patternNum
        m_pattern(i).distance=inf;
        m_pattern(i).category=-1;
    end
    randPattern=randperm(patternNum);
    for i=1:centerNum%初始化,随机分配 centerNum 个粒子为一类
        m_pattern(randPattern(i)).category=i;
        m_pattern(randPattern(i)).distance=0;
        m_center(i).feature=m_pattern(randPattern(i)).feature;
        m_center(i).index=i;
        m_center(i).patternNum=1;
    end
    counter=0;%记录当前已经循环的次数
    change=1;
    while(counter<iterNum&&change~=0)
        counter=counter+1;
        change=0;
        for i=1:patternNum%对所有样本重新归类
            %计算第 i 个模式到各个聚类中心的最小距离
            index=-1;
            distance=inf;
            for j=1:centerNum
                tempDis=GetDistance(m_pattern(i),m_center(j),disType);
                if(distance>tempDis)
                    distance=tempDis;
                    index=j;
                end
            end
            %比较原中心号与新中心号
            %相同:更新距离。
```

```
                %不同:1,新距离小,则归入新中心,更新距离,重新计算前后两个聚类中心模式
                %2,新距离大于原距离,不处理;

                if(m_pattern(i).category==index)%属于原类
                    m_pattern(i).distance=distance;
                else%不属于原类
                    oldIndex=m_pattern(i).category;%记录原类号
                    m_pattern(i).category=index;%归入新类
                    m_pattern(i).distance=distance;
                    if(oldIndex~=-1)
m_center(oldIndex)=CalCenter(m_center(oldIndex),m_pattern,patternNum);
                        end
m_center(index)=CalCenter(m_center(index),m_pattern,patternNum);
                        change=1;
                end
            end
        end
%%%%%%%%%%%%%%%%%%%%%%%%%%%%%%%%%%%%%%%%%%%%%%%%%%%%
%函数名称:C_KJunZhi2()
%参数:m_pattern:样本特征库;patternNum:样本数目
%返回值:m_pattern:样本特征库
%函数功能:按照K均值法对全体样本进行分类(MATLAB工具箱版本)
%%%%%%%%%%%%%%%%%%%%%%%%%%%%%%%%%%%%%%%%%%%%%%%%%%%%
function [ m_pattern ] = C_KJunZhi2( m_pattern,patternNum )
    str1={'类中心数:'};
    T=inputdlg(str1,'输入对话框');
    centerNum=str2num(T{1,1});%获得类中心数
    global Nwidth;
    X=zeros(Nwidth*Nwidth,patternNum);
    for i=1:patternNum
        X(:,i)=m_pattern(i).feature(:);
    end
    try
    IDX= kmeans(X', centerNum);%K均值算法(matlab工具箱函数)
     catch
        msgbox('本实例无法用MATLAB工具箱K均值算法聚类,请尝试另一种K均值算法','modal');
         for i=1:patternNum
            m_pattern(i).category=0;
        end
        return;
    end
    for i=1:patternNum
        m_pattern(i).category=IDX(i);
    end
```

4. 效果图

K 均值算法是一种动态聚类算法。用户只需输入计算距离的类型，如图 8-8（a）所示，输入聚类中心数目和迭代次数，效果如图 8-8（b）和（c）所示。利用 MATLAB 工具箱中的 *K* 均值算法聚类只需输入聚类中心数目，其效果如图 8-9 所示。

（a）选择夹角余弦距离模式

（b）输入类中心数和最大迭代次数

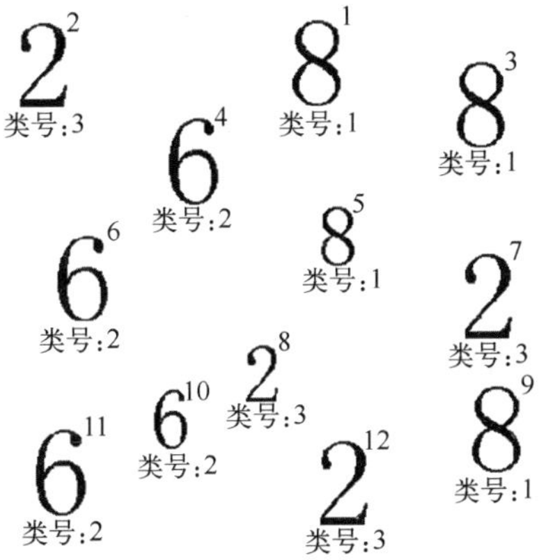

（c）聚类结果

图 8-8　*K* 均值算法聚类效果图

（a）输入类中心数

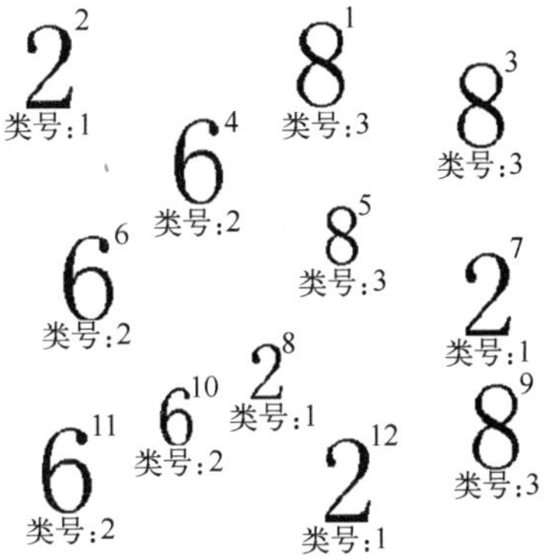

（b）聚类结果

图 8-9　MATLAB 工具箱中 *K* 均值算法聚类效果图

8.4.2 迭代自组织的数据分析算法（ISODATA）

1. 理论基础

迭代自组织的数据分析算法（Iterative Self-organizing Data Analysis Techniques Algorithm）也称 ISODATA 算法。此算法与 K 均值算法有相似之处，即聚类中心也是通过样本均值的迭代运算来决定的。但 ISODATA 加入了一些试探性的步骤，能吸取中间结果所得到的经验，在迭代过程中可以将一类一分为二，也可以将两类合并，即“自组织”。这种算法具有启发性。

2. 实现步骤

① 获得所有样本特征。

② 输入阈值 T，方差 equation，类中心数目 centerNum，最大迭代次数 iterNum（计算所有样本距离的最大值与最小值，以及方差的最小最大值，输出，作为阈值的参考）。

③ 任意选取 precenterNum 个（不妨取前 centerNum 个）样本作为聚类中心 m_center(i)。

④ 求各个样本到所有聚类中心的距离，将所有样本归入最近的类中心 m_center(i)。

⑤ 修正各聚类中心的值。

⑥ 计算各聚类域中诸样本到聚类中心间的平均距离。

⑦ 计算所有聚类域样本平均距离的总平均距离。

⑧ 判断分裂、合并及迭代等步骤：

- 若迭代次数已达到 iterNum，置 equation=0，跳到第⑪步，运算结束。
- 若 precenterNum > 2 × centerNum，或者进行了偶数次迭代并且 precenterNum > centerNum/2，则进入第⑨步，合并处理。否则，转第⑩步分裂处理。

⑨ 合并操作，计算全部聚类中心的距离，设 t_i，$t_j(t_i<t_j)$ 距离最近，设最小距离 t_d。若 $t_d<T$（阈值），则将 t_j 类并入 t_i 类。precenterNum−1。计算合并后的新中心。

⑩ 分裂操作，求所有聚类中心的标准差向量 $\boldsymbol{\sigma}_i$，$\boldsymbol{\sigma}_i=\sqrt{\frac{1}{N_i}\sum_{\boldsymbol{X}\in\omega_i}(\boldsymbol{X}-\overline{\boldsymbol{X}^{(\omega_i)}})^2}$，$i=1,2,\cdots,$ precenterNum，N_i 为 ω_i 类中样本个数。找到所有中心标准差中的最大值，设第 t_i 类的第 t_j 位标准差最大，最大值为 mequation。

若 mequation>equation，则 precenterNum++，新中心特征值等于 m_center(t_i) 的特征值，只是第 t_j 位需要调整，

$$\text{m\_center}(t_i).\text{feature}(t_j)=\text{m\_center}(t_i).\text{feature}(t_j)+a\times\text{mequation},$$

$$\text{m\_center}(\text{precenterNum}-1).\text{feature}(t_j)=\text{m\_center}(t_i).\text{feature}(t_j)-a\times\text{mequation};$$

其中 $a=(0,1)$，取 $a=0.5$。

⑪ 如果是最后一次迭代运算（即第 iterNum 次迭代）则结束循环。否则循环继续第④步，迭代次数加 1。

3. 编程代码

```
%%%%%%%%%%%%%%%%%%%%%%%%%%%%%%%%%%%%%%%%
%函数名称:C_ISODATA()
```

```
%参数:m_pattern:样本特征库;patternNum:样本数目
%返回值:m_pattern:样本特征库
%函数功能:按照 ISODATA 法对全体样本进行分类
%%%%%%%%%%%%%%%%%%%%%%%%%%%%%%%%%%%%%%%%
function [ m_pattern ] = C_ISODATA( m_pattern,patternNum )
    disType=DisSelDlg();%获得距离计算类型
    [T,equation,centerNum,iterNum]=InputIsodataDlg( m_pattern,patternNum,disType );
    precenterNum=centerNum;
    for i=1:precenterNum%初始化,前 centernum 个模板各自分为一类
        m_pattern(i).category=i;
        m_center(i).feature=m_pattern(i).feature;
        m_center(i).index=i;
        m_center(i).patternNum=1;
    end
    counter=0;%循环次数
    while(counter<iterNum)
        counter=counter+1;
        change=0;
        for i=1:patternNum%对所有样本重新归类
            %计算第 i 个模式到各个聚类中心的最小距离
            index=-1;
            td=inf;
            for j=1:precenterNum
                tempDis=GetDistance(m_pattern(i),m_center(j),disType);
                if(td>tempDis)
                    td=tempDis;
                    index=j;
                end
            end
            m_pattern(i).category=m_center(index).index;
        end
        %修正各中心
        for i=1:precenterNum
            m_center(i)=CalCenter(m_center(i),m_pattern,patternNum);
        end
        for i=1:precenterNum
            if(m_center(i).patternNum==0)
                for j=i:precenterNum-1
                    m_center(j)=m_center(j+1);
                end
                precenterNum=precenterNum-1;
            end
        end
        aveDistance=zeros(centerNum);%计算各类距中心平均距离
        allAveDis=0;%全部样本平均距离
        for i=1:precenterNum
```

```
            num=0;%类中成员个数
            dis=0;
            for j=1:patternNum
                if(m_pattern(j).category==m_center(i).index)
                    num=num+1;
                    dis=dis+GetDistance(m_pattern(j),m_center(i),disType);
                end
            end
            allAveDis=allAveDis+dis;
            aveDistance(i)=dis/num;
        end
        allAveDis=allAveDis/patternNum;

        if((precenterNum>=2*centerNum)||((mod(counter,2)==0)&&(precenterNum>
centerNum/2)))%合并
        %找到距离最近的两个类
            td=inf;
            for i=1:precenterNum
                for j=i+1:precenterNum
                    tempDis=GetDistance(m_center(i),m_center(j),disType);
                    if(td>tempDis)
                     td=tempDis;
                     ti=i;
                     tj=j;
                    end
                end
            end
            %判断是否要合并
            if(td<T)%合并
                for i=1:patternNum
                    if(m_pattern(i).category==m_center(tj).index)
                        m_pattern(i).category=m_center(ti).index;
                    elseif(m_pattern(i).category>m_center(tj).index)
                        m_pattern(i).category=m_pattern(i).category-1;
                    end
                end
            end
        else%分裂
            global Nwidth;
            %计算标准差
            for i=1:precenterNum
                    mEquation(i).equ=zeros(Nwidth,Nwidth);
                    for j=1:patternNum
                        if(m_pattern(j).category==m_center(i).index)
mEquation(i).equ=mEquation(i).equ+(m_pattern(j).feature-m_center(i).feature).^2;
                        end
```

```
        end
        mEquation(i).equ=sqrt(mEquation(i).equ/m_center(i).patternNum);
    end
    %找最大标准差
    ti=1;
    tm=1;
    tn=1;
    for i=1:precenterNum
        for m=1:Nwidth
            for n=1:Nwidth
                if(mEquation(i).equ(m,n)>mEquation(ti).equ(tm,tn))
                    ti=i;
                    tm=m;
                    tn=n;
                end
            end
        end
    end
    %判断是否要分裂
    if(mEquation(ti).equ(tm,tn)>equation)%大于阈值
        if(aveDistance(ti)>allAveDis)%类平均距离大于总平均距离,分裂
            precenterNum=precenterNum+1;
            for i=1:precenterNum-1
                tempCenter(i)= m_center(i);
            end
            tempCenter(precenterNum).index=precenterNum;
            tempCenter(precenterNum).feature=m_center(ti).feature;

            tempCenter(precenterNum).feature(tm,tn)= tempCenter(precenterNum).
            feature(tm,tn)+0.5 * mEquation(ti).equ(tm,tn);

            tempCenter(precenterNum-1).feature(tm,tn)= tempCenter(precenterNum).
            feature(tm,tn)-0.5 * mEquation(ti).equ(tm,tn);
            m_center=tempCenter;
        end
    end
end
end
```

4. 效果图

ISODATA 算法具有自组织性，会在计算过程中不断地调整类中心的个数，直到使分类的总的样本方差最小。很显然，当所有样本各分一类的时候，总的样本方差为零，但这样的聚类结果毫无意义。选择不同的距离类型，在用户输入栏的“阈值”一项中会给出参考值，如图 8-10（a）和（c）所示，类中心数目应该小于样本数目。ISODATA 算法聚类效果图如图 8-10 所示。

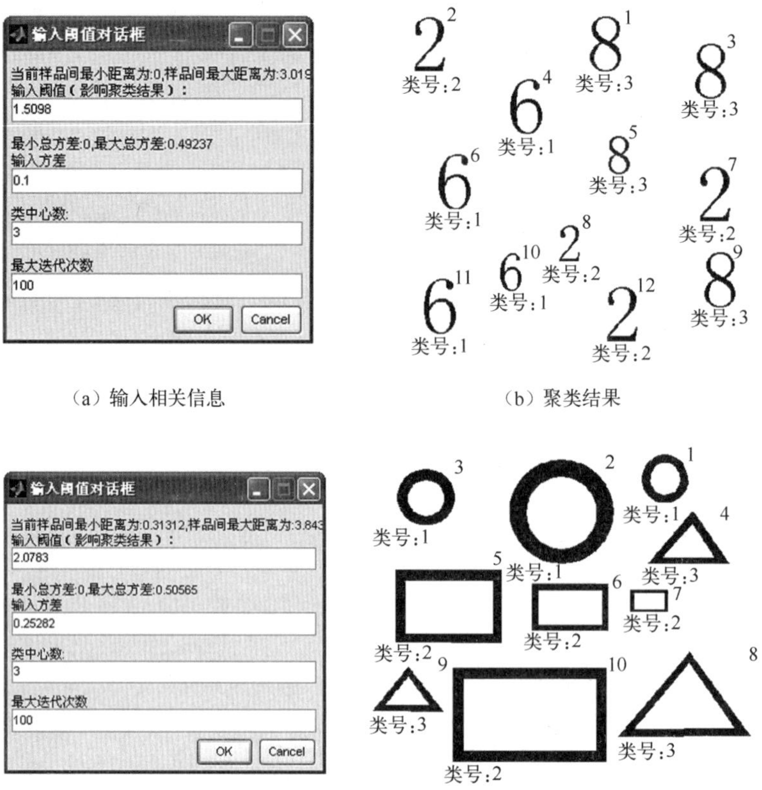

（a）输入相关信息　　（b）聚类结果

（c）对不规则符号归类　　（d）聚类结果

图 8-10　ISODATA 算法聚类效果图

8.5　模拟退火聚类算法

8.5.1　模拟退火的基本概念

模拟退火算法（Simulated Annealing，SA）最初由 Metropolis 等人于 20 世纪 80 年代初提出，其思想源于物理中固体物质退火过程与一般组合优化问题之间的相似性。模拟退火方法是一种通用的优化算法，目前已广泛应用于最优控制、机器学习、神经网络等优化问题。

1. 物理退火过程

模拟退火算法源于物理中固体物质退火过程，整个过程由以下三部分组成。

（1）升温过程

升温的目的是增强物体中粒子的热运动，使其偏离平衡位置变为无序状态。当温度足够高时，固体将溶解为液体，从而消除系统原先可能存在的非均匀态，使随后的冷却过程以某一平衡态为起点。升温过程与系统的熵增过程相关，系统能量随温度升高而增大。

（2）等温过程

在物理学中，对于与周围环境交换热量而温度不变的封闭系统，系统状态的自发变化总是朝向自由能减小的方向进行，当自由能达到最小时，系统达到平衡态。

(3) 冷却过程

与升温过程相反，使物体中粒子的热运动减弱并渐趋有序，系统能量随温度降低而下降，得到低能量的晶体结构。

2. 模拟退火算法的基本原理

模拟退火的基本思想是指将固体加温至充分高，再让其徐徐冷却，加温时，固体内部粒子随温升变为无序状，内能增大，而徐徐冷却时粒子渐趋有序，在每个温度都达到平衡态，最后在常温时达到基态，内能减为最小。

根据 Metropolis 准则，粒子在温度 T 时趋于平衡的几率为 $e^{-\Delta E/(KT)}$，其中 E 为温度 T 时的内能，ΔE 为其改变量，K 为 Boltzmann 常数。用固体退火模拟组合优化问题，将内能 E 模拟为目标函数值 f，温度 T 演化成控制参数 t，即得到解组合优化问题的模拟退火算法：由初始解和控制参数初值开始，对当前解重复“产生新解→计算目标函数差→判断是否接受→接受或舍弃”的迭代，并逐步衰减 t 值，算法终止时的当前解即为所得近似最优解，这是蒙特卡罗迭代求解法的一种启发式随机搜索过程。

如果用粒子的能量定义材料的状态，Metropolis 算法用一个简单的数字模型描述了退火过程。假设材料在状态 i 之下的能量为 $E(i)$，那么材料在温度 T 时从状态 i 进入到状态 j 就遵循如下规律：

如果 $E(j)\leqslant E(i)$，则接受该状态被转换；

如果 $E(j)>E(i)$，则状态转换以如下概率被接受：

$$p=e^{(E(i)-E(j))/(KT)} \tag{8-4}$$

式中，K 为物理学中的常数；T 为材料的温度。

(1) 模拟退火算法的组成

模拟退火算法由解空间、目标函数和初始解三部分组成。

① 解空间：对所有可能解均为可行解的问题定义为可能解的集合，对存在不可行解的问题，或限定解空间为所有可行解的集合，或允许包含不可行解但在目标函数中用惩罚函数（Penalty Function）惩罚以致最终完全排除不可行解。

② 目标函数：对优化目标的量化描述，是解空间到某个数集的一个映射，通常表示为若干优化目标的一个和式，应正确体现问题的整体优化要求且较易计算，当解空间包含不可行解时还应包括罚函数项。

③ 初始解：是算法迭代的起点，试验表明，模拟退火算法是健壮的（Robust），即最终解的求得不十分依赖初始解的选取，从而可任意选取一个初始解。

(2) 模拟退火算法的基本过程

① 初始化，给定初始温度 T_0 及初始解 ω，计算解对应的目标函数值 $f(\omega)$，在本节中 ω 代表一种聚类划分。

② 模型扰动产生新解 ω' 及对应的目标函数值 $f(\omega')$。

③ 计算函数差值 $\Delta f=f(\omega')-f(\omega)$。

④ 如果 $\Delta f\leqslant 0$，则接受新解作为当前解。

⑤ 如果 $\Delta f>0$，则以概率 p 接受新解。

$$p=e^{-(f(\omega')-f(\omega))/(KT)} \tag{8-5}$$

⑥ 对当前 T 值降温，对步骤②~⑤迭代 N 次。

⑦ 如果满足终止条件，输出当前解为最优解，结束算法，否则降低温度，继续迭代。

模拟退火算法流程如图 8-11 所示。算法中包含 1 个内循环和 1 个外循环，内循环就是在同一温度下的多次扰动产生不同模型状态，并按照 Metropolis 准则接受新模型，因此是用模型扰动次数控制的；外循环包括了温度下降的模拟退火算法的迭代次数的递增和算法停止的条件，因此基本是用迭代次数控制的。

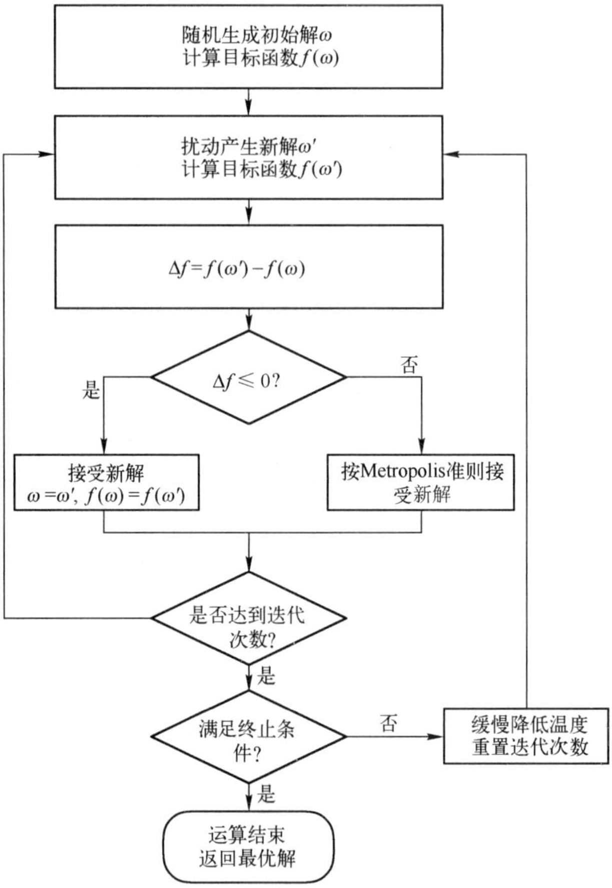

图 8-11 模拟退火算法流程图

3. 退火方式

模拟退火算法中，退火方式对算法有很大的影响。如果温度下降过慢，算法的收敛速度会大大降低。如果温度下降过快，可能会丢失极值点。为了提高模拟退火算法的性能，学者们提出了多种退火方式，比较有代表性的几种退火方式如下：

①
$$T(t)=\frac{T_0}{\ln(1+t)} \tag{8-6}$$

t 代表图 8-14 中的最外层当前循环次数，其特点是温度下降缓慢，算法收敛速度也较慢。

② $$T(t)=\frac{T_0}{\ln(1+at)} \tag{8-7}$$

a 为可调参数，可以改善退火曲线的形态。其特点是高温区温度下降较快，低温区温度下降较慢，即主要在低温区进行寻优。

③ $$T(t)=T_0\cdot a^t \tag{8-8}$$

a 为可调参数。其特点是温度下降较快，算法收敛速度快。

8.5.2　基于模拟退火思想的改进 *K* 均值聚类算法

1. *K* 均值算法的局限性

基本的 K 均值算法目的是找到使目标函数值最小的 K 个划分，算法思想简单，易实现，而且收敛速度较快。如果各个簇之间区别明显，且数据分布稠密，则该算法比较有效；但如果各个簇的形状和大小差别不大，则可能会出现较大的簇分割现象。此外，在 K 均值算法聚类时，最佳聚类结果通常对应于目标函数的极值点，由于目标函数可能存在很多的局部极小值点，这就会导致算法在局部极小值点收敛。因此初始聚类中心的随机选取可能会使解陷入局部最优解，难以获得全局最优解。

该算法的局限性主要表现为：

① 最终的聚类结果依赖于最初的划分。

② 需要事先指定聚类的数目 M。

③ 产生的类大小相关较大，对于“噪声”和孤立点敏感。

④ 算法经常陷入局部最优。

⑤ 不适合对非凸面形状的簇或差别很小的簇进行聚类。

2. 基于模拟退火思想的改进 *K* 均值聚类算法

模拟退火算法是一种启发式随机搜索算法，具有并行性和渐近收敛性，已在理论上证明它是一种以概率为 1，收敛于全局最优解的全局优化算法，因此用模拟退火算法对 K 均值聚类算法进行优化，可以改进 K 均值聚类算法的局限性，提高算法性能。

基于模拟退火思想的改进 K 均值聚类算法中，将内能 E 模拟为目标函数值，将基本 K 均值聚类算法的聚类结果作为初始解，初始目标函数值作为初始温度 T_0，对当前解重复“产生新解→计算目标函数差→接受或舍弃新解”的迭代过程，并逐步降低 T 值，算法终止时当前解为近似最优解。这种算法开始时以较快的速度找到相对较优的区域，然后进行更精确的搜索，最终找到全局最优解。

3. 几个重要参数的选择

(1) 目标函数

选择当前聚类划分的总类间离散度作为目标函数，如式 8-9 所示。

$$J_\omega=\sum_{i=1}^{M}\sum_{X\in\omega_i}d(\boldsymbol{X},\overline{\boldsymbol{X}^{(\omega_i)}}) \tag{8-9}$$

式中，$\boldsymbol{X}$ 为样本向量；ω 为聚类划分；$\overline{\boldsymbol{X}^{(\omega_i)}}$ 为第 i 个聚类的中心；$d(\boldsymbol{X},\overline{\boldsymbol{X}^{(\omega_i)}})$ 为样本到对应聚类中心距离；聚类准则函数 J_ω 即为各类样本到对应聚类中心距离的总和。

（2）初始温度

一般情况下，为了使最初产生的新解被接受，在算法开始时就应达到准平衡。因此选取基本 K 均值聚类算法的聚类结果作为初始解，初始温度 $T_0=J_\omega$。

（3）扰动方法

模拟退火算法中的新解的产生是对当前解进行扰动得到的。本算法采用一种随机扰动方法，即随机改变一个聚类样本的当前所属类别，从而产生一种新的聚类划分，从而使算法有可能跳出局部极小值。

（4）退火方式

本算法采用式（8-11）描述的退火方式，其中 a 为退火速度，控制温度下降的快慢，取 $a=0.99$。

4. 算法流程

基于模拟退火思想的改进 K 均值聚类算法流程如图 8-12 所示。

5. 实现步骤

实现步骤如下所述。

① 对样本进行 K 均值聚类，将聚类划分结果作为初始解 ω，根据式（8-12）计算目标函数值 J_ω。

② 初始化温度 T_0，令 $T_0=J_\omega$。初始化退火速度 a 和最大退火次数。

③ 对于某一温度 t，在步骤④~⑦进行迭代，直到达到最大迭代次数跳到步骤⑧。

④ 随机扰动产生新的聚类划分 ω'，即随机改变一个聚类样本的当前所属类别，计算新的目标函数值 $J_{\omega'}$。

⑤ 判断新的目标函数值 $J_{\omega'}$ 是否为最优目标函数值，是则保存聚类划分 ω' 为最优聚类划分、$J_{\omega'}$ 为最优目标函数值；否则跳到下一步。

⑥ 计算新的目标函数值与当前目标函数值的差 ΔJ。

⑦ 判断 ΔJ 是否小于 0：

- 若 $\Delta J<0$，则接受新解，即将新解作为当前解。
- 若 $\Delta J\geqslant 0$，则根据 Metropolis 准则，以概率 $p(p=\mathrm{e}^{\Delta J/Kt})$ 接受新解。K 为常数，t 为当前温度。

⑧ 判断是否达到最大退火次数，是则结束算法，输出最优聚类划分；否则根据退火公式（8-12）对温度 t 进行退火，返回步骤③继续迭代。

6. 编程代码

```
%%%%%%%%%%%%%%%%%%%%%%%%%%%%%%%%%%%%%%%%%%%
%函数名称:C_MoNiTuiHuo()
%参数:m_pattern:样本特征库;patternNum:样本数目
```

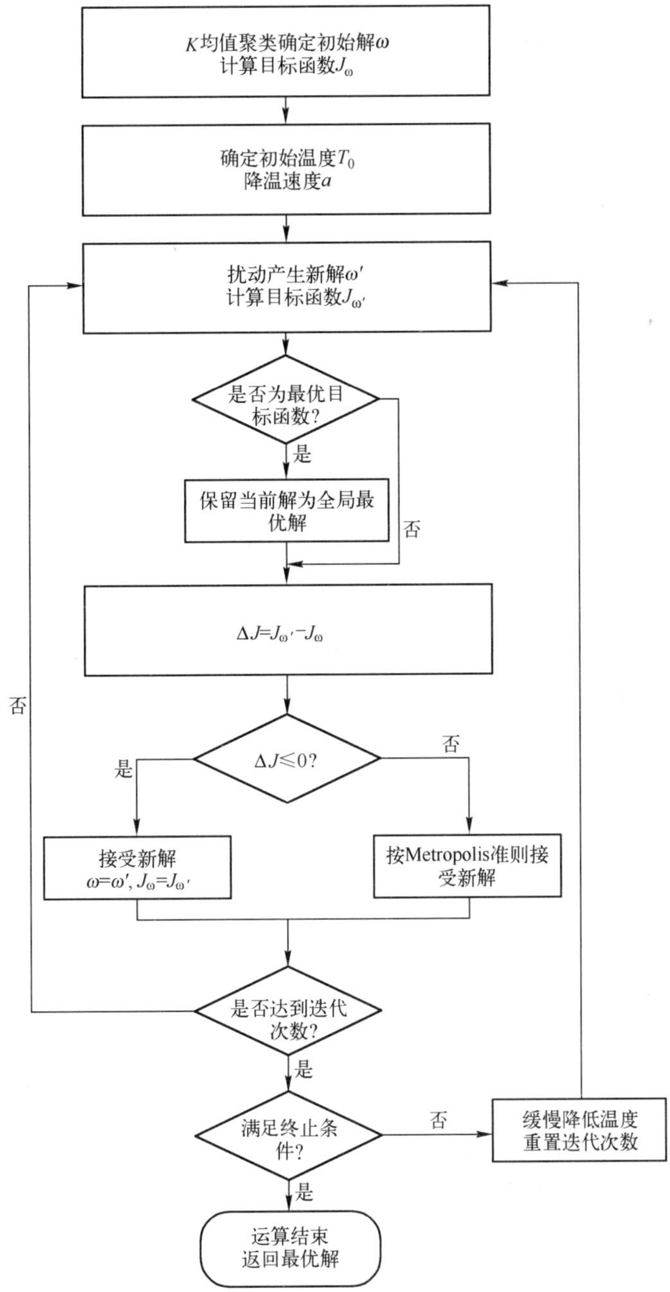

图 8-12　基于模拟退火思想的改进 K 均值聚类算法流程图

```
%返回值:m_pattern:样本特征库
%函数功能          按照基于模拟退火的 K 均值算法对全体样本进行分类
%%%%%%%%%%%%%%%%%%%%%%%%%%%%%%%%%%%%%%%%%%
function ( m_pattern ) = C_MoNiTuiHuo( m_pattern,patternNum )
    disType=DisSelDlg( );%获得距离计算类型
    (centerNum iterNum Tn Ts)=InputTuiHuoDlg( );%获得类中心数和最大迭代次数,最大退火次数,退火速度
```

```
for i=1:patternNum
    m_pattern(i).distance=inf;
    m_pattern(i).category=-1;
end
randPattern=randperm(patternNum);
for i=1:centerNum%初始化,随机分配 centerNum 个粒子为一类
    m_pattern(randPattern(i)).category=i;
    m_pattern(randPattern(i)).distance=0;
    m_center(i).feature=m_pattern(randPattern(i)).feature;
    m_center(i).index=i;
    m_center(i).patternNum=1;
end
counter=0;%记录当前已经循环的次数
change=1;
while(counter<iterNum&&change~=0)
      counter=counter+1;
      change=0;
      for i=1:patternNum%对所有样本重新归类
         %计算第 i 个模式到各个聚类中心的最小距离
         index=-1;
         distance=inf;
         for j=1:centerNum
               tempDis=GetDistance(m_pattern(i),m_center(j),disType);
               if(distance>tempDis)
                     distance=tempDis;
                     index=j;
               end
         end
         %比较原中心号与新中心号
         %相同:更新距离
         %不同:1,新距离小,则归入新中心,更新距离,重新计算前后两个聚类中心模式
         %2,新距离大于原距离,不处理

         if(m_pattern(i).category==index)%属于原类
            m_pattern(i).distance=distance;
         else%不属于原类
            oldIndex=m_pattern(i).category;%记录原类号
            m_pattern(i).category=index;%归入新类
            m_pattern(i).distance=distance;
            if(oldIndex~=-1)
               m_center(oldIndex)=CalCenter(m_center(oldIndex),m_pattern,patternNum);
            end
               m_center(index)=CalCenter(m_center(index),m_pattern,patternNum);
```

```
                change=1;
            end
        end
end
%计算目标函数
AimFunc=0;
for j=1:patternNum
 AimFunc=AimFunc+GetDistance(m_pattern(j),m_center(m_pattern(j).category),disType);
end
AimOld=AimFunc;
oldCenter=m_center;
oldPattern=m_pattern;
Tc=1;%当前退火次数
bestAim=AimOld;%最优目标函数
bestPattern=m_pattern;
MarkovLength=1000;
Tb=0;%最优目标函数首次出现的退火次数
T=AimFunc;%初始化温度参数
str=('K 均值算法,最优目标函数值:' num2str(bestAim));
disp(str);
while(Tc<=Tn&&bestAim>0.1)
    for inner=1:MarkovLength
        %产生随机扰动
        p=fix(rand * patternNum+1);
        t=fix(rand * (centerNum-1)+1);
        if(m_pattern(p).category+t>centerNum)
            m_pattern(p).category=m_pattern(p).category+t-centerNum;
        else
            m_pattern(p).category=m_pattern(p).category+t;
        end
        %重新计算聚类中心
        for i=1:centerNum
            m_center(i)=CalCenter(m_center(i),m_pattern,patternNum);
        end
          AimFunc=0;
          %计算目标函数
        for j=1:patternNum
            AimFunc=AimFunc+GetDistance(m_pattern(j),m_center(m_pattern(j).category),
            disType);
        end
        e=AimFunc-AimOld;
        %记录最优聚类
        if(AimFunc<bestAim)
```

```
                bestAim=AimFunc;
                bestPattern=m_pattern;
                Tb=Tc;
            end
            if(bestAim==0)
                break;
            end
            %判断是否接受新解
            if(e<0)
                AimOld=AimFunc;
            else
                k=exp(-e/T);
                if(rand<exp(-e/T))
                    AimOld=AimFunc;
                else
                    m_pattern=oldPattern;
                    m_center=oldCenter;

                end
            end


        end
        T=T*Ts;
        if(T==0)
            break;
        end;
        Tc=Tc+1;
        if(Tc-Tb>Tn/2)%连续 Tn/2 次退火无改变,结束退火
            break;
        end
        str=('已退火' num2str(Tc-1) '次;' '最优目标函数值:' num2str(bestAim));
        disp(str);
        m_pattern=bestPattern;
    end
    m_pattern=bestPattern;
    str=('当前最优解出现时,已退火次数为:' num2str(Tb));
    msgbox(str,'modal');
```

7. 效果图

基于模拟退火思想的改进 K 均值聚类算法采用了 Metropolis 准则，故成为全局寻优算法。Metropolis 准则及算法的优点是：中间解以一定的接受概率跳出局部极小，避免落入局部极小点的可能，然后在退火温度的控制下最终找到最优解。

如图 8-13（a）所示，对待聚类样本进行聚类时，选择不同的距离类型，在输入对话框中输入类中心数，*K* 均值算法最大迭代次数，退火次数和降温速度，如图 8-13（b）所示。最终输出聚类划分结果，如图 8-13（c）所示，最优解出现时的退火次数，如图 8-13（d）所示。如图 8-13（e）所示为整个退火过程中输出的最优目标函数值，可以看出 *K* 均值聚类的最终结果并不是全局最优，经过逐次退火，最终在第 16 次退火时找到全局最优解。

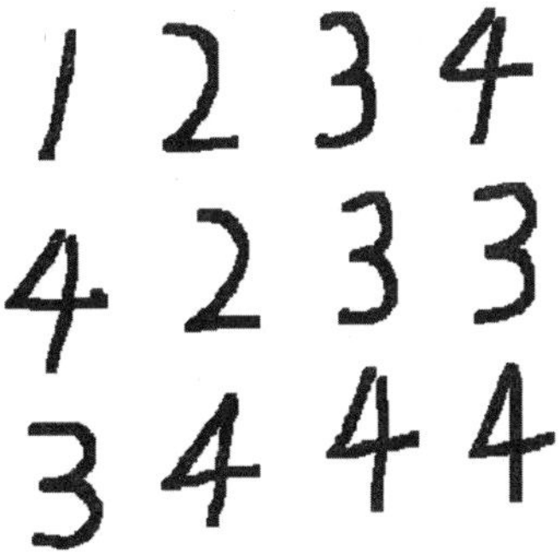

（a）待聚类样品

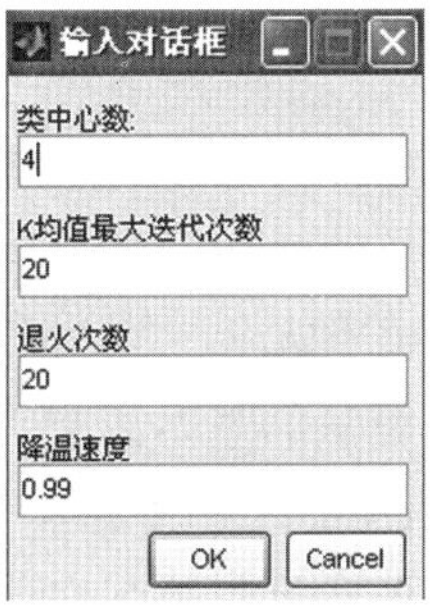

（b）输入参数

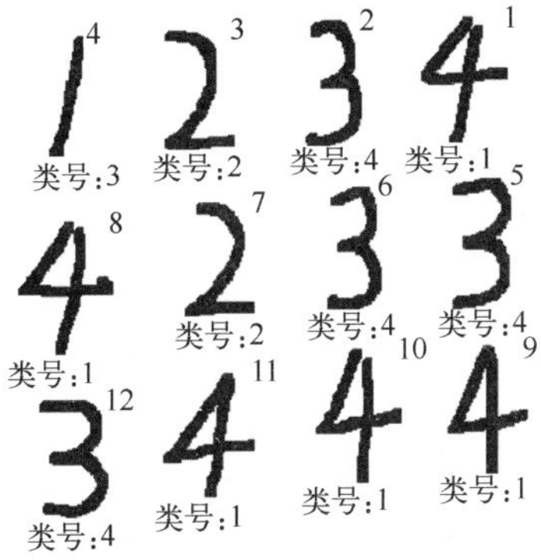

（c）聚类效果图

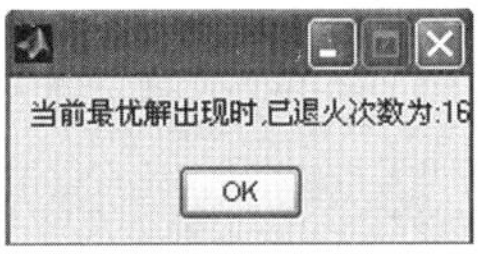

（d）最优解出现时的退火次数

K均值算法，最优目标函数值:11.8608
已退火1次;最优目标函数值:11.8608
已退火2次;最优目标函数值:11.8608
已退火3次;最优目标函数值:11.8608
已退火4次;最优目标函数值:11.8608
已退火5次;最优目标函数值:11.8608
已退火6次;最优目标函数值:11.8608
已退火7次;最优目标函数值:11.8608
已退火8次;最优目标函数值:11.5977
已退火9次;最优目标函数值:11.5977
已退火10次;最优目标函数值:11.5977
已退火11次;最优目标函数值:11.5977
已退火12次;最优目标函数值:11.5977
已退火13次;最优目标函数值:11.5977
已退火14次;最优目标函数值:11.5977
已退火15次;最优目标函数值:11.5977
已退火16次;最优目标函数值:10.8963
已退火17次;最优目标函数值:10.8963
已退火18次;最优目标函数值:10.8963
已退火19次;最优目标函数值:10.8963
已退火20次;最优目标函数值:10.8963

（e）退火过程

图 8-13　基于模拟退火思想的改进 *K* 均值聚类算法效果图

本章小结

本章介绍了两种基于试探的未知类别聚类算法，包括最邻近规则的试探法和最大最小距离算法，还介绍了五种层次聚类算法，包括最短距离法、最长距离法、中间距离法、重心法、类平均距离法；介绍了两种动态聚类算法，K 均值算法和迭代自组织的数据分析算法（ISODATA），最后介绍了模拟退火算法以及基于模拟退火思想的改进 K 均值算法。

习题 8

1. 样本间的距离度量方式有哪些？
2. 简述基于试探的未知类别聚类算法。
3. 什么是层次聚类算法？它与基于试探的未知类别聚类算法有何异同？
4. 简述 K 均值算法的基本思想。
5. 叙述 ISODATA 的计算步骤。
6. 简述模拟退火算法的基本原理。

第 9 章　进化计算算法聚类分析

本章要点：

☑ 进化计算概述

☑ 遗传算法仿生计算

☑ 进化规划算法仿生计算

☑ 进化策略算法仿生计算

9.1　进化计算概述

一直以来，人类从大自然中不断得到启迪，通过发现自然界中的一些规律，或模仿其他生物的行为模式，从而获得灵感解决各种问题。进化算法（Evolutionary Algorithm，EA）是通过模拟自然界中生物基因遗传与种群进化的过程和机制，而产生的一种群体导向随机搜索技术和方法。它的基本思想来源于达尔文的生物进化学说，认为生物进化的主要原因是基因的遗传与突变，以及“优胜劣汰、适者生存”的竞争机制。能在搜索过程中自动获取搜索空间的知识，并积累搜索空间的有效知识，缩小搜索空间范围，自适应地控制搜索过程，动态有效地降低问题的复杂度，从而求得原问题的最优解。另外，由于进化算法具有高度并行性、自组织、自适应、自学习等特征，效率高、易于操作、简单通用，有效地克服了传统方法解决复杂问题时的困难和障碍，因此被广泛应用于不同的领域中。

进化算法仿效生物的进化和遗传，与生物学的进化法则一样，也是一种迭代进化法。每一次迭代被看成一代生物个体的繁殖，因此被称为一个“代”（Generation）。在进化算法中，一般是从原问题的一群解出发，改进到另一群较好的解，然后重复这一过程，直到达到全局的最优值。每一群解被称为一个“解群”（Population），每一个解被称为一个“个体”（Individual），每个个体要求用一组有序排列的字符串来表示，因此它是用编码方式进行表示的。进化计算的运算基础是字符串或字符段，相当于生物学的染色体，字符串或字符段由一系列字符组成，每个字符都有自己的含义，相当于基因。

生物学的基本原则在进化计算中有相应的体现，进化算法无须了解问题的全部特征，就可以通过体现进化机制的进化过程来完成对问题的求解。进化计算的迭代过程相当于生物学的逐代进化，进化计算中的选择算子体现生物界中的“自然竞争、优胜劣汰”机制，进化计算的交叉、重组相当于生物界的交配，进化计算的变异相当于生物界的变异。此外，生物学中的等位基因、显性性状、隐性性状、表现型、基因型等术语，在进化计算中都有相应的体现。

进化算法采用简单的编码技术来表示一个个体所具有的复杂结构，在寻优搜索过程中，对一群用编码表示的个体进行简单的操作算子，如由交叉算子（Crossover）、重组算子（Recombination）、变异算子（Mutation）繁殖出子代（OffSprings），然后对子代进行性能评价

（Evaluation），由选择算子（Selection）挑选出下一代的父代（Parents）。在初始化参数后，进化计算能够在进化算子的作用下进行自适应调整，并采用优胜劣汰的竞争机制来指导对问题空间的搜索，最终达到最优值。进化计算的算法流程如图 9-1 所示。

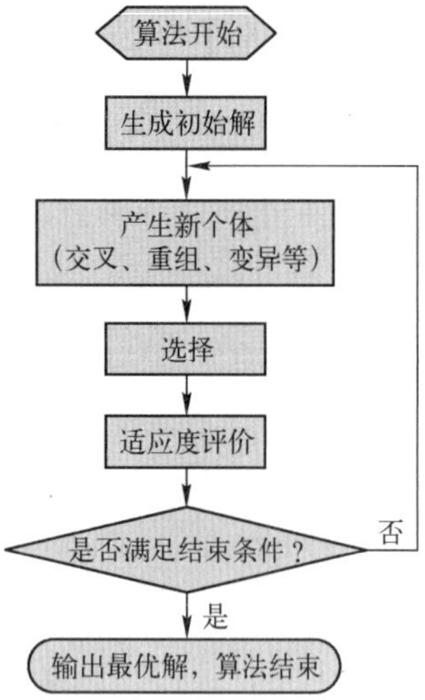

图 9-1　进化计算的算法流程

通过进化计算流程可知，实现进化计算需要完成以下几个关键步骤。

① 原问题中的解需要用编码表示；

② 设置初始参数，定义环境选择机制，定义技术参数，如变异概率、种群大小等；

③ 产生若干个体；

④ 定义适应度函数，评价每个个体的性能；

⑤ 定义交叉算子、重组算子和变异算子；

⑥ 定义选择算子；

⑦ 找出当代最优解。

进化计算具有以下优点。

① 渐进式寻优。它和传统的方法有很大的不同，它不要求所研究的问题是连续、可导的；进化计算从随机产生的初始可行解出发，一代一代地反复迭代，使新一代的结果优越于上一代，逐渐得出最优的结果，这是一个逐渐寻优的过程，但是却可以很快得出所要求的最优解。

② 体现“适者生存，劣者消亡”的自然选择规律。进化计算在搜索过程中，借助进化算子操作，无须添加任何额外的作用，就能使群体的品质不断得到改进，具有自动适应环境的能力。

③ 有指导的随机搜索。既不是盲目式的乱搜索，也不是穷举式的全面搜索，而是一种有指导的随机搜索。指导进化计算执行搜索的依据是适应度，也就是它的目标函数。在适应度的驱动下，使进化计算逐步逼近目标值。

④ 并行式搜索。进化计算每一代运算都针对一组个体同时进行，而不是只对单个个体。因此，进化计算是一种多点齐头并进的并行算法，这大大提高了进化计算的搜索速度。并行式计算是进化计算的一个重要特征。

⑤ 直接表达问题的解，结构简单。进化计算根据所解决问题的特性，用字符串表达问题及选择适应度，一旦完成这两项工作，其余的操作都可按固定方式进行。

⑥ 黑箱式结构。进化计算只研究输入与输出的关系，并不深究造成这种关系的原因，具有黑箱式结构。个体的字符串表达如同输入，适应度计算如同输出。因此，从某种意义上讲，进化计算是一种只考虑输入与输出关系的黑箱问题，便于处理因果关系不明确的问题。

⑦ 全局最优解。进化计算由于采用多点并行搜索，而且每次迭代借助交换和突变产生新个体，不断扩大搜索范围，因此进化计算很容易搜索出全局最优解而不是局部最优解。

⑧ 通用性强。传统的优化算法需要将所解决的问题用数学式表示，而且要求该函数的一阶导数或二阶导数存在。采用进化计算，只用某种字符表达问题，然后根据适应度区分个体优劣。其余的交叉、变异、重组、选择等操作都是统一的，由计算机自动执行。因此有人

称进化计算是一种框架式算法，它只有一些简单的原则要求，在实施过程中，不需要额外的干预。

进化计算基于其发展历史，有 4 个重要的分支：遗传算法，进化规划算法，进化策略和差分进化算法。

遗传算法最初的发展是在美国，Holland 教授于 1975 年出版了《自然系统和人工系统的自适应性》一书，对生物的自然遗传现象与人工自适应系统行为之间的相似性进行探讨，提出模拟生物自然遗传的基本原理，借鉴生物自然遗传的基本方法研究和设计人工自适应系统。遗传算法在 20 世纪 80 年代以后被广泛研究和应用，取得了丰硕的成果，并且在实际应用中得到了很大的完善和发展。

L. J. Fogel 最早提出进化规划算法，在 1966 年 L. J. Fogel 出版了《基于模拟进化的人工智能》一书，阐述了进化规划算法的基本思想。但是当时这一技术未能得到广泛接受，直到 20 世纪 90 年代，才逐步被认可，并在一定范围内开始解决一些实际问题。D. B. Fogel 将进化规划思想拓展到实数空间，使其能够用来求解实数空间中的优化计算问题，并在变异运算中引入正态分布技术，从而使进化规划成为一种优化搜索算法，并作为进化计算的一个分支在实际领域中得到了广泛的应用。进化规划可应用于求解组合优化问题和复杂的非线性优化问题，它只要求所求问题是可计算的，使用范围比较广。

进化策略是独立于遗传算法和进化规划外，在欧洲独立发展起来的。1963 年，德国柏林技术大学的两名学生在进行风洞实验时，由于设计中描述物体形状的参数难以用传统的方法进行优化，因此提出按照自然突变和自然选择的生物进化思想，对物体的外形参数进行随机变化处理，获得了良好的效果。随后，他们便对这种方法进行了深入的研究，形成了进化计算的另一个分支——进化策略。进化策略的思想便由此诞生。

差分进化算法是由 Rainer Storn 和 Kenneth Price 于 1996 年共同提出的一种采用浮点矢量编码在连续空间中进行随机搜索的优化算法。差分进化算法的原理简单，受控参数少，实施随机、并行、直接的全局搜索，易于理解和实现。差分进化算法已成为求解非线性、不可微、多极值和高维复杂函数的一种有效的和鲁棒的方法，引起了人们的广泛关注，在国外的各研究领域得到了广泛的应用，已成为进化计算的一个重要分支。

进化计算的各种实现方法是相对独立提出的，相互之间有一定的区别，各自的侧重点不尽相同，生物进化背景也不同，虽然各自强调了生物进化过程的不同特性，但本质上都是基于进化思想的，都是较强的计算机算法，适应面比较广，因此统称为进化计算。近年来，进化计算已经在最优化、机器学习和并行处理等领域得到越来越广泛的应用。

9.2　遗传算法仿生计算

9.2.1　遗传算法

1. 基本原理

遗传算法（Genetic Algorithm，GA）是一种新近发展起来的搜索最优解方法，它模拟生命进化机制，即模拟自然选择和遗传进化中发生的繁殖、交配和突变现象，从任意一个初始种群出发，通过随机选择、交叉和变异操作，产生一群新的更适应环境的个体，使群体进化到搜索空间中越来越好的区域。这样一代一代不断繁殖、进化，最后收敛到一群最适应环境的个体上，从而求得问题的最优解。遗传算法对于复杂的优化问题无须建模和进行复杂运算，只要利用遗传算法的三种算子就能得到最优解。

遗传算法进化过程的基本流程为：种群初始化（随机分布个体）→交叉（更新个体）→变异（更新个体）→适应度计算（评价个体）→选择（群体更新）。

经典遗传算法的一次进化过程示意图如图 9-2 所示，该图给出了第 n 代群体经过选择、交叉、变异，生成第 $n+1$ 代群体的过程。

2. 术语介绍

从图 9-2 可见，遗传算法涉及一些基本概念，下面对这些概念进行解释。

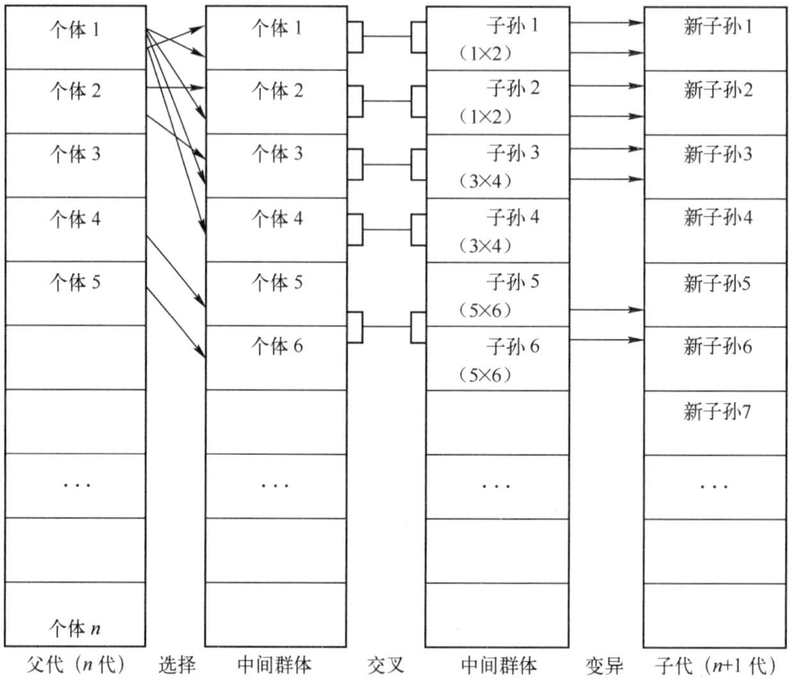

图 9-2　遗传算法的一次进化过程

- 个体（Individual）：遗传算法所处理的基本对象、结构。
- 群体（Population）：个体的集合。
- 位串（Bit String）：个体的表示形式，对应于遗传学的染色体（Chromosome）。
- 基因（Gene）：位串中的元素，表示不同的特征，对应于生物学中的遗传物质单位，以 DNA 序列形式把遗传信息译成编码。
- 基因位（Locus）：某一基因在染色体中的位置。
- 等位基因（Allele）：表示基因的特征值，即相同基因位的基因取值。
- 位串结构空间（Bit String Space）：等位基因任意组合构成的位串集合，基因操作在位串结构空间进行，对应于遗传学中的基因型的集合。

- 参数空间（Parameters Space）：位串空间在物理系统中的映射，对应于遗传学中的表现型的集合。
- 适应值（Fitness）：某一个体对于环境的适应程度，或者在环境压力下的生存能力，取决于遗传特性。
- 选择（Selection）：在有限资源空间上的排他性竞争。
- 交叉（Crossover）：一组位串或染色体上对应基因段的交换。
- 变异（Mutation）：染色体水平上的基因变化，可以遗传给子代个体。

为了说明这些术语的含义，对个体进行形象化表示，则个体结构如图 9-3 所示。

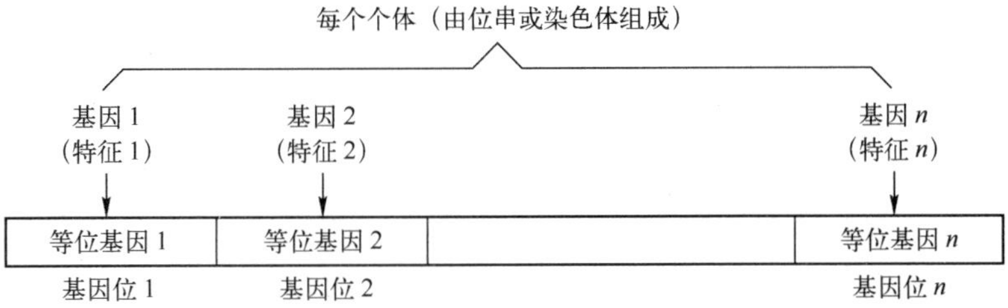

图 9-3　个体结构（由位串或染色体组成）

3. 基本流程

采用遗传算法进行问题求解的基本步骤如下。

① 编码：遗传算法在求解之前，先将问题解空间的可行解表示成遗传空间的基因型串结构数据，串结构数据的不同组合构成了不同的可行解。

② 生成初始群体：随机产生 N 个初始串结构数据，每个串结构数据成为一个个体，N 个个体组成一个群体，遗传算法以该群体作为初始迭代点。

③ 适应度评估检测：根据实际标准计算个体的适应度，评判个体的优劣，即该个体所代表的可行解的优劣。

④ 选择算子：从当前群体中选择优良的（适应度高的）个体，使它们有机会被选中进入下一次迭代过程，舍弃适应度低的个体，体现了进化论的“适者生存”原则。

⑤ 交叉算子：遗传操作，下一代中间个体的信息来自父辈个体，体现了信息交换的原则。

⑥ 变异算子：随机选择中间群体中的某个个体，以变异概率 P_m 的大小改变个体某位基因的值。变异为产生新个体提供了机会。

经典的遗传算法流程图如图 9-4 所示，该算法完全依靠三个遗传算子进行求解，当停止运算条件满足时，达到最大循环次数，同时最优个体不再进化。

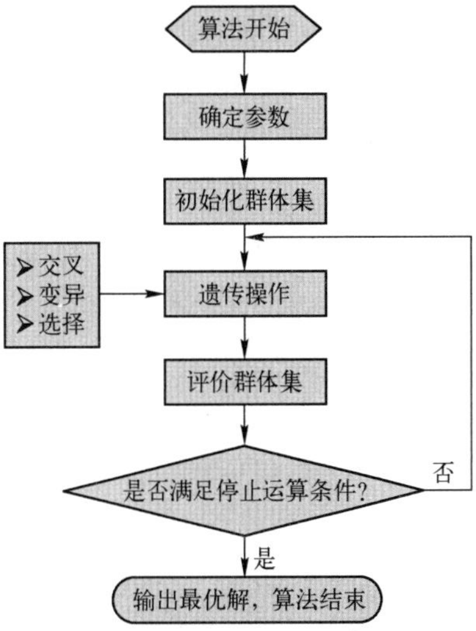

图 9-4　经典的遗传算法流程图

4. 遗传算法的构成要素

1）染色体的编码

所谓编码，就是指将问题的解空间转换成遗传算法所能处理的搜索空间。在进行遗传算法求解前，必须对问题的解空间进行编码，以使它能够被遗传算法的算子操作。例如，用遗传算法进行模式识别，将样本标识后，各个样本的特征及所属的类别构成了聚类问题的解空间。编码是应用遗传算法时要解决的首要问题，也是关键问题，它决定了个体染色体中基因的排列次序，也决定了遗传空间到解空间的变换解码方法。编码的方法也影响到了遗传算子（选择、交叉、变异）的计算方法。好的编码方法能够大大提高遗传算法的效率。

如何确定编码没有统一的标准，Dejong 曾给出两条参考原则。

- 有意义积木块编码原则：易于产生与所求问题相关且具有低阶、短定义、长模式的编码方案。模式是指具有某些基因相似性的个体的集合。具有最短定义长度和低阶的模式，以及确实硬度较高的模式，可以被视为构造优良个体的积木块或基因块。可以将这一原则理解为应采用易于生成高适应度个体的编码方案。
- 最小字符集编码原则：能使问题得到自然表示，或其描述具有最小编码字符集的编码方案。

这两条仅仅是指导原则，并不一定适应于所有场合。在实际应用中，对编码方法、遗传算子等应统一考虑，以获得一种描述方便、计算效率高的方案。

常用的编码方法有以下几种。

（1）二进制编码

二进制编码是遗传算法编码中最常用的方法，其编码符号集是二值符号集 $\{0,1\}$，其个体基因是二值符号串。

在二进制编码中，符号串的长度与问题的求解精度相关。设某一参数 x 的变化范围是 $[a,b]$，编码长度为 n，则编码精度为 $(b-a)/(2^n-1)$。

二进制编码、解码操作简单易行，遗传操作便于实现，符合最小字符集编码原则。

（2）符号编码方法

符号编码方法是指个体染色体串中的基因值取自一个无数值意义、只有代码含义的符号集，这个符号集可以是一个字母表，如 {A,B,C,…}，也可以是一个序号表 {1,2,3,…}，其优点是符合有意义的积木块原则，便于在遗传算法中利用所求问题的专门知识。

（3）浮点数编码

在浮点数编码方案中，个体的每个基因值是一个浮点数，一般采用决策变量的真实值。该方法适合在遗传算法中表示较大的数，应用于高精度的遗传算法，搜索空间较大，改善了算法的复杂性。

2）适应度函数

在遗传算法中，模拟自然选择的过程主要是通过评估函数 CalculateObjectValue( ) 和适应度函数 CalculateFitnessValue( ) 来实现的。前者计算每个个体优劣的绝对值，后者计算每个个体相对于整个群体的相对适应度。个体适应度的大小决定了它继续繁衍还是消亡，适应度高的个体被复制到下一代的可能性高于适应度低的个体。

适应度函数是整个遗传算法中极为关键的一部分，好的适应度函数能够指导我们从非最优的个体进化到最优个体，并且能够用来解决一些遗传算法中的问题，如过早收敛与过慢结束的矛盾。

如果个体的适应度很高，大大高于个体适应度的均值，它将得到更多的机会被复制，所以有可能在没有达到最优解甚至没有得到可接受解的时候，就因为某个或某些个体的副本充斥整个群体而过早地收敛到局部最优解，失去了找到全局最优解的机会，这就是所谓的过早收敛问题。要解决过早收敛问题，就要调整适应度函数，对适应度的范围进行压缩，防止那些“过于适应”的个体过早地在整个群体中占据统治地位。

与之相对应，在遗传算法中还存在着结束缓慢的问题。也就是说，在迭代许多代以后，整个种群已经大部分收敛，但是还没有稳定的全局最优解。整个种群的平均适应度值较高，而且最优个体的适应度值与全体适应度均值间的差别不大，这就导致没有足够的力量推动种群遗传进化找到最优解。解决该问题的方法是扩大适应度函数值的范围，拉大最优个体适应度值与群体适应度均值的距离。另外，还有适应度函数缩放方法、适应度函数排序法、适应度窗口技术、锦标赛选择等方法。

3）选择算子

遗传算法中的“选择”算子用来确定如何从父代群体中按照某种方法，选择哪些个体作为子代的遗传算子。选择算子是建立在对个体适应度进行评价的基础上的，目的是避免基因损失，提高全局收敛性和计算效率。常用选择算子的操作方法有以下几种。

（1）赌轮选择方法

赌轮选择方法又称比例选择方法，其基本思想是个体被选择的概率与其适应度值大小成正比。由于选择算子是随机操作，这种算法的误差比较大，有时适应度最高的个体也不会被选中。各个样本按照其适应度值占总适应度值的比例组成面积为 1 的一个圆盘，指针转动停止后，指向的个体将被复制到下一代，适应度高的个体被选中的概率大，适应度低的个体也有机会被选中，这样有利于保持群体的多样性。

（2）排序选择法

排序选择法是指在计算每个个体的适应度之后，根据适应度大小对群体中的个体进行排序，再将事先设计好的概率表分配给各个个体，所有个体按适应度的大小排序，选择概率与适应度无关。

（3）最优保存策略

最优保存策略的基本思想是：适应度最高的个体尽量保留到下一代群体中，其操作过程如下：

① 找出当前群体中适应度最高的和最低的个体；

② 用迄今为止最好的个体替换最差的个体；

③ 若当前个体适应度比总的迄今为止最好的个体适应度还要高，则用当前个体替代总的最优个体。

该策略保证最优个体不被破坏，能够被复制到下一代，是遗传算法收敛性的一个重要保证条件；另一方面，它也会使一个局部最优解因不易被淘汰而迅速扩散，导致算法的全局搜索能力不强。

4）交叉算子

在进化计算中，交叉算子是遗传算法保留原始性特征所独有的。遗传算法的交叉算子模仿自然界有性繁殖的基因重组过程，其作用是将原有的优良基因遗传给下一代个体，并生成包含更复杂结构的新个体。交叉操作一般分为以下几个步骤。

① 从交配池中随机取出要交配的一对个体；

② 根据位串长度 L 对要交配的这对个体随机选取一个或多个整数作为交叉位置；

③ 根据交叉概率 $P_c(0<P_c\leqslant1)$ 实施交叉操作，配对个体在交叉位置相互交换各自的部分内容，从而形成一个新的个体。

通常使用的交叉算子有一点交叉、两点交叉和一致交叉等。

（1）一点交叉

一点交叉指在染色体中随机地选择一个交叉点，如图 9-5（a）所示，交叉点在第五位，然后第一个父辈交叉点前的位串和第二个父辈交叉点及其以后的位串组成一个新的染色体，第二个父辈交叉点前的位串和第一个父辈交叉点及其以后的位串组合成另一个新的染色体，如图 9-5（b）所示。

2 3 2 4	1 1 3 2 4 3 2 1	父代 1
2 1 1 4	4 3 2 3 2 1 4 2	父代 2

（a）交叉点在父代染色体的第五位

2 3 2 4	4 3 2 3 2 1 4 2	子代 1
2 1 1 4	1 1 3 2 4 3 2 1	子代 2

（b）交叉后得到的子代个体

图 9-5　一点交叉示意图

（2）两点交叉

两点交叉就是在父代的染色体中随机选择两个交叉点，如图 9-6（a）所示，然后交换父代染色体中交叉点间的基因，得到下一代个体，如图 9-6（b）所示。

2 3 2 4	1 1 3 2	4 3 2 1	父代 1
2 1 1 4	4 3 2 3	2 1 4 2	父代 2

（a）父辈的交叉点在第五位和第九位

2 3 2 4	4 3 2 3	4 3 2 1	子代 1
2 1 1 4	4 3 2 3	2 1 4 2	子代 2

（b）交叉后得到的子代个体

图 9-6　两点交叉示意图

（3）一致交叉

在这种方法中，子代的每一位随机地从两个父代中的对应位取得。

5）变异算子

变异算子模拟自然界生物体进化中，染色体上某位基因发生的突变现象，从而改变染色体的结构和物理性状。变异是遗传算法中保持物种多样性的一个重要途径，它以一定的概率选择个体染色体中的某一位或几位，随机地改变该位的基因值，以达到变异的目的。

在遗传算法中，由于算法执行过程中的收敛现象，可能使整个种群染色体上的某位或某几位都收敛到固定值。如果整个种群所有的染色体中有 n 位取值相同，则单纯的交叉算子所能够达到的搜索空间只占整个搜索空间的（$1/2$）^{n}，大大降低了搜索能力，所以，引进变异算子改变这种情况是必要的。生物学家一般认为变异是更为重要的进化方式，并且认为只通过选择与变异就能进行生物进化的过程。

5. 控制参数选择

在遗传算法的运行过程中，存在着对其性能产生重大影响的一组参数，这组参数在初始阶段和群体进化过程中需要合理地选择和控制，以使遗传算法以最佳的搜索轨迹达到最优解。主要参数有染色体位串长度 L、群体规模 N、交叉概率 P_c 和变异概率 P_m。

（1）位串长度 L

位串长度的选择取决于特定问题解的精度。要求精度越高，位串越长，但需要更多的计算时间。为了提高运行效率，可采用变长位串的编码方法。

（2）群体规模 N

大群体含有较多的模式，为遗传算法提供了足够的模式采样容量，可以改善遗传算法的搜索质量，防止在成熟前收敛。但是大群体增加了个体适应性的评价计算量，从而降低了收敛速度。一般情况下专家建议 $N=20\sim200$。

（3）交叉概率 P_c

交叉概率控制着交叉算子使用的频率，在每一代新的群体中，需要根据交叉概率 P_c 进行交叉操作。交叉概率越高，群体中结构变化的引入就越快，已获得的优良基因结果的丢失速度也相应地提高，而交叉概率太低则可能导致搜索阻滞。一般取 $P_c=0.6\sim1.0$。

（4）变异概率 P_m

变异操作是保持群体多样性的手段，交叉结束后，中间群体中的全部个体位串上的每位基因值按变异概率 P_m 随机改变，因此每代中大约发生 $P_m \times N \times L$ 次变异。变异概率太小，可能使某些基因位过早地丢失信息，无法恢复；变异概率过高，则遗传算法将变成随机搜索。一般取 $P_m=0.005\sim0.05$。

实际上，上述参数与问题的类型有着直接的关系。问题的目标函数越复杂，参数选择就越困难。从理论上讲，不存在一组适应于所有问题的最佳参数值，随着问题特征的变化，有效参数的差异往往非常显著。如何设定遗传算法的控制参数，以使遗传算法的性能得到改善，还需要结合实际问题深入研究。

6. 遗传算法群体智能搜索策略分析

1）个体行为及个体之间信息交互方法分析

在遗传算法中，主要的个体操作算子是交叉算子和变异算子。交叉算子是指不同的父代个体之间进行基因位的交换，从而达到扩充种群多样性和优化种群的目的。使用交叉算子表明遗传算法注重个体之间的信息交互，具有个体之间进行信息交互的机制。

使用变异算子进行自身位置的局部更新，采用均匀变异算子属于完全随机的一种变异行为，是基于随机搜索的一类智能算法，没有考虑到自身信息，容易丧失优秀个体的先进性，不利于算法的快速收敛。因此，通常采用较小的变异概率，保证其在小范围内具有局部搜索的能力。

2）群体更新机制

在遗传算法中，群体更新机制是依靠选择算子实现的。选择算子的对象是父代经过交叉、变异后生成的子代个体，在生成子代后，父代个体即被抛弃。由于是随机搜索的一类智能算法，通过交叉、变异后的个体不可避免地会出现一些退化现象，而相对较为优秀的父代个体的信息将无法得到保留，这将影响算法的收敛。为了扩充种群的多样性，在每一代个体中，选择算子不仅要让适应度高的个体被选中，而且应该确保适应度低的个体也有被选中的机会。

9.2.2　遗传算法仿生计算在聚类分析中的应用

一幅图像中含有多个物体，在图像中进行聚类分析时需要对不同的物体分割标识，如图 9-7 所示，手写了“1 2 3 4 4 2 3 3 3 4 4 4”共 12 个待分类样本，要分成 4 类，如何让计算机自动将这 12 个样本归类呢？

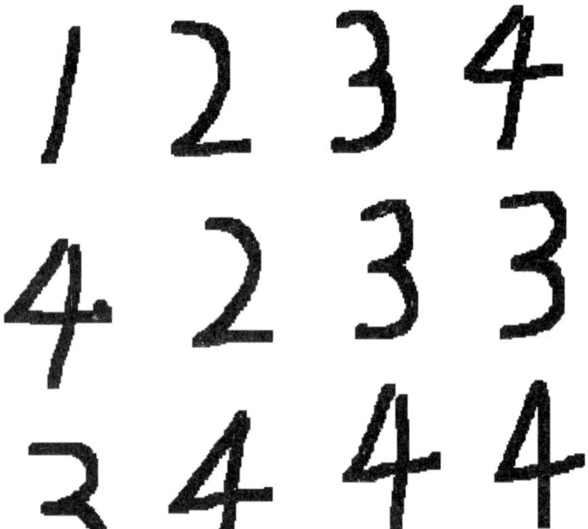

图 9-7　待分类的样本数字

这就是聚类算法所要解决的问题，即将相同的物体归为一类。聚类问题的特点是事先不了解一批样本中每一个样本的类别或其他的先验知识，而唯一的分类根据是样本的特性，利用样本的特性来构造分类器。聚类算法的重点是寻找特征的相似性。许多学科要根据所测得的相似性数据进行分类，把探测数据归入各个聚合类中，并且在同一个聚合类中的模式比不同聚合类中的模式更相似，从而对模式间的相互关系做出估计。聚类分析的结果可以被用来对数据提出初始假设，分类新数据，测试数据的同类型及压缩数据。

传统的优化算法往往直接利用问题中参数的实际值本身进行优化计算，通过调整参数的值找到最优解。但是遗传算法通过将参数编码，在求解问题的决定因素和控制参数的编码集上进行操作，因而不受函数限制条件（如导数的存在、连续性、单调性等）的约束，可以解决传统方法不能解决的问题。遗传算法求解是从问题的解位串集开始搜索的，而不是从单个解开始搜索的，遗传算法的三个遗传算子（选择、交叉、变异）是随机的，搜索空间范围大，降低了陷入局部最优的可能性。遗传算法仅使用目标函数来进行搜索，不需要其他辅助信息，隐含并行性、可扩展性，易于同别的技术结合，这大大扩展了遗传算法的应用范围。本节以图像中的物体聚类分析为例，介绍用遗传算法解决聚类问题的仿生计算方法。

1. 构造个体

对图 9-7 所示的 12 个物体进行编号，样本编号如图 9-8 所示，在每个样本的右上角，不同的样本编号不同，而且编号始终固定。

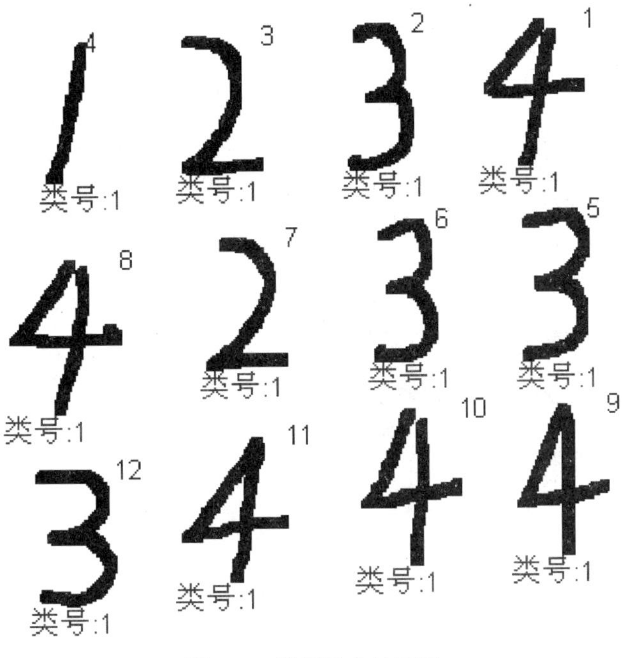

图 9-8　待测样本的编号

采用符号编码，位串长度 L 取 12 位，基因代表样本所属的类号（1~4），基因位的序号代表样本的编号，基因位的序号是固定的，也就是说某个样本在染色体中的位置是固定的，而每个样本所属的类别随时在变化。如果基因位为 n，则其对应第 n 个样本，而第 n 个基因位所指向的基因值代表第 n 个样本的归属类号。

每个个体包含一种分类方案。设初始时某个个体的染色体编码为（2，3，2，1，4，4，2，3，1，3，2，3），其含义为：第 1、3、7、11 个样本被分到第 2 类；第 2、8、10 和 12 个样本被分到第 3 类；第 4、9 个样本被分到第 1 类；第 5、6 个样本属于第 4 类。这时还处于假设分类情况，不是最优解，如表 9-1 所示。

表 9-1　初始某个个体的染色体编码

样本值	(4)	(3)	(2)	(1)	(3)	(3)	(2)	(4)	(4)	(4)	(4)	(3)
基因值（分类号）	2	3	2	1	4	4	2	3	1	3	2	3
基因位	1	2	3	4	5	6	7	8	9	10	11	12
样本编号	1	2	3	4	5	6	7	8	9	10	11	12

经过遗传算法找到的最优解如图 9-9 所示。遗传算法找到的最优染色体编码如表 9-2 所示。通过样本值与基因值对照比较，会发现相同的数据被归为一类，分到相同的类号，而且全部正确。

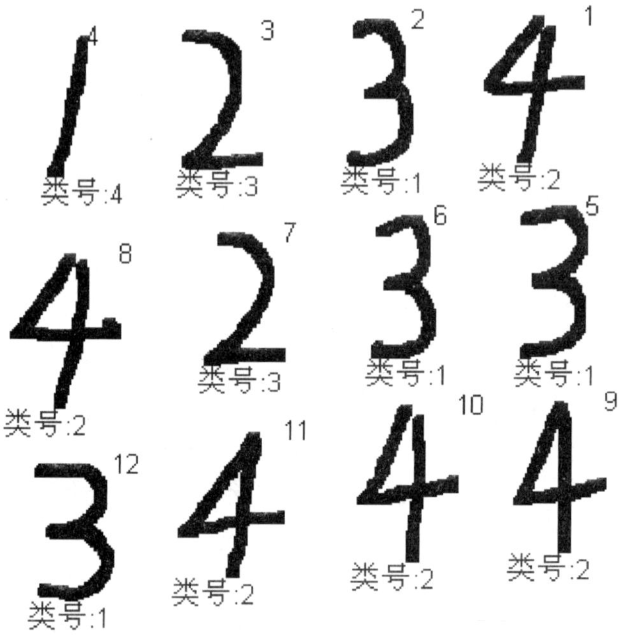

图 9-9　经过遗传算法找到的最优解

表 9-2　遗传算法找到的最优染色体编码

样本值	(4)	(3)	(2)	(1)	(3)	(3)	(2)	(4)	(4)	(4)	(4)	(3)
基因值（分类号）	2	1	3	4	1	1	3	2	2	2	2	1
基因位	1	2	3	4	5	6	7	8	9	10	11	12
样本编号	1	2	3	4	5	6	7	8	9	10	11	12

2. 设定评估函数

评估函数 CalObjValue()的计算结果为评估值，代表每个个体优劣的程度。

对初始群体中的每个染色体分别计算其评估值 m_pop(i).value，实现步骤如下。

① 通过人工干预获得聚类类别总数，centerNum 为聚类类别总数（2<=centerNum<=

$N-1$，N 是总的样本个数）。

② 找出染色体中相同类号的样本，$\boldsymbol{X}^{(i)}$ 表示属于第 i 个类的样本。

③ 统计每一个类的样本个数 n，n_i 是第 i 个类别的个数，样本总数为 $N=\sum_{i=1}^{\text{centerNum}} n_i$。

④ 计算同一个类的中心 $\boldsymbol{C}$，$\boldsymbol{C}_i$ 是第 i 个类的中心，$\boldsymbol{C}_i=\frac{1}{n_i}\sum_{k=1}^{n_i}\boldsymbol{X}_k^{(i)}$，$i=1,2,\cdots,$ centerNum。

⑤ 在同一个类内计算每一个样本到中心的距离，并将它们累加求和。

采用 K-均值模型作为聚类模型，计算公式如下：

$$D_i=\sum_{j=1}^{n_i}\|\boldsymbol{X}_j^{(i)}-\boldsymbol{C}_i\|^2 \tag{9-1}$$

显然，当聚类类别总数 centerNum $=N$ 时，累加和 $\sum D_i$ 为 0。因此，当聚类数目 centerNum 不定时，必须对目标函数进行修正。实际上，式（9-1）仅为类内距离之和，因此可以使用类内距离与类间距离之和作为目标函数，即

$$D=\min\left[w*\sum_{i=1}^{\text{centerNum}}\sum_{j=1}^{n_i}\|\boldsymbol{X}_j^{(i)}-\boldsymbol{C}_i\|^2+\sum_{i=1}^{\text{centerNum}}\sum_{j=i}^{\text{centerNum}}\|\boldsymbol{C}_i-\boldsymbol{C}_j\|^2\right] \tag{9-2}$$

其中，w 是权重，反映决策者的偏爱。

⑥ 将不同类计算出的 D_i 求和后赋给 m_pop(i). value，以 m_pop(i). value 作为评估值。

$$\text{m\_pop}(i).\text{value}=\sum_{i=1}^{\text{centerNum}}\sum_{j=1}^{n_i}\|\boldsymbol{X}_j^{(i)}-\boldsymbol{C}_i\|^2=\sum_{i=1}^{\text{centerNum}}D_i \tag{9-3}$$

m_pop(i). value 越小，说明这种分类方法的误差越小，该个体被选择到下一代的概率就越大。

3. 设定适应度函数

适应度函数是整个遗传算法中极为关键的一部分，好的适应度函数能够从非最优个体进化到最优个体，能够解决过早收敛与过慢结束的矛盾。

适应度函数 CalFitnessValue( ) 的结果代表每个个体相对于整个群体的相对适应度，个体适应度的大小决定了它继续繁衍还是消亡。适应度高的个体被复制到下一代的可能性高于适应度低的个体。

以 m_pop(i). value 作为适应度，其选择机制在遗传算法中存在两个问题：

- 群体中极少数适应度相当高的个体被迅速选择、复制遗传，引起算法提前收敛于局部最优解。
- 群体中个体适应度彼此非常接近，算法趋向于纯粹的随机选择，使优化过程趋于停止。

这里不以 m_pop(i). value 直接作为该分类方法的适应度值，采用的方法是适应度排序法。不管个体的 m_pop(i). value 是多少，被选择的概率只与序号有关，这样避免了一代群体中适应度过高或适应度过低个体的干扰。

适应度函数的计算步骤如下。

① 按照原始的 m_pop(i). value 由小到大排序，依次编号为 1，2，…，N，index 是排序

序号。

② 计算适应度值：

$$\text{m\_pop}(i).\text{fitness}=a\ (1-a)^{\text{index}-1} \tag{9-4}$$

a 的取值范围是（0，1），取 $a=0.6$。

4. 遗传算子

（1）选择算子

建立选择数组 cFitness［N］，循环统计从第 1 个个体到第 i 个个体适应度值之和占所有个体适应度值总和的比例 cFitness(i)，以 cFitness(i)作为选择依据。

$$\text{cFitness}(i)=\frac{\sum_{k=1}^{i}\text{m\_pop}(k).\text{fitness}}{S} \tag{9-5}$$

式中，$S=\sum_{i=1}^{\text{popSize}}\text{m\_pop}(i).\text{fitness}$。

循环产生随机数 rand，当 rand<cFitness（i）时，对应的个体复制到下一代中，直到生成 n 个中间群体为止。例如，由 4 个个体组成的群体，$a=0.6$，cFitness(i)计算方式如表 9-3 所示。

表 9-3　选择依据计算方式

index	适应度值：$a(1-a)^{\text{index}-1}$	选择依据：cFitness(i)
1	$0.6(1-0.6)^0=0.6$	$0.6/S$
2	$0.6(1-0.6)^1=0.6\times0.4=0.24$	$(0.6+0.6\times0.4)/S$
3	$0.6(1-0.6)^2=0.6\times0.4\times0.4=0.096$	$(0.6+0.6\times0.4+0.6\times0.4\times0.4)/S$
4	$0.6(1-0.6)^3=0.6\times0.4\times0.4\times0.4=0.0384$	$(0.6+0.6\times0.4+0.6\times0.4\times0.4+0.6\times0.4\times0.4\times0.4)/S$

（2）交叉算子

以概率 P_c 生成一个“一点交叉”的交叉位 point，随机不重复地从中间群体中选择两个个体，对交叉位后的基因进行交叉运算，直到中间群体中的所有个体都被选择过。

（3）变异算子

对所有个体，循环每一个基因位，产生随机数 rand，当概率 rand<P_m 时，对该位基因进行变异运算，随机产生 1～centerNum 的一个数赋值给该位，生成子代群体。

变异概率一般很小，P_m 在 0.001～0.1 之间，如果变异概率过大，会破坏许多优良品种，也可能无法得到最优解。

5. 实现步骤

① 设置相关参数。

初始化初始种群总数 popSize＝200，交叉概率 0.6，变异概率 0.05。从对话框得到用户输入的最大迭代次数 MaxGeneration，聚类中心数目 centerNum。

② 获得所有样本个数及特征。

③ 群体初始化。

④ 计算每一个个体的评估值 m_pop(i). value。

⑤ 计算每一个个体的适应度值 m_pop(i). fitness。

⑥ 生成下一代群体。

➢ 选择算子：建立适应度数组 cFitness(popSize)，计算 cFitness(i)。循环产生随机数 p，当 p<cFitness(i)时，对应的个体复制到下一代中，直到生成 200 个中间群体。

➢ 交叉算子：以概率 $P_c=0.6$ 生成一个“一点交叉”的交叉位 point，随机从中间群体中选择两个个体，对交叉位后的基因进行交叉运算，直到中间群体中所有个体都被选择过。

➢ 变异算子：对所有个体，循环每一个基因位，产生随机数 p，当概率 $p<P_m=0.05$ 时，对该位基因进行变异运算，随机产生 1 ~ centerNum 之间的一个数赋值给该位，生成子代群体。

⑦ 再次调用 EvaPop( )函数对新生成的子代群体（200 个）进行评估。

⑧ 调用 FindBW( )函数保留精英个体，若新生成的子代群体中的最优个体 D 值低于总的最优个体的 D 值（相互之间距离越近，D 越小)，则用当前最好的个体替换总的最好的个体，否则用总的最好个体替换当前最差个体。

⑨ 若已经达到最大迭代次数，则退出循环，否则转到第⑥步“生成下一代群体”继续运行。

⑩ 将总的最优个体的染色体解码，返回给各个样本的类别号。

6. 编程代码

本书提供的基于遗传算法聚类具体功能在 GA. m 中定义。

(1) 初始化各个参数

```
%%%%%%%%%%%%%%%%%%%%%%%%%%%%%%%%%%%%%%%%%%%%%%%%%%%%%%%%%%%%%%%%%%%%%%%%%%%%
%函数名称:C_GA( )
%参数:m_pattern:样本特征库;patternNum:样本数目
%返回值:m_pattern:样本特征库
%函数功能　　按照遗传算法对全体样本进行聚类
%%%%%%%%%%%%%%%%%%%%%%%%%%%%%%%%%%%%%%%%%%%%%%%%%%%%%%%%%%%%%%%%%%%%%%%%%%%%
function [ m_pattern ]=C_GA( m_pattern,patternNum )
[centerNum MaxGeneration]=InputClassDlg( );%获得类中心数和最大迭代次数
disType=DisSelDlg( );%获得距离计算类型
popSize=200;%种群大小
%初始化种群结构
for i=1:popSize
        m_pop(i).string=ceil(centerNum. * rand(1,patternNum));%初始化个体位串
        m_pop(i).index=-1;%索引
        m_pop(i).value=0;%评估值
        m_pop(i).fitness=0;%适应度
```

```
end
%初始化全局最优最差个体
cBest=m_pop(1);%其中 cBest 的 index 属性记录最优个体出现在第几代中
cWorst=m_pop(1);
pc=0.6;%交叉概率
pm=0.05;%变异概率
```

（2）评价群体

```
    [m_pop]=CalObjValue(m_pop,popSize,patternNum,centerNum,m_pattern,disType);
%计算个体的评估值
    [m_pop]=CalFitnessValue(m_pop,popSize);%计算个体的适应度
    [ cBest,cWorst ]=FindBW(m_pop,popSize,cBest,cWorst,generation);
%寻找最优个体,更新总的最优个体 generation 当前代数。
%%%%%%%%%%%%%%%%%%%%%%%%%%%%%%%%%%%%%%%%%%%%
%函数名称:CalObjValue()
%参数:m_pop:种群结构;popSize:种群规模;patternNum:样本数目;
%       centerNum:类中心数;m_pattern:样本特征库;
%       disType:距离类型
%返回值:m_pop:种群结构;
%函数功能:计算个体的评估值
%%%%%%%%%%%%%%%%%%%%%%%%%%%%%%%%%%%%%%%%%%%%
function [ m_pop ]=CalObjValue(m_pop,popSize,patternNum,centerNum,m_pattern,disType)
    global Nwidth;
    for i=1:popSize
        for j=1:centerNum%初始化聚类中心
            m_center(j).index=i;
            m_center(j).feature=zeros(Nwidth,Nwidth);
            m_center(j).patternNum=0;
        end
        %计算聚类中心
        for j=1:patternNum

            m_center(m_pop(i).string(1,j)).feature=m_center(m_pop(i).string(1,j)).feature+
            m_pattern(j).feature;
            m_center(m_pop(i).string(1,j)).patternNum=
            m_center(m_pop(i).string(1,j)).patternNum+1;
        end
        d=0;
        for j=1:centerNum
            if(m_center(j).patternNum~=0)
                m_center(j).feature=m_center(j).feature/m_center(j).patternNum;
            else
```

```
            d=d+1;
          end
        end
        m_pop(i).value=0;
        %计算个体评估值
        for j=1:patternNum

            m_pop(i).value=m_pop(i).value+GetDistance(m_center(m_pop(i).string(1,j)),
            m_pattern(j),disType)^2;
        end
        m_pop(i).value=m_pop(i).value+d;
    end

%%%%%%%%%%%%%%%%%%%%%%%%%%%%%%%%%%%%%%%%
%函数名称:CalFitnessValue()
%参数:m_pop:种群结构;popSize:种群规模;
%返回值:m_pop:种群结构;
%函数功能:计算个体的适应度
%%%%%%%%%%%%%%%%%%%%%%%%%%%%%%%%%%%%%%%%
function [ m_pop ]=CalFitnessValue(m_pop,popSize)
    for i=1:popSize
        m_pop(i).index=-1;
    end
    %按照 value 大小排序
    for i=1:popSize
        index=1;
        for j=1:popSize
            if(m_pop(j).value<m_pop(i).value&&i~=j)
                index=index+1;
            elseif(m_pop(i).value==m_pop(j).value&&m_pop(j).index~=-1&&i~=j)
                index=index+1;
            end
        end
        m_pop(i).index=index;
    end
    a=0.6;
    for i=1:popSize
        m_pop(i).fitness=a*(1-a)^(m_pop(i).index-1);
    end

%%%%%%%%%%%%%%%%%%%%%%%%%%%%%%%%%%%%%%%%
%函数名称:FindBW()
%参数:m_pop:种群结构;popSize:种群规模;
```

```
%       cBest:最优个体;cWorst:最差个体;generation:当前代数
%返回值:cBest:最优个体;cWorst:最差个体;
%函数功能:寻找最优个体,更新总的最优个体
%%%%%%%%%%%%%%%%%%%%%%%%%%%%%%%%%%%%%%%
function [ cBest,cWorst ]=FindBW(m_pop,popSize,cBest,cWorst,generation)
    %初始化局部最优个体
    best=m_pop(1);
    worst=m_pop(1);
    for i=2:popSize
        if( m_pop(i).value<best.value)
            best=m_pop(i);
        elseif( m_pop(i).value>worst.value)
            worst=m_pop(i);
        end
    end
    if(generation==1)
        cBest=best;
        cBest.index=1;
    else
        if(best.value<cBest.value)
            cBest=best;
            cBest.index=generation;
        end
    end
```

（3）生成下一代群体

```
[m_pop]=Selection(m_pop,popSize)//选择算子

[m_pop]=Crossover(m_pop,popSize,pc,patternNum)//交叉算子

[m_pop]=Mutation(m_pop,popSize,pm,patternNum,centerNum)//变异算子
```

① 选择算子

建立适应度数组 cFitness[popSize]，cFitness(i)的值为从第 1 个个体到第 i 个个体适应度值之和占所有个体适应度值总和的比例。即：设 $S=\sum_{i=1}^{popSize}\text{m\_pop}(i).\text{value}$，则

$$\text{cFitness}(i)=\frac{\sum_{k=1}^{i}\text{m\_pop}(i).\text{value}}{S}$$

产生随机数 p，以概率 P_m 将第一个大于 p 的 cFitness(i)对应的个体复制到下一代中，直到生成 200 个中间群体。编程代码如下。

```
%%%%%%%%%%%%%%%%%%%%%%%%%%%%%%%%%%%%%%%
%函数名称:Selection()
```

```
%参数:m_pop:种群结构;popSize:种群规模;
%返回值:m_pop:种群结构
%函数功能:选择操作
%%%%%%%%%%%%%%%%%%%%%%%%%%%%%%%%%%%%%%%%%
function [m_pop]=Selection(m_pop,popSize)
  cFitness=zeros(1,popSize);
  for i=1:popSize
    if(i==1)
      cFitness(i)=m_pop(i).fitness;
    else
      cFitness(i)=cFitness(i-1)+m_pop(i).fitness;
    end
  end
  cFitness=cFitness/cFitness(popSize);
  for i=1:popSize
    p=rand;
    index=1;
    while(cFitness(index)<p)
      index=index+1;
    end
    newPop(i)=m_pop(index);
  end
  m_pop=newPop;
```

② 交叉算子

以概率 P_c 生成一个“一点交叉”的交叉位 point，从中间群体中随机选择两个个体，对交叉位后的基因进行交叉运算，直到中间群体中所有个体都被选择过。

编程代码：

```
%%%%%%%%%%%%%%%%%%%%%%%%%%%%%%%%%%%%%%%%%
%函数名称:Crossover()
%参数:m_pop:种群结构;popSize:种群规模;pc:交叉概率;
%        patternNum:样本数量
%返回值:m_pop:种群结构
%函数功能:交叉操作
%%%%%%%%%%%%%%%%%%%%%%%%%%%%%%%%%%%%%%%%%
function [m_pop]=Crossover(m_pop,popSize,pc,patternNum)
 %交叉操作
 for i=1:popSize/2
   p=rand;
   if(p<pc)
     point=fix(rand * patternNum);%生成随机位
     for j=point+1:patternNum%交叉
       temp=m_pop(2 * i-1).string(1,j);
```

```
                m_pop(2 * i-1).string(1,j)= m_pop(2 * i).string(1,j);
                m_pop(2 * i).string(1,j)= temp;
            end
        end
    end
```

③ 变异算子

对所有个体，以概率 P_m 对染色体中的每一位进行变异运算，使该位随机生成 1～centerNum 之间的一个数，生成子代群体。

```
%%%%%%%%%%%%%%%%%%%%%%%%%%%%%%%%%%%%%%%%%%%%%%%%%%%
%函数名称:Mutation()
%参数:m_pop:种群结构;popSize:种群规模;pm 变异概率;
%       patternNum:样本数量;centerNum:类中心数;
%返回值:m_pop:种群结构
%函数功能:变异操作
%%%%%%%%%%%%%%%%%%%%%%%%%%%%%%%%%%%%%%%%%%%%%%%%%%%
function [m_pop] = Mutation(m_pop,popSize,pm,patternNum,centerNum)
    for i=1:popSize
        for j=1:patternNum
            p=rand;
            if(p<pm)
                m_pop(i).string(1,j)= fix(rand * centerNum+1);
            end
        end
    end
```

(4) 评估子代群体

再次对新生成的子代群体进行评估。

(5) 保留精英个体

若新生成的子代群体中的最优个体适应度值高于总的最优个体的适应度值，则用当前最好的个体替换总的最好的个体。

(6) 判断循环条件

若已经达到最大循环次数，则退出循环，否则转到第（3）步“生成下一代群体”继续运行。

(7) 获得最优解

将总的最优个体的染色体解码，返回给各个样本的类别号。

```
for i=1:patternNum
    m_pattern(i).category=cBest.string(1,i);
end
```

7. 效果图

这里给读者提供两个实例效果图，一个是基于数字聚类结果，如图 9-10 所示，另一个是基于图形聚类结果，如图 9-11 所示。这两个图也比较复杂，但从结果可以看出，应用遗传算法解决聚类问题效果非常好。注意：图右上角显示样本编号，左下角显示该样本所属类别。

(a) 待分类的样品　(b) 输入聚类中心数目和最大迭代次数

(c) 显示第几代出现最优解　(d) 输出聚类结果

图 9-10　遗传算法应用于数字聚类分析

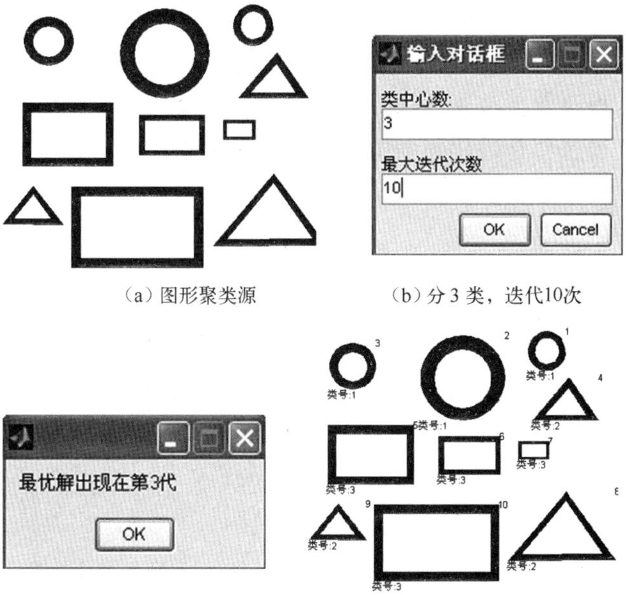

(a) 图形聚类源　(b) 分 3 类，迭代10次

(c) 显示第几代出现最优解　(d) 聚类结果

图 9-11　遗传算法应用于图形聚类分析

9.3 进化规划算法仿生计算

9.3.1 进化规划算法

1. 基本原理

进化规划（Evolutionary Programming，EP）是进化计算的一个分支，起源于 20 世纪 60 年代，是通过模拟自然进化过程得到的一种随机搜索方法。在最初的发展中，进化规划并没有得到足够的重视，直到 20 世纪 90 年代，D. B. Fogel 将进化规划思想拓展到实数空间，使其能够用来求解实数空间中的优化计算问题，并在变异运算中引入正态分布技术，从而使进化规划成为一种优化搜索算法，并作为进化计算的一个分支在实际领域中得到了广泛的应用。进化规划可应用于求解组合优化问题和复杂的非线性优化问题，它只要求所求问题是可计算的，使用范围比较广。

进化规划算法进化过程的基本流程如下：

种群初始化（随机分布个体）→变异（更新个体）→适应度计算（评价个体）→选择（群体更新）。

作为进化计算的一个重要分支，进化规划算法具有进化计算的一般流程。在进化规划中，不使用平均变异方法，而大多使用高斯变异算子，实现种群内个体的变异，保持种群中丰富的多样性。高斯变异算子根据个体适应度获得高斯变异的标准差，适应度差的个体变异范围大，扩大搜索的范围；适应度强的个体变异范围小，表明在当前位置处局部小范围的搜索，以实现变异操作。在选择操作上，进化规划算法采用父代与子代一同竞争的方式，采用锦标赛选择算子最终选择适应度较高的个体。

与其他进化计算相比，进化规划确实具有其独特的特点。尽管所有的进化计算都是对生物进化过程的模拟，但是在进化规划算法中，交叉、重组之类体现个体之间相互作用的算子未被广泛使用。而变异操作是进化规划中最重要的操作。

2. 基本流程

进化规划算法的基本流程如下。

① 随机初始化种群，假设其种群规模为 N。

② 进入迭代操作。

③ 通过高斯变异算子，生成 N 个新个体。

④ 计算父代与子代的适应度。

⑤ 令父代与子代个体（共 $2N$ 个）一同参加锦标赛选择，最后依据积分和排名选择较好的 N 个个体，组成下一代的种群。

⑥ 记录种群中的最优解。

⑦ 判断是否满足停止条件，如果是，则输出最优解，并退出；反之，则跳转到步骤③继续迭代。

进化规划算法流程图如图 9-12 所示。

3. 进化规划算法的构成要素

进化规划的基本思想源于对自然界中生物进化过程的一种模仿，主要构成要素包括染色体构造、适应度评价、变异算子、选择算子、停止条件。其中，染色体构造、适应度评价和停止条件与遗传算法中的类似，这里不再赘述。

1）变异算子

在进化规划算法中，变异操作是最重要的操作，也是唯一的搜索方法，这是进化规划的独特之处。在标准进化规划中，变异操作使用的是高斯变异（Gauss Mutation）算子。在变异过程中，计算每个个体适应度函数值的线性变换的平方根，获得该个体变异的标准差 σ_i，将每个分量加上一个服从正态分布的随机数。

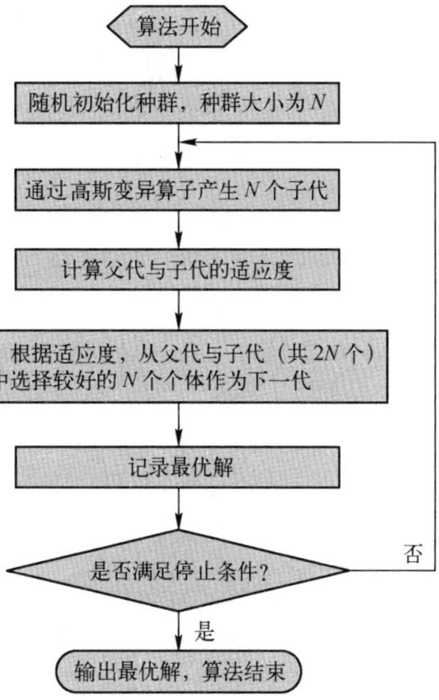

图 9-12　进化规划算法流程图

$\boldsymbol{X}$ 为染色体个体解的目标变量，σ 为高斯变异的标准差。每部分都有 L 个分量，即染色体的 L 个基因位。

染色体由目标变量 $\boldsymbol{X}$ 和标准差 σ 两部分组成，$(\boldsymbol{X},\sigma)=((x_1,x_2,\cdots,x_L),\sigma)$。

形式如下：

$$\boldsymbol{X}(t+1)=\boldsymbol{X}(t)+N(0,\sigma)$$

$\boldsymbol{X}$ 和 σ 之间的关系是：

$$\begin{cases}\sigma(t+1)=\sqrt{\beta F(\boldsymbol{X}(t))+\gamma}\\ x_i(t+1)=x_i(t)+N(0,\sigma(t+1))\end{cases} \tag{9-6}$$

式中，$F(\boldsymbol{X}(t))$ 表示当前个体的适应度值，这里越靠近目标解的个体适应度值越小；$N(0,\sigma)$ 是概率密度为 $p(\sigma)=\dfrac{1}{\sqrt{2\pi}}\exp\left(-\dfrac{\sigma^2}{2}\right)$ 的高斯随机变量；系数 β_i 和 γ_i 是待定参数，一般将 β 和 γ 的值设为 1 和 0。通过式（9-6），变量 $\boldsymbol{X}$ 的每一个分量就可以达到不同的变异效果。

2）选择算子

在进化规划算法中，选择机制的作用是根据适应度函数值从父代和子代集合的 2N 个个体中选择 N 个较好的个体组成下一代种群，其形式化表示为 s：$I^{2N}\to I^N$。选择操作是按照一种随机竞争的方式进行的。进化规划算法中选择算子主要有依概率选择、锦标赛选择和精英选择三种方法，锦标赛选择方法是进化规划算法中比较常用的方法。

基于锦标赛的选择操作的具体过程如下。

① 将 N 个父代个体组成的种群 $P(t)$，以及 $P(t)$ 经过一次变异运算后产生的 N 个子代个体组成的种群 $P'(t)$ 合并在一起，组成一个共含有 2N 个个体的集合 $P(t)\cup P'(t)$，记为 I。

② 对每个个体 $x_i\in I$，从 I 中随机选择 q 个个体，并将 q 个个体的适应度函数值 $F_j(j\in$

$(1,2,\cdots,q)$）与 x_i 的适应度函数值相比较，计算出这 q 个个体中适应度函数值比 x_i 的适应度差的个体的数目 w_i，并把 w_i 作为 x_i 的得分，其中 $w_i\in(0,1,\cdots,q)$。

③ 在所有的 $2N$ 个个体都经过了这个比较过程后，按每个个体的得分 w_i 进行排序；选择 N 个具有最高得分的个体作为下一代种群。

这里要注意，$q\geqslant1$ 是选择算法的参数。为了使锦标赛选择算子更好地发挥作用，需要设定适当的用于比较的个体数 q。q 的取值较大时，偏向确定性选择，当 $q=2N$ 时，确定地从 $2N$ 个个体中将适应度值较高的 N 个个体选出，容易带来早熟等弊端；相反，q 的取值较小时，偏向于随机性选择，使得适应度的控制能力下降，导致大量低适应度的个体被选出，造成种群退化。因此，为了既能保持种群的先进性，又可以避免确定性选择带来的早熟的弊端，需要依据具体问题，合适地选取 q 值。

从上面的选择操作过程可以知道，在进化过程中，每代种群中相对较好的个体被赋予了较大的得分，能够被保留到下一代的群体中。

4. 进化规划算法群体智能搜索策略分析

1）个体行为及个体之间信息交互方法分析

进化规划以 D 维实数空间上的优化问题为主要处理对象，对生物进化过程的模拟主要着眼于物种的进化过程，主要的个体操作算子是变异算子，所以它不使用交叉算子等个体重组方面的操作算子。相比遗传算法，由于只使用变异算子，不用交叉算子，进化规划算法不注重个体之间的信息交互，而是着眼于依据自身信息进行的个体更新。所以，变异算子的选择显得尤为重要。平时使用的均匀变异算子在这里不能达到很好的效果，因为它属于完全随机的一种变异行为，没有考虑到自身信息，容易丧失优秀个体的先进性，不利于算法的快速收敛。所以，标准进化规划算法中常采用高斯变异算子，它是在个体的某个（或多个）基因位上加上一个服从高斯变异的随机数 $N(0,\sigma_i)$，而其方差的确定与个体本身的适应度相关。在充分考虑到自身优劣性的信息后，高斯变异算子使得适应度较差的个体变异范围较大，而相对靠近全局最优解的优秀个体则采用较小的变异，保证其先进性。进化规划直接以问题的可行解作为个体的表现形式，无须再对个体进行编码处理，也无须再考虑随机扰动因素对个体的影响，更便于进化规划在实际中的应用。

2）群体更新机制

在遗传算法中，选择算子的对象是父代经过交叉变异后生成的子代个体，在生成子代后，父代个体即被抛弃。由于是随机搜索的一类智能算法，通过交叉、变异后的个体，不可避免地会出现一些退化现象，而相对较为优秀的父代个体的信息将无法得到保留，这影响了算法的收敛。

相比遗传算法，进化规划算法将父代和子代一同加入选择，使得父代中的优秀个体也有可能得到保留，继续进化。而参与竞争个体的数目的合理设定，则平衡了选择的确定性与随机性，使得选择既能保留群体中的优秀信息，又能将一小部分适应度差的个体被选中，用来扩充种群的多样性。进化规划中的选择运算着重于群体中各个体之间的竞争选择，但当竞争数目 q 较大时，这种选择就类似于进化策略中的确定选择过程；而当竞争数目 q 较小时，这种选择又趋向于随机选择，难以保证群体的优化。

9.3.2　进化规划算法仿生计算在聚类分析中的应用

本节以图像中的物体聚类分析为例，介绍采用进化规划算法解决聚类问题的仿生计算方法。与常规搜索算法相比较，进化规划在每次迭代过程中都保留一群候选解，从而有较大的机会摆脱局部极值点，可求得多个全局最优解；种群中的个体分别独立进化，不需要相互之间进行信息交换，具有并行处理特性，易于并行实现；在确定进化方案之后，算法将利用进化过程中得到的信息自行组织搜索；基于自然选择策略，优胜劣汰；具备根据环境的变化自动发现环境的特征和规律的能力，不需要事先描述问题的全部特征，可用来解决未知结构的复杂问题。也就是说，算法具有自组织、自适应、自学习等智能特性。除此之外，进化规划的优点还体现在过程性、不确定性、非定向性、内在学习性、整体优化、稳健性等多个方面。

1. 构造个体

在进化规划中，采用符号编码，位串长度为 L，搜索空间是一个 L 维空间，与此相对应，搜索点就是一个 L 维向量。算法中，组成进化群体的每个染色体 $\boldsymbol{X}$ 就直接用这个 L 维向量来表示。

例如，对于待聚类的样本图（见图 9-13），图中每个个体包含一种分类方案。L 取 12，基因代表样本所属的类号（1~4），基因位的序号代表样本的编号，基因位的序号是固定的，也就是说某个样本在染色体中的位置是固定的，而每个样本所属的类别随时在变化。如果基因位为 n，则其对应第 n 个样本，而第 n 个基因位所指向的基因值代表第 n 个样本的归属类号。

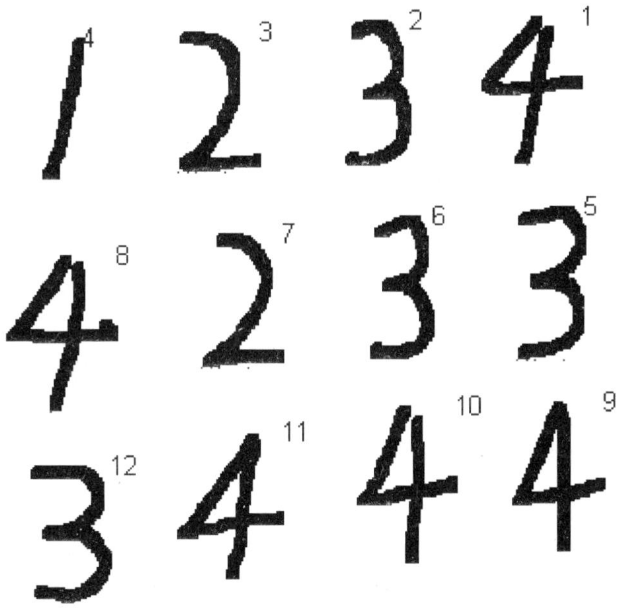

图 9-13　待聚类样本图

假设初始某个个体的染色体编码为（1，3，4，1，2，4，2，3，1，3，2，1），其含义为：第 5、7、11 个样本被分到第 2 类；第 2、8、10 个样本被分到第 3 类；第 1、4、9、12

个样本被分到第 1 类；第 3、6 个样本属于第 4 类。这时还处于假设分类情况，不是最优解，如表 9-4 所示。

表 9-4　初始某个个体的染色体编码

样本值	(4)	(3)	(2)	(1)	(3)	(3)	(2)	(4)	(4)	(4)	(4)	(3)
基因值（分类号）	1	3	4	1	2	4	2	3	1	3	2	1
基因位	1	2	3	4	5	6	7	8	9	10	11	12
样本编号	1	2	3	4	5	6	7	8	9	10	11	12

2. 评价适应度

函数 Calfitness( )的结果为适应度值 m_pop(i). fitness，代表每个个体优劣的程度。其计算过程类似于遗传算法中适应度值的计算方法。计算公式如下：

$$\text{m\_pop}(i).\text{fitness} = \sum_{i=1}^{\text{centerNum}} \sum_{j=1}^{n_i} \| \boldsymbol{X}_j^{(i)} - \boldsymbol{C}_i \|^2 = \sum_{i=1}^{\text{centerNum}} D_i \tag{9-7}$$

式中，centerNum 为聚类类别总数，n_i 为属于第 i 类的样本总数，$\boldsymbol{X}_j^{(i)}$ 为属于第 i 类的第 j 个样本的特征值，$\boldsymbol{C}_i$ 为第 i 个类中心，其计算公式为：

$$\boldsymbol{C}_i = \frac{1}{n_i} \sum_{k=1}^{n_i} \boldsymbol{X}_k^{(i)} \tag{9-8}$$

m_pop(i). fitness 越大，说明这种分类方法的误差越小，即其适应度值越大。

3. 变异算子

通过让每个子代个体的每一个分量 newpop(i). string(1,j)，加上一个服从 $N(0,\sigma_i)$ 的正态分布随机数,以达到变异的效果,即

$$\text{newpop}(i).\text{string}(1,j) = \text{newpop}(i).\text{string}(1,j) + N(0,\sigma_i)$$

4. 选择算子

将父代 m_pop 与子代 newpop 组合在一起，成为 totalpop，并从中任选 q 个个体组成测试群体，将测试个体的序号存在 competitor 中。然后将 totalpop(i)的适应度与这 q 个测试个体的适应度进行比较，记录 totalpop(i)优于或等于 q 内各个体的次数，得到 totalpop(i)的得分 score。

5. 实现步骤

① 设置相关参数。

初始化初始种群中的个体个数 popSize。从对话框得到用户输入的最大迭代次数 MaxIter、聚类中心数 centerNum，以及进行锦标赛竞争时用来进行比较的个体数 q。

② 获得所有样本个数及特征。

③ 调用 GenIniPop( )函数，群体初始化。

④ 调用 CalFitness( )函数，计算每一个个体的适应度值 m_pop(i). fitness。

⑤ 生成下一代群体。

调用 Mutation( )函数，对所有个体，循环每一个基因位，对该位基因进行变异运算，按照高斯变异产生 1～centerNum 的一个数并赋值给该位，生成子代群体。

⑥ 计算新生成的子代群体的适应度值。

⑦ 将父代与子代个体组成 totalpop，并根据适应度值进行排序。

⑧ 执行锦标赛选择算子，调用 Selection( )函数，随机从 totalpop 中选择 q 个个体。循环每个个体，让每个个体与这 q 个个体逐个进行适应度值比较。以这 q 个个体中适应度值低于当前个体适应度值的个数作为当前个体的得分，最后选择评分最高的 popSize 个个体，作为下一代的父代。

⑨ 调用 FindBW( )函数保留精英个体，若新生成的子代群体中的最优个体适应度值低于总的最优个体适应度值（相互之间距离越近，适应度值越小），则用当前最好的个体替换总的最好的个体。

⑩ 若已经达到最大迭代次数，则进行下一步，退出循环；否则，返回第⑤步“生成下一代群体”继续运行。

⑪ 输出结果，返回给各个样本的类别号。

该算法的基本流程如图 9-14 所示。

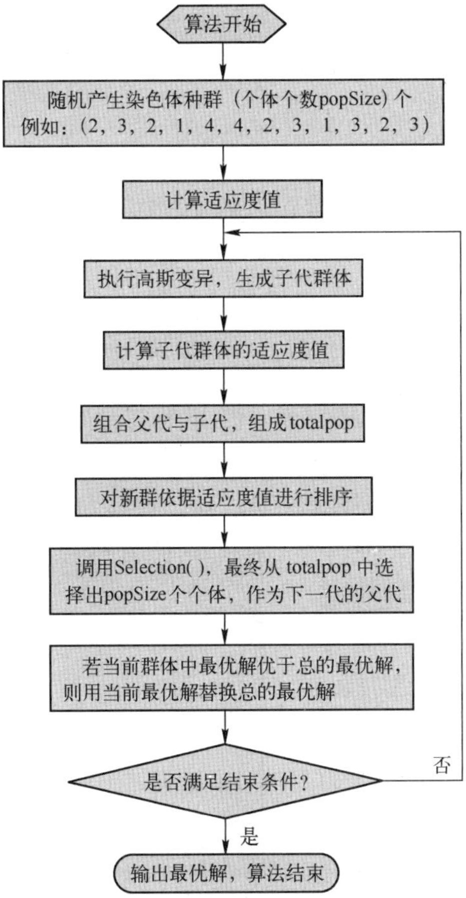

图 9-14　基于进化规划算法的聚类问题流程图

6. 编程代码

（1）初始化各个参数

```
%%%%%%%%%%%%%%%%%%%%%%%%%%%%%%%%%%%%%%%%
%函数名称:C_EP()
%参数:m_pattern,样本特征库;patternNum,样本数目
%返回值:m_pattern,样本特征库
%函数功能:按照进化规划算法对全体样本进行聚类
%%%%%%%%%%%%%%%%%%%%%%%%%%%%%%%%%%%%%%%%
function [ m_pattern ]=C_EP( m_pattern,patternNum)
disType=DisSelDlg();%获得距离计算类型
[centerNum MaxIter popSize q]=InputClassDlg();%获得类中心数和最大迭代次数
%初始化种群结构
for i=1:popSize
    m_pop(i).string=zeros(1,patternNum);%个体位串
    m_pop(i).fitness=0;%适应度值
    m_pop(i).score=0;%适应度
end
for i=1:popSize * 2
    totalpop(i).string=zeros(1,patternNum);%个体位串
    totalpop(i).fitness=0;%适应度值
    totalpop(i).score=0;%适应度
end
%初始化全局最优最差个体
cBest.string=zeros(1,patternNum);%其中 cBest 的 index 属性记录最优个体出现在第几代中
cBest.fitness=0;
cBest.score=0;
cBest.index=0;
```

其中，函数 DisSelDlg()和 InputClassDlg()用来由用户输入距离计算类型、类中心数、最大迭代次数、种群大小和进行锦标赛选择算子中用来比较的个体个数。

参数设置对话框如图 9-15 所示。

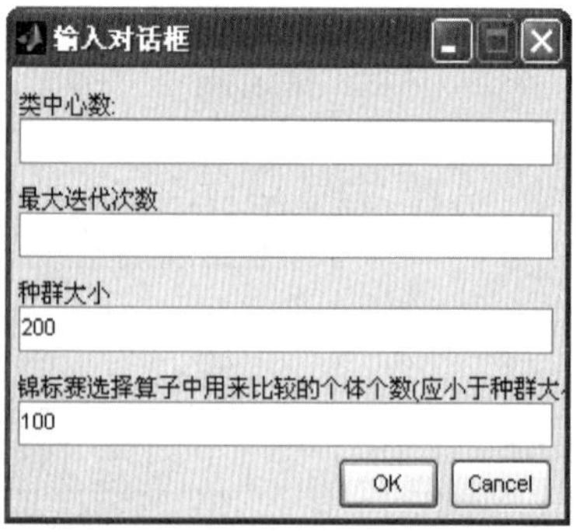

图 9-15　参数设置对话框

(2) 群体初始化

调用 GenIniPop( )函数初始化群体，随机生成全体群体的染色体值。

相关代码如下：

```
%%%%%%%%%%%%%%%%%%%%%%%%%%%%%%%%%%%%%%%%%
%函数名称:GenIniPop( )
%参数:m_pop,种群结构;popSize,种群规模;patternNum,样本数目;
%       centerNum,类中心数;m_pattern,样本特征库
%返回值:m_pop,种群结构
%函数功能:初始化种群
%%%%%%%%%%%%%%%%%%%%%%%%%%%%%%%%%%%%%%%%%
function [ m_pop ] = GenIniPop( m_pop,popSize,patternNum,centerNum,m_pattern)
    for i = 1:popSize
            m_pop(i). string=fix(rand(1,patternNum) * centerNum+ones(1,patternNum));
    end
```

(3) 变异算子

对所有个体，对其染色体中的每一位进行变异运算，生成子代群体。

```
%%%%%%%%%%%%%%%%%%%%%%%%%%%%%%%%%%%%%%%%%
%函数名称:Mutation( )
%参数:m_pop,种群结构;newpop,子代结构;popSize,种群规模;
%       patternNum,样本数量;centerNum,类中心数
%返回值:m_pop,种群结构
%函数功能:变异操作
%%%%%%%%%%%%%%%%%%%%%%%%%%%%%%%%%%%%%%%%%
function [newpop] = Mutation( m_pop,newpop,popSize,patternNum,centerNum)
for i = 1:popSize
    for j = 1:patternNum
        r=rand(1,centerNum);
        gauss = sum(r)/centerNum;
        topbound = centerNum;
        bottombound = 1;
        if m_pop(i). string(1,j)-bottombound>topbound-m_pop(i). string(1,j)
            bottombound = m_pop(i). string(1,j) * 2-topbound;
        else
            topbound = m_pop(i). string(1,j) * 2-bottombound;
        end
        gauss = gauss * (topbound-bottombound)+bottombound;
        newpop(i). string(1,j)= mod(round((gauss)),centerNum)+1;
    end
end
```

（4）评价群体

调用 CalFitness( )，计算每个个体的适应度值，这里以 fitness 值作为适应度值。

```
%%%%%%%%%%%%%%%%%%%%%%%%%%%%%%%%%%%%%%%%%%%%%
%函数名称:CalFitness()
%参数:m_pop,种群结构;popSize,种群规模;patternNum,样本数目;
%       centerNum,类中心数;m_pattern,样本特征库;disType,距离类型
%返回值:m_pop,种群结构
%函数功能:计算个体的适应度值
%%%%%%%%%%%%%%%%%%%%%%%%%%%%%%%%%%%%%%%%%%%%%
function [ m_pop ] = CalFitness(m_pop,popSize,patternNum,centerNum,m_pattern,disType)
global Nwidth;
for i=1:popSize
    for j=1:centerNum%初始化聚类中心
        m_center(j).index=i;
        m_center(j).feature=zeros(Nwidth,Nwidth);
        m_center(j).patternNum=0;
    end
    %计算聚类中心
    for j=1:patternNum
        m_center(m_pop(i).string(1,j)).feature=m_center(m_pop(i).string(1,j)).feature+m_
pattern(j).feature;
        m_center(m_pop(i).string(1,j)).patternNum=m_center(m_pop(i).string(1,j))
.patternNum+1;
    end
    d=0;
    for j=1:centerNum
        if(m_center(j).patternNum~=0)
            m_center(j).feature=m_center(j).feature/m_center(j).patternNum;
        else
            d=d+1;
        end
    end
    m_pop(i).fitness=0;
    %计算个体适应度值
    for j=1:patternNum
        m_pop(i).fitness=m_pop(i).fitness+GetDistance(m_center(m_pop(i).string(1,j)),m_
pattern(j),disType)^2;
    end
    m_pop(i).fitness=1/(m_pop(i).fitness+d);
end
```

（5）排序

将父代与子代个体组合在一起，并根据适应度值排序。

```
%组合父代与变异后代
for i=1:popSize*2
    if i<=popSize
        totalpop(i)=m_pop(i);
    else
        totalpop(i)=newpop(i-popSize);
    end
end
%根据适应度值排序
temp=m_pop(1);
for i=1:popSize*2-1
    for j=i+1:popSize*2
        if totalpop(i).fitness<totalpop(j).fitness
            temp=totalpop(j);
            totalpop(j)=totalpop(i);
            totalpop(i)=temp;
        end
    end
end
```

（6）选择算子

执行锦标赛选择算子，从 totalpop 中选择 popSize 个个体，作为下一代的父代。具体过程是：从 totalpop 中随机选择 q 个个体作为竞赛的比较个体，然后分别令 totalpop 中的每个个体与这 q 个个体进行适应度值的比较，如果某个个体 totalpop(i)的适应度值高于一个竞赛个体，则其分数加 1 分。待每个个体都进行了这一过程以后，都会有自己的得分。这样，选择得分较高的 popSize 个个体，作为下一代的父代。

编程代码如下：

```
%%%%%%%%%%%%%%%%%%%%%%%%%%%%%%%%%%%%%%%%%%%%%
%函数名称:Selection()
%参数:m_pop,种群结构;popSize,种群规模;totalpop,组合种群;
%       q,用于锦标赛选择中比较的个体个数
%返回值:m_pop,种群结构
%函数功能:选择操作
%%%%%%%%%%%%%%%%%%%%%%%%%%%%%%%%%%%%%%%%%%%%%
function [m_pop]=Selection(m_pop,totalpop,popSize,q)
%选择:锦标赛竞争选择
competitor=randperm(popSize*2);
for i=1:popSize*2
    score=0;
    for j=1:q
        if i<=competitor(j)    %由于已经经过排序,因此排序越靠前(越小),适应度值越高
            score=score+1;
```

```
            end
        end
        totalpop(i).score=score;
    end
    temp=totalpop(1);
    for i=1:popSize * 2
        for j=i+1:popSize * 2
            if totalpop(i).score<totalpop(j).score
                temp=totalpop(j);
                totalpop(j)=totalpop(i);
                totalpop(i)=temp;
            end
        end
    end
    for i=1:popSize
        m_pop(i)=totalpop(i);
    end
```

（7）寻找最优个体

```
%%%%%%%%%%%%%%%%%%%%%%%%%%%%%%%%%%%%%%%%%
%函数名称:FindBW()
%参数:m_pop,种群结构;popSize,种群规模;
%       cBest,最优个体;Iter,当前代数
%返回值:cBest,最优个体
%函数功能:寻找最优个体,更新总的最优个体
%%%%%%%%%%%%%%%%%%%%%%%%%%%%%%%%%%%%%%%%%
function [cBest]=FindBW(m_pop,popSize,cBest,Iter)
%初始化局部最优个体
best=m_pop(1);
for i=2:popSize
    if( m_pop(i).fitness<best.fitness)
        best=m_pop(i);
    end
end
if(Iter==1)
    cBest=best;
    cBest.index=1;
else
    if(best.fitness>cBest.fitness)
        cBest=best;
        cBest.index=Iter;
    end
end
```

（8）返回最优解

到达最大迭代次数后，输出最优个体的聚类情况。

```
%%%%%%%%%%%%%%%%%%%%%%%%%%%%%%%%%%%%%%%%%%%%%%%%%%%%
%返回最优解
for i=1:patternNum
    m_pattern(i).category=cBest.string(1,i);
end
%显示结果
str=['最优解出现在第' num2str(cBest.index) '代'];
msgbox(str,'modal');
```

7. 效果图

分类结果与最优解出现的代数如图 9-16 所示。

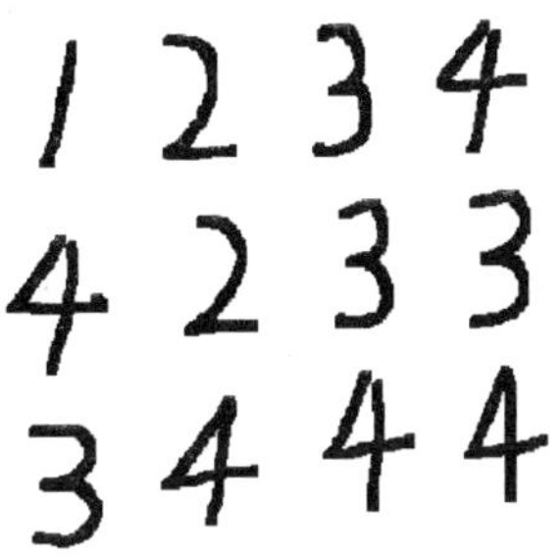

（a）待聚类样品

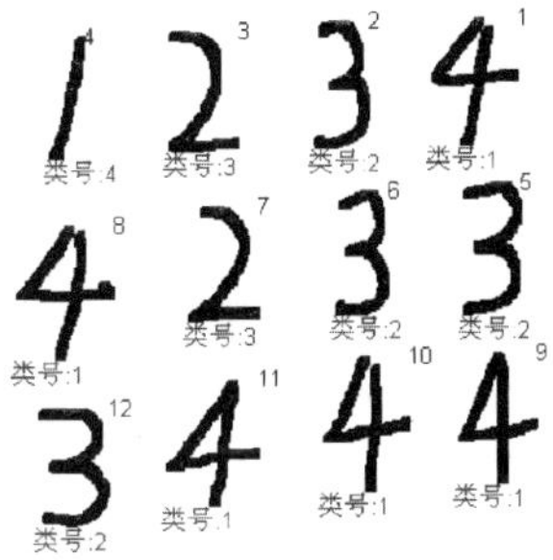

（b）聚类结果

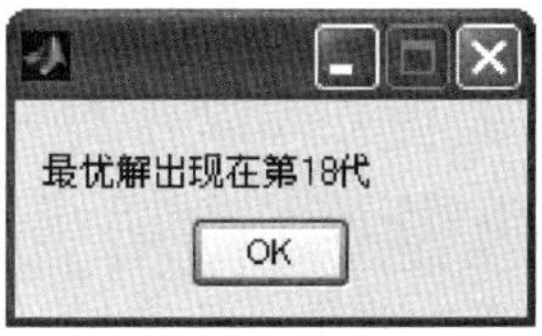

（c）显示第几代出现最优解

图 9-16　效果图

9.4　进化策略算法仿生计算

9.4.1　进化策略算法

1. 基本原理

20 世纪 60 年代，德国柏林技术大学的 I. Reehenberg 和 H. P. Schwefel 等人在进行风洞实验时，由于设计中描述物体形状的参数难以用传统方法进行优化，因而利用生物变异的思想来随机改变参数值，获得了较好的结果。随后，他们对这种方法进行了深入的研究，形成了一种新的进化计算方法——进化策略算法。

进化策略算法的基本流程如下：

种群初始化（随机分布个体）→重组（更新个体）→变异（更新个体）→适应度计算（评价个体）→选择（群体更新）。

进化策略算法采用重组算子、高斯变异算子实现个体更新。在进化策略的早期研究中，种群里只包含一个个体，并且只使用变异操作。在每一代中，变异后的个体与其父代进行比较。并选择较好的一个，这种选择策略被称为（1+1）策略，这种进化策略虽然可以渐近地收敛到全局最优点，但由于点到点搜索的脆弱本质使得程序在局部极值附近容易受停滞的影响。

1981 年，Schwefel 在早期研究的基础上，使用多个亲本和子代，后来分别构成$(\mu+\lambda)$-ES 和(μ,λ)-ES 两种进化策略算法。在$(\mu+\lambda)$-ES 中，由μ个父代通过重组和变异，生成λ个子代，并且父代与子代个体均参加生存竞争，选出最好的μ个作为下一代种群；在(μ,λ)-ES 中，由μ个父代生成λ个子代后，只有$\lambda(\lambda>\mu)$个子代参加生存竞争，选择最好的μ个作为下一代种群，代替原来的μ个父代个体。

进化策略（Evolution Strategies，ES）是专门为求解参数优化问题而设计的，而且在进化策略算法中引进了自适应机制。进化策略是一种自适应能力很好的优化算法，因此更多地应用于实数搜索空间。进化策略在确定了编码方案、适应度函数及遗传算子以后，算法将根据“适者生存，不适者淘汰”的策略，利用进化过程中获得的信息自行组织搜索，从而不断地向最佳解方向逼近。隐含并行性和群体全局搜索性是它的两个显著特征，而且具有较强的鲁棒性，对于一些复杂的非线性系统求解具有独特的优越性能。因此研究这一算法的原理、算法步骤，以及它的优缺点，对于在各领域解决实际问题和进一步完善算法，都有很大的益处。目前，这种算法已广泛应用于各种优化问题的处理，如神经网络的训练与设计、系统识别、机器人控制和机器学习等领域。

2. 基本流程

进化策略的基本流程如下。

① 初始化种群，假设其种群规模为μ。

② 进入迭代操作。

③ 产生新个体：

- 通过重组算子，生成λ个新个体。
- 通过高斯变异算子，令这λ个新个体进一步改变。

④ 计算父代与子代个体的适应度值。

⑤ 选择算子：

- 对于$(\mu+\lambda)$-ES 进化策略，令μ个父代与λ个子代个体一同参加选择，确定性地选择μ个最好个体，组成下一代的种群。
- 对于(μ,λ)-ES 进化策略，从子代（λ个）个体中，确定性地选择μ个最好的个体，组成下一代的种群。

⑥ 记录种群中的最优解。

⑦ 判断是否满足停止条件，如果是，则输出最优解，并退出；反之，则跳转到步骤③，继续迭代。

进化策略算法的流程图如图 9-17 所示。

3. 进化策略算法的构成要素

由图 9-17 可以看到，进化策略的基本构成包含以下几个部分：染色体种群的构造，适应度值计算，重组算子，变异算子，选择和结束条件。其中适应度计算、结束条件与前面遗传算法等算法大体相同，这里不再赘述。下面将对进化策略其他特有的要素进行详细说明。

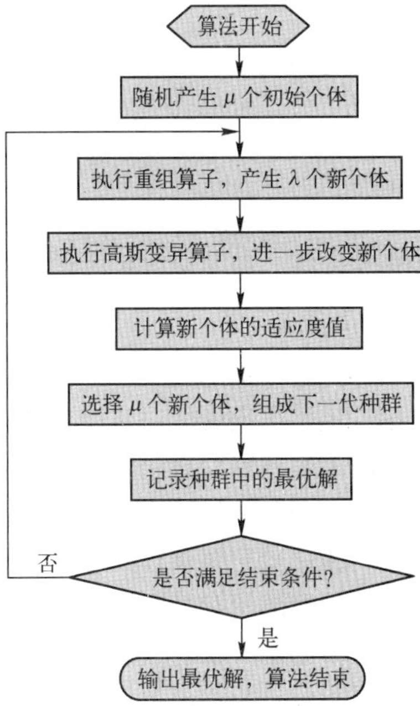

图 9-17　进化策略算法流程图

1）染色体构造

与遗传算法通常使用的二进制编码不同，进化策略采用传统的十进制实型数表达问题。为了与算法中高斯变异算子配合使用，染色体一般用二元表达方式构造。

其形式如下：

$$(\boldsymbol{X},\sigma)=((x_1,x_2,\cdots,x_L),(\sigma_1,\sigma_2,\cdots,\sigma_L))$$

$\boldsymbol{X}$ 为染色体个体的目标变量，σ 为高斯变异的标准差。每个 $\boldsymbol{X}$ 有 L 个分量，即染色体的 L 个基因位；每个 σ 也有对应的 L 个分量，即染色体每个基因位的方差。

2）重组算子

重组（Recombination）是将参与重组的父代染色体上的基因进行交换，形成下一代的染色体的过程。

目前，常用的重组算子有离散重组、中间重组、混杂重组，下面将介绍几种重组算子。

（1）离散重组

离散重组是通过随机选择两个父代个体来进行重组从而产生新的子代个体的，子代上的基因随机从其中一个父代个体上复制。

$$\begin{cases}(\boldsymbol{X}^i,\sigma^i)=((x_1^i,x_2^i,\cdots,x_L^i),(\sigma_1^i,\sigma_2^i,\cdots,\sigma_L^i))\\(\boldsymbol{X}^j,\sigma^j)=((x_1^j,x_2^j,\cdots,x_L^j),(\sigma_1^j,\sigma_2^j,\cdots,\sigma_L^j))\end{cases}\tag{9-9}$$

然后将其分量进行随机交换，构成子代新个体的各个分量，从而得出如下新个体：

$$(\boldsymbol{X},\sigma)=((x_1^{iorj},x_2^{iorj},\cdots,x_L^{iorj}),(\sigma_1^{iorj},\sigma_2^{iorj},\cdots,\sigma_L^{iorj}))$$

（2）中间重组

中间重组则是通过对随机两个父代对应的基因求平均值，从而得到子代对应基因的方法，进行重组产生子代个体。

$$\begin{cases}(\boldsymbol{X}^i,\sigma^i)=((x_1^i,x_2^i,\cdots,x_L^i),(\sigma_1^i,\sigma_2^i,\cdots,\sigma_L^i))\\(\boldsymbol{X}^j,\sigma^j)=((x_1^j,x_2^j,\cdots,x_L^j),(\sigma_1^j,\sigma_2^j,\cdots,\sigma_L^j))\end{cases}\tag{9-10}$$

$$(\boldsymbol{X},\sigma)=(((x_1^i+x_1^j)/2,(x_2^i+x_2^j)/2,\cdots,(x_L^i+x_L^j)/2),((\sigma_1^i+\sigma_1^j)/2,(\sigma_2^i+\sigma_2^j)/2,\cdots,(\sigma_L^i+\sigma_L^j)/2))$$

这时，新个体的各个分量兼容两个父代个体信息，而在离散重组中则只含有某一个父代个体的因子。

(3) 混杂（Panmictic）重组

混杂重组方式的特点在于父代个体的选择上。混杂重组时先随机选择一个固定的父代个体，然后针对子代个体的每个分量再从父代群体中随机选择第二个父代个体。也就是说，第二个父代个体是经常变化的。至于父代两个个体的组合方式，既可以采用离散方式，也可以采用中值方式，甚至可以把中值重组中的 1/2 改为 [0, 1] 之间的任一权值。

3) 变异算子

变异（Mutation）的实质是在搜索空间中随机搜索，从而找到可能存在于搜索空间中的优良解，经过多次尝试，从而找到全局的最优解。若变异概率过大，则会使搜索个体在搜索空间内大范围跳跃，算法的启发式和定向性作用就不明显，随机性增强，算法接近于完全的随机搜索；但若变异概率过小，则搜索个体仅在很小的邻域范围内跳动，发现新基因的可能性下降，优化效率很难提高。

进化策略的变异是在旧个体的基础上添加一个正态分布的随机数，从而产生新个体。

$\boldsymbol{X}$ 为染色体个体的目标变量，σ 为高斯变异的标准差。每部分都有 L 个分量，即染色体的 L 个基因位。$\boldsymbol{X}$ 和 σ 之间的关系是：

$$\boldsymbol{X}(t+1)=\boldsymbol{X}(t)+N(0,\sigma) \tag{9-11}$$

即

$$\begin{cases}\sigma_i(t+1)=\sigma_i(t)\cdot\exp(N(0,\tau')+N_i(0,\tau)) \\ x_i(t+1)=x_i(t)+N(0,\sigma_i(t+1))\end{cases} \tag{9-12}$$

式中，$(x_i(t), \sigma_i(t))$——父代个体的第 i 个分量；$(x_i(t+1), \sigma_i(t+1))$——子代新个体的第 i 个分量；$N(0,1)$——服从标准正态分布的随机数；$N_i(0,1)$——针对第 i 个分量重新产生一次符合标准正态分布的随机数；τ' 和 τ——全局系数和局部系数，通常都取 1。

上式表明，新个体是在旧个体基础上添加一个独立的随机变量 $N(0,\sigma(t))$ 变化而来的。二元表达方式简单易行，得到了广泛的应用。

4) 选择算子

选择机制（Selection）为进化规定了方向：只有那些具有高适应度的个体才有机会进行繁殖。在进化策略里，选择过程是确定性的。

在不同的进化策略中，选择机制也有所不同。

➢ $(\mu+\lambda)$-ES，在原有 μ 个父代个体及新产生的 λ 个新子代个体（共 $\mu+\lambda$ 个个体）中，再择优选择 μ 个个体作为下一代群体，也被称为精英机制。

➢ (μ,λ)-ES，这种选择机制是依赖于出生过剩的基础上的，因此要求 $\lambda>\mu$。在新产生的 λ 个新子代个体中择优选择 μ 个个体作为下一代父代群体。无论父代的适应度和子代相比是好是坏，在下一次迭代时都被遗弃。

在 $(\mu+\lambda)$-ES 选择机制中，上一代的父代和子代都可以加入下一代父代的选择中，$\mu=\lambda$ 或 $\mu>\lambda$ 都是可能的，这种选择机制对子代数量没有限制，这样就最大程度地保留了那些具有最佳适应度的个体。但是它可能会增加计算量，降低收敛速度。

在 (μ,λ)-ES 选择机制中，只有最新产生的子代才能加入选择机制中。从 λ 中选择出最好的 μ 个个体，作为下一代的父代，而适应度较低的 $\lambda-\mu$ 个个体被放弃。

4. 进化策略算法群体智能搜索策略分析

进化策略和遗传算法及进化规划都是进化计算的一种，是通过模拟生物界自然选择和自然遗传机制的随机化搜索算法。它们都遵循达尔文的生物进化理论“物竞天择、优胜劣汰”，且求解过程都相同，即从随机产生的初始可行解出发，经过进化择优，逐渐逼近最优解。三者都是渐进式搜索寻优，经过多次的反复迭代，不断扩展搜索范围，最终找出全局最优解。这三者的进化计算都采用群体的概念。尽管早期的进化策略中存在(1+1)-ES，即$(\mu+1)$-ES是基于单个个体的，但最后也发展为$(\mu+\lambda)$-ES 或(μ,λ)-ES，可以同时驱动多个搜索点，体现并行算法的特点。此外，它们在自适应搜索、有指导的搜索及全局寻优等方面都具有很多相似之处。

1）个体行为及个体之间信息交互方法分析

从产生子代的过程来看，遗传算法使用交叉算子和变异算子，进化规划只使用变异算子，而进化策略使用了重组算子和变异算子，但是重组算子只是起到辅助作用，就如变异算子在遗传算法中的作用一样。

重组算子通过对群体中的个体两两进行基因位随机组合，产生具有两个父代个体部分基因的子代个体。通过这种方式，可以使一些优良个体的基因与其他个体进行优化组合，产生新的个体，保持种群的多样性。进化策略的重组算子，不仅可以继承不同父代个体的部分信息，还可以通过中值计算或加权的方法产生新的信息。而遗传算法的交叉算子，仅仅是交换父代个体的部分基因，不能产生新的基因。

进化策略的变异算子是最主要的进化方法，是每个个体必需的；遗传算法是对旧个体的某个基因做补运算；而进化策略的变异算子与进化规划类似，也采用了高斯变异算子，它在旧个体的基础上添加一个正态分布的随机数，从而产生新个体。与进化规划一节中介绍的高斯变异算子不同的是，它不以适应度信息作为高斯变异的方差，而是通过加上服从高斯分布的随机值实现方差的改变，再以符合这个改变后的方差的高斯随机数实现基因值的改变。由于符合高斯分布的随机数取得均值附近的值的概率较大，因此变异幅度并不会很大，这符合自然界中细微变异远多于巨大变异的进化规律，使得个体通过渐变，逐渐趋向全局最优。

2）群体更新机制

选择作为进化计算中的重要操作算子，起到了引导群体进化方向的作用，通过确定性选择或依据概率从种群中选择出优良个体，形成新的种群，从而使得种群整体趋向更优。在前面介绍的两种进化计算中，遗传算法的选择对象只有子代个体群体，并且依据个体的适应度值进行赌轮选择算子，由于每个个体都是依据选择概率被选出的，因此，即使较差的个体也有机会被选中。进化规划的选择也是一种概率性的选择，选择对象是父子两代种群，通过选择一部分个体，与种群中每个个体进行适应度的比较，并以比较结果作为依据，进行择优选择。这种选择方法受比较个体的数目和优劣程度影响较大，当数目较小或它们的适应度值偏低时，这种选择的随机性将变大；反之，当数目较大或适应度值较高时，这种选择偏向于确定性选择。

进化策略的选择则是完全确定的选择，它只依据适应度值对种群中的个体进行由高到低的排序，并选择较好的一部分个体作为下一代的种群。选择对象可以是父子两代种群，也可以单是子代种群。依据选择对象可分为两种选择方式，从 λ 个个体或 $\mu+\lambda$ 个个体中挑选 μ 个个体组成新群体。$(\mu+\lambda)$-ES 与进化规划算法类似，选择的对象是父子两代的个体；而 (μ,λ)-ES 则只从新生成的子代个体进行选择。

粗略地看，似乎（$\mu+\lambda$）选择最好，它可以保证最优个体存活，使群体的进化过程呈单调上升趋势。但是，（$\mu+\lambda$）选择保留旧个体，有可能会是过时的可行解，妨碍算法向最优方向发展；也有可能是局部最优解，从而误导进化策略收敛于次优解而不是最优解。（μ，λ）选择全部舍弃旧个体，使算法始终从新的基础上全方位进化，容易进化至全局最优解。（$\mu+\lambda$）选择在保留旧个体的同时，也将进化参数 σ 保留下来，不利于进化策略中的自适应调整机制。（μ，λ）选择则恰恰相反，可促进自适应调整机制。实践证明，(μ,λ)-ES 优于 $(\mu+\lambda)$-ES，成为当前进化策略的主流。

9.4.2　进化策略算法仿生计算在聚类分析中的应用

1. 构造个体

例如，一个待聚类样本图如图 9-18 所示，编号在每个样本的右上角，不同的样本编号不同，而且编号始终固定。

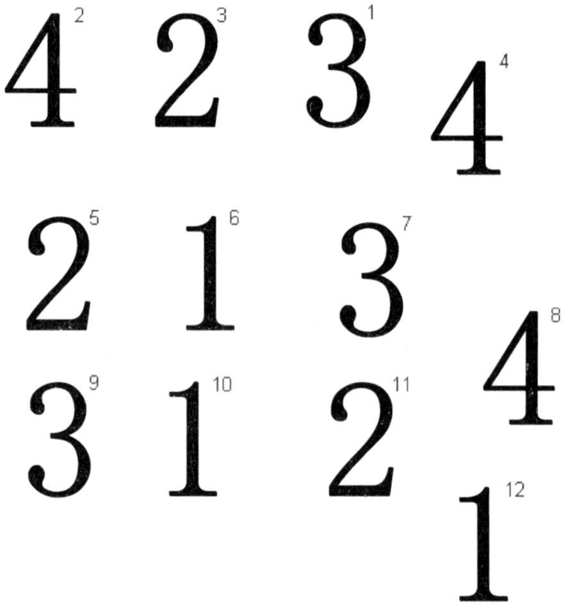

图 9-18　待聚类样本图

采用符号编码，位串长度 L 取 12，基因代表样本所属的类号（1~4），基因位的序号代表样本的编号。基因位的序号是固定的，也就是说某个样本在染色体中的位置是固定的，而每个样本所属的类别在随时变化。如果基因位为 n，则其对应第 n 个样本，而第 n 个基因位所指向的基因值代表第 n 个样本的归属类号。

每个个体包含一种分类方案。假设初始某个个体的染色体编码为（4，1，2，1，4，4，2，3，4，3，2，3），其含义为：第 3、7、11 个样本被分到第 2 类；第 8、10 和 12 个样本被分到第 3 类；第 2、4 个样本被分到第 1 类；第 1、5、6、9 个样本属于第 4 类。这时还处于假设分类情况，不是最优解，如表 9–5 所示。

表 9–5　初始某个个体的染色体编码

样本值	(3)	(2)	(4)	(4)	(2)	(1)	(3)	(4)	(3)	(1)	(2)	(1)
基因值（分类号）	4	1	2	1	4	4	2	3	4	3	2	3
基因位	1	2	3	4	5	6	7	8	9	10	11	12
样本编号	1	2	3	4	5	6	7	8	9	10	11	12

经过进化策略算法找到的最优解如图 9–19 所示。进化策略算法找到的最优染色体编码如表 9–6 所示。通过样本值与基因值的对照比较，就会发现相同的数据被归为一类，分到相同的类号，而且全部正确。

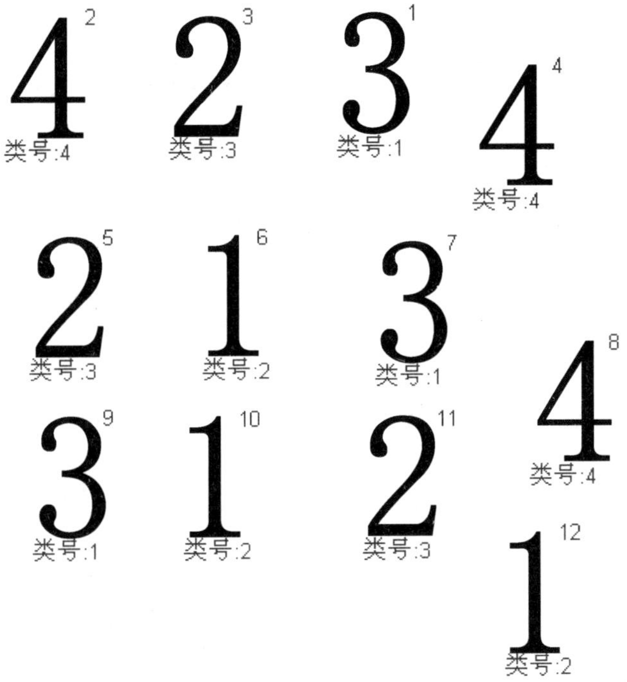

图 9–19　进化策略算法找到的最优解

表 9–6　进化策略算法找到的最优染色体编码

样本值	(3)	(4)	(2)	(4)	(2)	(1)	(3)	(4)	(3)	(1)	(2)	(1)
基因值（分类号）	1	4	3	4	3	2	1	4	1	2	3	2
基因位	1	2	3	4	5	6	7	8	9	10	11	12
样本编号	1	2	3	4	5	6	7	8	9	10	11	12

2. 计算适应度

函数 Calfitness( )的结果为适应度值 m_pop(i). fitness，代表每个个体优劣的程度。其计算过程类似于遗传算法一节中适应度值的计算方法。计算公式如下：

$$\text{m\_pop}(i).\text{fitness} = \sum_{i=1}^{\text{centerNum}} \sum_{j=1}^{n_i} \| \boldsymbol{X}_j^{(i)} - \boldsymbol{C}_i \|^2 = \sum_{i=1}^{\text{centerNum}} D_i \tag{9-13}$$

式中，centerNum 为聚类类别总数，n_i 为属于第 i 类的样本总数，$\boldsymbol{X}_j^{(i)}$ 为属于第 i 类的第 j 个样本的特征值，$\boldsymbol{C}_i$ 为第 i 个类中心，其计算公式为：

$$\boldsymbol{C}_i = \frac{1}{n_i} \sum_{k=1}^{n_i} \boldsymbol{X}_k^{(i)} \tag{9-14}$$

m_pop(i). fitness 越大，说明这种分类方法的误差越小，即其适应度值越大。

3. 重组算子

前面介绍了几种重组的方法，这里用离散重组的方法，离散重组算子如图 9-20 所示。

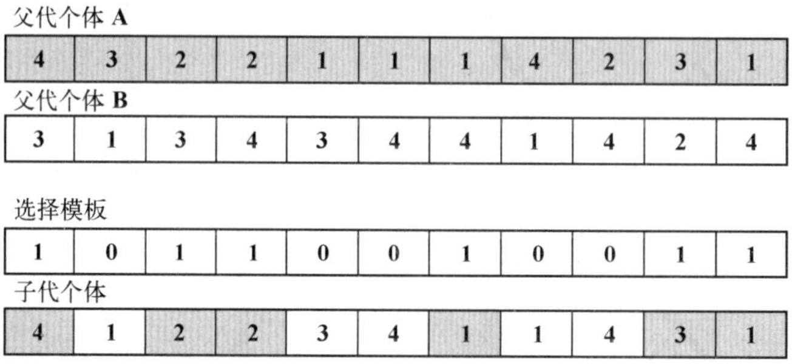

图 9-20　离散重组算子

首先随机挑选两个父代个体 A、B，再生成一个与个体等长的选择模板，选择模板每位上随机产生 0 或 1 的数，1 表示子代对应位从父代 A 上复制，0 表示子代对应位从父代 B 上复制，由此产生一个新的子代个体。依次重复 n 次，可生成 n 个子代。

4. 变异算子

循环每个子代个体的每个基因位，令 newpop(i). string(1, j) 加上一个服从 $N(0, \sigma)$ 的随机数，从而产生变异的效果。

5. 选择算子

对于(μ+λ)-ES 方式，需要将 m_pop 和 newpop 两代组合成一个群体 totalpop（共 μ+λ 个个体），再依据适应度值进行排序，选择较好的 μ 个个体作为下一代群体 m_pop。

对于(μ,λ)-ES 方式，在 m_pop 通过重组生成 newpop 后就被抛弃，只在新产生的 λ 个新子代 newpop 中择优选择 μ 个个体作为下一代父代群体，这时要求 λ>μ。

6. 终止条件

进化策略经过多次的迭代，算法逐渐收敛，达到规定的最大迭代次数的时候，迭代进化终止。

7. 实现步骤

以下流程为(μ,λ)-ES 方式。

① 设置相关参数。

初始化初始群体（或种群）总数 popSize = 200。从对话框得到用户输入的最大迭代次数 MaxIter、聚类中心数 centerNum 和子代种群大小 newpopNum。

② 获得所有样本个数及特征。

③ 调用 GenIniPop( ) 函数，群体初始化。

④ 调用 CalFitness( ) 函数，计算每个个体的适应度值 m_pop(i). fitness。

⑤ 生成下一代群体。

➢ 重组算子：调用 Recombination( ) 函数，从 m_pop 中随机选取两个个体 a 和 b，同时产生一个一维向量 Mask，每一位上随机生成 0 或 1。当对应基因位上的 Mask(i) 为 1 时，子代的基因复制父代 a 的相应基因；否则为 0 时，子代的基因复制父代 b 的相应基因。如此执行 λ 次，共产生 λ 个子代。

➢ 高斯变异算子：调用 Mutation( ) 函数，对所有子代个体都循环每一个基因位，对该位基因执行高斯变异，即用每一位的值加上一个服从 $N(0,\sigma_i)$ 的高斯随机数，生成新的值，以达到变异的效果。

⑥ 计算新生成的子代群体的适应度值（相互之间距离越近，适应度值越大）。

⑦ 调用 Sort( ) 函数，根据适应度值进行排序，选取排序靠前的 200 个个体，作为下一代的父代。

⑧ 调用 FindBW( ) 函数保留精英个体，若新生成的子代群体中的最优个体适应度值低于总的最优个体的适应度值，则用当前最好的个体替换总的最好的个体。

⑨ 若已经达到最大迭代次数，则退出循环，否则到第⑤步“生成下一代群体”继续运行。

⑩ 输出结果，返回给各个样本的类别号。

基于进化策略算法的聚类问题流程如图 9-21 所示。

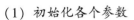

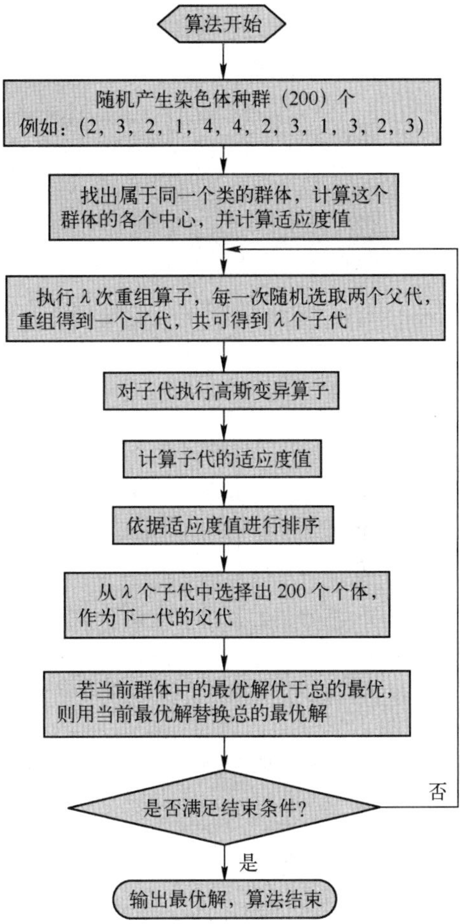

图 9-21　基于进化策略算法的聚类问题流程图

8. 编程代码

(1) 初始化各个参数

```
%%%%%%%%%%%%%%%%%%%%%%%%%%%%%%%%%%%%%%%%%%
%函数名称:C_ES( )
```

```
%参数:m_pattern,样本特征库;patternNum,样本数目
%返回值:m_pattern,样本特征库
%函数功能:按照进化策略算法对全体样本进行聚类
%%%%%%%%%%%%%%%%%%%%%%%%%%%%%%%%%%%%%%%%%%%%%%%%%%%%%%%%%%%%%%%%%%%%%%%%%%%%%%
function [ m_pattern ]=C_ES( m_pattern,patternNum)
disType=DisSelDlg();%获得距离计算类型
selectType=SelTypeDlg();
[centerNum MaxIter popSize newpopNum]=InputClassDlg();%获得类中心数和最大迭代次数
%初始化种群结构
for i=1:popSize
    m_pop(i).string=zeros(1,patternNum);%个体位串
    m_pop(i).fitness=0;%适应度值
end
%初始化子代种群结构
for i=1:newpopNum
    newpop(i).string=zeros(1,patternNum);%个体位串
    newpop(i).fitness=0;%适应度值
end
%初始化父代子代组合种群结构
totalNum=popSize+newpopNum;
for i=1:totalNum
    totalpop(i).string=zeros(1,patternNum);%个体位串
    totalpop(i).fitness=0;%适应度值
end
%初始化全局最优个体
cBest.string=zeros(1,patternNum);%其中 cBest 的 index 属性记录最优个体出现在第几代中
cBest.fitness=0;
cBest.index=0;
```

其中，通过 DisSelDlg()获得距离计算类型，通过 SelTypeDlg()确定选择方式，通过 InputClassDlg()获得类中心数、最大迭代次数、种群大小及产生新个体个数，参数设置对话框如图 9-22 所示。

图 9-22　参数设置对话框

由于选择方式的不同，代码流程如下：

```
if selectType==1        %如果选择(N,λ)方式
    for iter=2:MaxIter
        [newpop]=Recombination(m_pop,newpop,popSize,newpopNum,patternNum);%重组算子
        [newpop]=Mutation(newpop,newpopNum,pm,patternNum,centerNum);%变异算子
        [newpop]=CalFitness(newpop,newpopNum,patternNum,centerNum,m_pattern,disType);
%计算个体的适应度值
        [newpop]=Sort(newpop,newpopNum);%按适应度值排序,以 index 值显示结果
        [m_pop]=Selection(m_pop,newpop,popSize);%仅从子代中选择
        [cBest]=FindBW(m_pop,cBest,iter);%寻找最优个体,更新总的最优个体
    end
else                    %如果选择(N+λ)方式
    for iter=2:MaxIter
        [newpop]=Recombination(m_pop,newpop,popSize,newpopNum,patternNum);%重组算子
        [newpop]=Mutation(newpop,newpopNum,pm,patternNum,centerNum);%变异算子
        totalNum=popSize+newpopNum;    %组合父代与子代
        for i=1:totalNum
            if i<=popSize
                totalpop(i)=m_pop(i);
            else
                totalpop(i)=newpop(i-popSize);
            end
        end
        [totalpop]=CalFitness(totalpop,totalNum,patternNum,centerNum,m_pattern,disType);%计
算个体的适应度值
        [totalpop]=Sort(totalpop,totalNum);%按适应度值排序,以 index 值显示结果
        [m_pop]=Selection(m_pop,totalpop,popSize);%从父代和子代中选择
        [cBest]=FindBW(m_pop,cBest,iter);%寻找最优个体,更新总的最优个体
    end
end
```

(2) *群体初始化*

调用 GenIniPop( )函数初始化群体，随机生成全体群体的染色体值。

相关代码如下：

```
%%%%%%%%%%%%%%%%%%%%%%%%%%%%%%%%%%%%%%%%%
%函数名称:GenIniPop()
%参数:m_pop,种群结构;popSize,种群规模;patternNum,样本数目;
%      centerNum,类中心数;m_pattern,样本特征库
%返回值:m_pop,种群结构
%函数功能:初始化种群
%%%%%%%%%%%%%%%%%%%%%%%%%%%%%%%%%%%%%%%%%
function [ m_pop ]=GenIniPop(m_pop,popSize,patternNum,centerNum,m_pattern)
```

```
    for i=1:popSize
        m_pop(i).string=fix(rand(1,patternNum) * centerNum+ones(1,patternNum));
end
```

(3) 重组算子

调用 Recombination( )函数对父代进行重组，产生 newpopNum 个子代。

```
%%%%%%%%%%%%%%%%%%%%%%%%%%%%%%%%%%%%%%%%%%%%%%%%%
%函数名称:Recombination()
%参数:m_pop,种群结构;popSize,种群规模
%返回值:m_pop,种群结构
%函数功能:重组操作
%%%%%%%%%%%%%%%%%%%%%%%%%%%%%%%%%%%%%%%%%%%%%%%%%
function [newpop]=Recombination(m_pop,newpop,popSize,newpopNum,patternNum)
    for i=1:newpopNum
        a=fix(rand * popSize)+1;
        b=a;
        while b==a
            b=fix(rand * popSize)+1;
        end
        mask=round(rand(1,patternNum));%随机生成(0,1)模板
        for j=1:patternNum
            if mask(1,j)==0%模板相应位控制复制哪个父代的基因
                newpop(i).string(1,j)=m_pop(a).string(1,j);
            else
                newpop(i).string(1,j)=m_pop(b).string(1,j);
            end
        end
    end
```

(4) 变异算子

```
%%%%%%%%%%%%%%%%%%%%%%%%%%%%%%%%%%%%%%%%%%%%%%%%%
%函数名称:Mutation()
%参数:newpop,子代种群结构;newpopNum,种群规模;pm,变异概率;
%       patternNum,样本数量;centerNum,类中心数
%返回值:m_pop,种群结构
%函数功能:变异操作
%%%%%%%%%%%%%%%%%%%%%%%%%%%%%%%%%%%%%%%%%%%%%%%%%
function [newpop]=Mutation(newpop,newpopNum,pm,patternNum,centerNum)
for i=1:newpopNum
    for j=1:patternNum
        r=rand(1,centerNum);
        gauss=sum(r)/centerNum;
```

```
            topbound=centerNum;
            bottombound=1;
            if newpop(i).string(1,j)-bottombound>topbound-newpop(i).string(1,j)
                bottombound=newpop(i).string(1,j)*2-topbound;
            else
                topbound=newpop(i).string(1,j)*2-bottombound;
            end
            gauss=gauss*(topbound-bottombound)+bottombound;
            newpop(i).string(1,j)=mod(round(gauss),centerNum)+1;
        end
    end
```

(5) 计算适应度值

```
%%%%%%%%%%%%%%%%%%%%%%%%%%%%%%%%%%%%%%%%%%%%%
%函数名称:CalFitness()
%参数:m_pop,种群结构;popSize,种群规模;patternNum,样本数目;
%      centerNum,类中心数;m_pattern,样本特征库;disType,距离类型
%返回值:m_pop,种群结构
%函数功能:计算个体的适应度值
%%%%%%%%%%%%%%%%%%%%%%%%%%%%%%%%%%%%%%%%%%%%%
function [newpop]=CalFitness(newpop,newpopNum,patternNum,centerNum,m_pattern,disType)
    global Nwidth;
    for i=1:newpopNum
        for j=1:centerNum%初始化聚类中心
            m_center(j).index=i;
            m_center(j).feature=zeros(Nwidth,Nwidth);
            m_center(j).patternNum=0;
        end
        for j=1:patternNum

m_center(newpop(i).string(1,j)).feature=m_center(newpop(i).string(1,j)).feature+m_pattern(j)
.feature;
            m_center(newpop(i).string(1,j)).patternNum=m_center(newpop(i).string(1,j))
.patternNum+1;
        end
        d=0;
        for j=1:centerNum
            if(m_center(j).patternNum~=0)
                m_center(j).feature=m_center(j).feature/m_center(j).patternNum;
            else
                d=d+1;
            end
        end
```

```
            newpop(i).fitness=0;
            %计算个体适应度值
            for j=1:patternNum

newpop(i).fitness=newpop(i).fitness+GetDistance(m_center(newpop(i).string(1,j)),m_pattern
(j),disType)^2;
            end
            newpop(i).fitness=1/(newpop(i).fitness+d);
end
```

（6）根据适应度值排序

```
%%%%%%%%%%%%%%%%%%%%%%%%%%%%%%%%%%%%%%%%%%%%
%函数名称:Sort()
%参数:m_pop,种群结构;popSize,种群规模
%返回值:m_pop,种群结构
%函数功能:在新种群中排序
%%%%%%%%%%%%%%%%%%%%%%%%%%%%%%%%%%%%%%%%%%%%
function [ newpop ]=Sort(newpop,newpopNum)
%按照 fitness 大小排序
    temp=newpop(1);
    for i=1:newpopNum-1
        for j=i+1:newpopNum
            if newpop(j).fitness>newpop(i).fitness
                temp=newpop(j);
                newpop(j)= newpop(i);
                newpop(i)= temp;
            end
        end
end
```

（7）根据排序进行选择，作为下一代的父代

```
%%%%%%%%%%%%%%%%%%%%%%%%%%%%%%%%%%%%%%%%%%%%
%函数名称:Selection()
%参数:m_pop,种群结构;popSize,种群规模
%返回值:m_pop,种群结构
%函数功能:选择操作
%%%%%%%%%%%%%%%%%%%%%%%%%%%%%%%%%%%%%%%%%%%%
function [m_pop]=Selection(m_pop,newpop,popSize,newpopNum)
for i=1:popSize
    m_pop(i)= newpop(i);
end
```

(8) 寻找最优解（或最优个体）

```
%%%%%%%%%%%%%%%%%%%%%%%%%%%%%%%%%%%%%%%%%%%%%%%%%%%%%%%%%%%%
%函数名称:FindBW()
%参数:m_pop,种群结构;popSize,种群规模;
%          cBest,最优个体; Iter,当前代数
%返回值:cBest,最优个体
%函数功能:寻找最优个体,更新总的最优个体
%%%%%%%%%%%%%%%%%%%%%%%%%%%%%%%%%%%%%%%%%%%%%%%%%%%%%%%%%%%%
function [cBest]=FindBW(m_pop,popSize,cBest,Iter)
    %初始化局部最优个体
    if(m_pop(1).fitness>cBest.fitness)
        cBest=m_pop(1);
        cBest.index=Iter;
end
```

(9) 若已经达到最大循环次数，则退出循环，否则返回第（3）步，继续运行

(10) 将总的最优个体的染色体解码，返回给各个样本的类别号

```
for i=1:patternNum
    m_pattern(i).category=cBest.string(1,i);
end
```

9. 效果图

聚类结果与最优解出现的代数如图 9-23 所示。

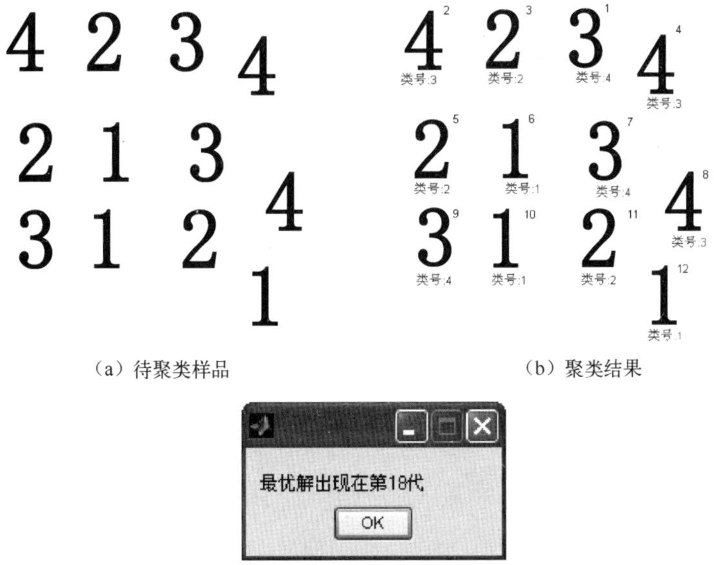

（a）待聚类样品　（b）聚类结果

（c）显示第几代出现最优解

图 9-23　聚类结果与最优解出现的代数

本章小结

本章首先介绍了进化计算的概念和原理；然后介绍了遗传算法仿生计算，包括遗传算法和遗传算法仿生计算在聚类分析中的应用；接着讲解了进化规划算法仿生计算，包括进化规划算法和进化规划算法仿生计算在聚类分析中的应用；最后介绍了进化策略仿生计算，包括策略算法和进化策略算法仿生计算在聚类分析中的应用。

习题 9

1. 什么是进化算法？
2. 简述采用遗传算法进行问题求解的基本步骤。
3. 进化规划算法的构成要素包括哪些？
4. 简述进化策略算法的基本原理。

第 10 章　群体智能算法聚类分析

本章要点：

☑ 粒子群算法聚类分析
☑ 混合蛙跳算法仿生计算
☑ 猫群算法聚类分析

10.1　粒子群算法聚类分析

10.1.1　粒子群算法

粒子群算法（Particle Swarm Optimization，PSO）是一种有效的全局寻优算法，最早由美国的 Kennedy 和 Eberhart 于 1995 年提出。它是基于群体智能理论的优化算法，通过群体中粒子间的合作与竞争产生的群体智能指导优化搜索。与传统的进化算法相比，粒子群算法保留了基于种群的全局搜索策略，然而其采用的速度—位移模型操作简单，避免了复杂的遗传操作，它特有的记忆使其可以动态跟踪当前的搜索情况而调整其搜索策略。由于每代种群中的解具有“自我”学习提高和向“他人”学习的双重优点，从而能在较少的迭代次数内找到最优解。目前已广泛应用于函数优化、数据挖掘、神经网络训练等应用领域。

1. 粒子群算法的基本原理

粒子群优化算法具有进化计算和群智能的特点。起初 Kennedy 和 Eberhart 只是设想模拟鸟群觅食的过程，后来从这种模型中得到启示，并将粒子群算法用于解决优化问题。与其他进化算法相类似，粒子群算法也是通过个体间的协作与竞争，实现了复杂空间中最优解的搜索。

粒子群算法中，每一个优化问题的解被看作搜索空间中的一只鸟，即“粒子”。首先生成初始种群，即在可行解空间中随机初始化一群粒子，每个粒子都为优化问题的一个可行解，并由目标函数为之确定一个适应度值。每个粒子都将在解空间中运动，并由运动速度决定其飞行方向和距离。通常粒子将追随当前的最优粒子在解空间中搜索。在每一次迭代中，粒子将跟踪两个“极值”来更新自己，一个是粒子本身找到的最优解，另一个是整个种群目前找到的最优解，这个极值即全局极值。

粒子群算法可描述为：设粒子群在一个 n 维空间中搜索，由 m 个粒子组成种群 $Z=\{Z_1, Z_2,\cdots,Z_m\}$，其中的每个粒子所处的位置 $Z_i=\{z_{i1},z_{i2},\cdots,z_{in}\}$ 都表示问题的一个解。粒子通过不断调整自己的位置 Z_i 来搜索新解。每个粒子都能记住自己搜索到的最好解，记作 p_{id}，以及整个粒子群经历过的最好的位置，即目前搜索到的最优解，记作 p_{gd}。此外每个粒子都有一个速度，记作 $V_i=\{v_{i1},v_{i2},\cdots,v_{in}\}$，当两个最优解都找到后，每个粒子根据式（10-1）

来更新自己的速度。

$$v_{id}(t+1)=wv_{id}(t)+\eta_1\text{rand}()(p_{id}-z_{id}(t))+\eta_2\text{rand}()(p_{gd}-z_{id}(t)) \quad (10-1)$$

$$z_{id}(t+1)=z_{id}(t)+v_{id}(t+1) \quad (10-2)$$

式中，$v_{id}(t+1)$表示第 i 个粒子在 $t+1$ 次迭代中第 d 维上的速度，w 为惯性权重，η_1，η_2 为加速常数，rand( )为 0~1 之间的随机数。此外，为使粒子速度不至于过大，可设置速度上限，v_{max}即当式（10-1）中 $v_{id}(t+1)>v_{max}$时，$v_{id}(t+1)=v_{max}$；$v_{id}(t+1)<-v_{max}$时，$v_{id}(t+1)=-v_{max}$。

从式（10-1）和式（10-2）可以看出，粒子的移动方向由三部分决定：自己原有的速度$v_{id}(t)$、与自己最佳经历的距离 $p_{id}-z_{id}(t)$、与群体最佳经历的距离 $p_{gd}-z_{id}(t)$，并分别由权重系数 w，η_1，η_2 决定其相对重要性。如图 10-1 所示为 3 种移动方向的加权求和示意图。

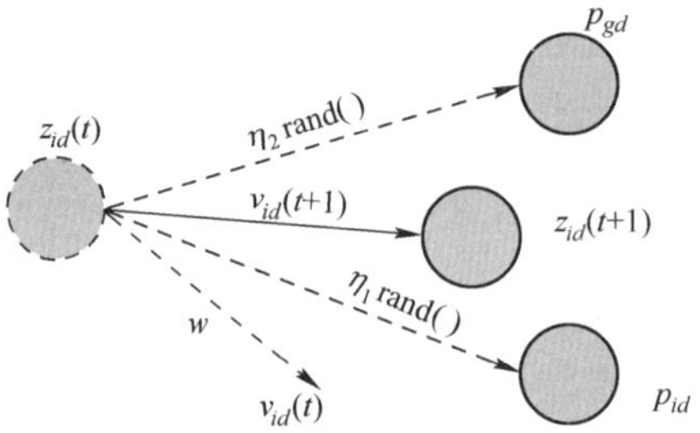

图 10-1　3 种移动方向的加权求和示意图

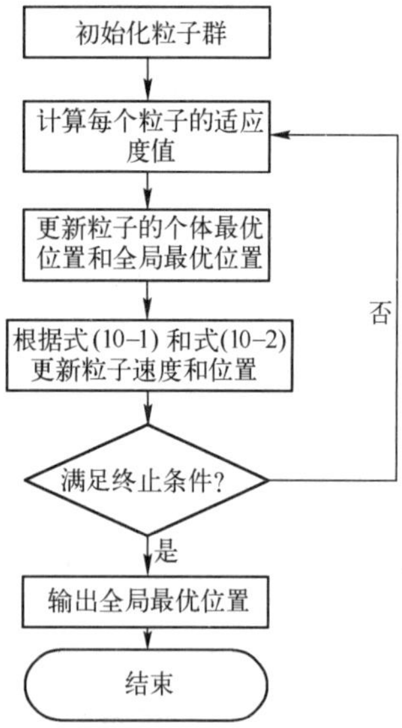

图 10-2　粒子群算法流程示意图

粒子群算法的基本流程如图 10-2 所示。

① 初始化粒子群，即随机设定各粒子的初始位置和初始速度 V。

② 根据初始位置和速度产生各粒子新的位置。

③ 计算每个粒子的适应度值。

④ 对于每个粒子，比较它的适应度值和它经历过的最好位置 p_{id}的适应度值，如果更好则更新。

⑤ 对于每个粒子，比较它的适应度值和群体所经历的最好位置 p_{gd}的适应度值，如果更好则更新 p_{gd}。

⑥ 根据式（10-1）和式（10-2）调整粒子的速度和位置。

⑦ 如果达到终止条件（足够好的位置或最大迭代次数），则结束，否则转到步骤③继续迭代。

2. 全局模式与局部模式

Kennedy 等在对鸟群觅食的观察过程中发现，每只鸟并不总是能看到鸟群中其他所有鸟的位置和运动方向，而往往只是看到相邻的鸟的位置和运动方向。因此提出了两种粒子群算法模式：全局模式（global version PSO）和局部模式（local version PSO）。

全局模式是指每个粒子的运动轨迹受粒子群中所有粒子的状态影响，粒子追随两个极值，自身极值 p_{id} 和种群全局极值 p_{gd}，式（10-1）和式（10-2）的算法描述的就是全局模式；而在局部模式中，粒子的轨迹只受自身的认知和邻近的粒子状态的影响，而不是被所有粒子的状态所影响，粒子除了追随自身极值 p_{id} 外，不追随全局极值 p_{gd}，而是追随邻居粒子当中的局部极值 p_{nd}。在该模式中，每个粒子需记录自己及其邻居的最优值，而不需要记录整个群体的最优值。此时，速度更新过程可用式（10-3）表示。

$$v_{id}(t+1)=wv_{id}(t)+\eta_1\text{rand}()(p_{id}-z_{id}(t))+\eta_2\text{rand}()(p_{nd}-z_{id}(t)) \tag{10-3}$$

全局模式具有较快的收敛速度，但是鲁棒性较差。相反，局部模式具有较高的鲁棒性而收敛速度相对较慢，因此在运用粒子群算法解决不同的优化问题时，应针对具体情况采用相应的模式。本章所讨论的粒子群算法采用全局模式。

3. 参数选取

参数选取对算法的性能和效率有很大的影响。在粒子群算法中有 3 个重要参数：惯性权重 w、速度调节参数 η_1 和 η_2。惯性权重 w 使粒子保持运动惯性，速度调节参数 η_1 和 η_2 表示粒子向 p_{id} 和 p_{gd} 位置的加速项权重。如果 $w=0$，则粒子速度没有记忆性，粒子群将收缩到当前的全局最优位置，失去搜索更优解的能力。如果 $\eta_1=0$，则粒子失去“认知”能力，只具有“社会”性，粒子群收敛速度会更快，但是容易陷入局部极值。如果 $\eta_2=0$，则粒子只具有“认知”能力，而不具有“社会”性，等价于多个粒子独立搜索，因此很难得到最优解。

实践证明没有绝对最优的参数，针对不同的问题选取合适的参数才能获得更好的收敛速度和鲁棒性，一般情况下 w 取 0~1 之间的随机数，η_1，η_2 分别取 2。

4. 粒子群算法与其他进化算法的比较

（1）相同点

粒子群算法与其他进化算法（如遗传算法和蚁群算法）有许多相似之处：

① 粒子群算法和其他进化算法都基于“种群”概念，用于表示一组解空间中的个体集合。它们都随机初始化种群，使用适应度值来评价个体，而且都根据适应度值来进行一定的随机搜索，并且不能保证一定能找到最优解。

② 种群进化过程中通过子代与父代竞争，若子代具有更好的适应度值，则子代将替换父代，因此都具有一定的选择机制。

③ 算法都具有并行性，即搜索过程是从一个解集合开始的，而不是从单个个体开始的，不容易陷入局部极小值。并且这种并行性易于在并行计算机上实现，可提高算法的性能和效率。

（2）不同点

粒子群算法与其他进化算法的区别：

① 粒子群算法在进化过程中同时记忆位置和速度信息，而遗传算法和蚁群算法通常只记忆位置信息。

② 粒子群算法的信息通信机制与其他进化算法不同。遗传算法中染色体互相通过交叉

等操作进行通信，蚁群算法中每只蚂蚁以蚁群全体构成的信息素轨迹作为通信机制，因此整个种群比较均匀地向最优区域移动。在全局模式的粒子群算法中，只有全局最优粒子提供信息给其他的粒子，整个搜索更新过程是跟随当前最优解的过程，因此所有的粒子很可能更快地收敛于最优解。

10.1.2　粒子群算法的实现方法与步骤

1. 理论基础

设模式样本集为 $\boldsymbol{X}=\{\boldsymbol{X}_i,i=1,2,\cdots,N\}$，其中 $\boldsymbol{X}_i$ 为 n 维模式向量，聚类问题就是要找到一个划分 $\omega=\{\omega_1,\omega_2,\cdots,\omega_M\}$，使得总的类内离散度和达到最小。

$$J=\sum_{j=1}^{M}\sum_{\boldsymbol{X}_i\in\omega_j}d(\boldsymbol{X}_i,\overline{\boldsymbol{X}^{(\omega_j)}}) \tag{10-4}$$

式中，$\overline{\boldsymbol{X}^{(\omega_j)}}$ 为第 j 个聚类的中心，$d(\boldsymbol{X}_i,\overline{\boldsymbol{X}^{(\omega_j)}})$ 为样本到对应聚类中心的距离，聚类准则函数 J 即为各类样本到对应聚类中心距离的总和。

当聚类中心确定时，聚类的划分可由最近邻法则决定。即对样本 $\boldsymbol{X}_i$，若第 j 类的聚类中心 $\overline{\boldsymbol{X}^{(\omega_j)}}$ 满足式（10-5），则 $\boldsymbol{X}_i$ 属于类 j。

$$d(\boldsymbol{X}_i,\overline{\boldsymbol{X}^{(\omega_j)}})=\min_{l=1,2,\cdots,M}d(\boldsymbol{X}_i,\overline{\boldsymbol{X}^{(\omega_l)}}) \tag{10-5}$$

在粒子群算法求解聚类问题中，每个粒子作为一个可行解组成粒子群（即解集）。根据解的含义不同，通常可以分为两种方法：一种是以聚类结果为解；一种是以聚类中心集合为解。本节讨论的方法采用的是基于聚类中心集合作为粒子对应解，也就是每个粒子的位置是由 M 个聚类中心组成的，M 为已知的聚类数目。

一个具有 M 个聚类中心，样本向量维数为 n 的聚类问题中，每个粒子 i 由三部分组成，即粒子位置、速度和适应度值。粒子结构 i 表示为

```
Particle(i) = {
        location[ ],
        velocity[ ],
        fitness
        }
```
（10-6）

粒子的位置编码结构表示为

$$\text{Particle}(i).\text{location}[\ ]=[\overline{\boldsymbol{X}^{(\omega_1)}},\overline{\boldsymbol{X}^{(\omega_2)}},\cdots,\overline{\boldsymbol{X}^{(\omega_M)}}] \tag{10-7}$$

式中，$\overline{\boldsymbol{X}^{(\omega_j)}}$ 表示第 j 类的聚类中心，是一个 n 维矢量。同时每个粒子还有一个速度，其编码结构为

$$\text{Particle}(i).\text{velocity}[\ ]=[V_1,V_2,\cdots,V_M] \tag{10-8}$$

$\boldsymbol{V}_j$ 表示第 j 个聚类中心的速度值，可知 $\boldsymbol{V}_j$ 也是一个 n 维矢量。

粒子适应度值 Particle. fitness 为一实数，表示粒子的适应度，可以采用以下方法计算其适应度。

① 按照最近邻法式（10-5），确定该粒子的聚类划分。

② 根据聚类划分，重新计算聚类中心，按照式（10-4）计算总的类内离散度 J。

③ 粒子的适应度可表示为式（10-9）。

$$\text{Particle.fitness} = k/J \tag{10-9}$$

式中，J 为总的类内离散度和，k 为常数，根据具体情况而定。即粒子所代表的聚类划分的总类间离散度越小，粒子的适应度越大。

此外，每个粒子在进化过程中还记忆一个个体最优解 P_{id}，表示该粒子经历的最优位置和适应度值。整个粒子群存在一个全局最优解 P_{gd}，表示粒子群经历的最优位置和适应度。

$$P_{id}(i) = \{ \quad \text{locatior}[\ ],\ \text{fitness} \quad \} \tag{10-10}$$

$$P_{gd} = \{ \quad \text{location}[\ ],\ \text{fitness} \quad \} \tag{10-11}$$

根据式（10-1）和式（10-2），可以得到粒子 i 的速度和位置更新公式。

$$\begin{aligned}\text{Particle}(i),\text{velocil}[\ ]' = {} & \text{wParticle}(i),\text{veiocity}[\ ] \\ & +\eta_1\text{rand}(\ )(P_{id}(i).\ \text{location})[\ ]-\text{Particle}(i),\text{location}[\ ]) \\ & +\eta_2\text{rand}(\ )(P_{gd}.\ \text{location})[\ ]-\text{Particle}(i),\text{location}[\ ])\end{aligned} \tag{10-12}$$

$$\text{Particle}(i).\ \text{location}[\ ]' = \text{Particle}(i).\ \text{location}[\ ]+\text{Particle}(i),\text{velocity}[\ ]' \tag{10-13}$$

根据已定义好的粒子群结构，采用上节介绍的粒子群优化算法，可实现求解聚类问题的最优解。

以如图 10-3 所示的原始数据为例，介绍粒子结构。从图中可见样本分为 6 个类别。首先产生 m 个粒子，每个粒子对图 10-3 中的样本随机分类，并计算各个类的中心$\overline{X^{(\omega_i)}}$，初始速度 V_i 为 0。粒子编码如表 10-1 所示，个体最优解 P_{id}编码如表 10-2 所示，全局最优解 P_{gd}编码如表 10-3 所示。

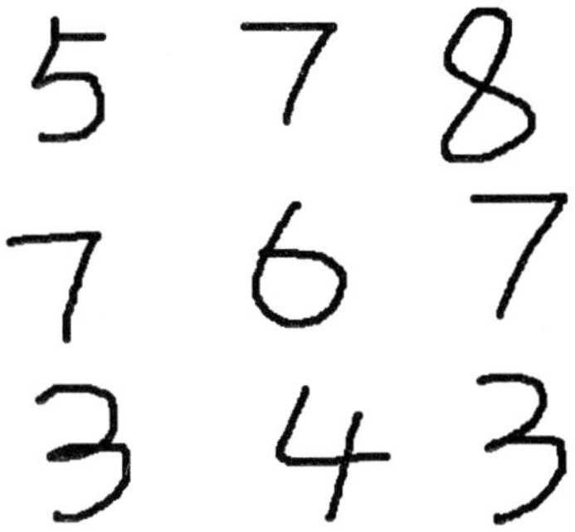

图 10-3　原始数据

粒子群聚类算法流程如图 10-4 所示。

表 10-1　粒子编码

类中心 ω	$\overline{X^{(\omega_1)}}$	$\overline{X^{(\omega_2)}}$	$\overline{X^{(\omega_3)}}$	$\overline{X^{(\omega_4)}}$	$\overline{X^{(\omega_5)}}$	$\overline{X^{(\omega_6)}}$
每个类中心速度 V	V_1	V_2	V_3	V_4	V_5	V_6
适应度	$\text{fitness} = k/J = k/\sum_{j=1}^{M}\sum_{X_i\in\omega_j} d(X_i,\overline{X^{(\omega_j)}})$					

表 10-2　一个个体最优解 P_{id}编码

粒子 i 的最优解 P_{id}	$\overline{X^{(\omega_1)}}$	$\overline{X^{(\omega_2)}}$	$\overline{X^{(\omega_3)}}$	$\overline{X^{(\omega_4)}}$	$\overline{X^{(\omega_5)}}$	$\overline{X^{(\omega_6)}}$

表 10-3 全局最优解 P_{gd} 编码

全局最优解 P_{gd}	$\overline{X^{(\omega_1)}}$	$\overline{X^{(\omega_2)}}$	$\overline{X^{(\omega_3)}}$	$\overline{X^{(\omega_4)}}$	$\overline{X^{(\omega_5)}}$	$\overline{X^{(\omega_6)}}$

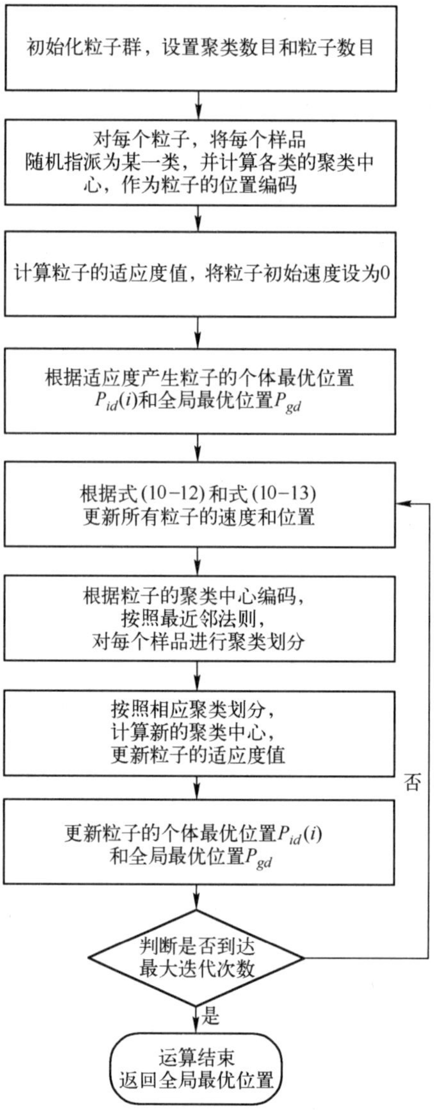

图 10-4 粒子群聚类算法流程

2. 实现步骤

① 粒子群的初始化。初始化粒子群，给定聚类数目 M 和粒子数量 m，对于第 i 个粒子 Particle(i)，先将每个样本随机指派为某一类，作为最初的聚类划分，并计算各类的聚类中心，作为粒子 i 的位置编码 Particle(i). location[ ]，计算粒子的适应度Particle(i). fitness，设置粒子 i 的各中心的初始速度为 0。反复进行，生成 m 个粒子。

② 根据初始粒子群得到粒子的个体最优位置$P_{id}(i)$ $(i=1,\cdots,m)$ 和全局最优位置 P_{gd}。

③ 根据式（10-12）和式（10-13）更新所有粒子的速度和位置。其中 $\eta_1=2$，$\eta_2=2$，ω 按式（10-14）取值，其中 iter 为当前迭代次数，itermax 为最大迭代次数，$w_{max}=1$，$w_{min}=0$。式（10-14）可描述为 w 在迭代过程中由 w_{max} 减小到 w_{min}。

$$w=w_{max}-\text{iter}\times\frac{w_{max}-w_{min}}{\text{itermax}} \tag{10-14}$$

④ 对每个样本，根据粒子的聚类中心编码，按照最近邻法则来确定该样本的聚类划分。

⑤ 对每个粒子，按照相应聚类划分，计算新的聚类中心，更新粒子的适应度值。

⑥ 对每个粒子 i，比较它的适应度值和它经历过的最好位置的适应度值 $P_{id}(i)$，如果更好，更新 $P_{id}(i)$。

⑦ 对每个粒子 i，比较它的适应度值和群体所经历的最好位置 P_{gd} 的适应度值，如果更好，更新 P_{gd}。

⑧ 如果达到结束条件（得到足够好的位置或最大迭代次数），则结束算法，输出全局最优解；否则转到步骤③继续迭代。

3. 编程代码

```
%%%%%%%%%%%%%%%%%%%%%%%%%%%%%%%%%%%%%%%%%
%函数名称:C_PSO()
%参数:m_pattern:样本特征库;patternNum:样本数目
%返回值:m_pattern:样本特征库
%函数功能        按照粒子群聚类法对全体样本进行分类
%%%%%%%%%%%%%%%%%%%%%%%%%%%%%%%%%%%%%%%%%
function [ m_pattern ] = C_PSO( m_pattern,patternNum )
    disType=DisSelDlg();%获得距离计算类型
    [centerNum iterNum]=InputClassDlg();%获得类中心数和最大迭代次数
    particleNum=200;%初始化粒子数目
    %初始化中心和速度
    global Nwidth;
    for i=1:centerNum
        m_center(i).feature=zeros(Nwidth,Nwidth);
        m_center(i).patternNum=0;
        m_center(i).index=i;
        m_velocity(i).feature=zeros(Nwidth,Nwidth);
    for i=1:particleNum
        Particle(i).location=m_center;%粒子各中心
        Particle(i).velocity=m_velocity;%粒子各中心速度
        Particle(i).fitness=0;%适应度
        P_id(i).location=m_center;%粒子最优中心
        P_id(i).velocity=m_velocity;%粒子最优速度
        P_id(i).fitness=0;%粒子最优适应度
    end
    P_gd.location=m_center;%全局粒子最优中心
```

```
    P_gd.velocity=m_velocity;%全局粒子最优速度
    P_gd.fitness=0;%全局粒子最优适应度
    P_gd.string=zeros(1,patternNum);
    for i=1:particleNum%生成随机粒子分布矩阵
    ptDitrib(i,:)=ceil(centerNum.*rand(1,patternNum));%初始化类号
    end
  %生成初始粒子群
    for i=1:particleNum
        for j=1:patternNum
            m_pattern(j).category=ptDitrib(i,j);
        end
        for j=1:centerNum
            m_center(j)=CalCenter(m_center(j),m_pattern,patternNum);
          end
          Particle(i).location=m_center;
    End
    %初始化参数
    w_max=1;
    w_min=0;
    h1=2;
    h2=2;

    for iter=1:iterNum
          %计算粒子适应度
          for i=1:particleNum
              temp=0;
              for j=1:patternNum
                  temp=temp+GetDistance(m_pattern(j),Particle(i).location
                      (ptDitrib(i,j)),disType);
                end
                if(temp==0)%最优解,直接退出
                      iter=iterNum+1;
                      break;
                end
                Particle(i).fitness=1/temp;
          end
          if(iter>iterNum)
                break;
          end
          w=w_max-iter*(w_max-w_min)/iterNum;%更新权重系数
          for i=1:particleNum%更新 P_id,P_gd
                if(Particle(i).fitness>P_id(i).fitness)
                      P_id(i).fitness=Particle(i).fitness;
```

```
            P_id(i).location=Particle(i).location;
            P_id(i).velocity=Particle(i).velocity;
            if(Particle(i).fitness>P_gd.fitness)
                P_gd.fitness=Particle(i).fitness;
                P_gd.location=Particle(i).location;
                P_gd.velocity=Particle(i).velocity;
                P_gd.string=ptDitrib(i,:);
            end
        end
    end
    %更新粒子速度,位置
    for i=1:particleNum
        for j=1:centerNum
            Particle(i).velocity(j).feature=
              w * Particle(i).velocity(j).feature+h1 * rand(Nwidth,Nwidth). *
            (P_id(i).location(j).feature-Particle(i).location(j).feature)
            +h2 * rand(Nwidth,Nwidth). * (P_gd.location(j).feature
            -Particle(i).location(j).feature);
           Particle(i).location(j).feature=Particle(i).location(j).feature
            +Particle(i).velocity(j).feature;
        end
end
    %最近邻聚类
    for i=1:particleNum
        for j=1:patternNum
            min=inf;
            for k=1:centerNum
                tempDis=GetDistance(m_pattern(j),Particle(i).location(k),
                    disType);
             if(tempDis<min)
                    min=tempDis;
                    m_pattern(j).category=k;
                    ptDitrib(i,j)=k;
                        end
                end
        end
        %重新计算聚类中心
        for j=1:centerNum
            Particle(i).location(j)=CalCenter(Particle(i).location(j),
              m_pattern,patternNum);
        end
    end
    for i=1:patternNum
```

```
            m_pattern(i).category=P_gd.string(1,i);
        end
    end
```

4. **效果图**

图 10-5 所示为粒子群聚类算法效果图。

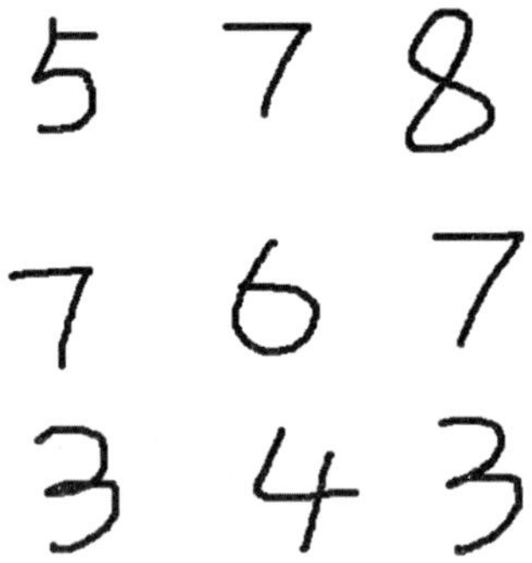

（a）原始数据

（b）选择欧氏距离

（c）设定聚类数目和最大迭代次数

（d）聚类结果

图 10-5　粒子群聚类算法效果图

10.2　混合蛙跳算法仿生计算

10.2.1　混合蛙跳算法

1. **基本原理**

在自然界的池塘中常常生活着一群青蛙，并且分布着许多石头，青蛙通过在不同的石头间跳跃去寻找食物，不同的石头（位置）上青蛙寻找食物的能力不同，青蛙个体之间通过一定的方式进行交流与共享，实现信息的交互。混合蛙跳算法（Shuffled Frog Leaping Algorithm，SFLA）是模拟青蛙觅食过程中群体信息共享和交流机制而产生的一种群体智能算法，是一种全新的启发式群体智能进化算法。该算法由 Eusuff 和 Lansey 在 2003 年首次提出，并成功解决管道网络扩充中管道尺寸的最小化问题。关于混合蛙跳算法的研究目前还比较少，近年来国内外一些学者多将混合蛙跳算法应用于优化问题、旅行商问题、模糊控制器设计等方面。

混合蛙跳算法的实现机理是通过模拟现实自然环境中的青蛙群体在觅食过程中所体现出的协同合作和信息交互行为，来完成对问题的求解过程。每只青蛙被定义为问题的一个解。将整个青蛙群体分成不同的子群体，来模拟青蛙的聚群行为，其中每个子群体称为模因分组。模因分组中的每只青蛙都有为了靠近目标而努力的想法，具有对食物源的远近进行判断的能力，并且受其他青蛙影响，这里称为文化。每个模因分组都有自己的文化，影响着其他个体，并随着模因分组的进化而进化。在模因分组的每一次进化过程中，在每个模因分组中找到组内位置最好和最差的青蛙。组内最差青蛙采用类似于粒子群算法中的速度位移模型操作算子来寻找，通过执行局部位置更新，对最差青蛙的位置进行调整。经过一定次数的进化后，不同模因分组间的青蛙重新混合成一个群体，实现各个模因分组间的信息交流与共享，直到算法执行完预定的种群进化次数才结束。

混合蛙跳算法按照族群分类进行信息传递，将这种局部进化和重新混合的过程交替进行，有效地将全局信息交互与局部进化搜索相结合，具有高效的计算性能和优良的全局搜索能力。

2. 术语介绍

（1）青蛙个体

每只青蛙称为一个单独的个体，在算法中作为问题的一个解。

（2）青蛙群体

一定数量的青蛙个体组合在一起构成一个群体，青蛙是群体的基本单位。

（3）群体规模

群体中的个体数目总和称为群体规模，又叫群体大小。

（4）模因分组

青蛙群体分为若干个小的群体，每个青蛙子群体称为模因分组。

（5）食物源

食物源为青蛙要搜索的目标，在算法中体现为青蛙位置的最优解。

（6）适应度

适应度是青蛙对环境的适应程度，在算法中表现为青蛙距离目标解的远近。

（7）分组算子

混合蛙跳算法根据一定的分组规则，把整个种群分为若干个模因分组。

（8）局部位置更新算子

每个模因分组中最差青蛙位置的更新与调整的策略称为局部位置更新算子。

3. 基本流程

基本混合蛙跳算法的算法流程可描述如下。

① 初始化算法参数，包括种群大小 N、模因分组数量 m、模因分组进化次数 M、青蛙

允许移动的最大距离 D_{max} 和种群最大迭代次数 MaxIter。

② 随机初始化种群。

③ 青蛙种群根据分组算子分成若干个模因分组。

④ 每个模因分组内部执行局部位置更新算子。

⑤ 青蛙在模因分组间跳跃，重新混合形成新的种群。

⑥ 判断是否满足结束条件，若满足则输出最优解；若不满足，则跳到步骤③继续执行。

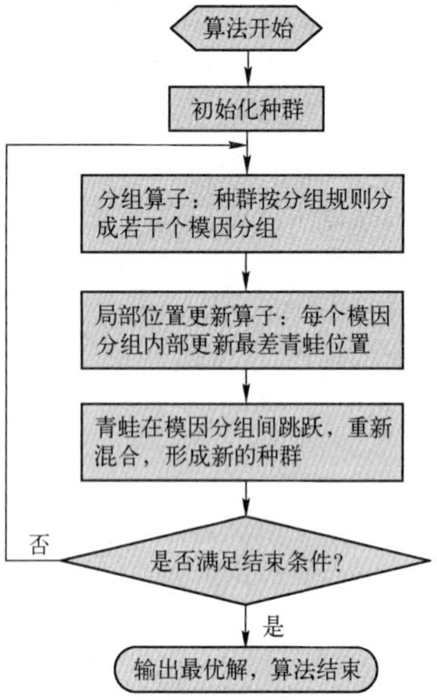

图 10-6　基本混合蛙跳算法流程图

4. 混合蛙跳算法构成要素

基本混合蛙跳算法流程图如图 10-6 所示。在混合蛙跳算法中，分组算子和局部位置更新算子对算法的收敛速度和执行效率起关键作用，决定着算法的性能和适应性。

1）分组算子

混合蛙跳算法首先随机初始化一组解来组成青蛙的初始种群，然后将所有青蛙个体按照它们的初始适应度值进行降序排列，并分别放入各个模因分组中。具体分组方法如下：将 N 只青蛙按适应度值降序排列并把种群分为 m 个模因分组，第一只青蛙进入第一个模因分组，第二只青蛙进入第二个模因分组，直到第 m 只青蛙进入第 m 个模因分组；然后第 $m+1$ 只青蛙又进入第一个模因分组，第 $m+2$ 只青蛙进入到第二个模因分组，直到所有青蛙分配完毕。在每个模因分组中用 F_b 和 F_w 分别表示该模因分组中位置最好和最差的青蛙，用 F_g 表示整个种群中位置最好的青蛙。

2）局部位置更新算子

在模因分组的每一次进化过程中，对最差青蛙 F_w 位置进行调整，具体调整方法如下：

青蛙移动的距离　　$D_i = \text{rand}() \cdot (F_b - F_w)$　　(10-15)

更新最差青蛙位置　　$F_w = F_w + D_i (D_{max} \geq D_i \geq -D_{max})$　　(10-16)

式中，rand()是 0~1 之间的随机数，D_{max} 是允许青蛙移动的最大距离。在位置调整过程中，如果最差位置青蛙经过上述过程能够产生一个更好的位置，就用新位置的青蛙取代原来位置的青蛙，更新最差位置青蛙 F_w；否则用 F_g 代替 F_b。重复上述过程，即用下式更新最差青蛙位置。

$$D_i = \text{rand}() \cdot (F_g - F_w) \tag{10-17}$$

$$F_w = F_w + D_i (D_{max} \geq D_i \geq -D_{max}) \tag{10-18}$$

如果上述方法仍不能产生位置更好的青蛙或在调整过程中青蛙的移动距离超过了最大移动距离，那么就随机生成一个新解取代原来的最差位置青蛙 F_w。按照这种方式每个模因分组内部执行一定次数的进化，对最差青蛙位置进行调整和更新。

一般情况下，当代表最好解的青蛙位置不再改变时或算法达到了预定的进化次数 M 时，算法停止并输出最优解。这样，在每次循环中只改善最差青蛙 F_w 的位置，也就是只提高最差青蛙的适应度值，并不是对所有的青蛙都优化，这有助于提高算法的整体执行效率。

局部位置更新算子基本流程图如图 10-7 所示。

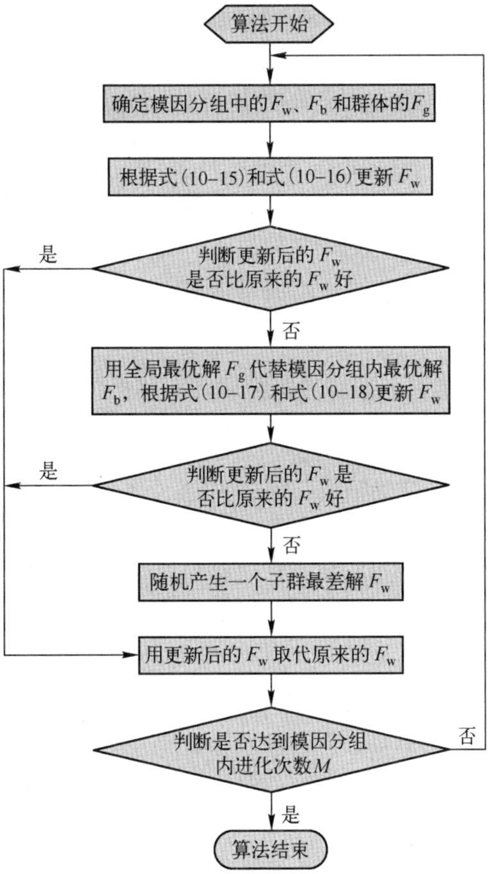

图 10-7　局部位置更新算子基本流程图

5. 控制参数选择

和其他算法一样，混合蛙跳算法的参数选择也是十分重要的，参数的选择直接影响着算法性能的好坏。在蛙跳算法中共有 5 个参数：青蛙的数量 N、模因分组的数量 m、模因分组内进化次数 M、青蛙允许移动的最大距离 D_{max}、整个种群的进化次数 MaxIter。

（1）青蛙的数量 N

青蛙的数量越多，算法找到或接近全局最优的概率越大，但是算法的复杂度也会相应地越高。

（2）模因分组的数量 m

模因分组的数量 m 不能太大，如果 m 太大，每个模因分组中的青蛙个数会很少，进行局部搜索的优点就会丢失。

（3）模因分组内进化次数 M

如果 M 太小，每个模因分组内执行很少的进化次数就会重新混合成新的群体，然后再按照分组算子重新分组，这样会使得模因分组之间频繁地跳跃，减少了模因分组内部信息之间的交流；如果 M 太大，模因分组内会执行多次的局部位置更新算子，这不仅增加了算法的搜索时间，而且会使模因分组容易陷入局部极值。

（4）青蛙允许移动的最大距离 D_{max}

可以控制算法进行全局搜索的能力。如果 D_{max} 太小，会减少算法全局搜索的能力，使得算法容易陷入局部搜索；如果 D_{max} 太大，又可能导致算法不能找到全局最优解。

（5）整个种群的进化次数 MaxIter

MaxIter 一般和问题的复杂度相关，问题复杂度越高，MaxIter 的值也相应越大，算法的执行速度会相应变慢。

上述参数对算法的影响较大，在解决实际问题时要根据具体的问题规模和要求合理地选择参数，以保证算法的执行效率和寻找最优解的准确率。

6. 混合蛙跳算法群体智能搜索策略分析

1）个体行为及个体之间信息交互方法分析

混合蛙跳算法只对最差位置青蛙个体进行其位置的调整和更新，使得群体不断向最优解靠近。而其他算法如 PSO 算法、人工鱼群算法等需要对每个个体进行位置的调整和更新，算法计算量大，执行速度较低。在进化过程中，由于只对最差青蛙位置进行调整，因此有效减少了计算量，提高了算法的执行速度。

混合蛙跳算法中个体与个体之间并不是彼此孤立的，青蛙之间通过每次的进化过程获得有利的先验知识并与其他的青蛙共享和交流。每只青蛙都有自己的“想法”，不仅可以影响其他青蛙还可以受其他青蛙的影响。例如，组内最优解对最差青蛙产生影响，使得最差青蛙首先向组内最优解靠拢，若位置得不到改善，则向全局最优解逼近，若位置仍然得不到改善，最终生成一个随机解。相比进化计算的变异算子只随机改变其中的某一位或某几位基因，混合蛙跳算法在局部搜索不利的情况下，随机生成一个新解，解的改动范围广，增加了解的多样性，使得算法不易陷入局部极值。

2）群体进化分析

与其他的群体智能算法类似，混合蛙跳算法也是通过模拟现实生物在自然环境中的觅食和进化过程来实现的。混合蛙跳算法的群体进化行为与传统的进化算法不同，混合蛙跳算法并不是通过选择操作来选取适应度较高的部分个体作为父代来产生下一代以提高每一代中整体解的质量的。混合蛙跳算法在群体更新过程中与其他的群智能算法相比有自己的独到优势，通过自己特有的群体进化机制，使得群体位置不断优化，向着最优解靠近。而大部分群体智能算法，如遗传算法、蚁群算法、PSO 算法等并不涉及分组操作，而是对整个群体进行搜索更新，算法的复杂度较高，执行效率较低。混合蛙跳算法基于自己独特的分组算子，即把整个种群分为若干个小的模因分组，每个模因分组在每次迭代过程中彼此独立地进化，不受其他模因分组的影响，加快了算法的执行速度。

混合蛙跳算法通过分组算子和模因分组融合成群体的机制进行信息的传递，将全局信息交换和局部搜索相结合，局部搜索使得局部个体间实现信息传递，这种混合策略使得模因分组间的信息得到交换。局部位置的更新算子中产生新解的方式类似于粒子群算法中的速度-位移模型操作算子，由于受到模因分组内局部最优解和种群全局最优解的影响，最差青蛙位置的更新过程中有着向“他人”学习的思想与机制，每次对最差青蛙位置的更新有利于每个模因分组中青蛙的适应度的改善；模因分组混合成整个群体后，群体适应度必然得到相应改善，使得群体向着最优解靠近。混合蛙跳算法经过一定次数的进化后，不同模因分组间的青蛙通过跳跃混合生成新的种群这一过程来传递信息。通过这种信息的交流与共享机制，使得算法不易陷入局部极值，有利于搜索全局最优解。

10.2.2　混合蛙跳算法仿生计算在聚类分析中的应用

混合蛙跳算法的搜索过程是从一个解集合开始的，而不是从单个个体开始的，因此不容易陷入局部最优解，具有并行性，并且这种并行性使其易于在并行计算机上实现，有利于提高算法的性能和效率。由于混合蛙跳算法每次进化只对最差青蛙进行调整，所以算法还具有收敛速度快、操作灵活、计算量小、鲁棒性强、易于跳出局部极值等优良特性。由于实际问题越来越复杂，对于有些问题单独的混合蛙跳算法并不能取得良好效果，需要与其他的群体智能算法结合使用。

1. 构造个体

在用混合蛙跳算法求解聚类问题中，每只青蛙可作为一个可行解组成青蛙群（即解集）。根据粒子群一章中所述，解的含义分为以聚类结果为解和以聚类中心集合为解两种。这里的讨论将聚类中心集合作为青蛙对应解，也就是每只青蛙的位置都是由 centerNum 个聚类中心组成的，k 为已知的聚类中心数目。

在一个具有 k 个聚类中心、样本向量维数为 D 的聚类问题中，每只青蛙结构 i 由两部分组成，即青蛙位置和适应度值。青蛙结构 i 表示为：

```
Frog(i) = {
        location[ ],
        fitness
    }
```
(10-19)

青蛙的位置编码结构表示为：

$$\text{Frog}(i).\text{location}[\ ]=[\boldsymbol{C}_1,\cdots,\boldsymbol{C}_j,\cdots,\boldsymbol{C}_k] \tag{10-20}$$

式中，$\boldsymbol{C}_j$ 表示第 j 类的聚类中心，是一个 D 维矢量。

青蛙个体适应度值 Frog. fitness 为一个实数，具体计算方法如下：

① 按照最近邻法则公式，确定该青蛙个体的聚类划分。

② 根据聚类划分，重新计算聚类中心，计算总的类内离散度 J_c。

③ 青蛙个体的适应度可表示为下式：

$$\text{fish. fitness}=\frac{1}{J_c} \tag{10-21}$$

此外，每个模因分组中的青蛙都存在一个最差解 F_{w}，表示该模因分组中青蛙的最差位置和适应度值；还存在一个最优解 F_b，表示该模因分组中青蛙的最好位置和适应度值；整个青蛙种群还存在一个群体最优解 F_g，表示青蛙群体中的最好位置和适应度值。其结构如下：

$$F_w=\{ \\ \quad \text{location}[\,],\\ \quad \text{fitness} \\ \} \tag{10-22}$$

$$F_b=\{ \\ \quad \text{location}[\,],\\ \quad \text{fitness} \\ \} \tag{10-23}$$

$$F_g=\{ \\ \quad \text{location}[\,],\\ \quad \text{fitness} \\ \} \tag{10-24}$$

根据式（10-1）和式（10-2）可以得到最差青蛙位置的更新公式：

$$D_i=\text{rand}(\,)(F_b.\text{location}[\,]-F_w.\text{location}[\,]) \tag{10-25}$$

$$F_w.\text{location}[\,]'=F_w.\text{location}[\,]+D_i \tag{10-26}$$

根据已定义好的青蛙群结构，采用上面介绍的蛙跳优化算法，可实现求解聚类问题的最优解。

2. 实现步骤

① 种群的初始化。给定模因分组数目 m、模因分组中青蛙的最大进化次数 M、聚类中心数目 k，对于第 i 只青蛙 Frog(i)，先将每个样本随机指派为某一类作为最初的聚类划分，并计算各类的聚类中心作为青蛙 i 的位置编码 Frog(i).location[ ]，计算青蛙的适应度值 Frog(i).fitness，反复进行，生成 N 只青蛙。

② 将 N 只青蛙按适应度值降序排列并利用分组算子将 N 只青蛙分给 m 个模因分组。

③ 对每个模因分组中的位置最差青蛙执行局部位置更新算子。

④ 将各个模因分组中的所有青蛙重新混合，组成包含 N 只青蛙的总群体。

⑤ 对新的青蛙群体，更新种群中最好位置的青蛙 F_g。

⑥ 判断终止条件是否满足，如果满足，结束迭代，否则转向步骤②继续执行。

混合蛙跳算法的整体流程图如图 10-8 所示。

3. 编程代码

```
%%%%%%%%%%%%%%%%%%%%%%%%%%%%%%%%%%%%%%%%%%%
%函数名称:C_SFLA()
%参数:m_pattern,样本特征库; patternNum,样本数目
%返回值:m_pattern,样本特征库
%函数功能:按照蛙跳群聚类法对全体样本进行分类
%%%%%%%%%%%%%%%%%%%%%%%%%%%%%%%%%%%%%%%%%%%
```

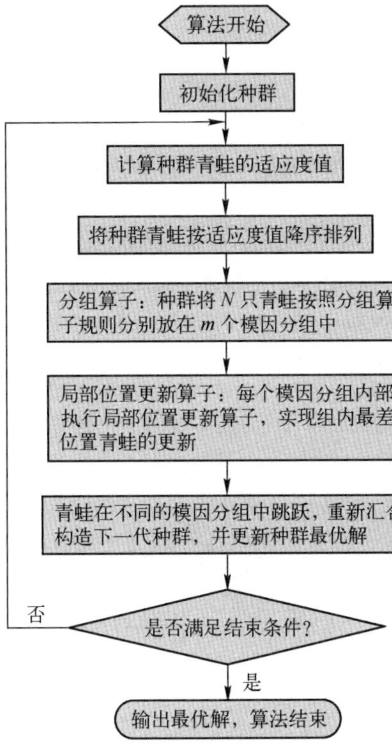

图 10-8　混合蛙跳算法的整体流程图

```
function[m_pattern]=C_SFLA(m_pattern,patternNum)
frogNum=60;%初始化青蛙数目
disType=DisSelDlg();%获得距离计算类型
[centerNum iterNum memeplexNum]=InputClassDlg();%获得类中心数、最大迭代次数和模因分组数
L=10;%模因分组更新次数
m=memeplexNum;%模因分组数
global Nwidth;
%初始化中心
for i=1:centerNum
    m_center(i).feature=zeros(Nwidth,Nwidth);
    m_center(i).patternNum=0;
    m_center(i).index=i;
end
%初始化青蛙
for i=1:frogNum
    Frog(i).fitness=0;
    Frog(i).location=m_center;
    Frog(i).string=ceil(rand(1,patternNum)*centerNum);
end
F_g.location=m_center;%群体最优青蛙位置
```

```
F_g.fitness=0;
F_g.string=zeros(1,patternNum);
%初始化子群
for i=1:m
    memeplex(i).index=1;%每个模因分组中最差青蛙的序号
    memeplex(i).frog=[];
    memeplex(i).F_b.location=m_center;%每个模因分组最优青蛙位置
    memeplex(i).F_b.fitness=0;%每个模因分组最优青蛙适应度值
    memeplex(i).F_w.location=m_center;%每个模因分组最差青蛙位置
    memeplex(i).F_w.fitness=0;%每个模因分组最差青蛙适应度值
end
%生成初始青蛙群
for i=1:frogNum
    for j=1:patternNum
        m_pattern(j).category=Frog(i).string(1,j);
    end
    for j=1:centerNum
        m_center(j)=CalCenter(m_center(j),m_pattern,patternNum);
    end
    Frog(i).location=m_center;
end
%计算每只青蛙的适应度值
for i=1:frogNum
    temp=0;
    for j=1:patternNum
        temp=temp+GetDistance(m_pattern(j),Frog(i).location(Frog(i).string(1,j)),disType);
    end
    if(temp==0)%最优解,直接退出
        break;
    end
    Frog(i).fitness=1/temp;
end
%%%%%%%%%%%%%%%%%%%%%%%%%%%%%%%%%%%%%%%%%%%%%
%群体进化
for iter=1:iterNum
    %青蛙按适应度值降序排列
    for i=1:frogNum-1
        for j=i+1:frogNum
            if(Frog(i).fitness<Frog(j).fitness)
                temp=Frog(j);
                Frog(j)=Frog(i);
                Frog(i)=temp;
            end
```

```
        end
    end
    %实现青蛙分群
    for i=1:frogNum
        for j=1:m
            if(mod(i,m)==0)
                memeplex(m).frog=[memeplex(m).frog;Frog(i)];
            end
            if(mod(i,m)~=0&&mod(i,m)==j)
                memeplex(j).frog=[memeplex(j).frog;Frog(i)];
            end
        end
    end
    %%%%%%%%%%%%%%%%%%%%%%%%%%%%%%%%%%%%%%%%%%%%%%%%%%%%%
    %每个模因分组内执行 memetic 算法
    Di=zeros(Nwidth,Nwidth);
    for n=1:m    %每个模因分组内循环
        for k=1:L
            %模因分组中的最差青蛙和最好青蛙
            for i=n:m:frogNum
                memeplex(n).F_w=Frog(1);
                memeplex(n).F_b=Frog(1);
                if(i~=1&& memeplex(n).F_w.fitness>Frog(i).fitness)
                    memeplex(n).F_w=Frog(i);
                    memeplex(n).index=i;
                end
                if(i~=1&& memeplex(n).F_b.fitness<Frog(i).fitness)
                    memeplex(n).F_b=Frog(i);
                end
            end
            %更新模因分组中的最差青蛙
            fit=memeplex(n).F_w.fitness;
            loc=memeplex(n).F_w.location;
            for j=1:centerNum
                %公式:D=rand(Fb-Fw)
                Di=rand(Nwidth,Nwidth).*(memeplex(n).F_b.location(j).feature-memeplex
(n).F_w.location(j).feature);
                %公式:Fw=Fw+D
                memeplex(n).F_w.location(j).feature=memeplex(n).F_w.location(j).feature+Di;
                %计算适应度值
                memeplex(n).F_w=Calfitness(m_pattern,patternNum,memeplex(n).F_w,Frog
(memeplex(n).index),disType);
                if(memeplex(n).F_w.fitness<fit)    %如果适应度没有得到改善,则用全局最
```

```
优青蛙代替子群内最优青蛙,并重新移动
                    memeplex(n).F_b.location(j).feature=F_g.location(j).feature;
                    memeplex(n).F_w.location=loc;
                     Di = rand(Nwidth,Nwidth).*(memeplex(n).F_b.location(j).feature-
memeplex(n).F_w.location(j).feature);
                     memeplex(n).F_w.location(j).feature = memeplex(n).F_w.location(j)
.feature+Di;
                    memeplex(n).F_w = Calfitness(m_pattern,patternNum,memeplex(n).F_w,
Frog(memeplex(n).index),disType);
                    if(memeplex(n).F_w.fitness<fit)     %如果最差青蛙位置仍然没有改善,
则随机改变最差青蛙位置
                      memeplex(n).F_w.location(j).feature = rand(Nwidth,Nwidth).*Frog
(memeplex(n).index).location(j).feature;
                    end
                end
            end
        end
    end
    %根据最近邻聚类法则对青蛙重新聚类
    for i=1:frogNum
        for j=1:patternNum
            min=inf;
            for k=1:centerNum
                tempDis=GetDistance(m_pattern(j),Frog(i).location(k),disType);
                if(tempDis<min)
                    min=tempDis;
                    m_pattern(j).category=k;
                    Frog(i).string(1,j)=k;
                end
            end
        end
        %重新计算聚类中心
        for j=1:centerNum
            Frog(i).location(j)=CalCenter(Frog(i).location(j),m_pattern,patternNum);
        end
    end
    %重新计算青蛙的适应度值
    for i=1:frogNum
        temp=0;
        for j=1:patternNum

        temp=temp+GetDistance(m_pattern(j),Frog(i).location(Frog(i).string(1,j)),disType);
        end
```

```
        if(temp==0) %最优解,直接退出
            iter=iterNum+1;
            break;
        end
        Frog(i).fitness=1/temp;
    end
    %更新群体最优青蛙
    for i=1:frogNum
        if(Frog(i).fitness>F_g.fitness)
            F_g.fitness=Frog(i).fitness;
            F_g.location=Frog(i).location;
            F_g.string=Frog(i).string;
        end
    end
    for i=1:patternNum
        m_pattern(i).category=F_g.string(1,i);
    end
end
%%%%%%%%%%%%%%%%%%%%%%%%%%%%%%%%%%%%%%%%%%%%%%%%%%%%%%%%%
%函数名称:Calfitness()
%参数:m_pattern,样本; patternNum,样本个数; F_w,最差青蛙
%返回值:centerNum,输入类中心数; iterNum,输入迭代次数
%函数功能:计算最差青蛙适应度值
%%%%%%%%%%%%%%%%%%%%%%%%%%%%%%%%%%%%%%%%%%%%%%%%%%%%%%%%%
function[F_w]=Calfitness(m_pattern,patternNum,F_w,Frog_index,disType)
for t=1:patternNum
    temp=0;
    temp=temp+GetDistance(m_pattern(t),F_w.location(Frog_index.string(1,t)),disType);
end
F_w.fitness=1/temp;
%%%%%%%%%%%%%%%%%%%%%%%%%%%%%%%%%%%%%%%%%%%%%%%%%%%%%%%%%
%函数名称:InputClassDlg()
%参数:空
%返回值:centerNum,输入类中心数; iterNum,输入迭代次数
%函数功能:用户输入类中心数和迭代次数对话框
%%%%%%%%%%%%%%%%%%%%%%%%%%%%%%%%%%%%%%%%%%%%%%%%%%%%%%%%%
function[centerNum iterNum memeplexNum]=InputClassDlg( )
  str1={'类中心数:','最大迭代次数','模因分组数'};
  T=inputdlg(str1,'输入对话框');
  centerNum=str2num(T{1,1});
  iterNum=str2num(T{2,1});
  memeplexNum=str2num(T{3,1});
```

4. 效果图

混合蛙跳聚类算法的效果图如图 10-9 所示。

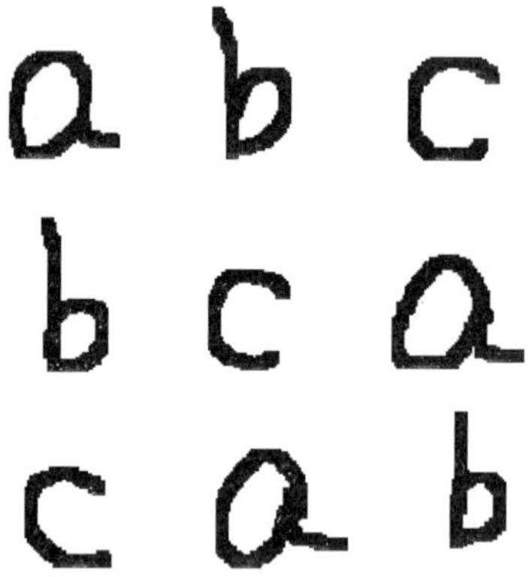

（a）原始数据

（b）选择欧氏距离

（c）设定类中心数、最大迭代次数和模因分组数

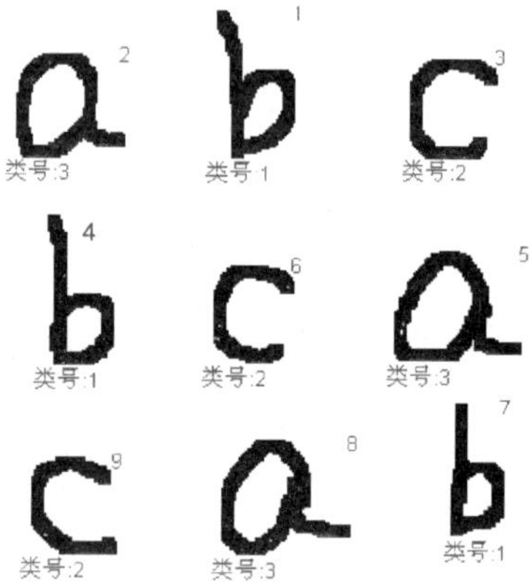

（d）聚类结果

图 10-9　混合蛙跳聚类算法的效果图

10.3　猫群算法仿生计算

10.3.1　猫群算法

1. 基本原理

近几年提出了很多的群体智能算法，这些算法都是通过模仿生物界中某些动物的行为演化出来的智能算法。日常生活中，猫总是非常懒散地躺在某处不动，经常花费大量的时间处在一种休息、张望的状态，即使在这种情况下，它们也保持高度警惕性，它们对于活动的目标具有强烈的好奇心。一旦发现目标便进行跟踪，并且能够迅速捕获到猎物。将猫的行为分为两种模式，一种是猫在懒散、环顾四周状态时的模式，称为搜寻模式；另一种是猫在跟踪动态

目标时的状态，称为跟踪模式。猫群算法正是通过对于猫的这种行为的分析，将猫的两种行为模式结合起来，提出的一种新型的群体智能算法。猫群算法最早是由中国台湾的 Shu-Chuan Chu 通过观察猫在日常生活中的行为动作提出来的，现在主要应用于函数优化问题，并取得了很好的效果。

在猫群算法中，猫即为待求优化问题的可行解。将猫的行为模式分为两种：一种是搜寻模式，另一种是跟踪模式。仿照真实世界中猫的行为，整个猫群中的大部分猫执行搜寻模式，剩下的少部分执行跟踪模式。在搜寻模式下，猫通过复制自身位置，对自身位置的每一个副本通过变异算子改变其基因，来产生新的邻域位置，并将新产生的位置放在记忆池中，进行适应度值计算，利用选择算子在记忆池中选择适应度值最高的候选点，作为猫所要移动到的下一个位置点，以此方式进行猫的位置更新。在跟踪模式下，类似于粒子群算法，利用全局最优的位置来改变猫的当前位置。进行完搜寻模式和跟踪模式后，计算每一只猫的适应度并保留当前最好的解。之后混合成整个群体，再根据分组率，随机地将猫群分为搜寻模式下和跟踪模式下的两组，直至算法执行完预定的种群进化次数结束。

2. 术语介绍

(1) 猫的编码

在任何一种组合优化问题中，问题的解都是以一定的形式给出的。在猫群算法中，猫即为待求优化问题的可行解。为了全书编码概念统一，猫的编码方式与遗传算法的染色体编码方式相同，对猫的编码每一位仍称为基因，每只猫的属性包括基因的表示、基因大小、适应度、行为模式的标志位。将猫群按照搜寻模式和跟踪模式分成两组，为处于不同组群的猫建立的标记称为行为模式标志位。算法中根据猫的模式标志位所确定的模式进行位置更新，若猫在搜寻模式下，则其执行搜寻模式的行为；否则，执行跟踪模式的行为。

(2) 群体

一定数量的个体组合在一起构成一个群体，猫是群体的基本单位。

(3) 群体规模

群体中个体的总数目称为群体规模，又叫群体大小。

(4) 适应度

个体对环境的适应程度叫适应度，作为对于所求问题中个体的评价。

(5) 搜寻模式

在搜寻模式下，猫复制自身位置，将复制的位置放到记忆池中，通过变异算子，改变记忆池中复制的副本，使所有副本都到达一个新的位置点，从中选取一个适应度值最高的位置，来代替它的当前位置，具有竞争机制。搜寻模式代表猫在休息时，环顾四周，寻找下一个转移地点的行为。

(6) 记忆池

在搜寻模式下，记忆池记录了猫所搜寻的邻域位置点，记忆池的大小代表猫能够搜索的地点数量，通过变异算子，改变原值，使记忆池存储了猫在自身的邻域内能够搜索的新地点。猫将依据适应度值的大小从记忆池中选择一个最好的位置点。

（7）个体上每个基因的改变范围

该项是在算法开始之前设定的，给定了每一位基因的变化范围。

（8）每个个体上需要改变的基因的个数

该项指的是基因总长度之内的随机值。该值越大，猫所移动的范围越广，能够更好地搜索解的空间。

（9）变异算子

猫群算法中的变异算子是一种局部搜索操作，每只猫经过复制、变异产生邻域候选解，在邻域里找出最优解，即完成了变异算子。

（10）选择算子

选择算子主要指在搜寻模式下，由猫自身位置的副本产生新的位置放在记忆池中，从记忆池中选取适应度最高的新位置来代替当前位置。

（11）跟踪模式

类似于粒子群算法，在每一次迭代中，猫将跟踪一个“极值”来更新自己，这个“极值”是目前整个种群中找到的最优解，使得猫的移动方向向着全局最优解逼近，利用全局最优的位置来更新猫的位置，具有向“他人”学习的机制。

（12）分组率

分组率将猫群分成搜寻模式和跟踪模式两组，它指示了两种模式的一个比例关系，指的是执行跟踪模式的猫在整个猫群算法中所占的比例。为了更好地仿照现实世界中猫的行为，其值应为一个较小的数，即跟踪模式的猫的数量少于搜寻模式的猫的数量。

3. 基本流程

猫群算法的基本流程分为以下 5 步。

① 初始化猫群。

② 根据分组率将猫群随机分成搜寻模式和跟踪模式两组。

③ 根据猫的模式标志位所确定的模式进行位置更新，如果猫在搜寻模式下，则执行搜寻模式的行为；否则，执行跟踪模式的行为。

④ 通过适应度函数来计算每一只猫的适应度值，记录保留适应度最优的猫。

⑤ 判断是否满足终止条件，若满足则输出最优解，结束程序；否则，继续执行步骤②。

猫群算法的基本流程如图 10-10 所示。

4. 猫群算法的构成要素

在猫群算法中，其构成要素主要指猫的两种行为模式：搜寻模式和跟踪模式。通过将这两种模式结合起来构造出一种解决问题的方法。下面详细说明这两种模式下猫的工作方式。

1）搜寻模式

搜寻模式是指猫在休息、环顾四周、寻找下一个转移地点时的状态。在搜寻模式下，定义了 3 个基本要素：记忆池、个体上每个基因的改变范围、每个个体上需要改变的基因个数。记忆池定义为每一只猫的搜寻记忆大小，它用来存放猫所搜寻的位置点，猫将依据适应

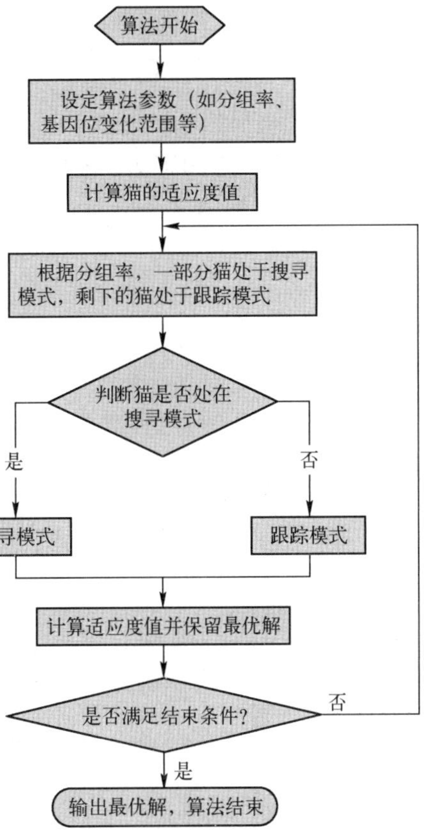

图 10-10　猫群算法的基本流程

度值的大小从记忆池中选择一个最好的位置点。个体上每个基因的改变范围是在算法开始之前设定的。个体上需要改变的基因个数是一个基因总长度之内的随机值。搜寻模式的工作可分为以下 4 步。

① 复制自身位置。将自身位置复制 j 份放在记忆池中，记忆池的大小为 j。

② 执行变异算子。对记忆池中的每个个体，个体上需要改变的基因的个数是一个零至个体上基因总长度之间的随机值，个体上每一个基因的改变范围是在算法开始之前设定的。根据个体上需要改变的基因个数和个体上每个基因的改变范围，随机在原来位置上加一个扰动，到达新的位置来代替原来的位置。

③ 计算记忆池中所有候选点的适应度值。

④ 执行选择算子。从记忆池中选择适应度值最高的候选点来代替当前猫的位置，完成猫的位置更新。

猫群算法搜索模式流程如图 10-11 所示。

2）跟踪模式

跟踪模式是猫处于跟踪目标状态下所建立的一个模型。一旦猫进入跟踪模式，猫群算法即类似于粒子群算法，采用速度—位移模型来移动每一位基因的值。猫的跟踪模式可以用以下步骤来描述。

① 速度—位移模型操作算子。

整个猫群经历过的最好位置，即目前搜索到的最优解，记作 $X_{\text{best}}^{(d)}(t)$。此外，每只猫都有一个速度，记作 $V_i=\{v_i^1,v_i^2,\cdots,v_i^L\}$，每只猫根据式（10-27）来更新自己的速度。

$$v_k^{(d)}(t+1)=v_k^{(d)}(t)+c\times\text{rand}\times(x_{\text{best}}^{(d)}(t)-x_k^{(d)}(t)),d=1,2,\cdots,L \tag{10-27}$$

$v_k^{(d)}(t+1)$ 表示更新后第 k 只猫的第 d 位基因的速度值，L 为个体上总基因长度；$x_{\text{best}}^{(d)}(t)$ 代表适应度值最高的猫 $\boldsymbol{X}_{\text{best}}(t)$ 所处位置的第 d 个分量；$x_k^{(d)}(t)$ 指的是第 k 只猫 $\boldsymbol{X}_k(t)$ 所处位置的第 d 个分量；c 是一个常量，其值需要根据不同的问题而定；rand 为 $[0,1]$ 之间的随机数。

② 根据式（10-28）更新第 k 只猫的位置：

$$x_k^{(d)}(t+1)=x_k^{(d)}(t)+v_k^{(d)}(t+1) \tag{10-28}$$

式中，$x_k^{(d)}(t+1)$ 代表位置更新后第 k 只猫 $X_k(t+1)$ 的第 d 个位置分量。

猫群算法跟踪模式流程如图 10-12 所示。

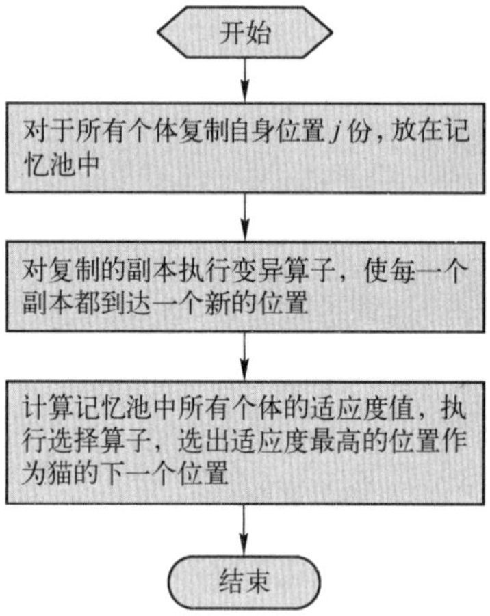

图 10-11　猫群算法搜寻模式流程

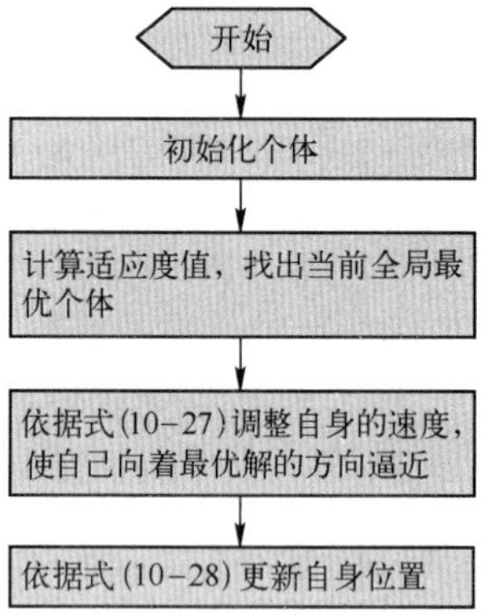

图 10-12　猫群算法跟踪模式流程

5. 控制参数选择

在猫群算法中，关键参数主要有群体规模、分组率、个体上每个基因的改变范围、最大进化次数等。这些参数都是在算法开始之前就设定好的，对于算法的运算性能有很大的影响。

（1）群体规模

群体规模的大小要根据具体的求解优化问题来决定。较大的群体规模虽然可以增大搜索的空间，使所求得的解更逼近于最优解，但是这也同样增加了算法的收敛时间和空间的复杂度；较小的群体规模，虽然能够使算法较快地收敛，但是容易陷入局部最优。

（2）分组率

现实中大多数猫处于搜索觅食状态，分组率就是为了使猫群算法更加逼近真实世界猫的行为而设定的一个参数，该参数一般取一个很小的值，使少量的猫处于跟踪模式，保证猫群中的大部分猫处于搜寻模式。

(3) 个体上每个基因的改变范围

该项参数类似于传统进化算法中的变异概率，进行基因的改变主要是为了增加解的多样性，它在猫群算法中起着非常重要的作用。个体上每个基因的改变范围太小很难产生新解，个体上每个基因的改变范围太大则会使得算法变成随机搜索。

(4) 最大进化次数

最大进化次数的选取是根据具体问题的试验得出的。若进化次数过少，使算法还没有取得最优解就提前结束，出现“早熟”现象；若进化次数过多，可能算法早已收敛到了最优解，之后进行的迭代对于最优解的改进几乎没有什么效果，增加了算法的运算时间。

6. 猫群算法群体智能搜索策略分析

1) 个体行为及个体之间信息交互分析

猫群算法的个体表示方式与粒子群算法类似，即用个体的位置来表示优化问题的解，构成整个算法的基础，个体的最优位置是搜寻到的最优解。猫群算法中个体行为主要体现为猫在搜寻模式和跟踪模式下自身位置的更新。

在搜寻模式下，通过复制自身的位置，之后根据个体基因改变的个数和每一位基因的改变范围来产生新的位置并将其放入记忆池中，根据记忆池中新位置的适应度，从记忆池中选择适应度值最高的位置作为猫所要移动到的下一个位置点。搜寻模式类似于局部搜索，能够在解的邻域内寻找更优秀的解，增强了算法的局部搜索能力，具有竞争机制。

在跟踪模式下，个体位置更新并不是无目的的随机搜索，而是朝着最优解的方向不断逼近，与粒子群算法类似，个体位置的改变是通过向全局最优位置靠拢来更新的。提高了算法的搜索能力，加快了算法的收敛，具有向“他人”学习的机制。

在群智能算法中，猫群算法对个体的位置更新操作与遗传算法中对个体的变异操作十分相似。遗传算法中，个体的变异是通过变异算子实现的，通过改变某一个或数个基因来产生新的个体。猫群算法中通过变异算子在两种模式下进行位置更新。在搜寻模式下，猫的位置更新也是通过改变个体一定数目的基因来实现的，只不过这里所用到的方法较变异算子更加灵活，提高了解的多样性，增大了解的搜索空间。在跟踪模式下的位置更新方法和粒子群算法有非常相似的地方，在粒子群算法中个体的更新通过自身所经历的最好位置与全局所遍历的最好位置两个极值来更新自己的位置，而在猫群的跟踪模式下其位置的更新只是通过全局最优解来实现的，以最优解带动整个寻优进程，加快了搜索速度。不同的变异算子对于解的搜索范围不同，猫群算法中的个体行为通过上述两种方式的位置更新，使得猫的位置不断向着最好的方向趋近。

2) 群体进化分析

猫群算法的群体进化行为与传统进化算法的群体进化行为不同，猫群算法并不是通过选择操作选取适应度值较高的部分个体作为父代来产生下一代，以提高每一代中整体解的质量的，而是类似于蛙群和蜂群算法，主要通过迭代过程来不断地寻找当前最优解。

猫群算法通过分组和混合策略的机制进行信息的传递，将全局的信息交换和局部搜索相结合，局部搜索使得局部个体间信息传递，混合策略使得组间的信息得到交换。猫群算法以一定的分组率来分配猫的行为模式，由于分组率为一个较小的值，这就使得大部分的猫处在搜寻模式下，而剩余的一小部分处于跟踪模式下。

在搜寻模式下，由于每一只猫都是在记忆池中根据适应度值来选择较好的位置作为猫下一次移动的位置点，猫位置的更新是通过在自身邻域中的局部搜索进行，所以在整个群体迭代的过程中，有大部分猫的位置得到改善。这里采用位变异的方法进行局部搜索，以获得候选解。需要注意的是，如果变异概率系数过小，则解的变化波动性小，说明算法搜索能力比较弱，容易陷入局部极小；反之，如果变异概率系数过大，则解的变化范围大，算法易陷入简单的随机搜索状态，不利于算法收敛。更为合理高效的设置方式还需要通过多次调整找到。

在跟踪模式下，猫始终向着全局最优解的方向逼近，使其适应度不断提高。

由于在每一次迭代开始之前，都会对猫群采用混合策略，根据分组率进行一次随机分配，这样就避免了猫的位置更新模式始终不变，在每一次迭代过程中猫所执行的模式是随机的，在一定程度上提高了算法的全局搜索能力。

10.3.2 猫群算法仿生计算在聚类分析中的应用

猫群算法具有良好的局部搜索和全局搜索能力，算法控制参数较少，通过两种模式的结合搜索，大大提高了搜索优良解的可能性和搜索效率，较其他算法容易实现，收敛速度快，具有较高的运算速度，易于与其他算法结合。猫群算法作为一种模仿生物活动而抽象出来的搜索算法，虽然可以实现全局最优解搜索，但也有出现“早熟”现象的弊端。群体中个体的进化，只是根据一些表层的信息，即只是通过适应度值来判断个体的好坏，缺乏深层次的理论分析和综合因素的考虑。由于猫群算法出现得较晚，该算法目前主要应用于函数优化问题，并取得了很好的效果，故很有必要对猫群算法进行深入研究。

一幅图像中含有多个物体，在图像中进行聚类分析需要对不同的物体分割标识。待分类的样本如图 10-13 所示，共有 A、B、C、D、B、C、D、A、C、D、A、B 12 个待分类样本，要分成 4 类。如何让计算机自动将这 12 个物体归类呢？本节以图像中不同物体的聚类分析为例，介绍用猫群算法解决聚类问题的实现方法。

1. 构造个体

对图 10-13 中的 12 个物体进行聚类，结果如图 10-14 所示，样本编号在每个样本的右上角，不同的样本编号不同，而且编号始终固定。样本所属的类号位于每个样本的下方。

采用符号编码，位串长度 L 取 12 位，分类号代表样本所属的类号（1~4），样本编号是固定的，也就是说某个样本在每个解中的位置是固定的，而每个样本所属的类别随时在变化。如果编号为 n，则其对应第 n 个样本，而第 n 个位所指向的值代表第 n 个样本的归属类号。

每个解包含一种分类方案。为了算法求解方便，设定 A 用数字 1 表示，B 用数字 2 表示，C 用数字 3 表示，D 用数字 4 表示。设初始解的编码为（1，3，2，1，4，3，2，4，3，2，4，1），这是一种假设分类情况，并不是最优解，其含义为：第 1、4、12 个样本被分到第 1 类；第 2、6、9 个样本被分到第 3 类；第 3、7、10 个样本被分到第 2 类；第 5、8、11 个样本被分到第 4 类，猫群算法初始解见表 10-4。

图 10-13　待分类的样本

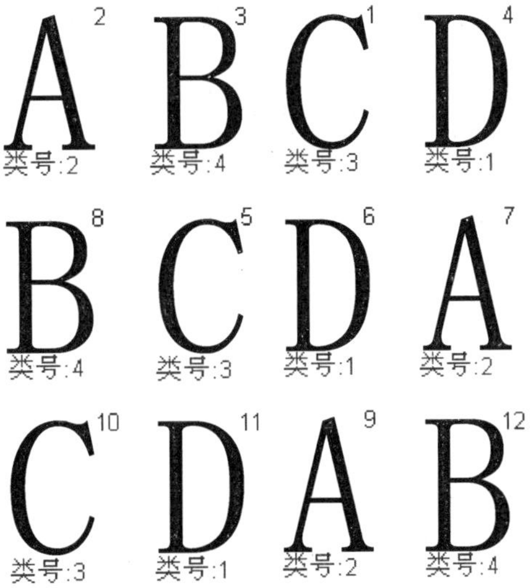

图 10-14　待测样本的编号

表 10-4　猫群算法初始解

样本值	(3)	(1)	(2)	(4)	(3)	(4)	(1)	(2)	(1)	(3)	(4)	(2)
分类号	1	3	2	1	4	3	2	4	3	2	4	1
样本编号	1	2	3	4	5	6	7	8	9	10	11	12

经过猫群算法找到的最优解见表 10-5。通过样本值与争类号（基因值）对照比较，会发现相同的数据被归为一类，分到相同的类号，而且全部正确。

表 10-5　猫群算法找到的最优解

样本值	(3)	(1)	(2)	(4)	(3)	(4)	(1)	(2)	(1)	(3)	(4)	(2)
分类号	3	2	4	1	3	1	2	4	2	3	1	4
样本编号	1	2	3	4	5	6	7	8	9	10	11	12

2. 计算适应度

系统初始化了 N 只猫，根据猫群算法中的分组率将猫分为搜寻模式下的猫和跟踪模式下的猫，算法中取分组率为 0.02，每一只猫的位置对应着所求问题的解。

1）将猫的编码表示法转化为类中心表示法

设模式样本集为 $\boldsymbol{X}=\{\boldsymbol{X}_i, i=1,2,\cdots,n\}$，其中 $\boldsymbol{X}_i$ 为 D 维模式向量，聚类问题就是要找到一个划分 $\boldsymbol{C}=\{\boldsymbol{C}_1,\boldsymbol{C}_2,\cdots,\boldsymbol{C}_k\}$，使得总的类内离散度和达到最小。

$$J_c=\sum_{j=1}^{k}\sum_{X_i\in C_j} d(\boldsymbol{X}_i,\boldsymbol{C}_j) \tag{10-29}$$

式中，$\boldsymbol{C}_j$ 为第 j 个聚类的中心，$d(\boldsymbol{X}_i,\boldsymbol{C}_j)$ 为样本到对应聚类中心的距离，聚类准则函数 J_c 即各类样本到对应聚类中心距离的总和。

当聚类中心确定时，聚类的划分可由最近邻法则决定。即对样本 $\boldsymbol{X}_i$，若第 j 类的聚类中

心 $\boldsymbol{C}_j$ 满足式（10-30），则 $\boldsymbol{X}_i$ 属于类 j。

$$d(\boldsymbol{X}_i,\boldsymbol{C}_j)=\min_{l=1,2,\cdots,k} d(\boldsymbol{X}_i,\boldsymbol{C}_l) \tag{10-30}$$

在使用猫群算法求解聚类问题的过程中，每一只猫作为一个可行解组成猫群（即解集）。根据解的不同含义，通常可以分为两种方法，一种是以聚类结果为解，另一种是以聚类中心集合为解。本节讨论的方法基于聚类中心集合作为猫的对应解，也就是每一只猫的位置是由 k 个聚类中心组成的，k 为已知的聚类数目。

一个具有 k 个聚类中心、样本向量维数为 D 的聚类问题中，每一只猫由三部分组成，即猫的位置、速度和适应度值。猫的结构表示为：

$$\begin{aligned}\mathrm{Cat}(i)=\{&\\ &\mathrm{location}[\,],\\ &\mathrm{velocity}[\,],\\ &\mathrm{fitness}\\ \}&\end{aligned} \tag{10-31}$$

猫的位置编码结构表示为：

$$\mathrm{Cat}(i).\mathrm{location}[\,]=[\boldsymbol{C}_1,\cdots,\boldsymbol{C}_j,\cdots,\boldsymbol{C}_k] \tag{10-32}$$

式中，$\boldsymbol{C}_j$ 表示第 j 类的聚类中心，是一个 D 维矢量。同时，每一只猫还有一个速度，其编码结构为：

$$\mathrm{Cat}(i).\mathrm{velocity}[\,]=[\boldsymbol{V}_1,\cdots,\boldsymbol{V}_j,\cdots,\boldsymbol{V}_k] \tag{10-33}$$

$\boldsymbol{V}_j$ 表示第 j 个聚类中心的速度值，可知 $\boldsymbol{V}_j$ 也是一个 D 维矢量。

2）计算适应度

猫的适应度值 Cat. fitness 为一个实数，表示猫的适应度。可以采用以下方法计算猫的适应度值。

① 按照最近邻法则式（10-30），确定该猫的聚类划分。

② 根据聚类划分，重新计算聚类中心，按照式（10-29）计算总的类内离散度 J_c。

③ 猫的适应度可表示为下式：

$$\mathrm{Cat.\ fitness}=\frac{1}{J_c} \tag{10-34}$$

式中，J_c 是总的类内离散度和，根据具体情况而定。即猫所代表的聚类划分的总类间离散度越小，猫的适应度值越大。

3. 位置更新

1）跟踪模式

在迭代过程中，记忆猫群的全局最优解 C_gd，表示猫群经历的最优位置和适应度值。

$$\begin{aligned}C\_gd=\{&\\ &\mathrm{location}[\,],\\ &\mathrm{fitness}\\ \}&\end{aligned} \tag{10-35}$$

根据式（10-27）和式（10-28），可以得到猫的速度和位置更新公式。

Cat(i). velocity(j). feature
=Cat(i). velocity(j). feature+ c * rand(Nwidth,Nwidth). *
(C_gd. location(j). feature−Cat(i). location(j). feature)　(10−36)

Cat(i). location(j). feature
=Cat(i). location(j). feature+Cat(i). velocity(j). feature　(10−37)

式（10−36）中，c 为一个定值，根据经验一般 c 取 2 会有比较好的效果。

2）搜寻模式

猫复制自身副本，在自身邻域内加一个随机扰动到达新的位置，再根据适应度函数求取适应度最高的点作为猫所要移动到的位置点。其副本的位置更新函数如下：

current_Cat(n). location(k). feature
=current_Cat(n). location(k). feature+current_Cat(n). location(k). feature *
(SRD * (rand * 2−1))　(10−38)

式中，SRD=0.2，即每个猫个体上的基因值变化范围控制在 0.2 之内，相当于是在自身邻域内的搜索。

4. 实现步骤

① 设置相关参数。从对话框中输入各参数，包括类中心数（centerNum）和最大迭代次数 MaxIter。

② 猫群的初始化。对于第 i 只猫 Cat(i)，先将每一个样本随机地指派为某一类，作为最初的聚类划分，并计算各类的聚类中心，作为猫 i 的位置编码 Cat(i). location[ ]，计算猫的适应度 Cat(i). fitness，反复进行，生成 CatNum 只猫。

③ 根据分组率随机设定猫群中执行搜寻模式的猫和跟踪模式的猫，即将猫的模式标志位做出相应的改变，在搜寻模式下猫的模式标志位为 0，在跟踪模式下猫的模式标志位为 1。

④ 在跟踪模式下，猫需要记住一个猫群的全局最优位置 C_gd. location(j)，对于每一只猫，根据式（10−36）和式（10−37）来更新猫的速度和位置，这样在执行跟踪模式下的猫总是向着最优解的方向趋近。

⑤ 在搜寻模式下，对于每一只猫进行自身位置的复制，共复制 5 份，对这 5 份副本应用变异算子并根据式（10−38）对它们进行位置改变。这里将每个聚类中心位置做变异，计算位置更新后的副本的适应度值，选取适应度最高的点来代替当前位置。

⑥ 对于每一个样本，根据猫的聚类中心编码，按照最邻近法则确定该样本的聚类划分。对于每一只猫，按照相应的聚类划分计算新的聚类中心，更新猫的适应度值。

⑦ 计算所有猫的适应度值，寻找并记录当前的最优解。

⑧ 如果达到结束条件，则结束算法，输出全局最优解；否则，转步骤③继续执行。

基于猫群算法的聚类分析流程图如图 10−15 所示。

5. 编程代码

```
%%%%%%%%%%%%%%%%%%%%%%%%%%%%%%%%%%%%%%%%%%%
%函数名称：C_CSO()
%参数：m_pattern,样本特征库;patternNum,样本数目
```

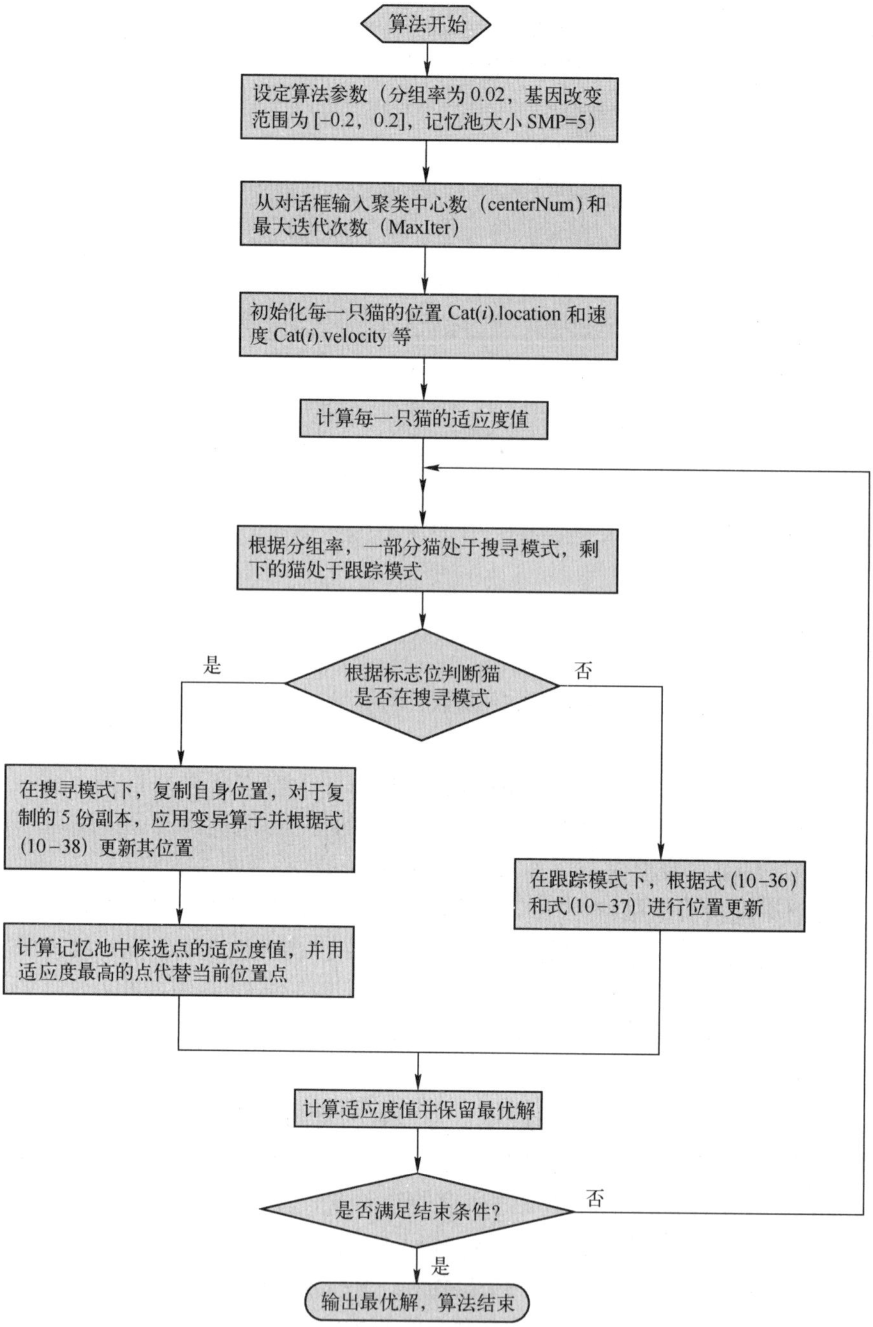

图 10-15　基于猫群算法的聚类分析流程图

```
%返回值：m_pattern,样本特征库
%函数功能：按照猫群聚类法对全体样本进行分类
%%%%%%%%%%%%%%%%%%%%%%%%%%%%%%%%%%%%%%%%%%%%%%%%%%%%%%%
function [ m_pattern ]=C_CSO( m_pattern,patternNum )
disType=DisSelDlg( );                    %获得距离计算类型
[centerNum iterNum]=InputClassDlg( );    %获得类中心数和最大迭代次数
```

```
CatNum=200;                    %初始化猫数目
SMP=5;                         %记忆池大小
CDC=1;                         %每个样本特征值的变化概率
SRD=0.2;                       %每个样本的变化值范围
%初始化中心和速度
global Nwidth;
for i=1:centerNum
    m_center(i).feature=zeros(Nwidth,Nwidth);
    m_center(i).patternNum=0;
    m_center(i).index=i;
    m_velocity(i).feature=zeros(Nwidth,Nwidth);
end
%初始化猫
for i=1:CatNum
    Cat(i).location=m_center;        %猫各中心
    Cat(i).velocity=m_velocity;      %猫各中心速度
    Cat(i).fitness=0;                %适应度
    Cat(i).flag=0;    %个体猫所属的行为模式标志:flag=0 时为搜寻模式,flag=1 时为跟踪模式
end
C_gd.location=m_center;            %全局猫最优中心
C_gd.velocity=m_velocity;          %全局猫最优速度
C_gd.fitness=0;                    %猫全局最优适应度
C_gd.string=zeros(1,patternNum);
for i=1:CatNum                     %生成随机猫分布矩阵
    ptDitrib(i,:)=ceil(rand(1,patternNum)*centerNum);
end
%生成初始猫群
for i=1:CatNum
    for j=1:patternNum
        m_pattern(j).category=ptDitrib(i,j);
    end
    for j=1:centerNum
        m_center(j)=CalCenter(m_center(j),m_pattern,patternNum);
    end
    Cat(i).location=m_center;
end
%初始化参数
R=2;                               %跟踪模式位移方程系数
for iter=1:iterNum
    for i=1:CatNum
        Cat(i).flag=0;
    end
    index=randperm(CatNum);
    for i=1:CatNum*0.02
        Cat(index(i)).flag=1;      %随机从种群中选择 2%的猫执行跟踪模式,其他为搜寻模式
```

```
end
%更新猫速度、位置
for i=1:CatNum
    if Cat(i). flag==1;          %跟踪行为
        for j=1:centerNum
            Cat(i). velocity(j). feature=Cat(i). velocity(j). feature+R * rand(Nwidth,Nwidth). *
            (C_gd. location(j). feature-Cat(i). location(j). feature);
            Cat(i). location(j). feature= Cat(i). location(j). feature+Cat(i). velocity(j).feature;
        end
        %最近邻聚类
        for j=1:patternNum
            min=inf;
            for k=1:centerNum
                tempDis=GetDistance(m_pattern(j),Cat(i). location(k),disType);
                if(tempDis<min)
                    min=tempDis;
                    m_pattern(j). category=k;
                    ptDitrib(i,j)=k;
                end
            end
            %重新计算聚类中心
            for k=1:centerNum
                Cat(i). location(k)= CalCenter(Cat(i). location(k),m_pattern,patternNum);
            end
        end
        %计算猫适应度值
        temp=0;
        for j=1:patternNum
            temp=temp+GetDistance(m_pattern(j),Cat(i). location(ptDitrib(i,j)),disType);
        end
        if(temp==0)          %最优解,直接退出
            iter=iterNum+1;
            break;
        end
        Cat(i). fitness=1/temp;
    else %搜寻行为
        for n=1:SMP          %将自身位置复制 SMP 份,同自身一起存入记忆池
            current_Cat(n)= Cat(i);
        end
        for n=1:SMP-1          %对记忆池中复制的位置进行改变
            for k=1:centerNum
                current_Cat(n). location(k). feature=current_Cat(n). location(k). feature *
                (SRD * (rand * 2-1));
            end
        end
```

```
            %最近邻聚类
            for n=1:SMP
                for j=1:patternNum
                    min=inf;
                    for k=1:centerNum
                        tempDis=GetDistance(m_pattern(j),current_Cat(n).location(k),disType);
                        if(tempDis<min)
                            min=tempDis;
                            m_pattern(j).category=k;
                            ptDitrib(i,j)=k;
                        end
                    end
                end
                %重新计算聚类中心
                for j=1:centerNum
                    current_Cat(n).location(j)= CalCenter(current_Cat(n).location(j),m_
                    pattern,patternNum);
                end
            end
            %计算猫适应度值
            for n=1:SMP
                temp=0;
                for j=1:patternNum
                    temp=temp+GetDistance(m_pattern(j),current_Cat(n).location(ptDitrib(i,
                    j)),disType);
                end
                if(temp==0)    %最优解,直接退出
                    iter=iterNum+1;
                    break;
                end
                current_Cat(n).fitness=1/temp;
            end
            %记录搜寻到的最好位置
            max_cat=current_Cat(1);
            for n=2:5
                if max_cat.fitness<current_Cat(n).fitness
                    max_cat=current_Cat(n);
                end
            end
            Cat(i)=max_cat;
        end
    end
    for i=1:CatNum%更新 C_gd
        if(Cat(i).fitness>C_gd.fitness)
            C_gd.fitness=Cat(i).fitness;
```

```
                C_gd.location=Cat(i).location;
                C_gd.velocity=Cat(i).velocity;
                C_gd.string=ptDitrib(i,:);
            end
        end
        for i=1:patternNum
            m_pattern(i).category=C_gd.string(1,i);
        end
    end
```

6. 效果图

以英文字母聚类识别为例，猫群算法识别结果如图 10-16 所示。

（a）距离选择对话框

（b）参数输入对话框

（c）待聚类的样品

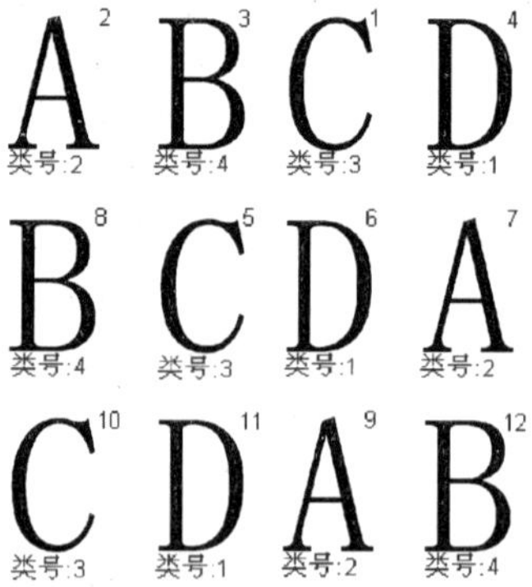

（d）输出聚类结果

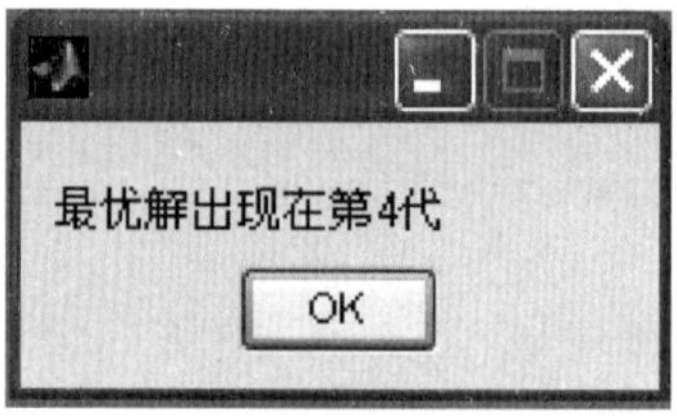

（e）显示最优解出现在第几次迭代中

图 10-16　猫群算法识别结果

从结果图上可以看出，猫群算法应用于聚类分析效果很好。

本章小结

本章介绍了三种群体智能算法聚类分析方法。首先，介绍了粒子群算法聚类分析，包括粒子群算法的基本概念、实现方法与步骤；然后，介绍了混合蛙跳算法仿生计算，包括混合蛙跳算法的基本概念，及其仿真计算在聚类分析中的应用；最后介绍了猫群算法仿生计算，包括猫群算法的基本概念，及其仿真计算在聚类分析中的应用。

习题 10

1. 粒子群算法与其他进化算法有什么异同？
2. 简述混合蛙跳算法的算法流程。
3. 简述基于猫群算法的聚类分析流程。

参考文献

[1] Beigy, H., Meybodi, M. R.. Adaptation of parameters of BP algorithm using learning automata. In Proceedings of Neural Networks. IEEE, 2000.

[2] Wen Jin, Zhao Jia Li, Luo Si Wei, Han Zhen. The improvement of BP neuralnetwork learning algorithm. In Proceedings of Signal Processing. IEEE, 2000.

[3] RoyChowdhury, P., Singh, Y. P., Chansarkar, R. A.. Dynamic tunneling technique for efficient training of multilayer perceptrons [J]. Neural Networks, IEEE Transactions, 1999, 10 (1): 48-55.

[4] Billings S A, Zheng G L. Radial basis function networks configuration using genetic algorithms [J]. Neural Networks, 1995, 8 (6): 877-890.

[5] Chen, S., Cowan, C. F. N., Grant, P. M.. Orthogonal Least Square Learning Algorithm for Radial Basis Function Networks [J]. Neural Networks, IEEE Transactions, 1991, 2 (2): 302-309.

[6] Kaminski, W., Strumillo, P.. Kernel Orthonormalization in Radial Basis Function Neural Networks [J]. Neural Networks, IEEE Transactions, 1997, 8 (5): 1177-1183.

[7] Xu, L., Krzyzak, A., Oja, E.. Rival Penalized Competitive Learning for Clustering Analysis RBF Net and Curve Detection [J]. Neural Networks, IEEE Transactions, 1993, 4 (4): 636-649.

[8] Pal, N. R., Bezdek, J. C., Tsao, E. C.-K.. Generalized Clustering Networks and Kohonen's Self-Organizing Scheme [J]. Neural Networks, IEEE Transactions, 1993, 4 (4): 549-557.

[9] Plamondon Rejean, Srihari Sargur N. On-line and off-line handwriting recognition: a comprehensive survey [J]. IEEE Transactions on Pattern Analysis and Machine Intelligence, 2000, 22 (1): 63-84.

[10] Specht D F. Probabilistic neural networks [J]. Neural Networks, 1990, 3 (1): 109-118.

[11] Streit, R. L., Luginbuhl, T. E.. Maximum likelihood training of probabilistic Neural networks [J]. Neural Networks, IEEE Transactions, 1994, 5 (5): 764-783.

[12] Rustkowski L. Adaptive probabilistic neural networks for pattern classification in time-varying environment [J]. Neural Networks, 2004, 15 (4): 811-827.

[13] Z. B. Xu, C. P. Kwong. Global Convergence and Asymptotic Stability of Asymmetric Hopfield Neural Networks [J]. Mathematical Analysis and Applications, 1995, 191 (3): 405-427.

[14] Kim, J. H., Yoon, S. H., Kim, Y. H., Park, E. H., Ntuen, C., Sohn, K. H., Alexander, W. E.. An efficient matching algorithm by a hybrid Hopfield network for object recognition. In Proceedings of Circuits and Systems. IEEE, 1994.

[15] Abu-Mostafa, Y., St. Jacques, J.. Information capacity of the Hopfield model [J]. Neural Networks, IEEE Transactions, 1985, 31 (4): 461-464.

[16] Chen, L.-C., Fan, J.-Y., Chen, Y.-S.. A high speed modified Hopfield neural network and a design of character recognition system. In Proceedings of Security Technology, IEEE International Carnahan. IEEE, 1991.

[17] Galan-Marin, G., Munoz-Perez, J.. Design and Analysis of Maximum Hopfield Networks [J]. Neural Networks, IEEE Transactions, 2001, 12 (2): 329-339.

[18] Li, S. Z.. Improving convergence and solution quality of Hopfield-type neural networks with augmented La-

grange multipliers. In Proceedings of Neural Networks. IEEE, 1996.

[19] Abu-Mostafa, Y., St. Jacques, J.. Information capacity of the Hopfield model [J]. Information Theory, IEEE Transactions, 1985, 31 (4): 461-464.

[20] Zheng Pei, Keyun Qin, Yang Xu. Dynamic adaptive fuzzy neural-network identification and its application. In Proceedings of Systems, Man and Cybernetics. IEEE, 2003.

[21] Pan Zeng. Neural computing in mechanics [J]. Applied Mechanics Reviews, 1998, 51 (2): 173-197.

[22] Khan, F., Cervantes, A.. Real time object recognition for teaching neural networks. In Proceedings of Frontiers in Education. IEEE, 1999.

[23] DORIGO M, GAMBARDELLA L M. A study of some properties of Ant-Q. In Proceedings of the 44th International Conference on Parallel Problem Solving from Nature. Springer-Verlag, 1996.

[24] T. Krink, J. S. Vesterstrom, J. Riget. Particle swarm optimization with spatial particle extension. In Proceedings of IEEE on Evolutionary Computation. IEEE, 2002.

[25] Xiaohui Hu, Eberhart, R. C.. Adaptive particle swarm optimization: detection and response to dynamic systems. In Proceedings of the 2002 Congress on Evolutionary Computation. IEEE, 2002.

[26] Parsopoulos K E, Vrahati s M N. Recent approaches to global optimization problems through particle swarm optimization [J]. Natural Computing, 2002, 1 (2-3): 235-306.

[27] Tin-Yau Kwok, Dit-Yan Yeung. A theoretically sound learning algorithm for constructive neural networks. In Proceedings of Speech, Image Processing and Neural Networks. IEEE, 1994.

[28] Chandramouli, K., Izquierdo, E.. Image Classification using Chaotic Particle Swarm Optimization. In Proceedings of Image Processing. IEEE, 2006.

[29] Yang Shuying, He Peilian. Moving target detection through omni-orientational vision fixed on AGV. In Proceedings of SPIE-Intelligent Robots and Computer Vision XXIV: Algorithms, Techniques, and Active Vision. SPIE, 2006.

[30] Yang Shuying, He Peilian. Design of Real-time Multi-targets Recognition System. In Proceedings of SPIE-MIPPR 2005: Image Analysis Techniques. SPIE, 2005.

[31] Shu Ying Yang, Cheng Zhang, Wei Yu Zhang, Pi Lian He. Unknown Moving Target Detecting and Tracking Based on Computer Vision. In Proceedings of Fourth International Image and Graphics. IEEE, 2007.

[32] Peihao Zhu, Qingchun Zheng, Yahui Hu, et al. A novel method of designing the structure prototype of the gear shaping machine based on variable density method [J]. Journal of the Balkan Tribological Association, Vol. 22, NO 2A.

[33] Wang Lei; Zheng Qing-chun; Hu Ya-hui, Construction of Static Contact Model of Sliding Rails Based on ABAQUS [J]. Modular Machine Tool & Automatic Manufacturing Technique, 2013, (20): 19-21.

[34] Xu Chun-lei; Zheng Qing-chun; Yang Chang-qing; Optimization design method research of vertical precision grinder bed structure driven by multi-objective [J]. Modular Machine Tool & Automatic Manufacturing Technique, 2013.

[35] Peihao Zhu, Qingchun Zheng, Kechang Li, Yahui Hu, et al. A Prospective Study on Structure of Gear Shaping Machine of Multi-objective Optimization Based on Response Surface Model [J]. Revista de la Facultad de Ingeniería U. C. V., Vol. 32, NO. 4, 09-18.

[36] Peihao Zhu, Qingchun Zheng, Yahui Hu, et al. Experimental research on dynamic characteristics analysis of machine tool based on unit structure [J]. Revista de la Facultad de Ingenieria, V31, NO. 4, 70-84.

[37] 杨淑莹，何丕廉．基于遗传算法的目标识别实时系统设计［J］．模式识别与人工智能，2006（3）：325-330.

[38] 杨淑莹，郭翠梨．FCCU 分流塔产品质量预测系统的设计［J］．哈尔滨工业大学学报，2005（4）：

501-503.

[39] 杨淑莹，王厚雪，章慎锋，何丕廉．序列图像中运动目标聚类识别技术研究［J］．天津师范大学学报自然科学版，2005（3）：51-53.

[40] 杨淑莹，王厚雪，章慎锋．基于图像分割的伪并行免疫遗传算法聚类设计［J］．天津理工大学学报，2006（5）：85-87.

[41] 杨淑莹，王厚雪，章慎锋．基于 BP 神经网络的手写字符识别［J］．天津理工大学学报，2006，22（4）：82-84.

[42] 杨淑莹．基于机器视觉的齿轮产品外观缺陷检测［J］．天津大学学报，2007，40（9）：1111-1114.

[43] 杨淑莹，章慎锋，王厚雪．一种特定问题多目标识别系统设计［J］．河北工业大学学报，2005（3）：105-108.

[44] 杨淑莹，王厚雪，章慎锋．基于 Bayes 决策的手写体数字识别［J］．天津理工大学学报，2006，22（1）：80-82.

[45] 杨淑莹，郭翠梨．CLIPS 专家系统与神经网络 FCCU 分流塔装置的应用［J］．计算机工程与应用，2005（3）：222-225.

[46] 杨淑莹，王厚雪，章慎锋．序列图像中多运动目标的识别［J］．天津理工大学学报，2005（2）：3-5.

[47] 杨淑莹，韩学东．基于视觉的自引导车实时跟踪系统研究［J］．哈尔滨工业大学学报，2004（11）：1471-1473.

[48] 杨淑莹．图像模式识别 VC++技术实现［M］．北京：清华大学出版社，2005.

[49] 杨淑莹．VC++图像处理程序设计［M］．第 2 版．北京：清华大学出版社，2004.

[50] 张贤达．矩阵分析与应用［M］．北京：清华大学出版社，2003.

[51] 张宏林．Visual C++数字图像模式识别技术及工程实践［M］．北京：人民邮电出版社，2003.

[52] 沈清，汤霖．模式识别导论［M］．长沙：国防科技大学出版社，1991.

[53] 李月景．图像识别技术及其应用［M］．北京：机械工业出版社，1985.

[54] 王碧泉，陈祖荫．模式识别［M］．北京：地震出版社，1989.

[55] 边肇祺，张学工．模式识别［M］．北京：清华大学出版社，2000.

[56] 边肇祺，张学工．模式识别［M］．第 2 版．北京：清华大学出版社，2003.

[57] 罗耀光，盛立东．模式识别［M］．北京：人民邮电出版社，1989.

[58] Richard O. Duda，Peter E. Hart，David G. Stork. 模式分类［M］．第 2 版．北京：机械工业出版社，2003.

[59] Sergios Theodoridis，Konstantinos Koutroumbas. 模式识别［M］．第 2 版．北京：机械工业出版社，2003.

[60] 殷勤光，杨宗凯，谈正等编译．模式识别与神经网络［M］．北京：机械工业出版社，1992.

[61] 高隽．人工神经网络原理及仿真实例［M］．北京：机械工业出版社，2003.

[62] 史忠植．神经计算［M］．北京：工业出版社，1993.

[63] 王旭，王宏，王文辉．人工神经元网络原理与应用［M］．沈阳：东北大学出版社，2000.

[64] 李敏强，寇纪淞，林丹，李书全．遗传算法的基本理论与应用［M］．北京：科学出版社，2002.

[65] 周冠雄．计算机模式识别（统计方法）［M］．武汉：华中工学院出版社，1986.

[66] 戚飞虎，周源华，余松煜，郑志航等译．模式识别与图像处理［M］．上海：上海交通大学出版社，1989.

[67] 黄振华，吴诚一．模式识别原理［M］．杭州：浙江大学出版社，1991.

[68] 苏金明，阮沈勇．MATLAB 实用教程［M］．北京：电子工业出版社，2006.

[69] 徐东艳，孟晓刚．MATLAB 函数库查询辞典［M］．北京：中国铁道出版社，2006.

[70] 飞思科技产品研发中心编著．神经网络理论与 MATLAB 7 实现［M］．北京：电子工业出版社，2006.
[71] 梁循．数据挖掘算法与应用［M］．北京：北京大学出版社，2006.
[72] 吴启迪，汪镭著．智能蚁群算法及应用［M］．上海：上海科技教育出版社，2004.
[73] 李士勇．蚁群算法及其应用［M］．哈尔滨：哈尔滨工业大学出版社，2004.
[74] Nello Cristianini John Shawe-Taylor. 支持向量机导论［M］．北京：电子工业出版社，2005.
[75] 雷英杰，张善文，李续武，周创明．MATLAB 遗传算法工具箱及应用［M］．陕西：西安电子科技大学出版社，2005.
[76] 高尚，杨静宇．群智能算法及其应用［M］．北京：中国水利水电出版社，2006.
[77] 王岩，隋思涟，王爱青．数理统计与 MATLAB 工程数据分析［M］．北京：清华大学出版社，2006.
[78] 陈念贻，钦佩，陈瑞亮，文聪．模式识别方法在化工中的应用［M］．北京：科学出版社，2002.
[79] 李介谷，蔡国廉．计算机模式识别技术［M］．上海：上海交通大学出版社，1986.
[80] 肖健华．智能模式识别方法［M］．广州：华南理工大学出版社，2006.
[81] 《数学手册》编写组．数学手册［M］．北京：高等教育出版社，2004.
[82] Sergios Theodoridis Konstantinos Koutroumbas. 模式识别［M］．第二册．北京：电子工业出版社，2004.
[83] 唐启义，冯明光．DSP 数据处理系统——实验设计、统计分析及数据挖掘［M］．北京：科学出版社，2007.
[84] 董长虹．MATLAB 神经网络与应用［M］．北京：国防工业出版社，2005.
[85] 范金城，梅长林．数据分析［M］．北京：科学出版社，2004.
[86] 陈仲生．基于 MATLAB7.0 的统计信息处理［M］．长沙：湖南科学技术出版社，2005.
[87] 徐士良．C 常用算法程序集［M］．北京：清华大学出版社，1996.
[88] 王家文，王皓，刘海．MATLAB7.0 编程基础［M］．北京：机械工业出版社，2005.
[89] 梁旭，赵戈，王民生．改进的禁忌搜索算法求解多机并行模糊调度问题［J］．大连交通大学学报，2009（4）：51-54.
[90] 梁旭，黄明．禁忌-并行遗传算法在作业车间调度中的应用［J］．计算机集成制造系统-CIMS，2005（5）：678-681.
[91] 戚海英，黄明，李瑞．一种求解 Job-Shop 调度问题的快速禁忌搜索算法［J］．大连铁道学院学报，2005（3）：46-48.
[92] 黄明，闫淑娟，染旭．遗传算法和禁忌搜索算法在车间调度中的研究进展［J］．工业控制计算机，2004（2）：4-5.
[93] 吴明光，陈曦，王明兴，钱积新．基于禁忌搜索算法的系统辨识［J］．电路与系统学报，2005（2）：108-111.
[94] 董宗然，周慧．基于禁忌搜索算法的系统辨识［J］．软件工程师，2010（z1）：96-98.